Sommerfeld 理论物理学
(第五卷)

热力学与统计学

〔德〕Arnold Sommerfeld 著

胡海云 李军刚 译

吕勇军 范天佑 校

科学出版社

北京

内 容 简 介

本书是《Sommerfeld 理论物理学》教程的第五卷,全书共分 5 章,前 3 章为热力学,后 2 章为统计物理学. 各章内容包括: 第 1 章热力学、总论, 第 2 章热力学对特殊系统的应用, 第 3 章气体动力学基本理论, 第 4 章统计学的普遍理论: 组合方法, 第 5 章精确的气体动理学的概述. 书中的若干创见和重要成果是著者及其学生的贡献. 本书附有习题和部分参考答案.

本书可作为高等院校物理类各专业"热力学与统计物理学"的教材.

图书在版编目(CIP)数据

热力学与统计学/(德)阿诺德·索末菲(Arnold Sommerfeld)著;胡海云, 李军刚译. —北京:科学出版社, 2018.3
(Sommerfeld 理论物理学;第五卷)
书名原文:Thermodynamik und Statistik
ISBN 978-7-03-056945-5

Ⅰ.①热… Ⅱ.①阿… ②胡… ③李… Ⅲ.①热力学 ②统计物理学
Ⅳ.①O414

中国版本图书馆 CIP 数据核字(2018)第 049672 号

责任编辑:陈玉琢 / 责任校对:邹慧卿
责任印制:张 伟 / 封面设计:无极书装

科学出版社 出版
北京东黄城根北街 16 号
邮政编码:100717
http://www.sciencep.com
北京凌奇印刷有限责任公司 印刷
科学出版社发行 各地新华书店经销

*

2018 年 3 月第 一 版　开本:720×1000　1/16
2018 年 3 月第一次印刷　印张:20 3/4
字数:400 000

POD定价:138.00元
(如有印装质量问题,我社负责调换)

Sommerfeld 及其成就

Arnold Sommerfeld (1868—1951)

　　Sommerfeld 是德国伟大的理论物理学家、应用数学家、流体力学家、教育家、原子物理与量子物理的创始人之一. 他对理论物理多个领域, 包括力学、光学、热力学、统计物理、原子物理、固体物理 (包括金属物理) 等有重大贡献, 在偏微分方程、数学物理等应用数学领域也有重要贡献. 他引进了第二量子数 (角量子数)、第四量子数 (自旋量子数) 和精细结构常数, 等等. 20 世纪最伟大的物理学家之一 Planck 在获得 1918 年度诺贝尔物理学奖的颁奖典礼的仪式上的演讲中指出: "Sommerfeld ⋯ 便可以得到一个重要公式, 这个公式能够解开氢与氦光谱的精细结构之谜, 而且现在最精确的测量 ⋯ 一般地也能通过这个公式来解释 ⋯ 这个成就完全可以和海王星的著名发现相媲美. 早在人类看到这颗行星之前 Leverrier 就计算出它的存在和轨道."

　　Sommerfeld 思想深刻, 研究成果影响深远. 例如, 他去世后发展起来的数值广义相对论和新近崛起的引力波理论研究中, 还引用 "Sommerfeld 条件", 该条件在求解中发挥了重要作用. 这再次彰显了他的科学工作的巨大价值.

　　Sommerfeld 非常重视教育, 他培养的博士生中有 Heisenberg, Debye, Pauli 和

Bethe 四人获诺贝尔物理学或化学奖, 博士后中有 Laue, Pauling 和 Rabi 三人获诺贝尔物理学或化学奖, 他的学生中还有数十位国际顶尖科学家, 如 Hopf, Meissner, Froehlich, Brillouin, Morse 等, 这在迄今所有作为研究生导师的科学工作者与教育工作者中是绝无仅有的. 这些学生中除了 Laue 的成就在晶体衍射, Hopf 等在流体力学, Morse 等在数学方法等领域之外, 绝大多数在量子物理与量子化学领域, 他被称为 "量子理论之父" 是当之无愧的. 当然其中有时代的条件, 他置身于经典物理向现代物理发展的关键时期. 20 世纪初, 德国是世界量子物理研究的中心, 而他所在的 Goettingen 大学和 Muenchen(Munich) 大学又是德国量子物理研究的中心, 他本人又居该中心的中心. 在年龄上, 他位于量子理论的开创者 Planck (1858—1947) 和集大成者 Schroedinger (1887—1961) 的中间, 承上启下. 这按中国话讲, 是 "时势造英雄". 除去客观条件外, 他本人的深邃的洞察力, 集数学物理和理论物理的才能于一身, 科学地组织讨论班, 发现人才, 提携后学, 等等, 也是他成功的原因之一. 1918 年起他担任德国物理学会主席, 1920 年创办和长期主持《德国物理学杂志》(*Zeitschrift fuer Physik*), 编委会决定任何一位有信誉的科学工作者的原始性研究论文, 不经审稿人审查就发表, 从稿件收到至发表最快仅两个星期, 这极大地推动了科学理论的发展, 其中包括使得 Heisenberg, Born 和 Jordan 等的矩阵量子力学的论文及时得以报道, 促进了量子力学在德国的发展. 他同时热诚地对奥地利青年科学家 Schroedinger 的波动量子力学给以崇高的评价, 热诚支持它的发展 (Schroedinger 的论文是由 Planck 主编的, 另一本德国物理杂志 ——《德国物理年鉴》(*Annalen der Physik*) 上得以及时报道的). 可见当时德国科学界伯乐不少, 办事公平和效率之高. 他本人当然是一位天才. Born 称赞他具有发现和发展天才的才能. Einstein 佩服他凝聚和造就了那么多青年天才. 他领导和大大推动了 1910—1930 年全世界原子结构与光谱学的研究, 这属于微观物理的领域. 同时在流体动力学等宏观领域也很有成就, 他指导 Hopf 与 Heisenberg 等在湍流方面的研究, 对后来的研究者, 包括取得很大成就的美籍中国科学家林家翘等都有重要影响, 等等. 按中国话说, 这又是 "英雄造时势".

  Sommerfeld 一生的著述丰富, 其中之一是由他的讲课手稿整理的理论物理教程 (*Vorlesungen ueber theoretische Physik*), 共六卷, 包括: 第一卷力学 (*Mechanik*), 第二卷变形介质力学 (*Mechanik der deformierbaren Medien*), 第三卷电动力学 (*Elektrodynamik*), 第四卷光学 (*Optik*), 第五卷热力学与统计学 (*Thermodynamik und Statistik*), 第六卷物理学中的偏微分方程 (*Partielle Differentialgleichungen der Physik*). 迄今各国先后出版了各种理论物理教程, 那些著者都是有成就的科学家. 像 Sommerfeld 这样对教程所涉及的各个领域都有重要贡献的著者, 还不多见. 另外, 在所有理论物理的教程中含有内容极其丰富的《光学》单独一卷,《物理学中的偏微分方程》单独一卷的, 这是唯一的一套, 因为 Sommerfeld 本人在这两个领域都有重要贡献，这又构成此教程的特点之一. 这套书既是教程，又是科学专著，包含他本人，他的学生，例如 Debye 对固体比热，Heisenberg 对湍流的原创性的贡献的详细讨论的珍贵资料，等等，它对物理学、物理学教学和物理学史都有重要意义. 这一教程早就译成英文、法文、俄文和日文等其他文种出版，遗憾的是，迄今尚未见中文译本. 其实，前辈学者早就酝酿过翻译成中文工作，由于当时条件的局限，迟迟未能实现. 现在的译本可以说是为圆他们的梦而作的一点努力，但是未必做得好. 不过该教程不包括量子力学. 为了弥补这一缺憾，此套译本之外补充一卷 Sommerfeld 1929 年出版的《波动力学》(德文原名 *Atombau und Spektrallinien, Wellenmechanischer Ergaenzungsband*—— 原子结构与光谱，波动力学补编) 的译本，当然不作为他的这套教程中的一本 (顺便指出，他的《原子结构与光谱》，共 1555 页，是另一套伟大的科学巨著). 通过读这博大精深的七本书，我们可以看到，Sommerfeld 对理论物理的各个领域，从宏观力学到量子力学，从物理到数学都有创造性贡献，这在所有目前已经出版的各种理论物理教程的著者中可能是绝无仅有的.

习近平主席 2016 年在全国高等学校思想政治工作会议上指出，只有培养出世界一流人才的大学才能成为世界一流大学. 培养优秀人才，需要优秀教材和优秀科学专著. Sommerfeld 这套培养出 7 位诺贝尔物理奖或化学奖的理论物理教程，会提供我们借鉴和学习的一个良好材料.

这套书能译成中文，应该感谢德国已故物理学家 Prof. H. G. Hahn (他属于 Sommerfeld 最后一波的学生) 多年前的建议，当时他得知 Sommerfeld 的《理论物理学》尚无中文译本，建议今后能出中文译本，认为它会有益于中国青年学者和学生. 也感谢德国 Stuttgart 大学理论物理研究所前所长 Prof. H-R Trebin，他从德国寄来这套书的德文版的第四卷和第五卷，帮助了翻译和校对工作.

最后简单介绍一下原著和翻译的情况. 原书写于 1942 年，是第二次世界大战最激烈的时期，结束于 1951 年，他不幸死于车祸，第五卷尚未完稿，后来由他的学生继续完成. 当时情况困难，写出一卷，就出版一卷，出版社很分散. 第二次世界大战之后，德国分裂为德意志民主共和国 (东德) 和德意志联邦共和国 (西德)，它们分别出版 Sommerfeld 的理论物理学，出版社更加分散，书一版再版. 其间，他的学生们对一些卷的内容作了增补和修订，其中第二卷增补最大，增加了一章 (第九章)—— 塑性与位错. 它从物理学观点分析位错，并且把晶体变形与宇宙时间 - 空间弯曲做了类比，也就是和 Einstein 广义相对论做了类比，这一思想很新颖. 包括这一章的习题和习题解答以及四个附录在内，超过 80 页，相当于原书的四分之一的篇幅. 第三卷增补了广义相对论和引力波的内容，等等. 1991 年两德统一前后，由 Harri Deutsch 出版社统一出版，现在我们采用的作为最终校对的就是这一版本.

该书首卷 1943 年出版后，美国首先出版了英文译本，其中许多译者是过去在德国留学的 Sommerfeld 的学生，翻译得很出色，这些英文译本成为我们现在翻译的有力的资料. 鉴于这些英文译本出版时间比较早, 而且还存在许多错误, 甚至有的德文词句未能翻译, 德文版后来的增补和修订版的内容在英文翻译版中没有, 只能按照德文版翻译. 现在的中文翻译稿是按照德文原版和英文版翻译的结果, 因为我们德文水平的局限, 也只能这么做. 做的不好之处, 请读者多多批评指正.

此书中文译本的出版, 得到北京理工大学物理学院、爆炸科学与技术国家重点实验室和教务处以及某些译者个人的资助.

总　　序

因受到以前学生的鼓励和出版社的多次邀请，我决定出版一本关于理论物理学课程的书，这也是我在 Muenchen 大学教授了长达三十二载的课程.

该课程属于基础课程，听课的学生有的来自 Muenchen 大学和理工学院物理专业，有的来自数学和物理学专业，也有的来自天文学和物理化学专业，他们大部分都是大三、大四的学生. 该课程每周四次课，并辅以两小时的答疑时间. 本书并未涉及现代物理学的专业课程. 专业课程的讨论主要集中在我的论文和其他专著中. 虽然在研究背景和文献综述中有提及量子力学，但这些课程的核心依然是经典物理学.

课程顺序安排如下：

1. 力学
2. 变形介质力学
3. 电动力学
4. 光学
5. 热力学和统计学
6. 物理中的偏微分方程

力学课程由我和另一位数学专业的同事轮流讲授. 流体动力学、电动力学和热力学则由较为年轻的老师讲授. 矢量分析会在单独的课程中讲授，本系列课程将不会涉及.

本书将会基本沿用我上课的风格，我不会拘泥于数学论证，而是将主要精力用来解决物理问题. 我希望通过适当的数学和物理学角度，为读者展现物理学的生动性和趣味性. 因此，若本书在系统论证和公理结构部分留有空白，我也不会过于苛求. 我不希望读者被冗长繁琐的数学论证和错综复杂的逻辑推理所吓倒，进而分散了物理学本身的趣味性. 这种风格在课堂教学中颇有成效，故而被运用到本书的撰写中. Planck 的课程在理论框架部分是无可挑剔的，但我相信我可以提出更广泛的题材并能更灵活地使用数学方法解决问题. 此外，我很乐意更全面更彻底地向读者介绍 Planck 的理论知识，尤其是热力学和统计学.

各卷末收集的问题是对正义的补充. 这些问题是学生的课下作业，并在课堂答疑环节进行了讨论. 基础的数学问题并未收录在书末的附录内. 问题按章节进行了排序. 每个小节、每个方程都有编号. 因此，通过给出小节和方程的编号，便可找到每卷内引用的方程. 为了便于查询和翻阅，每个页面左上角都标有章节号.

回顾多年的教学生涯，我由衷感谢伦琴和菲利克斯·克莱因. 伦琴不仅为我的学术活动创造了外部条件，让我得以享受优厚待遇，并且多年陪伴在我左右，致力于拓宽我的研究范围. 在我职业生涯早期，菲利克斯·克莱因向我传授了最适合于教学的实践方法；他深谙教学之道，对我的教学方式产生了强烈而又潜移默化的影响. 值得一提的是，当我在 Goettingen 大学任指导教授时，我的课程虽不如现在的六卷那么全面，但是却在听众中引起了很大的共鸣. 后期，当我重新讲授这门课程时，我的学生经常向我反馈，他们只有在这里才真正掌握了数学结果的处理和应用，例如傅里叶方法、函数理论的应用和边界值问题.

最后，由衷希望这本书能激发读者对物理学的兴趣，同时，也希望本书带给读者的是身临其境的听课体验.

Arnold Sommerfeld
Muenchen, 1942 年 9 月

第 五 卷 序

热力学是由公理发展为科学的一个极好的例子. 与经典力学不同, 热力学经受住了量子革命, 而没有动摇根基. 自其诞生以来, 她只长出几个蓬勃分支: §12 Nernst 热力学第三定律, §15 稀溶液, §18 和 §19 第二定律在电学和磁学的应用. 我们认为, §21 不可逆过程的热力学, 构成经典平衡热力学的一个有前途的延伸; 它是基于 Onsager 互易关系, 并试图描述以有限速度实际发生的过程. 即使 Kirchhoff 把熵的概念限制在可逆过程, 正如 Planck 在他的自传文章 (《自然科学》19) 中提到的; Planck 早在他的博士论文中指出, 对这一概念普遍有效性的坚定信念导致他在 1900 年得到辐射定律和量子理论.

在任何情况下, 我们不建议这么严格遵守所陈述的公理模式, 力图从公理的最小可能数量发展科学. 这是由 Carathéodory 在他的第二定律证明中实现的, 我们确实将适当概述, 但不把它优先于 Carnot-Clausius 证明. 后者包含很多我们认为在入门课程教授中必不可少的有意义的和深思熟虑的内容. 它利用来自工程概念的事实, 在我们看来, 与其说是责备, 还不如说是一个优点呢. 毕竟, 热力学起源于蒸汽机制造商的需求.

在认识论上, 循环的考虑和热力学势的方法之间有一定的竞争. 在工程中首选前者, 因为它们对直观想象更具吸引力. 然而, 我们基本只使用后一种方法. 它更简短且不随意, 因为它不需要依赖于人造循环. 此外, 在 §7, 我们将对四个 Gibbs 势给予同样重视, 虽然在应用中, Gibbs 函数 (也称为自由焓, 或简称为热力学势) 是迄今为止最重要的一个.

我们包含的实验材料很不全. 在实际气体情况下, 我们自己只限于考虑 van der Waals 方程; 尽管其形式非常简单, 以及只使用两个经验常数, 它以令人非常满意的方式再现了液体及其蒸汽的主要性质. 在铁磁现象中, 以其单一的内场常数提供类似服务的 Weiss 理论起着类似作用而且成功了. 这两种理论的认真复查必须交给更专业的著作.

在我原来大学的讲课中, 与经典热力学相比, 我时常花更多的时间给统计力学, 因为考虑到它与量子理论的关系, 我个人更被后者吸引. 在目前的构想中, 原则上量子理论必须被排除在外, 或者只能偶尔被卷入, 作为 Boltzmann 统计的补充. 出于这个原因, 与第 3 章、第 4 章和第 5 章相比, 涉及热力学的各章节, 第 1 章和第 2 章所占的比例增加. Fermi 统计只在考虑金属电子时才惹人注意.

第 3 章包括统计力学的初步介绍, 在那看来, 用基本方法是可能的. 为此所引

用的例子 (van der Waals 常数, 顺磁现象的 Langevin 理论) 用来填补一些热力学部分留有的空白. Brown 运动是统计涨落最重要的例子, 与扭转平衡理论一并处理. 与平均自由程有关的问题只是提到并没有充分的体现, 因为它们属于统计力学中最困难的问题.

第 4 章构成了我们考虑的统计研究的顶峰. 我的观点是, 对于 Boltzmann 组合方法, 当它被限于静态过程时, 在丰富性和大胆性方面超越其竞争对手 —— 基于 Boltzmann 碰撞方程的动态方法. 事实上, 在这一章的第一部分, 我们将描述由 Boltzmann 给出的组合方法的原始形式, 其中气体分子被赋予了物理上的真实存在. 我们不谈它在 §32~§35 中引入量子力学初期的分立能级时的缺陷. 然而, 按这种方式, 我们尚未导出真正的量子统计. 因为, 在量子力学领域, 分子是无法彼此区分的, Boltzmann(粒子的状态分布) 的原始方法变得不切实际. 此外, 从量子力学观点上看, 状态是首先给定的; 支配其中分布在状态上彼此不可区分粒子的各种数值组合构成新统计学的实质内容. 我们在 §36 和 §37 中触及这些点. 在 §38 和 §39 中适当举例.

对我们没有把状态的这个真正的量子统计处理放在最开始, 而是以无疑是过时的粒子的 Boltzmann 统计方法开始的事实道歉, 也许是必要的. 究其原因, 这是纯粹的说教. 由于 Boltzmann 的原始方法实现了这么多, 并且是如此清晰, 以至于它似乎仍然给状态的新统计学的理解提供不可或缺的基础.

与第 4 章相比较, 第 5 章一直保持很简短. 此处需要的分子模型假设更具专业性, 所产生的计算比在组合方法中的计算更加繁琐. 事实上, 在 Hilbert 的手中, 它们已导出这样的不可逆过程如摩擦、热传导等的一致性理论, 这是 Maxwell 和 Boltzmann 多次试图实现而没有成功的. 除此之外, Chapman 和 Enskog 方法已经数值化发展到与观测的比较成为可能的程度. 然而, 迄今为止, 这样的应用超出一般课程讲授的范围; 它们说明了在第 3 章中粗略提到的平均自由程问题的精确数学展开带来的巨大困难. 我们的介绍必须限于对 Boltzmann 在他的工作中以统计方法提出的中心问题的澄清: 澄清可逆的力学和热力学第二定律之间的矛盾.

Arnold Sommerfeld

目　录

Sommerfeld 及其成就

总序

第五卷序

第 1 章　热力学　总论 ················· 1

§1. 温度作为系统的一个属性 ················· 1

§2. 功和热 ················· 3

§3. 理想气体 ················· 6
- A. Boyle 定律 (Boyle-Mariotte 定律) ················· 6
- B. Charles 定律 (Gay-Lussac 定律) ················· 7
- C. Avogadro 定律和普适气体常量 ················· 8

§4. 第一定律　能量和焓作为属性 ················· 10
- A. 热功当量 ················· 10
- B. 焓作为属性 ················· 12
- C. 关于比热 c_p 和 c_v 之比的题外话 ················· 13

§5. 可逆和不可逆绝热过程 ················· 14
- A. 可逆绝热过程 ················· 15
- B. 不可逆绝热过程 ················· 17
- C. Joule-Kelvin 多孔塞实验 ················· 18
- D. 非常重要的一个结论 ················· 19

§6. 第二定律 ················· 20
- A. Carnot 循环及其效率 ················· 21
- B. 第二定律的第一部分 ················· 23
- C. 第二定律的第二部分 ················· 27
- D. 最简单的算例 ················· 29
- E. 关于第二定律文字表述的评论 ················· 30
- F. 能量和熵的相对量级 ················· 31

§7. 热力学势和互易关系 ················· 32

§8. 热力学平衡 ················· 37
- A. 无约束热力学平衡和最大熵 ················· 37
- B. 无约束热力学平衡下的等温等压系统 ················· 37

    C. 弛豫平衡中附加的自由度 · 38
    D. 热力学势的极值性质 · 38
    E. 最大功定理 · 40
  §9. van der Waals 方程 · 42
    A. 等温线 · 43
    B. van der Waals 气体的熵和热性质 · 44
  §10. van der Waals 对气体液化的评论 · 46
    A. 积分和微分的 Joule-Thomson 效应 · 46
    B. 转化曲线及其实际应用 · 47
    C. $p\text{-}v$ 面中液–气相共存区域的边界 · 49
  §11. Kelvin 温标 · 53
  §12. Nernst 热力学第三定律 · 55

第 2 章 热力学对特殊系统的应用 · 59

  §13. 气体混合物 Gibbs 悖论 Guldberg-Waage 定律 · · · · · · · · · · 59
    A. 气体的可逆分离 · 60
    B. 扩散过程和 Gibbs 佯谬中的熵增加 · 61
    C. Guldberg 和 Waage 的质量作用定律 · 62
  §14. 化学势和化学常量 · 66
    A. 化学势 μ_i · 67
    B. 理想混合物 μ_i 与 g_i 之间的关系 · 69
    C. 理想气体的化学常量 · 70
  §15. 稀溶液 · 71
    A. 历史综述 · 71
    B. 稀溶液的 Van't Hoff 状态方程 · 71
  §16. 水的不同相 对蒸汽机理论的说明 · 74
    A. 蒸汽压曲线和 Clapeyron 方程 · 74
    B. 冰和水之间的相平衡 · 77
    C. 饱和蒸汽的比热 · 78
  §17. 相平衡理论综述 · 80
    A. 水的三相点 · 80
    B. Gibbs 相律 · 82
    C. 稀溶液的 Raoult 定律 · 84
    D. Henry 吸收定律 (1803) · 86
  §18. 原电池的电动势 · 87
    A. 电化学势 · 88

  B. Daniell 电池 (1836) ··· 89
  C. 个体反应缩简为总体反应 ·· 90
  D. Gibbs-Helmholtz 基本方程 ·· 91
  E. 实例 ·· 92
  F. 对基本方程积分的说明 ··· 93
§19. 铁磁性与顺磁性 ·· 94
  A. 磁化功和状态的磁方程 ··· 94
  B. 顺磁质的 Langevin 方程 ··· 96
  C. 铁磁现象的 Weiss 理论 ·· 97
  D. 比热 c_H 和 c_M ·· 100
  E. 磁热效应 ··· 104
§20. 黑体辐射 ··· 105
  A. Kirchhoff 定律 ··· 106
  B. Stefan-Boltzmann 定律 ·· 108
  C. Wien 定律 ··· 109
  D. Planck 辐射定律 ·· 113
§21. 不可逆过程　近平衡过程热力学 ·· 119
  A. 热传导和局域熵产生 ·· 119
  B. 各向异性体中的热传导和 Onsager 互易关系 ·················· 121
  C. 热电现象 ·· 122
  D. 内部变换 ·· 127
  E. 一般关系 ·· 128
  F. 不可逆过程热力学理论的局限性 ·································· 130

第 3 章　气体动力学基本理论 ·· 131
§22. 理想气体状态方程 ·· 131
§23. Maxwell 速度分布 ·· 135
  A. 单原子气体的 Maxwell 分布 1860 年的证明 ···················· 135
  B. 数值和实验结果 ·· 138
  C. 能量分布总评　Boltzmann 因子 ································· 139
§24. Brown 运动 ·· 140
§25. 对顺磁质的统计讨论 ··· 145
  A. 经典的 Langevin 函数 ·· 146
  B. 借助于量子力学对 Langevin 函数的修正 ······················· 148
§26. van der Waals 方程中常量的统计意义 ································ 149
  A. 分子体积与常量 b ·· 149

  B. van der Waals 内聚力与常量 a ································ 151
§27. 平均自由程问题 ······································· 153
  A. 一个特殊情况下平均自由程的计算 ····················· 153
  B. 黏度 ·· 154
  C. 热导率 ·· 157
  D. 一些与平均自由程概念相关问题的总评 ················ 159

第 4 章　统计学的普遍理论：组合方法 ························ 161

§28. Liouville 定理, $\varGamma$-空间和 μ-空间 ······················· 161
  A. 多维 $\varGamma$-空间（相空间） ···························· 161
  B. Liouville 定理 ···································· 162
  C. 理想气体的等概率 ································· 163
§29. Boltzmann 原理 ·· 165
  A. 用排列来量化热力学概率 ··························· 166
  B. 用最大概率来度量熵 ······························· 168
  C. 元胞的合并 ······································ 170
§30. 与热力学对照 ··· 171
  A. 等容过程 ·· 171
  B. 无外力情况下气体经历的一般过程 ···················· 172
  C. 外力场中的气体；Boltzmann 因子 ····················· 173
  D. Maxwell-Boltzmann 速度分布律 ······················· 174
  E. 混合气体 ·· 175
§31. 比热和刚性分子的能量 ································· 176
  A. 单原子分子气体 ·································· 176
  B. 气体组成和双原子分子 ····························· 178
  C. 多原子分子气体和 Kelvin 的乌云 ····················· 181
§32. 考虑分子振动的比热和固体的比热 ······················ 182
  A. 双原子分子 ······································ 182
  B. 多原子分子气体 ·································· 183
  C. 固体和 Dulong-Petit 规则 ··························· 183
§33. 振动能量的量子化 ···································· 183
  A. 线性振子 ·· 184
  B. 固体 ·· 186
  C. 推广到任意量子态 ································ 187
§34. 转动能量的量子化 ···································· 188
§35. 关于辐射理论和固体的补充材料 ························ 191

	A. 自然振动方法	191
	B. 固体比热的 Debye 理论	192
§36.	$\varGamma$- 空间的配分函数	193
	A. Gibbs 条件	194
	B. 与 Boltzmann 方法的关系	195
	C. 量子效应引起的修正	197
	D. Gibbs 假设分析	199
§37.	量子统计基础	200
	A. 全同粒子的量子统计	200
	B. Darwin 和 Fowler 的方法	201
	C. Bose-Einstein 和 Fermi-Dirac 分布	203
	D. 鞍点方法	204
§38.	简并气体	207
	A. Bose-Einstein 和 Fermi-Dirac 分布	207
	B. 气体简并度	210
	C. 高简并度的 Bose-Einstein 气体	212
§39.	金属电子气	215
	A. Drude 理论的评价性介绍	215
	B. 完全简并 Fermi-Dirac 气体	216
	C. 近完全简并	219
	D. 特殊问题	220
§40.	方均涨落	223
第 5 章	精确的气体动理学的概述	229
§41.	Maxwell-Boltzmann 碰撞理论	229
	A. 气体动理学中态的描述	229
	B. f 随时间的变化	231
	C. 弹性碰撞定律	232
	D. Boltzmann 的碰撞积分	234
	E. Boltzmann 关于分子混沌的假设	235
§42.	H-定理和 Maxwell 分布	236
	A. H-定理	236
	B. Maxwell 分布	239
	C. 平衡态分布	241
§43.	流体动力学的基本公式	242
	A. 分布函数的级数展开	242

- B. Maxwell 的输运方程 · 244
- C. 质量守恒 · 246
- D. 动量守恒 · 247
- E. 能量守恒 · 248
- F. 熵定理 · 251

§44. 关于碰撞方程的积分 · 253
- A. 利用矩方程积分 · 253
- B. 矩方程的变换 · 254
- C. 碰撞矩的评估 · 256
- D. 黏度和导热系数 · 257

§45. 电导率和 Wiedemann-Franz 定律 · · · · · · · · · · · · · · · · · · · 261
- A. 金属中电子的碰撞和传输方程 · · · · · · · · · · · · · · · · · · · 261
- B. 碰撞方程的近似解 · 263
- C. 电流和能量通量 · 266
- D. 欧姆定律 · 267
- E. 导热系数和绝对热电动势 · 268
- F. Wiedemann-Franz 定律 · 269

习题 · 271
习题解答 · 279

第1章 热力学 总论

§1. 温度作为系统的一个属性

热力学学科引入了一个新概念, 即温度; 它不存在于经典力学, 以及电磁学理论和原子物理学之中 (除了焦耳热, 谱线强度看作是大量物质粒子间的相互作用). 我们的热感觉提供定性测量, 而定量测量, 尽管在一定程度上, 偶然由任意的温度计给出. 处于热平衡的一块物体各处温度相同. 同样, 两块保持足够长时间热接触的物体也是如此. 温度相等是热力学平衡的一个必要条件.

温度是一个属性或状态参量. 它与物体的历史无关, 而仅由其瞬时状态定义. 它与所考虑的物体的瞬间性质有关, 用温度计的瞬时指示测量出.

热力学学科, 如前言中所说, 是一个公理化的学科. 顺其自然, 我们通过下述公理引入温度的概念:

存在一个属性 —— 温度. 温度相等是两个系统之间或单个系统的两个部分之间热平衡的一个条件.

以上这段话特意用以后说明热力学第一定律和第二定律同样的方式阐述, 按照 R. H. Fowler[①]建议, 我们就称其为热力学 "第零定律".

为了给出一个热力学 "属性" 或 "状态参量" 概念严格的数学定义, 有必要考虑其微分. 有两个独立变量 x, y, 其本身必须是可测量的系统性质或特性 (例如, 压强和体积), 我们可以把它写为

$$\mathrm{d}T = X\mathrm{d}x + Y\mathrm{d}y; \quad X = \frac{\partial T}{\partial x}, \quad Y = \frac{\partial T}{\partial y}. \tag{1}$$

显然, 我们有

$$\frac{\partial X}{\partial y} = \frac{\partial Y}{\partial x}, \tag{2}$$

这是表达式 $X\mathrm{d}x + Y\mathrm{d}y$ 为全微分的充要条件. 它相当于表明 T 是一个属性.

同样的条件也可以写成对 x, y 平面内的任意闭合路径的积分形式

$$\oint \mathrm{d}T = 0. \tag{3}$$

[①] 伟大的印度天体物理学家 M. N. Saha 和他的合作者的 B. N. Srivartava Allahabad 在 1931 年和 1935 年时给热力学这本书的一个报告.

以符号 Z 表示由其分量 X 和 Y 定义的二维向量, 对一个二维场, 我们可以把 Stokes 定理应用于式 (3), 从而获得

$$\oint Z \mathrm{d}s = \int \nabla \times Z \mathrm{d}x\mathrm{d}y. \tag{4}$$

利用式 (2), Z 的旋度为零, 得出的结论是表达式 (3) 实际上相当于表明 T 是一个属性.

对于具有 n 个独立变量的全微分条件是 n 维旋度为零, 并且可以用 $n(n-1)/2$ 个如式 (2) 的方程来表示. 以这种方式导出的表达式 (1) 被称为 "Pfaff 微分". 当有两个独立变量时, 即使 $X\mathrm{d}x + Y\mathrm{d}y$ 原本不是一个全微分, 总是可以通过将它除以分母 $N(x,y)$, 把表达式 $X\mathrm{d}x + Y\mathrm{d}y$ 变换成一个全微分.

一般来说, 当有三个独立变量 x,y,z 时, 这是不可能的. 可积要求对三维向量 Z 的分量 X,Y,Z 增加某些条件, 见第二卷习题 1.7. 当时结果发现, 向量 Z 必须与其旋度正交:

$$Z \cdot \nabla \times Z = 0. \tag{4a}$$

它进一步说明这一要求对于力场及其势并没有唯一确定 "积分分母"(当时称为 "乘数"), 并且任何一个函数也是这样一个分母 (乘数).

这些开场白将有助于理解在 §6 中与第二定律有关的讨论.

我们应当将新概念温度作为除了力学量长度、质量和时间之外的第四个量纲, 与在电动力学学科中我们把新概念电量或电荷作为新的第四个量纲的方式相同. 当然, 在电化学问题中, 我们将不得不面对五个基本量纲, 即应当包括电荷. 我们将温度的量纲用缩写 "度"("deg"; 后来称为 "开", 用符号 "K") 来表示, 而不是用一个新的符号.

在第一卷中, 我们已经介绍了 "力学系统" 的概念, 并理解它是指可通过具体的可定义的几何关系或力来描述的一组质点或物体. 我们要讲 "热力学系统" 时, 为了描述其状态, 有必要说明其各部分的温度以及在它们之间传递的热量的细节.

均匀的流体是热力学系统最简单的例子, 我们可以在这里说, 这个定义将包括气体和蒸汽的特殊情况. 一种流体仅具有一个力学自由度, 即体积, 并且只有一个热学自由度, 即温度. 体积 V(广延性) 与它的正则共轭[①]压强 p(一个强度量, 如果它的方向是相反的也被称为张力) 相关联. 温度 T 被视为一个热强度量; 与其共轭的广延量将在 §5D 中讨论. 一般来说, p 是 T 和 V 的函数. 关系 $p = f(T,V)$ 被称为状态方程, 或特征方程.

[①] 这个词源于 Hamilton 力学, 第一卷, §41. 坐标 q(广延量) 和动量 (强度量) 称为正则共轭量. 这个词进一步扩展到包括更广泛的对量 Q,P. 此说明将足以解释目前书中对应的词. 详见本卷 §7 和 §14.

刚刚介绍的三个量 V, p 和 T 可以在热膨胀系数 α 和压强系数 β 中相结合，两个表达式被分别称为 V 或 p 的瞬时值：

$$\alpha = \frac{1}{V}\left(\frac{\partial V}{\partial T}\right)_p; \quad \beta = \frac{1}{p}\left(\frac{\partial p}{\partial T}\right)_V, \tag{5}$$

其中下标表示，在对 T 微分的过程中，在第一种情况下，p 保持恒定；在另一种情况下，V 保持恒定. 两个系数具有 1/度 的量纲，并且将要讨论它们对气体的值. 一个进一步的导出量 (等温) 压缩系数 κ 由下面的定义给出：

$$\kappa = -\frac{1}{V}\left(\frac{\partial V}{\partial p}\right)_T. \tag{6}$$

系数 α, β 和 κ 满足一个显著关系 (见习题 1.1).

T, p 或 V 保持恒定的过程，通常被分别称为等温，等压和等容或等体过程.

§2. 功 和 热

设一个流体占据的圆柱形容器的横截面积为 A，并让该容器被一个接触液体的活塞封闭. 活塞受到流体的作用力为 pA. 如果活塞被移动 dh，流体将做功

$$dW = pA\,dh = p\,dV. \tag{1}$$

该表达式不仅适用于活塞升起时正的 dV，而且也适用于当它降低时，即当 dV 是负的时，不仅适用于一个圆柱形容器，而且适用于任何边界和流体表面形状的任何变化，这时仅需要去求边界包围的区域内所有体积变化的代数和.

式 (1) 定义了 dW. 它意味着一个属性 W 存在吗？当然不是，因为在这种情况下 dW 将必须是一个 "全微分"，而根据 §1 式 (3)，当流体经历一个循环，即当使它经过任意路径后回到初始状态时，我们应该得到

$$\oint dW = 0, \tag{1a}$$

这样的循环对于所考虑的系统即一个具有两个自由度的系统可以用平面上的图形来表示. 坐标系将对应于任意两个选作独立变量的属性，如 V, T 这一对 (一个力学变量和一个热学变量)，或 V, p 这一对 (两个力学变量). 后一对变量被用于著名的示功图，其早在 17 世纪末由 James Watt 引入，并自然描绘每个往复式蒸汽机，如图 1 所示.

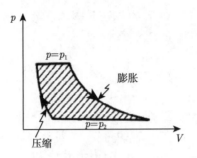

图 1 蒸汽机的示功图

当沿着上水平直线 $p = p_1$ 时气缸与锅炉连通,而沿着下水平直线 $p = p_2$ 时它与大气或低压锅炉 (冷凝器) 连通. 曲线的下降分支和上升分支分别对应于膨胀和压缩[1]. 横坐标与活塞和静止点之间的瞬时距离 h 成正比,并因此与此刻其中充满蒸汽的气缸的体积成正比. 由该图所围面积给出一定的量

$$\oint p\,dV = \oint dW \tag{2}$$

显然不为零. 根据式 (1a),我们必须说,不存在一个对应于 dW 的属性 W.

蒸汽机随着消耗吸收的热量而做功 (式 (2)). 功变热的逆变换发生在每个涉及摩擦的过程中. 最令人印象深刻的且历史上说明这点的最重要的实验是由 Rumford 伯爵 (1798 年) 在慕尼黑进行的:他在钻一个炮筒时使水沸腾了.

引入的瞬时热量将由 dQ 表示. 至于它的测量,众所周知,通过采用下列定义转化为温度的测量:使 1kg 水的温度在大气压下从 14.5 ℃升至 15.5 ℃的热量被称为 1 (大)卡(表示为千卡 (kcal),或有时 Cal). 我们现在回想比热的定义,也将其基于 1kg 的质量. 我们把所加的热量 dq 表示为

$$dq = c_v dT, \quad c_v = 定容比热, \tag{3a}$$

$$dq = c_p dT, \quad c_p = 定压比热. \tag{3b}$$

c_p 和 c_v 之间的区别对气体的情况是很重要的. 在只涉及液体的大多数情况下它可以忽略不计. 将 $dq = 1$ kcal/kg 和 $dT = 1$ deg 代入式 (3b) 中,我们对于 15.5 ℃的水求得

$$c_p = 1 \frac{\text{kcal}}{\text{deg} \cdot \text{kg}}. \tag{4}$$

---

[1] 这里有必要忽略阀门开启时气缸中的蒸汽量改变的事实,并且它仅在压缩和膨胀的过程中保持恒定. 在我们后面讨论的所有过程中,系统的质量将保持不变. 在蒸汽机的例子中质量呈现为常数,在实际上或想象中,蒸汽离开气缸时冷凝并返回到锅炉. 在任何情况下,示功图是表示 p-V 平面中的一个循环的典型例子.

§2. 功 和 热

显然, 这种说法相当于我们以前一卡的定义.

据发现, 在涉及摩擦的所有过程中, 不论实验条件如何, 所用的功 dW 这个量, 与所产生的热量 dQ 有一定比例. Joule 通过即使一开始不准确的实验对这个观点进行了定量证明. 特别是, 他对由电流产生的热 (Joule 热) 进行了测量. 早些的 Robert Mayer 确信摇动的水变热①. 我们写出

$$dW = JdQ, \tag{5}$$

其中, J 称为热功当量, 其数值是

$$J = 427 \text{ kg} \cdot \text{m/kcal}. \tag{6}$$

如果 dQ 以 kcal 为单位而 dW 表示为功的工程单位——kg·m. 在这种情况下, 众所周知, "千克" 这个词表示千克的重量, 为此, 现在优先使用名称 "千克力"= kp②, 保留 Giorgi 的 MKS 单位制中 kg = 千克质量为质量单位的缩写. 因此, 我们将有

$$1 \text{ kp} = g \times 1\text{kg} = 9.81 \text{MKS}^{-2} = 9.81 \text{ Dyne}.$$

Dyne 表示在该单位制中, 力的单位 = 10^5 dyne(达因). 按照 R. W. Pohl(《力学》p.24) 我们称它为 "大达因 (牛顿)". 因此,

$$J = 4.19 \times 10^3 \frac{\text{M}^2\text{KS}^{-2}}{\text{kcal}} = 4.19 \frac{\text{Erg}}{\text{cal}}. \tag{7}$$

能量的 Giorgi 单位 Erg = 大尔格, 等于 10^7 尔格 = 1 焦耳 = 1 瓦特 · 秒. 缩写 cal = 小卡, 参照 1 g 水, 同样地, 1 kcal 参照 1 kg 水.

我们现在要回到式 (7) 的实验论证上. 此外, 我们以后分别根据式 (6) 或式 (7), 通过让 1 kcal= 427 kg·m 或 1 cal = 4.19 Erg, 能够避免使用热的特殊单位, kcal 或 cal, 这意味着 $J=1$.

在这一点上, 必须从式 (5) 来推导: 与 dW 不是全微分一样, dQ 这个量不是全微分. 没有属性 Q, 没有简单描述系统瞬时状态特性的热含量. 必须明确指出, 我们以前一卡的定义仅仅是制定了测量以某种方式吸入系统的热量 dQ(或 Q, 当它是一个有限量时) 的一个规则, 但不是指包含在系统内的热量. 式 (3a) 和式 (3b) 清楚地表明, 吸热方式在这方面是重要的.

在许多教科书中, 避免使用符号 dQ 和 dW, 而是用如 δQ, δW 或 $đQ$, $đW$ 的符号来代替, 以提醒读者不要错误地把它们视作全微分. 我们认为这不必要, 因为

---

① 在 1841 年 9 月的一封信中, Mayer 说他在许多场合进行这个实验都得到一个真实结果. 参见 Ostwald《伟大的人》, 莱比锡, 1905, p.71. 在这方面, 注意力可能会被吸引到由阿尔布雷希·冯·哈勒 (Albrecht von Haller, 1708—1777) 根据动物的热量是经静脉中的血液摩擦而产生来表示的假设. 这一假设一直持续到 19 世纪.

② 这个建议来自德国, 而到目前为止, 并没有获得普遍的认可 (译).

我们认为一个属性的存在及其隶属全微分的存在构成一个基本特性，我们将始终明确强调这一点，正如在 §1 中所做的.

§3. 理想气体

一种气体，打个比喻说，越理想化，越难以在 760 mmHg (毫米汞柱)=760 torr (托)(=101.325kPa) 的常压下液化，即其沸点越低. 理想化程度通过以下在 760 torr 下以摄氏度为单位的沸点说明：

He	H_2	N_2	O_2	CO_2	H_2O
-269	-259	-210	-218	-78.5	$+100$

在列表的末尾显示的蒸汽显然不属于这类理想气体. 理想气体是实际气体无限膨胀时趋向的一种极限状态. 下面的定律适用于这一理想的极限状态.

A. Boyle 定律 (Boyle-Mariotte 定律)

$$pV = 常数, \tag{1}$$

若温度保持恒定，其是有效的. 压强 p 通常以大气压为单位. 一个大气压要么表示在空气中气压计读数为 760 mm 时的压强 =760 torr(物理大气压 = 1 atm)，要么最近，一个工程大气压强已被定义为在 1 cm² 上所施加的 1kp 的压强. 它几乎完全等同于 1 cm² 的面积上 10 m 高水柱的重量. 我们可以把这个工程大气压强表示如下：

$$1 \text{ at} = 981 \frac{\text{cm}}{\text{s}^2} \cdot 1000 \text{ g/cm}^2.$$

第一个因子表示重力加速度 g，第二个表示所考虑的水柱的质量，除以平方厘米表示已经把重量换成了压强. 因此，我们有

$$1 \text{ at} = 0.981 \times 10^6 \frac{\text{dyne}}{\text{cm}^2} = 0.981 \text{ bar}. \tag{2}$$

相应地

$$1 \text{ atm} = 1.013 \text{ bar}. \tag{2a}$$

这里引入的单位 1 bar(巴) 表示为

$$1 \text{ bar} = 10^6 \frac{\text{dyne}}{\text{cm}^2}.$$

该单位的千分之一被视为一"毫巴"，其是现在气象学家经常使用的压强单位. 在我们的 MKS 制中，有

$$1 \text{ bar} = 10 \frac{\text{Dyne}}{\text{cm}^2} = 10^5 \frac{\text{Dyne}}{\text{m}^2}. \tag{2b}$$

若在式 (1) 中引入密度 $\rho =$ 质量$/V$, 替代 V, 我们有

$$p = \rho \times 常数. \tag{3}$$

B.Charles 定律 (Gay-Lussac 定律)

$$pV = CT. \tag{4}$$

C 是一个临时常数, 我们现在把它以普适气体常量 R 表示. 我们应该首先讨论由式 (4) 定义的温标 T. 根据经验, 如果适当选择 C, T 对所有 (理想) 气体都是一样的. 为此我们参照在 §1 式 (5) 中定义的膨胀系数. 使用的温标与式 (4) 中相同, 我们发现, 它可以写为

$$\alpha = \frac{1}{V}\left(\frac{\partial V}{\partial T}\right)_p = \frac{1}{V}\frac{C}{p} = \frac{1}{T}. \tag{4a}$$

根据这一方程, α 与气体的性质无关, 只是温度的函数. 同样适用于压强系数

$$\beta = \frac{1}{p}\left(\frac{\partial p}{\partial T}\right)_V = \frac{1}{p}\frac{C}{V} = \frac{1}{T}. \tag{4b}$$

式 (4) 仍没有温标单位[①]. 如果这个是选用摄氏度 (或摄氏) 温标单位, 则冰的熔化温度 (在 760 torr) 为

$$T_0 = 273.15 \text{ deg}. \tag{5}$$

一般来说, 我们有

$$T = T_0 + t, \quad t = 摄氏温标温度, \tag{5a}$$

而热膨胀系数和压强系数为

$$\alpha = \beta \approx 1/273 \text{ deg} = 0.00366 \text{ deg}^{-1}. \tag{6}$$

在我们的式 (4)、式 (5) 和式 (5a) 中引入的温标是气体温度计温标. 式 (5) 表明它的零点相对于摄氏温标移动 273(更精确地 273.15)deg.

空气温度计 (或更好的是, 氢气或氦气温度计) 可在恒定压强下或在恒定体积下提供测量, 后者用起来更方便. 根据式 (4), T 与气体压强 p 成正比. 借助于一个适当的气压装置, 通过记录水银柱在气体温度为 T 时的位置, 与在温度为 T_0 时的位置比较来测量压差 $p-p_0$. 借助于空气温度计的温标定义足以满足大多数实际需要. 当低温下空气不再表现得像一个理想气体时, 其不适用. 后面我们将看到应该如何定义温标 (绝对温标). 在实际气体的情况下 (或在低温时理想气体的情况下),

---

[①] 根据 1948 年国际温标, "摄氏温标" 这个术语现已过时 (译).

Charles-Gay-Lussac 公式 (4) 必须由已经提到的液体或气体系统的一般状态方程来替代：

$$T = F(p, V). \tag{6a}$$

C. Avogadro 定律和普适气体常量

当涉及气体时，适用于所有化合物的 Dalton 的倍比定律由 Gay-Lussac 的总体积比定律补充.

我们举例说明：

根据化学式

$$H_2 + Cl_2 = 2HCl$$

1 L 氢气 +1 L 氯气 =2 L 氯化氢，

另一个例子：

2 L 氢气 +1 L 氧气 =2 L 水蒸气，化学式写为

$$2H_2 + O_2 = 2H_2O.$$

Dalton 和 Gay-Lussac 定律可以组合成一个由 Avogadro 给出的综合定律 (1811 年)：在压强和温度相同的外部条件下，相同体积的任何气体含有相同的分子数(Avogadro 使用术语微粒，而不是现代术语——分子). 此定律被持续忽视了很长时间，但自从大约 1860 年之后，它成为一切分子量测定的基础. Nernst 在给他的大教科书起名 "来自 Avogadro 规律和热力学的理论化学" 时对它予以重视.

热力学对原子的、微观的观点感到陌生. 因此，正如 Ostwald 所建议的，最好使用摩尔，而不是分子. 众所周知，1 摩尔 (也参见第二卷，§7 脚注 1) 表示一个集合体的质量克数或千克数 (我们然后区分克分子与摩尔或克摩尔，以及千克分子与千摩尔) 与该物质成分的原子量的总量相等. 因此，1 克分子的 O_2 等于 32 g，1 千克分子的 H_2 约等于 2 kg，1 克分子的 HCl 等于 $(1 + 35.5)$g 以整数来计算. 要记住这一点，氢气是双原子的事实正是在 Avogadro 定律的帮助下确认的；至 1850 年左右水的化学式大多写为 HO.

若我们引入摩尔体积作为体积的自然单位，并且若我们将其定义为恰好 1 摩尔的气体在一定压强和一定温度下所占据的体积，那么我们就可以把 Avogadro 定律表示为下面简单的形式：在相同的外部条件下所有气体具有相同的摩尔体积. 显而易见，最后这个表述，正如之前的表述，仅限于理想气体. 它可以扩展到实际气体或甚至蒸汽，但也只是慎用.

我们将计算在 1 atm 的压强和 0 ℃ 的温度下该摩尔体积的大小，我们可以利用这一事实，在这些条件下，H_2 的密度相当精确地等于 (参见如第四卷，式 (17.14))

$$9.00 \times 10^{-2} \frac{\text{kg}}{\text{m}^3} = 9.00 \times 10^{-2} \frac{\text{g}}{\text{L}}.$$

§3. 理想气体

因此，2 g H_2 占据的体积为

$$\frac{200}{9.0} = 22.2 \text{ L}. \tag{7}$$

基于 H 的原子量该精确值略高些；因此，更精确地

$$V_{\text{mol}} = 22.4 \frac{\text{L}}{\text{mol}} = 22.4 \frac{\text{m}^3}{\text{kmol}}, \quad \text{在 760 torr 和 0°C 时}.$$

根据 Avogadro 定律，该摩尔体积值不仅适用于H_2，而且普遍适用于所有理想气体.

若使用摩尔体积，状态方程也呈现一般形式. 我们可以把它写为

$$pV_{\text{mol}} = RT, \tag{8}$$

其中，R 称为普适气体常量. 将式 (7) 的值代入式 (8) 中，我们可以对其进行如下估算：

$$p = 760 \text{ torr} = 1.03323 \frac{\text{kg}}{\text{cm}^2} = 9.81 \times 1.03323 \frac{\text{Dyne}}{\text{cm}^2}, \quad \text{见式 (2) 和式 (2a)}$$

$$T = T_0 = 273.15 \text{ deg}, \quad \text{见式 (6)}$$

$$V_{\text{mol}} = 22.4 \text{ L/mol} = 22.4 \text{ m}^3/\text{kmol}.$$

因而

$$R = \frac{9.81 \times 1.03323 \times 224}{273.15} \frac{\text{Dyne} \times \text{m}}{\text{deg} \times \text{mol}} = 8.31 \frac{\text{Erg}}{\text{deg} \times \text{mol}}. \tag{9}$$

Erg(尔格) 是 MKS 制中功的单位，并已在 §2 式 (7) 中使用.

将式 (8) 应用于 n 摩尔的体积，显然，我们得到

$$pV = nRT. \tag{10}$$

因此，式 (4) 中使用的气体常数 C 值为

$$C = nR. \tag{10a}$$

如果 v 表示所谓的比容，即单位质量的体积，我们有

$$V_{\text{mol}} = \mu v, \tag{11}$$

其中，μ 是所考虑的气体的分子或摩尔 "重量"(实际上摩尔质量更好些). 因此，例如，对于 O_2，它为 32 kg/kmol. 将式 (11) 代入式 (8)，我们得到

$$pV = \frac{R}{\mu}T. \tag{11a}$$

§4. 第一定律 能量和焓作为属性

所谓"热的力学理论"取代了把热作为物质的理论,之后证明后者是站不住脚的. 因为目前理论的名称意味着,热被视为给予它们能量(活力)或生命力的材料粒子随机运动的一种表现. 按照这些想法,Helmholtz 给他在 1847 年出的书取名为"力的守恒". 这是基于这样的假设,整个物理学科可以简化为力学并且材料粒子之间的相互作用应归因于通过它们中心的力.

"热的力学理论"这个称呼显然太狭隘. 太阳辐射当然属于地球的热平衡,同样肯定,这不是一个力学过程. 由于这个缘故,"热力学"这个不生动的称谓是时下首选. "活力"这个含糊的表达正如 William Thomson 所建议的已经由那个"动能"幸运地取代. 能量这个词已经出现在 Aristotle 的著作中;它被 Rankine(1853 年) 引进学科语言;他还用"能量学"这个表达. Robert Mayer 的(《对无生命的自然力》,1842 年) 大胆创意超越了经典力学的框架,并与能量概念的现代诠释完全对应,即使他并没有像 Helmholtz 后来那样给它们精确的数学公式. Mayer 的一个卓越成就是他把重点放在涉及释放(貌似与能量原理矛盾)的过程上,这在目前对催化现象的认识非常重要.

我们以公理的方式引入能量的概念,且不考虑力学,从而说明热力学第一定律:每个热力学系统具有一个特有的属性(状态参数)——能量. 该系统能量随其吸收热量 dQ 而增加,并随对外做功 dW 而减小. 在一个孤立系统中,总能量保持不变.

A. 热功当量

引入 Clausius 的符号 U 表示能量,我们可以对第一定律给出以下数学公式:

$$dU = dQ - dW. \tag{1}$$

在这里,不像 dQ 或 dW,dU 是一个全微分. 因此,对于任意循环,我们一定有

$$\oint dU = 0. \tag{1a}$$

在式 (1) 的右边出现的热量 dQ 不需要以卡为单位;我们可以假定,它已根据 §2 式 (6) 或 §2 式 (7) 转换为力学单位.

我们现将式 (1) 应用于尽可能最简单的热力学系统,即单位质量的均匀流体. 相应的能量称为比能,并以 u 表示,类似于在 §3 式 (11) 中用符号 v 表示比容,或在 §2 式 (3a、3b) 中所加的比热量 dq,从而

$$du = dq - pdv. \tag{2}$$

§4. 第一定律　能量和焓作为属性

首先,我们将用这个公式来确定热的力学当量 J,进而验证 §2 式 (7). 为了这样做,我们考虑两个过程. 第一个过程以恒定的 v 进行,系统的状态从 v、T 变化至 v、$T+\mathrm{d}T$. 第二个过程以恒定的 p 进行,状态从 v、T 变化至 $v+\mathrm{d}v$、$T+\mathrm{d}T$,与第一个过程具有相同的 T 和 $\mathrm{d}T$. 考虑到 §2 定义 (3a、3b),我们有

$$\mathrm{d}u_1 = c_\mathrm{v}\mathrm{d}T, \tag{3}$$

$$\mathrm{d}u_2 = c_\mathrm{p}\mathrm{d}T - p\mathrm{d}v. \tag{3a}$$

假设我们研究的是一个理想气体系统. 然后,可以把 §3 式 (11a) 应用于第二个过程,或

$$p\mathrm{d}v = \frac{R}{\mu}\mathrm{d}T,$$

因此,式 (3a) 变为

$$\mathrm{d}u_2 = \left(c_\mathrm{p} - \frac{R}{\mu}\right)\mathrm{d}T. \tag{3b}$$

在这个阶段,我们对理想气体的定义补充一个热量性质的附加条件:比能 u(和总能量 U,显然) 仅是温度 T 的函数,换句话说,它在一定的 T 下与体积或压强无关. 于是,根据式 (3),c_v 也只是温度 $(= \mathrm{d}u/\mathrm{d}T = u'(T))$ 的函数,并且式 (3) 即可写成积分形式

$$u(T) = \int c_\mathrm{v}(T)\mathrm{d}T. \tag{4}$$

因为 u 是一个属性,路径的性质,无论是在恒定的或可变体积下,是无关紧要的.

这里没能给出我们在理想气体的定义中附加的热量条件的实验和理论依据. 我们将在 §5C 和 §7 中回到这一点上.

由于对于这两个过程假定了相同的 T 和 $\mathrm{d}T$,我们现在可以写出

$$\mathrm{d}u_1 = \mathrm{d}u_2 = u'(T)\mathrm{d}T. \tag{4a}$$

由式 (3) 和式 (3b) 得到

$$c_\mathrm{v} = c_\mathrm{p} - \frac{R}{\mu}, \tag{5}$$

而且

$$\mu(c_\mathrm{p} - c_\mathrm{v}) = R. \tag{5a}$$

左边包含 2 摩尔比热的差别,对所有理想气体其数值约为 2 cal/(deg×mol); 故

$$(c_\mathrm{p} - c_\mathrm{v})_\mathrm{mol} = 2 \text{ cal}/(\text{deg} \times \text{mol}) = 2\frac{\text{kcal}}{\text{kmol} \times \text{deg}}. \tag{5b}$$

将此值代入式 (5a) 中，并利用 §3 式 (9) 得到的 R 值，我们得到

$$1\text{ cal} = 4.16\text{ Erg}, \tag{6}$$

这与我们之前的说明相差不到 1%，此差异是由于在式 (5b) 中 2 值的不准确.

我们可以讨论同一个例子，并以卡作为功的单位. 以这种方式，考虑式 (5b)，式 (5a) 给出

$$R = 2\frac{\text{cal}}{\text{mol} \times \text{deg}}, \tag{7}$$

以及 §3 状态方程 (8) 呈现奇怪的形式

$$pv_{\text{mol}} = 2T\frac{\text{cal}}{\text{deg} \times \text{mol}}, \tag{8}$$

其中，压强是以卡/单位体积为单位的.

B. 焓作为属性

除能量以外，我们引入了一个新的属性，其在工程应用中尤为重要；它被命名为焓并被定义为

$$H = U + pV. \tag{9}$$

术语焓的意思是 "热函数"，而符号 H(原打算使用希腊字母 η) 已经由 Lewis 和 Randall 引入关于热力学的美国标准教科书中；其他符号将在 §7 中列出，那里我们也将从一般的数学概念推出式 (9) 中的定义.

由式 (9)，利用 $dU = dQ - pdV$，我们有

$$dH = dQ + Vdp. \tag{10}$$

在恒定压强 ($dp = 0$) 下 dH 等于从外源进入系统的热量，这也解释了给它的 "热函数"(或 "总热") 的名称.

每摩尔 (有时也即每单位质量) 焓将用 h 来表示，从而

$$h = u + pv, \tag{9a}$$

$$dh = du + vdp. \tag{10a}$$

因此[①]，摩尔比热 c_p 由下式给出：

$$\left(\frac{\partial h}{\partial T}\right)_p = \frac{dq}{dT}\bigg|_{(p=\text{const})} = c_p. \tag{11}$$

[①] 在式 (11) 和式 (11a) 中，以及在随后的公式中，我们应避免写出

$$\left(\frac{dq}{dT}\right)_p \quad \text{或} \quad \left(\frac{dq}{dT}\right)_v$$

因为 q 不是一个属性.

§4. 第一定律 能量和焓作为属性

作为式 (4a) 的一个推论, 我们可以写得更充分,

$$\left(\frac{\partial u}{\partial T}\right)_v = \left.\frac{dq}{dT}\right|_{(v=\text{const})} = c_v. \tag{11a}$$

在理想气体的情况下 $pv = RT$, 因而 h 仅是 T 的函数, 与 u 一样; 因此, 我们有理由对式 (11) 和式 (11a) 的左边分别去掉标记 p 和 v. 从式 (11) 中减去式 (11a), 我们得到

$$c_p - c_v = \frac{d(h-u)}{dT},$$

这与式 (5a) 相同, 因为 $h - u = pv = RT$.

焓的概念在工程应用中尤为重要, 因为它与涉及做功的稳态过程中的能流直接相关. 想象一个汽轮机, 其在每单位时间以恒定的速率接收高压蒸汽. 蒸汽膨胀, 冷却并被汽轮机排出. 我们现在要讨论, 一般情况下, 以稳定的方式工作的任意机器的能量守恒. 我们将假设各热量和各功适用于供给机器的单位质量的气体 (一般而言——工作流体).

取机器进气管的横截面 1(面积 A_1), 并假设一个单位质量刚刚穿过它. 这样内能 u_1(下标 1 指的是在管道横截面 1 处气体的状态) 已被运过 A_1, 这块在流动且其压强为 p_1 的气体, 将位移一个距离 v_1/A_1, 因为在横截面 1 处单位质量的气体所占的体积为 v_1. 外部压强 (如锅炉压强) 因此做的功 = 力 × 距离 = $(p_1 A_1)(v_1/A_1) = p_1 v_1$. 通过 A_1 的能流, 忽略动能, 为

$$u_1 + p_1 v_1 = h_1.$$

同样的道理也适用于假想通过排气管的横截面 2. 假设该机器 (每单位质量的气体) 以速率 w(有效功率) 做功, 并且, 为了一般性, 它以速率 q 消耗热量 (在特殊情况下 q 可以等于 0).

能量方程具有简单形式

$$h_1 + q = w + h_2. \tag{12}$$

这种形式的守恒方程具有的优点是可在机器内发生的任何特定过程不会在其中显示. 我们将在 §5C 中考虑一个很重要的物理过程时回到这个例子.

C. 关于比热 c_p 和 c_v 之比的题外话

在这个阶段, 我们不得不讲一个题外话, 这不属于热力学范畴. 热力学学科仅能提供属性之间的关系, 如式 (5a) 那样, 而不是它们的绝对值. 为了获得后者必须采用微观模型, 正如在气体动力学理论中所做的. 根据后一理论的能量均分定律 (参见 §31B, 在式 (9) 之前), 气体或蒸汽的摩尔比热由下式给出:

$$c_v = \frac{1}{2}fR. \tag{13}$$

这里 f 表示自由度数,并且为

$f=3$, 对单原子分子; 这里只计线性平移, 转动没有任何意义.

$f=5$, 对双原子分子; 它们可被视为具有哑铃型的对称性, 使其除了三个平移自由度外, 还具有两个转动自由度; 绕原子键的转动是不重要的. 同时, 两个原子彼此相对振动只在高温下影响比热, 其可能性在这里不予考虑.

$f=6$, 对于更一般的分子排列, 即 3 个转动自由度 $+3$ 个平动自由度, 内部运动的可能性再次被忽略.

式 (13) 表明, c_v 对每种气体是一个特征常数, 即它不仅与 v 无关, 而且与 T 也无关. 相应的 c_p 值, 也是每摩尔, 从式 (7) 获得, 且为

$$c_p = \left(1 + \frac{1}{2}f\right)R. \tag{13a}$$

从式 (13) 和式 (13a), 我们发现

$$\frac{c_p}{c_v} = \gamma = 1 + \frac{2}{f}. \tag{14}$$

γ 的数值对单位质量比热和摩尔比热是相同的, 其为

f	3	5	6
γ	$1+\frac{2}{3}=1.66$	$1+\frac{2}{5}=1.40$	$1+\frac{2}{6}=1.33$

对于 $f=3$ 的例子: 汞蒸气和惰性气体氦、氖、氩、$\cdots$.

对于 $f=5$ 的例子: H_2、N_2、O_2、$\cdots$、空气.

对于 $f=6$ 的例子: 所有的多原子气体.

热力学关系式 (5) 是精确的并且依然不受量子修正影响. 另一方面, 式 (13) 和式 (13a) 的值是或多或少近似准确的, 必须借助于量子理论完善. 特别是, $\gamma=1.33$ 仅是一个平均值, 多原子气体组本身的实验值或多或少与其接近. 然而, 值得注意的是, $f=4, \gamma=1.50$ 的情况不对应于任何几何模型或任何类型的分子对称性, 在自然界不存在.

目前题外话的目的, 一方面是要看到热力学学科的长处和短处, 另一方面是要看到气体动力学理论的长处和短处.

§5. 可逆和不可逆绝热过程

我们将通过强调可逆过程与不可逆过程之间的差异开始.

可逆过程根本不是实际上的过程, 它们是平衡态序列. 我们在现实生活中所遇到的过程总是不可逆过程, 这些扰乱平衡的过程是等价的. 替代使用术语 "可逆过

程",我们也可以说无限慢、准静态过程,在此期间,系统做功的能量被充分利用,并没有能量消耗. 尽管可逆过程不是真实的,它们在热力学中是最重要的,因为可以仅通过考虑可逆变化获得确定的方程组;不可逆变化当使用平衡热力学时只能借助于不等式来描述.

对于一个过程是可逆状态的实际判据是,若该过程能够向前进行,然后又返回到原来的状态,在其过程期间周围没有任何形式的持久变化.

A. 可逆绝热过程

绝热这个术语意味着:排除热向体系来回传递;在这方面,由 Dewar 发明的保温瓶可以被认为是绝热的. 相反的情况是,一个等温过程;为了保持温度,有必要让热传递;在这方面,可以想象一个水池,我们将一定量的气体浸入其中.

考虑单位质量的理想气体,并把

$$\mathrm{d}q = 0, \quad \mathrm{d}u = c_\mathrm{v}\mathrm{d}T$$

代入 §4 式 (2),考虑 §4 式 (4),我们则有

$$c_\mathrm{v}\mathrm{d}T = -p\mathrm{d}v. \tag{1}$$

为了将其转化成 v 和 p 之间的关系,我们使用 §3 状态方程 (11a). 替代式 (1),我们可以写成

$$\frac{\mu}{R}c_\mathrm{v}(p\mathrm{d}v + v\mathrm{d}p) + p\mathrm{d}v = 0,$$

$$\left(c_\mathrm{v} + \frac{R}{\mu}\right)p\mathrm{d}v + c_\mathrm{v}v\mathrm{d}p = 0.$$

因此,鉴于 §4 式 (5)

$$c_\mathrm{p}p\mathrm{d}v + c_\mathrm{v}v\mathrm{d}p = 0,$$

或者,考虑 §4 式 (14):

$$\frac{\mathrm{d}p}{p} + \gamma\frac{\mathrm{d}v}{v} = 0, \tag{2}$$

我们现在假设 γ 是一个常数,见 §4 的末尾,以使我们实际上越过这条得到 u 进而 c_v, c_p 和 γ 仅取决于 T 的热学假设. 在这种情况下,式 (2) 可以直接积分,从而

$$\log p + \gamma \log v = 常数.$$

这是一个可逆绝热 (等熵) 过程的 Poisson 方程. 它可以写成

$$pv^\gamma = 常数. \tag{3}$$

Poisson 方程在气象学中非常重要. 我们可能还记得在第二卷式 (13.17a) 中声速的计算, 借助于 Poisson 方程 (描述为其指数 $n = \gamma$ 的多方方程). 借助于 §3 状态方程 (11a), 将 Poisson 方程转换为 T、v 或 T、p 坐标, 我们分别得到

$$Tv^{\gamma-1} = \text{常数} \quad \text{或} \quad Tp^{(1-\gamma)/\gamma} = \text{常数}, \tag{3a}$$

式 (3) 和式 (3a) 中的常数可以根据初始状态 p_0、v_0、T_0 表示如下:

$$\text{常数} = p_0 v_0^{\gamma} \quad \text{或} \quad T_0 v_0^{\gamma-1} \quad \text{或} \quad T_0 p_0^{(1-\gamma)/\gamma}.$$

根据 Boyle 定律, 在 p-V 平面中等温线由等边双曲线表示; 另一方面, 根据 Poisson 方程 (3), 绝热线陡峭地下降 (如图 2 所示). 在 T-V 平面中, 绝热线明显不太陡, 因为在式 (3a) 中的指数 $\gamma - 1$, 如图 2a 所示.

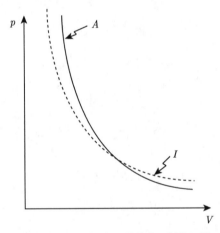

图 2　在 p-V 平面中, 理想气体可逆绝热 (等熵) 线 A, 等温线 I

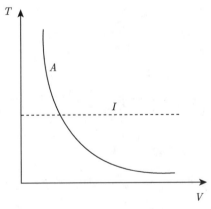

图 2a　在 T-V 平面中, 理想气体可逆绝热 (等熵) 线 A, 等温线 I

§5. 可逆和不可逆绝热过程

为了清楚地了解一个过程的可逆性质,我们设想气体被局限在横截面积为 A 的圆柱形容器中. 该容器进而通过防止任何热交换的墙壁封闭,并且该气体的顶部有一个很轻的活塞. 活塞由平衡气体压强的砝码 $P = pA$ 保持平衡. 我们可以设想 P 被细分为许多小砝码 δP, 它们将被逐一去除. 这使得活塞每次上升时,其压强 p 减小. 每个砝码 δP 放置在容器外面,在同一高度去除它,从而在此过程中没有功的增加或减少. 气体压强将从其初始值 p(如 2 kp/cm^2) 下降到最终值 p_1(如 1 kp/cm^2), 并且体积将从初始值 V(如 1L) 增加至最终值 V_1(在本例中 $2^{1/\gamma}\text{L}$). 与其原有的高度相比,每个 δP 的重心已经提高. 这个抵抗重力的功来自气体对活塞做的功. 它并没有失掉,被存储在升高的 δP 的砝码中. 如果我们现在把这些砝码逐一放回活塞上的原位,气体将被再压缩,加热并将恢复到其初始状态. 该过程是可逆的,条件是它以无限小的步骤进行并且足够缓慢[①],即每一步把 P 充分细分为 δP 元.

B. 不可逆绝热过程

若活塞 (连同砝码 P) 被突然提升,气体会先流入真空,不对外做功. 由此产生的扰动逐渐消退,气体静止下来. 什么是气体的最终状态? 它是由于内部摩擦变热了吗,或者它由于膨胀了而变冷? 二者都不是: 就最终状态而言,过程不仅绝热而且等温,该近似对所考虑的气体和理想气体一样好.

前面的实验是首先由 Gay-Lussac 在 1807 年做的 (流动实验), 然后 Joule 通过提高精度来重复. 使用两个玻璃瓶,而不是原来的圆柱形装置; 它们通过配有活塞的细管连接起来. 一个瓶抽成真空,另一个充满了实验气体. 活塞打开并且达到平衡后,测量到最终的温度,尤其是空气或氢气,与开始时的温度基本相同.

为了得到这种结果,我们将首先考虑 Robert Mayer[②]用于热功当量的计算和由此导致第一定律的循环. 在初始状态 1, 如图 3 所示, 该气体处在大气压强 p_1 下并具有体积 V_1. 它在恒定体积 V_1 下被加热,直到其压强变为 p_2, 如图 3 中 2 点所示. 现在允许它从一个容器流到另一个容器膨胀至 V_3. 忽略扰动偏差,它将沿经过 2 的等温等边双曲线达到一个状态. 循环的这个部分用虚线示出,因为它没有详细定义; 只用实线画出了位于 2 点和 3 点另一侧的双曲线部分. 若 V_3 被如此选择, 则相应的压强等于 p_1, 现在可以在恒定压强 p_1 下通过对气体做功把它再压缩至其初始体积.

[①]可逆过程必须进行得无限缓慢. 然而, 反过来不对, 因为一个无限缓慢的过程不一定是可逆的. 说明后一种情况的例子: 电容器通过一个非常大的电阻放电.

[②] 基于比热的同样计算, 在年轻时去世的 Sadi Carnot(1796—1832) 留下的论文中发现. 他是在第一卷中与式 (3.28b) 有关的几何学家和军官 Lazarus Carnot 的儿子. 因此 Sadi Carnot 可以被视为不仅为第二定律, 而且也为第一定律第一部分铺平了道路.

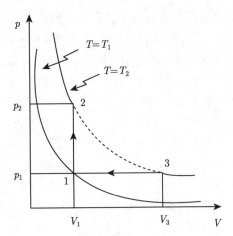

图 3　用于测定热功当量的循环

沿三条路径 12、23 和 31 每单位质量的气体的能量变化是

$$\int_{T_1}^{T_2} c_v \mathrm{d}T; \quad 0; \quad \int_{T_2}^{T_1} c_p \mathrm{d}T - p_1(v_1 - v_2). \tag{4}$$

根据 §4 式 (1a), 这些项的总和必为零. 此外, 如果我们考虑到理想气体的状态方程, 并让温差 $T_2 - T_1$ 变得微乎其微, 因此, 我们得到 §4 式 (5a) 以及 §4 式 (6) 中热功当量的值.

显而易见的是, 在 §4 式 (5a) 中我们用不同方法时, 所考虑的循环必须给出相同的结果, 因为两者都是基于同样的假设, 即在理想气体的能量只是 T 的函数的前提下.

C. Joule-Kelvin 多孔塞实验

为了完善让气体流入一个真空容器的实验, William Thomson 设计了多孔塞实验并与 Joule 合作进行了实验. 在实验中气体被强制通过一个棉花做成的塞子, 气流缓慢而有序地从塞前较高的压强行进至塞后较低的压强. 通过的棉塞被安置于山毛榉制成的管子中的总的意图和目的是, 它是热绝缘体, 气流变缓慢了. 达到一个稳态后, 不论其内部温度分布多么复杂, 棉塞中的温度趋于稳定, 同样, 棉塞左侧的温度与右侧的温度也是如此.

我们将考虑图 4 所示任意截面 A 和塞子的右端 B 之间包含的一团气体, 并且我们将跟踪它的运动直到它到达位置 $A'B'$, 这时 A 处的粒子已到达塞子的左端. 在此运动期间, 这团气体受到来自左侧的一个力 pA (A 为管道的横截面积), 反向力是 $p'A$. 其左边走过的路径是 V/A, 而右边走过的路径是 V'/A, 所做的总功是

$$\int \mathrm{d}W = pV - p'V'. \tag{5}$$

§5. 可逆和不可逆绝热过程

另一方面是既没有热量通过气体左边或右边传递, 也没有通过山毛榉管传递. 故

$$\int dQ = 0. \tag{5a}$$

根据第一定律

$$U - U' = -pV + p'V'. \tag{6}$$

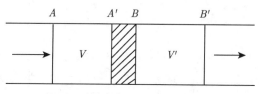

图 4 Joule-Kelvin 多孔塞实验

到目前为止, 我们的论证适用于任何气体. 因此, 我们指出以下 Joule-Kelvin 多孔塞实验的一般结果:

$$U + pV = U' + p'V' \quad \text{或} \quad H = H'. \tag{7}$$

换句话说, Joule-Kelvin 过程的特征在于气体的焓在它流经多孔塞时保持不变的事实. 这里我们回想一下在 §4B 中最后关于在蒸汽机的进气管和排气管中的能流的说明. 显而易见的是, 在式 (7) 中计算出的能量表示先前讨论的能流 (假如已适当地选择能量的单位), 而我们目前的例子可以作为前述一般定理的一个特殊说明.

特别是, 对于理想气体, 式 (6) 的右边变为

$$\frac{M}{\mu} R(T' - T),$$

其中, M 表示在体积 AB 中所含气体的质量.

事实上, Joule-Kelvin 实验表明在空气的情况下 T 和 T' 之间相差很小, 而对氢气该差异难以测量出来. 由此结果, 我们得出这样的结论: 在理想的极限情况下, 我们有

$$U' = U, \quad \text{与} V \text{无关}. \tag{8}$$

这与 Gay-Lussac 实验结果相同, 所不同的是它现在以高得多的精度被推导出来. 只是现在才使在 §4 式 (4) 中我们附加的热量条件建立在确实的实验基础上.

D. 非常重要的一个结论

我们现在要讨论第一定律, 并且将把其应用于理想气体, 例如, 单位质量的气体中的可逆过程. 基于现已建立的关系: $u = u(T)$, $c_v = c_v(T)$, $du = c_v(T)dT$ 和状态方程, 我们写出

$$dq = du + pdv = c_v(T)dT + \frac{R}{\mu}\frac{T}{v}dv. \tag{9}$$

两边同时除以 T，得到

$$\frac{\mathrm{d}q}{T} = c_v(T)\frac{\mathrm{d}T}{T} + \frac{R}{\mu}\frac{\mathrm{d}v}{v}. \tag{9a}$$

我们知道，$\mathrm{d}q$ 不是一个全微分，但式 (9a) 表明 $\mathrm{d}q/T$ 是可积的. 令 $\mathrm{d}s = \mathrm{d}q/T$，通过把式 (9a) 积分我们得到

$$\int_{T_0,\,v_0}^{T,\,v} \mathrm{d}s = s - s_0 = c_v \log\frac{T}{T_0} + \frac{R}{\mu}\log\frac{v}{v_0}. \tag{10}$$

这里已假定 $c_v =$ 常数，这是方便的，但不是必要的；s 是一个属性，它与初始状态和最终状态之间的路径无关，而只取决于 T, v 特性的瞬时值，如果初始特性是固定在任意状态. 与 Clausius 一致，我们把这个新属性称为熵. 这个词的意思是 "可变换性".

为了至少在此阶段认识熵的真正意义，我们把能量方程 (9) 写成以下形式：

$$\mathrm{d}u = T\mathrm{d}s - p\mathrm{d}v, \tag{11}$$

因为 $\mathrm{d}q = T\mathrm{d}s$. 我们的结论是 s 对 T 是共轭的，与 v 对 p 的意义相同：s 具有对应于强度属性 T 的广延属性，在 §1 中已经提及求出它的问题了.

显而易见的是，熵的定义 (10)，可以从单位质量扩展到 1 摩尔以及任何质量 M(在这种情况下，我们用 S, V 代替小写符号).

在 A 部分中讨论的绝热过程也可称为 "熵过程"，因为 $\mathrm{d}q = 0$ 意味着它们是等熵曲线. 其实，很容易使人清楚，上面的方程 (3a) 在 T-v 平面中与从式 (10) 得到的方程 $s =$ 常量是相同的.

§6. 第 二 定 律

为了呈现热力学学科中最重要的因素，我们将遵循由 Sadi Carnot 1824 年发起，随后 Rudolf Clausius 1851 年以及 William Thomson 1850 年再接着的经典路径. Carnot 的论文题目 "火的动力的思考和发展的手段" 体现了热力学和往复式蒸汽机发展之间的历史关联.

Carnot 基于他关于水力类比的思考：他认为热物质从高温向低温传递时可以做功，与水从高处流向低处时可以做功的方式相同. 这一类比的不足明显来自没有热物质存在这个坚不可摧的事实. 然而尽管如此，Carnot 的说法证明是具有长期意义的，在直到 25 年后才发现的第二定律的发展中必不可少.

我们将以一个公理的方式说明第二定律，就像我们在 §4 中对第一定律所做的 (以及在 §1 中对 "第零" 定律所做的)：

§6. 第二定律

所有的热力学系统具有一个被称为熵的属性. 它是由假设系统的状态从一个任意定的参考状态通过一系列的平衡态变到实际状态, 并且通过每一步吸收的热量 dQ 与"绝对温度" T 的商的总和来计算; 后者在这方面是同时被定义的. (第二定律的第一部分)

在实际(即非理想)过程中一个孤立系统的熵增加. (第二定律的第二部分)

下面我们将提供这个命题的一个"证明", 但这只能说我们将其化为简单的、显而易见的表述, 根据它们的性质, 不能反过来证明. 其中最简单的似乎是: 热不能自发地从低温向高温传递(Clausius). 在这方面, 有必要明确定义"自发"这个词的含义, 而我们认为这意味着除了参与热交换的物体, 过程中没有引起任何类型的永久性的变化. 以下 Kelvin 表述, 与 Clausius 表述等价: 不可能通过只将一个物体冷却到低于其周围最冷部分的温度而连续地做功. 如果不是这样, 就可能将功转化为热, 例如, 通过摩擦, 并因此使其温度升高. Ostwald 以现在通常引用的一种形式表示这一原理: 不可能设计一个"第二类永动机", 即一种机器, 其将周期性地做功, 并不产生其他变化, 除了提升一个重物和冷却一个热库.①(正如所知的第一定律表示, 不可能建成一个第一类永动机.)

A. Carnot 循环及其效率

我们将使用一个任意的但均匀的工作流体. 术语"均匀"表示其状态通过指出它的两个力学变量 V 和 p 来描述; 这反过来又借助于一些基本的状态方程来决定热学变量 θ. 符号 θ 代替 T 体现了温度首先借助于一个任意标定的温度计 (如热电偶等) 测量的事实.

一个 Carnot 循环的路径 (如图 5 所示) 由两条等温线 12 和 34 以及两条绝热线 23 和 41 组成. 沿 12, 要从"锅炉"(具有温度 θ_1 的热源) 吸收一定的热量 Q_1, 而沿 34 要把热量 Q_2 放给一个冷却器 (热源 θ_2). 传递的总热量为

$$\oint dQ = Q_1 - Q_2.$$

工作流体所做的功等于

$$\oint dW = \oint p dV = W,$$

与 §2 中示意图的方式相同.

根据第一定律

$$W = Q_1 - Q_2, \qquad (1)$$

由于内能 U 返回到其在 1 点的初始值. 循环效率被定义为

$$\eta = \frac{\text{做的功}}{\text{吸收的热量}} = \frac{W}{Q_1} = 1 - \frac{Q_2}{Q_1}, \qquad (2)$$

---
① Formulierung von Planck, Thermody-namik, 8 Aufl., §110.

即与蒸汽机的方式相同.

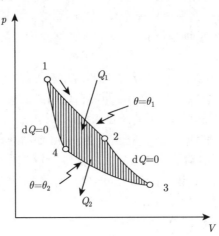

图 5 Carnot 循环

Carnot 考虑一个发动机 **E**, 其无限缓慢 (无摩擦或辐射损失) 地实现过程 1234, 以使工作流体始终处于热平衡. (在这种情况下, 绝热线一定是与 §5 中所述的与理想气体相关的特殊情况定性相同.) 这样的发动机被称为可逆的: 它同样可以沿 1432 方向历经系列平衡态进行, 在这种情况下, 它不作为一个原动机, 但作为一个制冷机 ($W < 0, Q_2 > Q_1$; 现在需要外界做功 $|W|$, 以使冷却器的温度进一步降低).

Carnot 表明, 这种发动机的效率与工作流体的性质无关. 为了做到这一点, 他考虑两个发动机 **E** 和 **E**′, 它们以不同的工作流体但在相同的热源 θ_1 和 θ_2 之间运行, 做同样的功 W. **E**′ 处置的热量分别以 Q'_1 和 Q'_2 表示. 让我们假设

$$\eta' > \eta. \tag{3}$$

在这种情况下, 以这样的方式安排 **E** 和 **E**′: **E** 作为一个制冷机, 即沿 1432 方向, 由 **E**′ 驱动. 由式 (2) 和式 (3), 我们有

$$\frac{|W|}{Q'_1} > \frac{|W|}{Q_1}, \text{ 即 } Q_1 > Q'_1.$$

较热的热源从 **E** 接收的热量比它失给 **E**′ 的多. 由于 **E** 和 **E**′ 同时运行, 这种差异 $\Delta Q = Q_1 - Q'_1$ 来自低温 θ_2 处. 总的效果是, 从低温 θ_1 处传递热量 ΔQ 而没有做功且没有引起 **E** 和 **E**′ 或周围环境中任何永久性变化. 根据前面的假设, 这是不可能的. 因此, 假设 (3) 是站不住脚的.

$\eta > \eta'$ 的假设同样是站不住脚的: 为了与我们的假设再一次发生矛盾, 交换 **E** 和 **E**′ 的角色足矣. 因此, 我们一定有

$$\eta' = \eta. \tag{4}$$

所有只在两个温度 θ_1 和 θ_2 进行热交换的可逆机具有同等的效率. 鉴于式 (2), 式 (4) 可换成

$$\frac{Q_1}{Q_2} = f(\theta_1, \theta_2), \tag{5}$$

其中, f 表示一个通用函数, 它与工作流体和热机的设计无关.

B. 第二定律的第一部分

为了把两个变量的函数 $f(\theta_1, \theta_2)$ 分成各一个变量的两个函数, 需要在两个温度 θ_1、θ_2 和任意的热源但恒定的中间温度 θ_0 之间组合两个可逆 Carnot 循环, 使得热源 θ_0 作为一个循环的冷却器吸收的热量 Q_0, 与它作为另一个循环的加热器而放出的热量相同. 在这种方式下, 热源 θ_0 不会进入热平衡方程并且简单的循环 (θ_1, θ_2) 被看作与复合循环 $(\theta_1, \theta_0) + (\theta_0, \theta_2)$ 运转相同的热量. 除了式 (5), 我们可以写出方程

$$\frac{Q_1}{Q_0} = f(\theta_1, \theta_0); \quad \frac{Q_0}{Q_2} = f(\theta_0, \theta_2), \tag{6}$$

其中, 热量 Q_1 和 Q_2 与单循环的一样. 两式相乘, 我们有

$$\frac{Q_1}{Q_2} = f(\theta_1, \theta_0) \times f(\theta_0, \theta_2). \tag{6a}$$

与式 (5) 比较, 我们求得

$$f(\theta_1, \theta_2) = f(\theta_1, \theta_0) \times f(\theta_0, \theta_2). \tag{6b}$$

插入一种特殊情况 $\theta_1 = \theta_2$[①], 所以, 根据式 (5), 我们也有 $f(\theta_1, \theta_1) = 1$,

$$f(\theta_0, \theta_2) = 1/f(\theta_2, \theta_0).$$

因此, 式 (6b) 也可以写为

$$f(\theta_1, \theta_2) = \frac{f(\theta_1, \theta_0)}{f(\theta_2, \theta_0)}. \tag{6c}$$

由于 θ_0 抵消掉, 式 (5) 和式 (6c) 导致

$$\frac{Q_1}{Q_2} = \frac{\phi(\theta_1)}{\phi(\theta_2)}. \tag{7}$$

我们现在可以把绝对温标以这样的方式与本质上任意温标 θ 关联: 绝对温标与 θ 的每个标定有对应的标定

$$T = \phi(\theta), \tag{7a}$$

[①] 注意到, 我们现在放弃 θ_0 介于 θ_1 和 θ_2 之间的规定, 不过这一点对结果没有影响.

我们将在 §10 中介绍这如何在实际中做到. 目前我们只说, 如果把一个合适值选为 $\phi(\theta)$ 中仍然任意的常数因子, 这个绝对温度 T 与气体温度计测量的温度在其中测温物质的行为像一个理想气体时相一致. 这个命题将在习题 1 中进一步证明.

式 (7) 和式 (7a) 可组合成 Carnot 比:

$$Q_1 : Q_2 = T_1 : T_2. \tag{8}$$

由此我们推断出效率公式, 即

$$\eta = \frac{T_1 - T_2}{T_1}. \tag{8a}$$

并将其应用到一个无限窄的 Carnot 图 (有限温差, 但吸收和放出无限少的热量 dQ_1 和 dQ_2), 我们得到

$$\frac{dQ_1}{T_1} = \frac{dQ_2}{T_2}. \tag{8b}$$

我们考虑一个任意的但仍然可逆的循环. 借助于图 6 的 p-V 图中闭合回路表示它, 并在其上选择两个任意点 A 和 B. 现在, 我们用一些无限窄的 Carnot 循环替代这个过程. 闭合回路现由一系列小锯齿替代, 如在图 6 中的 A 和 B 处所示, 这样做对积分没有影响. 如果我们考虑放热 dQ_2 是负的, 这是完全一致的, 我们从式 (8a) 即得到

$$\oint \frac{dQ_{\text{rev}}}{T} = 0, \tag{9}$$

其中积分对整个回路进行. dQ 的下标明确强调所考虑的循环的可逆性. 根据 §1, 式 (9) 是

$$dS = \frac{dQ}{T} \tag{10}$$

为全微分的充要条件, 前提是 dQ 的吸收是可逆的 (可用功全部利用). 如果我们根据第一定律让 $dQ = dU + dW$, 可逆性是有保证的, 即如果替代式 (10), 我们对于现正考虑的简单的工作流体写出式 (10a):

$$dS = \frac{dU + pdV}{T}. \tag{10a}$$

在上述意义上定义的绝对温度, 参见式 (7a), 可见是出现在式 (10a) 分子中的不完全微分的积分分母.

§6. 第二定律

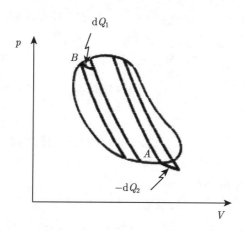

图 6 一个任意可逆过程当作无限窄的 Carnot 循环之和的表示

式 (9) 已被证明对于一般积分路径是正确的,但它仍然只适用于一个非常特殊的热力学系统 (均匀流体). 然而,它适用于由不同物质组成的,以不同的相出现,以及具有任意自由度数 (如电或磁) 的任何系统,前提是该系统不进行任何不可逆的过程,如摩擦、Joule 热等.

如果我们首先考虑一个单一的,即具有两个自由度系统的第 i 个均相部分,根据式 (10) 我们发现

$$dS_i = \frac{dQ_i}{T_i} \tag{10b}$$

是一个全微分; 这里 T_i 表示此第 i 部分的绝对温度,以及 dQ_i 表示它不管是从外部或由系统的其他部分可逆吸收的总热量.①

我们现在构成总和

$$dS' = \sum_i dS_i = \sum_i \frac{dQ_i}{T_i}, \tag{10c}$$

并发现,这也是一个全微分,与描述过程的系统变量的选择无关. 这个和比式 (10b) 中的各个表达式之和简单,因为在式 (10c) 中无需包含各部分之间传递的热量. 由于这种热传递已假定可逆,它们一定在相同的温度下发生在各部分之间 (必须排除普通热传导!). 以 i 和 i' 表示这样的两个子系统,我们有 $T_i = T_{i'}$ 和 $dQ_i = -dQ_{i'}$ (i 吸收的热由 i' 放出). 由此可见,由于这种传递得到的这些项彼此抵消. 在热平衡传递的热量同样如此,其将在 §8B 着重指出,规定两相温度相等. 因此,我们可以将 dQ_i 的含义只限于表示第 i 部分从外部吸收的热量.

---

① 当存在两个以上的自由度时,可以固定除了 2 以外的所有自由度,利用不同的组合,并对每部分过程应用式 (10).

如果两个子系统彼此由一个绝热壁隔开，原则上不排除 T_i 和 $T_{i'}$ 之间不等. 然而, 这将需要对这些子系统进行适当的人工组合. 通常, 我们会发现热平衡不仅遍及单一部分 (在 i 中 T_i 为常数), 而且遍及整个系统 ($T_i = T$). 在这样的情况下, 式 (10c) 化为

$$dS = \frac{1}{T}\sum_i dQ_i = \frac{dQ}{T}, \tag{10d}$$

这与式 (10) 等同; dQ 这里表示整个系统从外部环境可逆吸收的热量. 方程 (10)、方程 (10a) 以及更一般的方程 (10c), 直接显示出作为系统的一个属性熵 S 的存在, 从而给出第二定律第一部分的证明.

任意两个状态 A 和 B 之间的熵差借助于下列方程计算:

$$S_B - S_A = \int_A^B \frac{dQ_{\text{rev}}}{T}. \tag{11}$$

我们想强调的事实是积分路径与系统从 A 到 B 实际上的路径没有关系. 实际过程总是至少部分不可逆. 然而, 式 (11) 要求选择一个假想的可逆路径. 具体选择的路径是无关紧要的, 因为 S 是一个属性, 因此它是与路径无关的.

这样计算最简单的例子由 §5C 中图 4 描述的多孔塞实验所提供, 图中的 2 点和 3 点与式 (11) 中的状态 A 和 B 对应. 因为此过程是绝热的, 我们有 $dQ = 0$, 所以对于这个实际过程

$$\int_2^3 \frac{dQ}{T} = 0,$$

与扰动转变中普遍存在的瞬时温度偏离等温线 (在图 3 中以虚线表示) 的多少无关. 另一方面, 对于虚拟的可逆过程, 我们可以选择让它沿着等温线, 我们有 $dU = 0$, $dQ_{\text{rev}} = dU + pdV = pdV$, 所以每摩尔气体遵从

$$\Delta S = S_3 - S_2 = \int_2^3 \frac{pdV}{T} = R\int_2^3 \frac{dv}{v} = R\log\frac{v_3}{v_2}.$$

若我们替代等温线沿着图 3 中 23 + 31 积分, 会明显地得到相同的值, 这很容易验证. 请注意这一事实, §3 式 (10) 中熵的初步估算利用了在前面式 (10a) 的意义下可逆吸收的热量, 而在 §9B 中的 van der Waals 气体同样是如此.

我们的例子清楚地表明, 末态熵的存在和取值只取决于状态本身, 而与它是否可逆达到无关. 其值, 这里以 S_3 表示, 是确定的, 除了一个常数, 这里以 S_2 表示.

关于从式 (10b) 至式 (10c) 的转变, 我们想说, 它意味着部分熵是可加的. 这通常是在经典热力学中假定, 但是按统计力学的更高观点, 它未必是这样, 参见 §31A.

当一个系统不与周围环境相互作用时, 即当没有热量传递并且没有做功时, 它被称为孤立系统. 这样的一个系统的能量是恒定的, 因为 $dQ = 0$ 和 $dW = 0$. 根据

式 (11), 这样的一个系统的熵也将不变:

$$S_B = S_A. \tag{12}$$

这是一个悖论, 它似乎违背了第二定律的第二部分. 究其原因, 还在于我们对于式 (10b) 中及以下的一个 "热力系统" 的概念给予过于狭隘的解释, 因为我们已排除了该系统的各部分之间所有不可逆的相互作用, 从而意味着热力学平衡. 实际上有必要这样做以计算式 (11) 中的熵差. 式 (12) 中所包含的命题, 即一个孤立系统的熵是恒定的, 该系统处于热平衡, 仅在上述限制条件下是正确的.

C. 第二定律的第二部分

现在我们假设在 A 部分中考虑的两个发动机 E 和 E′, 其中 E′ 是不可逆的. 在这种情况下, 当由 E′ 驱动的 E 作为一个致冷机在与 E′ 相同的温度之间工作时, 我们仍然可以实现在式 (3) 中假定的操作模式, 从而能够证明 $\eta' > \eta$ 不可能, 但反向操作是不可能的. 替代我们现有的式 (4), 因此

$$\eta > \eta', \tag{13}$$

因为 $\eta = \eta'$ 也被 E′ 是不可逆的假设排除了. 可逆 Carnot 循环比在同样温度之间运行且产生相同功率的不可逆 Carnot 循环具有更大的效率. 后者比前者不经济; 对于相同的功率它需要更大的燃料支出: $Q_1' > Q_1$.

保留式 (8) 中给出的绝对温度的定义, 并按照式 (8a) 和式 (2), 我们从 $1 - \eta < 1 - \eta'$ 得出结论

$$T_2/T_1 = Q_2/Q_1 < Q_2'/Q_1',$$

因此

$$\frac{Q_1'}{Q_2'} < \frac{T_1}{T_2}. \tag{13a}$$

对于无限窄的 Carnot 图, 我们有

$$\frac{dQ_1'}{T_1} = \frac{dQ_2'}{T_2}$$

替代式 (8b). 遵循之前同样的推理 (即通过细分为无穷多个循环), 我们可以证明对于任意一个部分或全部不可逆的循环, 一定有

$$\oint \frac{dQ'}{T} < 0, \tag{14}$$

如果放出热量, dQ_2' 等被认为是负的. 我们现在把这个循环分成两段, $A \to B$ 和 $B \to A$, 并假设 $B \to A$ 段仅包含无限小的可逆过程, 而所有不可逆过程沿着 $A \to B$

进行. 把式 (11) 应用于 $B \to A$ 段, 我们可以改写式 (14), 显示

$$\int_A^B \frac{dQ'}{T} + S_A - S_B < 0$$

或

$$S_B - S_A > \int_A^B \frac{dQ'}{T}. \tag{15}$$

这个不等式适用于任何类型的系统. 为了保持一致, 我们现在可以解除与式 (10c) 有关的限制, 并允许不可逆过程在其中发生. 因此 dQ' 可以表示为 dQ_e (从外面吸收的热) 与 dQ_i (系统内不可逆的热传递) 之和. 对于一个**孤立系统**($dQ_e = 0$), 我们现在可以写出

$$S_B - S_A > \sum \int_A^B \frac{dQ_i}{T}. \tag{15a}$$

对于每个单独的过程 dQ_i, 在式 (15a) 中积分是正的, 因为 dQ_i 出现了两次, 一次为正值, 一次为负值, 分母在前一情况下更小 (例如, 多孔塞实验或有限温差下热传导). 因此, 更不用说

$$S_B > S_A. \tag{16}$$

一个孤立系统的熵只能增加. 第二定律认为自然现象具有一个明确的方向, 这是力学观点没有的.

为了澄清式 (16) 和式 (12) 中自相矛盾的说法, 我们将引入迟缓平衡的概念. 我们假设状态 A 是既在式 (16) 中也在式 (12) 中的一种平衡, 但我们假设它包含可通过应用人工装置防止相互作用的不同部分. 在这方面, 我们可能会想到一个分隔两个气相, 防止它们混合的防渗壁. 如果通过任意小的功就能除去这样的壁 (例如, 一个阀门的开启、一个电触点的闭合), 一个不可逆的过程会开始并且会继续下去, 直到达到一个新的平衡态 B. 我们还可以想到通常处于 A 的条件下不能化学结合但催化剂的存在可以促使两种物质的反应. 后者不参与能量的转移, 但它使一个不可逆的化学过程能够发生, 从而转变到一个新的平衡态 B. 第二定律对这种过程的细节没有陈述, 但它使我们能够计算从平衡态 A 转变到平衡态 B 时熵的变化. 为了做到这一点, 考虑任意导致从 A 到 B 的可逆过程, 并进行下面的积分就可以:

$$S_B - S_A = \int_A^B \frac{dQ_{\text{rev}}}{T};$$

其值与 A 和 B 之间可逆路径的特定选择无关.

式 (16) 中处于状态 B 的平衡条件现在不同于处于状态 A 的平衡条件. 在这种方式下, 处于 A 时的一个不可逆的迟缓过程成为可能, 并且可以达到满足 $S_B > S_A$ 的一个新的平衡态 B.

D. 最简单的算例

根据式 (8a), 一个理想的蒸汽机的效率将是

$$\eta = \frac{T_1 - T_2}{T_1} = \frac{80}{373} = 21.4\%, \tag{17}$$

如果它运行一个 Carnot 循环. 我们这里假设 $T_1 = 100\ ℃$, $T_2 = 20\ ℃$. 一个蒸汽机的实际示意图不同于 Carnot 循环 (图 1 与图 5 相比); 然而, 图 1 中的高压线与沸水的等温线是等同的, 而低压线约是大气温度下的. 所示的 21.4% 的极限在现代设计中近似达到, 但它永远无法被超越.

如果我们假设式 (17) 中 T_2 保持不变, 发现 η 随着温度 T_1 的升高而增加.

过热蒸汽 (机车) 比处于正常沸点温度的蒸汽更有效. 然而, 在工程实际中使用的压强大小有一定的限制. 出于这个原因, 开发汞蒸汽涡轮机的工作许多年前在美国启动. 通过汞蒸气涡轮机与蒸气涡轮机的耦合能够获得一个在 535 ℃ 和 35 ℃ 之间运行的装置, 这对应于理想效率

$$\eta = 62\%.^{①}$$

柴油机 (点火温度 400 ℃) 在比蒸汽机更大的温差下运行, 并具有一个相当大的理想效率. 我们这里说, 一个柴油机循环的效率不能直接从 Carnot 循环来推断, 因为其示意图与后者大不相同.

因此能够大致说明: 热在较高温度下比在较低温度下更珍贵. 功可以视为相当于无限高温度下的热.

效率 $\eta = 100\%$ 可以在一个原动机中实现, 如果它能够在其冷却器中保持绝对零度. 我们在 §12 中将发现, 严格来讲, 这样的效率无法实现.

在这个阶段, 我们要插一句历史性的话. 以我们原来的 θ 温标来写, 并假设一个无穷小的温差 $\theta_1 = \theta$ 和 $\theta_2 = \theta - \mathrm{d}\theta$, 由式 (2) 及式 (7), 效率由下式给出:

$$\eta = 1 - \frac{\phi(\theta - \mathrm{d}\theta)}{\phi(\theta)} = \frac{\phi'(\theta)}{\phi(\theta)} \mathrm{d}\theta = C(\theta) \mathrm{d}\theta. \tag{17a}$$

函数 $C(\theta) = \phi'(\theta)/\phi(\theta)$ 在较旧的文献中被称为 "Carnot 函数". 在绝对温标中同样的名称属于函数

$$C(T) = \frac{1}{T}. \tag{17b}$$

第二定律意想不到地能应用于代数不等式的推导包含在习题 4 中.

---

① 这些言论目前都不太确切, 因为现代工程实践已经发展了处理非常高 (近临界和超临界) 压强下蒸汽的方法并且温度超过引用的 535 ℃ (译).

我们在这里不讨论已由 Clausius 给出的对宇宙的应用及其所预测的宇宙 "热寂". 熵的增加意味着所有的温差相等, 以使做功将应该变为不可能. 我们认为宇宙的本质, 即无论是打开还是关闭, 膨胀 (甚至脉动！) 或静止仍有太多的疑问, 让我们来讨论这个问题.

Planck[1]反对 (这是正确的) 某些物理学家的观点, 即第二定律的实质在于说明能量趋向于退化. 显然熵的增加会导致许多情况下可用温差或者说是可用功的减小. Planck 引用热全部转化为功这个显而易见的例子, 即一个理想气体的等温膨胀的例子, 利用从高温热源吸热, 并利用该气体的压强全部做功. 在这个过程中能量不退化, 但恰恰相反, 它是高贵的 (热全部转化成功).

在我们以及 Planck 看来, 第二定律的实质在于熵的存在, 并且在于它的减少在明确定义的条件下是不可能的.

E. 关于第二定律文字表述的评论

我们的第二定律证明是基于 Clausius 的[2]. Planck(在上述引文中) 给出的证明也许更简单, 并且无疑更精确; 然而, 它比我们的更抽象, 少有指导意义. 若一个证明的简单性由所需的假设数少来判断, 由 Carathéodory[3]给出的证明甚至更抽象, 并且同时更简单. 事实上, 使用一个可按要求由热传导或热绝缘壁隔离的两种流体构成的系统, Carathéodory 只需要假设: 在每个可以可逆达到的状态附近, 存在不能沿着一条可逆绝热路径达到的状态, 或者换句话说, 它只能不可逆地达到或者它根本不能达到.

这种极其简化的假设, 足以提供被称为熵这个属性存在的一个数学证明.

我们现在引用 Carathéodory 在他的 Prussian 科学院就职演说中的观点[4]: "可能要问这样的问题, 当要求只包括直接测量量即体积、压强和系统的化学组成时, 如何构建热力学的唯象科学？由此产生的理论在逻辑上是无懈可击的, 并且令数学家满意. 因为, 它仅从所观察的事实出发, 以最少的假设取得成功. 然而, 正是这些优点阻碍学生将其用于自然. 因为, 一方面, 温度显示为一个导出量; 另一方面, 并且重要的是, 不可能在看得见摸得着的物质世界和原子世界之间通过各种人为构造的光滑壁建立一个连接."

关于最后一个问题, Planck[5]戏言: 第一定律适用于封闭在一定体积中的 10 个

---

[1] Theorie der Wäerme, Bd. V der Einführung in die theoretische Physik, §36, oder Thermodynamik, §108.

[2] R. Clausius, Mechanische Wärmetheorie, 1876, 2. Auflageder Abhandlung über mechanische Wärmetheorie.

[3] C. Carathéodory, Math. Ann 67, 1909, und Preußischen Akademie, Januar 1925; M. Born, Natural Philosophy of Cause and Chance, Oxford 1949.

[4] Sitzungsber. der Preußischen Akademie 3, Juli 1919, Nr. XXXIII.

[5] 同上, 1921, S. 453.

分子，这是正确的，但借助于这样的系统，由于过分涨落，不可能建立一个热机. 对这样的系统应用第二定律就失去它的意义. Carathéodory 的证明不预先排除这样的系统；它需要附加的限制性假设，以使其符合实际.

为了至少获得 Carathéodory 方法的一个近似想法，让我们考虑已经提到的两个流体系统，即 Σ_1 和 Σ_2，其状态由压强、体积和一个附加参数 θ 描述. 这些特性通过一个状态方程相关联，我们可以把每个方程写成以下形式：

$$\theta_1 = F_1(p_1, V_1); \quad \theta_2 = F_2(p_2, V_2).$$

让这两个系统进行热接触，这可以通过规定 $\theta_1 = \theta_2$ 来定义. 该热耦合系统 $\Sigma = \Sigma_1 + \Sigma_2$ 满足方程

$$F_1(p_1, V_1) = F_2(p_2, V_2),$$

从而四个变量中只有三个是独立的. 我们可以任意地选择它们，并且我们可以以 x、y 和 z 表示它们. 于是第一定律表明系统在一个可逆过程中吸收的热量由 Pfaff 的微分表达式给出 (参见 §1)：

$$dQ = Xdx + Ydy + Zdz, \tag{18}$$

其中，X、Y 和 Z 表示 x、y、z 的函数. 一般来说，dQ 不是一个全微分，如 §1 中式 (4a) 所见. 对于包含两个变量的子系统 Σ_1、Σ_2，相应的 Pfaff 微分每个都可以通过采用一个积分分母转化为全微分，也如 §1 提到的. 由此，加上 Carathéodory 的假设，有可能得出结论，表达式 (18) 也具有一个积分分母 (事实上它们是一家的). 这证明绝对温度和熵的存在，并且事实上它们是属性.

F. 能量和熵的相对量级

我们在这里引用 Robert Emden 的一个说明[1]，其热力学的深刻理解在关于天体物理学 (气态球体!) 和气象学 (灰大气) 的重要论文中已经经受住了时间的检验："为什么我们冬天要取暖，外行人会回答：'为了使房间暖和.' 热力学的学生也许会这样表达：'为了补充不足的 (内, 热) 能.' 如果这样，那么外行人的答案是正确的，科学家的是错误的.

"我们假设，对应于实际状态情况，房间中的空气压强总是等于外面空气压强. 在通常的表示中，每单位质量的 (内, 热) 能为

$$u = c_v T.$$

(一个附加的常数可以忽略). 于是每单位体积含有的能量为

$$u_1 = c_v \rho T, \tag{19}$$

---

[1] Nature, Vol. 141, May 1938, P. 908, mit dem Titel: Why do we have Heating?

或者, 考虑到状态方程, 我们有

$$u_1 = c_v \mu p/R. \tag{20}$$

"房间含有的能量因此与温度无关, 仅由气压计的状态决定. 加热给予的全部能量通过房间墙壁的细孔逸出到外面的空气中.

"我从寒冷的地窖拿一瓶红葡萄酒, 并把它置于温暖的房间里, 使它变得暖和, 但增加的能量不是从房间的空气借来的, 而是从外面引进的.

"那为什么我们要取暖? 出于同样的原因, 地球上的生命需要太阳的辐射. 但是这个生命并不靠入射能量生存, 所入射的能量, 除了可以忽略不计的量, 是再辐射的, 正如一个人, 尽管不断吸收营养, 却保持恒定的体重. 我们的生存条件要求一个确定的温度, 并且为了保持这个温度, 不需要另外的能量, 但除了熵的增加.

"作为一名学生, 我认真地读了 F. Wald 的题为 '世界女王及其影子' 的一本小书. 这些表示能量和熵. 在发展知识的过程中, 这两个在我看来已交换了地方. 在自然过程庞大的工厂中, 熵原理占据经理的位置, 因为它决定了整个业务的方式和方法, 而能量法则只不过是做簿记的, 平衡贷方和借方."

算例和评论在习题 2 中给出.

§7. 热力学势和互易关系

对于每个简单、均匀系统 (具有一个力学自由度和一个热学自由度, 如一气体、一蒸汽或一液体). 我们手头上有两对变量

$$p 、 v \text{ 和 } T 、 s.$$

对于它们, 无论以每摩尔或每单位质量表示, 参见 §5D 式 (11), 第一定律具有形式

$$du = Tds - pdv. \tag{1}$$

$s 、 v$ 这两个 "广延" 量是独立变量, $T 、 p$ 这两个 "强度" 量是与它们共轭的. 内能 u 被认为是变量 $s 、 v$ 的一个函数:

$$u = u(s, v).$$

根据式 (1), 其余的两个变量由下式给出:

$$T = \left(\frac{\partial u}{\partial s}\right)_v, \quad -p = \left(\frac{\partial u}{\partial v}\right)_s. \tag{2}$$

§7. 热力学势和互易关系

然而, 自变量的选择在很大程度上是自由选择的问题. 作出一对变量中含有一个力学变量和一个热学变量这样的选择有四种可能性:

$$s、v;\quad s、p;\quad T、v;\quad T、p. \tag{3}$$

在这一点上, 我们回顾一下 Legendro 变换, 其对于分析、对于力学和热力学的重要意义已经在第一卷 §42 中强调. 它给了我们这个规则: 如果Pfaff微分形式(1)中的一个自变量(如 s)需要用其共轭来替换, 有必要从因变量(在我们的情况下 u) 中减去两个共轭自变量的乘积(在我们的情况下 Ts).

相应的规则适用于当两个初始变量都需要替换并且当有两个以上的变量时. 按这种方式, 有四个与四种可能性 (3) 相关联的表达式, 即

$$u(s,v);\quad h(s,p)=u+pv;\quad f(T,v)=u-Ts;\quad g(T,p)=u-Ts+pv. \tag{4}$$

  能量   焓   自由能   自由焓 (也称 Gibbs 自由能)

每摩尔或每单位质量 h 的表达式, 对应于先前在 §4 式 (9) 中引入的量 H. 下面的表 1 总结了其余符号和定义.

表 1

势	独立变量	共轭变量		热力学关系	定义和符号
U, u $du=Tds-pdv$	V, s	$T=\left(\dfrac{\partial u}{\partial s}\right)_v$ $p=-\left(\dfrac{\partial u}{\partial v}\right)_s$	$\left(\dfrac{\partial T}{\partial v}\right)_s=-\left(\dfrac{\partial p}{\partial s}\right)_v$ $=\dfrac{\partial^2 u}{\partial v \partial s}$		能量 u(Clausius) ε(Gibbs)
H, h $h=u+pv$	p, s $dh=Tds+vdp$	$T=\left(\dfrac{\partial h}{\partial s}\right)_p$ $v=\left(\dfrac{\partial h}{\partial p}\right)_s$	$\left(\dfrac{\partial T}{\partial p}\right)_s=\left(\dfrac{\partial v}{\partial s}\right)_p$ $=\dfrac{\partial^2 h}{\partial p \partial s}$		焓 H(Lewis 和 Randall) X(Gibbs) J(在某些国家的热工程师)
F, f $f=u-Ts$	v, T $df=-sdT-pdv$	$s=-\left(\dfrac{\partial f}{\partial p}\right)_v$ $p=-\left(\dfrac{\partial f}{\partial v}\right)_T$	$\left(\dfrac{\partial s}{\partial v}\right)_T=\left(\dfrac{\partial p}{\partial T}\right)_v$ $=-\dfrac{\partial^2 f}{\partial v \partial T}$		自由能 F(Helmholtz) ψ(Gibbs)
G, g $g=h-Ts$ $=f+pv$ $=u-Ts+pv$	p, T $dg=-sdT+vdp$	$s=-\left(\dfrac{\partial g}{\partial T}\right)_p$ $v=\left(\dfrac{\partial g}{\partial p}\right)_T$	$\left(\dfrac{\partial s}{\partial p}\right)_T=-\left(\dfrac{\partial v}{\partial T}\right)_p$ $=-\dfrac{\partial^2 g}{\partial p \partial T}$		自由焓 ξ(Gibbs), 也被称为热力学势

我们现在以十分正式的方式, 通过形成相应的微分并根据式 (1) 替换 du, 将阐明前述定义的有用性:

$$\begin{cases} dh = du + pdv + vdp = Tds + vdp, \\ df = du - Tds - sdT = -pdv - sdT, \\ dg = du - Tds - sdT + pdv + vdp = -sdT + vdp. \end{cases} \qquad (5)$$

最后一项表明, 微分 dh、df、dg 当以与它们相关联的独立变量表示时与 du 当其以变量 s 和 v 表示时一样具有简单形式. 表达式 (4) 称为热力学势, 因为按照一个力的分量由力势导出的同样方式, 这些变量可以由它们通过对与之相关的独立变量的微分推导出来. 同样的名称可以适用于能量, 如式 (2) 所示. 对于势 h、f 和 g, 相应的方程将在表中找到. 我们想在这里强调, 一个势的选择决定了相关变量的选择. 例如, 自由能 f 具有相对于变量 v、T 的一个势的属性; 选择其他变量, 它则失去这个属性.

根据式 (2) 中的表示, 并根据表中所给出的类似的表达式, 最重要和最有意义的热力学关系总结在我们的表 1 的第四列中.

我们将从考虑这些关系的第三个开始:

$$\left(\frac{\partial p}{\partial T}\right)_v = \left(\frac{\partial s}{\partial v}\right)_T. \qquad (6)$$

代入 $ds = dq/T$, 我们得到

$$\left(\frac{\partial p}{\partial T}\right)_v = \frac{1}{T}\frac{dq}{dv}\bigg|_{T=\text{常数}}. \qquad (7)$$

根据 §1 式 (5), 左边是压强系数 β, 除了分母中的 p. 右边的第二个因子是 "等温热膨胀"[①], 其必须在膨胀过程中保持恒定的温度.

值得注意的是, 我们所证明的对均匀系统适用的关系 (7) 包含一个观点: 它对两个均匀系统即两个不同相之间的转变是正确的. 水和蒸汽之间的平衡是特别令人感兴趣的. 如果我们把 p 理解为在温度 T 下的蒸汽压, 并且以 $\Delta q / \Delta v$ 替换 $(dq/dv)_T$, 其中 Δq 现在表示每摩尔 (或每单位质量) 蒸发的热量, 式 (7) 与著名的在蒸汽机的发展中起过重要作用 (参见 §16) 的 Clapeyron 方程是相同的.

目前, 式 (6) 用于得到一个对 $c_p - c_v$ 普遍有效的重要公式. 假设 T 保持不变, 我们可以由式 (1) 写成的第一定律得到表达式

$$\left(\frac{\partial u}{\partial v}\right)_T = T\left(\frac{\partial s}{\partial v}\right)_T - p.$$

---

① 符号 M 在较旧的论文中曾被用来表示它, 并以卡为量纲. 对于 $1/T$, §6 式 (17a) 引入 Carnot 函数 $C(T)$, 并以 J 表示热功当量, 我们发现右边读成 J.C.M.. 这是 James Clerk Maxwell 用 dp/dt 作为他的笔名的原因 (对于问及 Clapeyron 方程的考生的助记规则).

§7. 热力学势和互易关系

根据式 (6), 我们有

$$\left(\frac{\partial u}{\partial v}\right)_T + p = T\left(\frac{\partial p}{\partial T}\right)_v. \tag{8}$$

另一方面, 第一定律可以写成

$$dq = du + pdv = \left\{\left(\frac{\partial u}{\partial v}\right)_T + p\right\}dv + \left(\frac{\partial u}{\partial T}\right)_v dT,$$

并且在 v 恒定时, 我们有

$$c_v = \left.\frac{dq}{dT}\right|_{v=\text{常数}} = \left(\frac{\partial u}{\partial T}\right)_v, \tag{8a}$$

而在 p 恒定时, 我们得到

$$c_p = \left.\frac{dq}{dT}\right|_{p=\text{常数}} = \left\{\left(\frac{\partial u}{\partial v}\right)_T + p\right\}\left(\frac{\partial v}{\partial T}\right)_p + \left(\frac{\partial u}{\partial T}\right)_v. \tag{8b}$$

式 (8b) 和式 (8a) 相减, 我们发现

$$c_p - c_v = \left\{\left(\frac{\partial u}{\partial v}\right)_T + p\right\}\left(\frac{\partial v}{\partial T}\right)_p, \tag{8c}$$

并且由式 (8)

$$c_p - c_v = T\left(\frac{\partial p}{\partial T}\right)_v\left(\frac{\partial v}{\partial T}\right)_p. \tag{9}$$

如果考虑 §1 式 (5) 中的分母出现的因子 p 和 v, 最后两个因子分别表示 "压强系数 β" 和 "热膨胀系数 α". 因此, 式 (9) 也可写成如下形式:

$$c_p - c_v = \alpha\beta vpT. \tag{9a}$$

对于理想气体, 我们有 $\alpha = \beta = 1/T$, 并且式 (9a) 呈现如下形式:

$$c_p - c_v = \frac{pv}{T} = \begin{cases} R, & \text{对于 1 摩尔} \\ R/\mu, & \text{对于单位质量} \end{cases}, \tag{9b}$$

正与它在 §3 中的形式一致.

值得注意的是, 在对于理想气体推导式 (9b) 时, 没有必要利用 §4A 指出的理想气体的内能只取决于其温度这个附加的热条件. 这是由于这样的事实: 热条件并没有真正构成加于气体的一个新要求, 但表示理想气体的性质, 这是第二定律的结果. 为了看到这点, 根据理想气体的状态方程表示式 (8) 右边的压强足矣; 于是, 我

们有 $(\partial p/\partial T)_v = p/T$; 因此, 式 (8) 导致 $(\partial u/\partial v)_T = 0$, 这意味着内能与体积无关, 只是温度的单一函数.

我们现在建议更仔细地研究表中最后的热力学关系. 再一次用 dq/T 替换 ds, 我们得到

$$\left(\frac{\partial v}{\partial T}\right)_p = -\frac{1}{T}\left.\frac{\partial q}{\partial p}\right|_{T=\text{常数}}. \tag{10}$$

左边是热膨胀系数和体积的乘积. 右边的最后一项称为 "等温压缩热". 一般来说, 它是负的, 这意味着, 如果系统保持温度不变, 压强升高, 它必须放热. 否则, 它将随着压缩变热. 相应地, 一般来说, α 为正(式 (10) 中的两个负号相互抵消). 然而, 也有一些例外. 众所周知的例外是 0 ℃和 4 ℃之间的水. 式 (10) 表明, 在此区间的压缩热是正的: 要补充热量以防止水随着压缩冷却 (参见习题 I.6). 同样, 生橡胶和碘化银在一定的温度区间也是如此. 水的反常导致 Rogentgen 推测, 水在其冰点附近趋于聚合, 该推测后来被他人证实. 因此, 发生在 0 ℃的结晶过程一定程度上在它之前发生.

所有四个热力学关系由 Maxwell 在他的 *Theory of Heat* (London, 1883 年) 中从一个基本的几何图形推导出; 他也用文字表示它们. 显而易见, 他自己觉得, 在这种情况下, 微分表示比他的教科书中给出的基本处理简单得多; 出于这个原因, 他在对第 IX 章的一段评论中附加了我们的表中含有的解析公式. 这些互易关系中的符号的一个直观理解包含在 Braun-Le Chatelier 原理中, 电动力学中的 Lenz 定律某种程度上是这样的; 然而, 这没有达到我们表中的表示具有的那样精度.[①]

我们的表中令人印象深刻的规律性是由热力学和统计力学家——Willard Gibbs 给出的. 他的论文, 最初藏在 1876 年和 1878 年的 Connecticut 学院学报中, Ostwald 于 1902 年在德国以 "Thermodynamische Studien" 为标题发表后, 才普遍为人所知. 采用 Gibbs 的观点, 我们认为, "四个势" u、h、f、g 或 U、H、F、G 是等价的, 它们之间的选择取决于式 (3) 自变量的选择. 我们已经在 §5 式 (7) 中强调, Joule-Kelvin 过程理论的最简单的公式是依据焓 H 在两边相等得到的. 关于相平衡, 同样的简化是通过利用自由焓 G 来实现的. 自由能 F 是物理化学和电化学中的基本势, 它提供了化学亲合力的一个度量. Planck 喜欢照例使用 "势函数"

$$\Phi = -\frac{G}{T} = S - \frac{U+pV}{T},$$

其实际上在涉及统计问题的习题中是方便的; 然而, 它不适合 Gibbs 的理想系统.

[①] 在这方面参见: P. Ehrenfest, Z. Phys. Chem. 77, 1911 年; Planck, Ann. d. Phys. 19, 1934 年, 与附录, 同上, 20, 1935 年; 此外, Tatiana Ehrenfest 夫人和 de Haas-Lorentz 夫人, 物理学, 2, 1935 年与 Planck 的回复, 同上. 此讨论中的主要问题是强度量和广延量之间的区别, 这对于 Braun-Le-Chatelier 原理的一个明确公式是至关重要的.

§8. 热力学平衡

A. 无约束热力学平衡和最大熵

我们在 §6C 中已发现, 一个孤立系统的熵不能减少. 一个系统当它不吸热也不做功时被称为孤立的. 这些条件相当于表明内能 U 和体积 V 保持不变 ($dU = 0$, $dV = 0$). 如果去除系统内的所有约束, 一个孤立系统将趋向于一个熵极大的最终状态. 我们把这称为一个无约束的热力学平衡态.

一个过程不可能自发地从一个无约束的平衡态开始; 否则, 熵必须再次增加, 与我们的假设即熵已具有一个最大值矛盾. 但是, 我们可以考虑一些与限制 $dU = 0$、$dV = 0$ 一致的并且明显地不能自发发生的虚拟过程 δ. (例如, 让一个容器充满压强和温度恒定的气体; 我们现在让气体的一半被加热到温度 $T + \delta T$, 另一半被冷却至 $T - \delta T$.) 偏离无约束的热力学平衡态的这样的虚拟变化满足关系

$$\text{当} \delta U = 0, \quad \delta V = 0 \text{时}, \quad \delta S \leqslant 0, \tag{1}$$

或者, 以另一种形式

$$\text{当} U = \text{常数}, \quad V = \text{常数时}, \quad S = S_{\max}. \tag{1a}$$

对于其 $\delta S > 0$, 如果有可能以 $\delta U = 0$、$\delta V = 0$ 表示一个过程, 我们可以得出: 初始状态不是一个无约束平衡. 我们可以进一步得出结论: 去除约束导致熵增加. 式 (1) 或式 (1a) 构成 Gibbs 建立的两个平衡条件之一. 第二个条件, 其对我们不太重要, 具有形式

$$\text{当} \delta S = 0, \quad \delta V = 0 \text{时}, \quad \delta U \geqslant 0. \tag{2}$$

该条件与

$$\text{当} S = \text{常数}, \quad V = \text{常数时}, \quad U = U_{\min} \tag{2a}$$

等价. 在平衡态下, 内能呈现最小值. 最后的这个结果让人联想到一般力学中的平衡准则要求势能具有最小值 (参见例子第六卷 §25).

B. 无约束热力学平衡下的等温等压系统

根据式 (1) 中无约束平衡态的特性得出整个系统的压强和温度与空间坐标无关. 否则, 我们可以选择空间的两部分, 其温度为 T_1 和 T_2, 假设相应的压强为 p_1 和 p_2. 现在我们可以假设一个虚拟过程, 在此过程中, 第一部分的能量变化 δU_1, 其体积变化 δV_1. 如果式 (1) 中的条件得到满足, 对空间的第二部分, 相应的变化便会是

$\delta U_2 = -\delta U_1$, $\delta V_2 = -\delta V_1$. 各相的浓度或质量的变化现将排除在外. 根据式 (1), 我们则一定有

$$0 \geqslant \delta S = \delta S_1 + \delta S_2 = \frac{1}{T_1}(\delta U_1 + p_1 \delta V_1) + \frac{1}{T_2}(\delta U_2 + p_2 \delta V_2)$$
$$= \left(\frac{1}{T_1} - \frac{1}{T_2}\right)\delta U_1 + \left(\frac{p_1}{T_1} - \frac{p_2}{T_2}\right)\delta V_1.$$

虚拟变化 δU_1 和 δV_1 是任意的, 并且彼此无关. 因此, 如果 δU_1、δV_1 具有任意值, 对于 $T_1 \neq T_2$, $p_1 \neq p_2$, 上述不等式不能满足, 和我们的假设相反.

C. 弛豫平衡中附加的自由度

处于无约束热力学平衡下的一个系统的状态, 通常由各独立部分的内能 U、体积 V 和质量的表示来说明 (参见 §14). 我们现在考虑一个尚未处于平衡态的系统 Σ. 其状态的确定除了各独立部分的 U、V 和质量外, 我们还要进一步说明 x_i 这些量, 例如, 表示各独立部分相的分布和各个可以化学相互作用的独立部分的浓度; 此外, 若系统细分成许多足够小的体积元, 并且若上述量对每个微元都确定, 它们可以描述局部差异. 我们将只考虑一种非平衡态, 这是对于 §21 的一个基本假设, 其可以解释为约束平衡态, 其中 x_i 保持恒定, 从而系统的熵对于这样的一个约束平衡态可以取为所有体积元的熵的总和. 我们自己将限于考虑等温等压系统. 关于从约束平衡 U、V、x_i 至约束平衡 $U + dU$、$V + dV$、$x_i + dx_i$ 的转变熵变必须由下式计算:

$$TdS = dU + pdV + \sum_i X_i dx_i, \qquad (3)$$

这是 §7 式 (1) 的一个推广. 这种过程的发生, 无论可逆的或不可逆的, 在这里并不重要, 因为 dS 表示末态和初态之间的熵差, 两者 (仅微小不同) 是约束平衡的. 把系数 X_i 称为与附加的自由度 x_i 有关的力.

D. 热力学势的极值性质

我们现在给 Σ 添加一个 "周围环境", 可以想象其以一个非常大的热源 Σ_0 的形式出现. 所有针对 Σ_0 的量将由下标 0 来表示, 假设由 Σ 和 Σ_0 构成的组合系统是绝热的, 在这些假设下总熵不能减少:

$$dS + dS_0 > 0. \qquad (4)$$

通过假设在 Σ 中发生的状态变化像所有实际过程是不可逆的, 等号被排除了. 正如已经提到的, 我们假定系统 Σ 等压等温, 这意味着它处于力平衡和热平衡, 但不一定处于化学平衡或相平衡. 将允许 Σ 和 Σ_0 之间的热传递, 前提条件是 Σ 具有

热源的温度 T_0. 我们假设系统 Σ_0 是如此之大, 以致它可以同 Σ 可逆地交换, 即吸收或放出一定热量而没有显著改变其自身的温度. 因此,

$$dS_0 = \frac{dQ_0}{T_0}. \tag{5}$$

假设 Σ 的体积变化发生在压强 p 始终等于外界压强下. 对 Σ 和从 Σ_0 传给 Σ 的热量 $dQ = -dQ_0$ 应用第一定律, 我们得到

$$dU + pdV = -dQ_0. \tag{6}$$

因而

$$dS > \frac{1}{T}(dU + pdV), \tag{7}$$

因为, 根据我们的假设, 当有热流时, $T = T_0$, 并且由式 (4)~ 式 (6) 推出式 (7). 然而, 如果 $T \neq T_0$, 那么就没有热交换, 根据第一定律 $dU + pdV$ 为零, 并且式 (7) 简单地说明 $dS > 0$, 正如已经在 §6 式 (16) 中对一个孤立系统推出的. 因此, 式 (7) 适用于涉及热传递和我们的系统做功的任何过程.

我们由式 (3) 和式 (7) 推断, 对于 dU、dV、dx_i 可自发地发生的任何过程, 我们一定有

$$\sum_i X_i dx_i > 0. \tag{8}$$

在组合系统 $\Sigma + \Sigma_0$ 的可逆过程的情况下以及只有系统 Σ 的可逆过程的情况下, 我们必须在式 (4) 中取等号, 从而导致在式 (8) 中的等号. 现在, 我们可以作如下表述:

对于等温等压系统 Σ 中过程为可逆的充分必要条件是: 热一定以可逆方式与周围环境进行交换(即在 Σ 的温度 T 等于周围环境的温度下), 内部压强 p 必须等于外部压强, 此外, 我们一定有, 在整个过程中,

$$\sum_i X_i dx_i = 0. \tag{9}$$

例如, 当所有 x_i 都保持恒定时, 后一条件被满足. 当非零的 x_i 与为零的 X_i 有关时, 它也是满足的. 从具有 U_1、V_1、x_{i1} 的状态 1 至具有 U_2、V_2、x_{i2} 的状态 2 的任意转变可以按许多不同的方式进行, 并且在整个过程中总是满足条件 (9) 的. 这一规则的一个应用实例在 E 部分中给出.

现在让我们考虑一个具有固定温度和体积的等温系统 (例如, 一个系统浸没在一个具有恒定温度 T 的浴缸中); 则自由能之差为 $dF = dU - TdS$. 如果 F、U、S 的变化指的是自发过程, 我们可以应用式 (7), 让 $dV = 0$, 我们得到

$$dF \leqslant 0. \tag{10}$$

自由能降低[①]. 自由能有一个最小值, 超过该值不可能有状态的自发变化, 本系统的平衡条件是

$$当 T = 常数, \quad V = 常数时, \quad F = F_{\min}. \tag{11}$$

对于任何虚拟过程的条件

$$当 \delta T = 0, \quad \delta V = 0 时, \quad \delta F \geqslant 0. \tag{11a}$$

与式 (11) 中的条件等价.

在等温等压系统的情况下 (例如, 一个系统浸没在温度 T 和压强 p 热浴缸中某种程度上保证了系统的热平衡和静平衡), 我们利用自由焓 $G = U - TS + pV$. 其微分为 $dG = dU - TdS + pdV$, 因为 $dT = 0, dp = 0$. 若 G、U、S、V 的变化指的是一个自发过程, 我们可以再次应用式 (7), 并且得到

$$dG \leqslant 0, \tag{12}$$

自由焓降低. 自由焓有一个最小值, 超过该值自发变化不再可能. 平衡的现有条件是

$$当 T = 常数, \quad p = 常数时, \quad G = G_{\min}. \tag{13}$$

条件

$$当 \delta T = 0, \quad \delta p = 0 时, \quad \delta G \geqslant 0. \tag{13a}$$

与它等价.

最后这句话在涉及物质转变成不同形式的过程的理论中是最重要的. 后面将看到: §7 中引入的四个势中, 将证明, 自由焓的重要性通常来说居首位.

式 (2) 和式 (2a) 的证明, 以及在条件 $\delta S = 0, \delta p = 0$ 下一个等压系统的焓 H 的极值属性的推导留给读者.

E. 最大功定理

我们现在来计算当一个系统 Σ 从已知温度 T_0 的状态 1 可逆地至另一个具有同等温度的状态 2 时它对外界能做的功. 我们假设该转变不必是等温的, 但我们假设 Σ 只有在那个温度 T_0 下可以与外界进行热交换; 换言之, 在 $T \neq T_0$ 的范围内的过程必须是绝热且可逆的.

利用自由能的定义 $F = U - TS$, 我们发现, 根据式 (3), 对于一个基本过程, 我们可以写出

$$dF = dU - TdS - SdT = -SdT - pdV - \sum_i X_i dx_i. \tag{14}$$

[①] 整个系统中的压强为常数的条件 (请参阅下文 C) 不需要这个结果的有效性, 因为在系统不同部分之间压强的任何差异的存在对结果 (7) 没有影响 (由于 $dV = 0$).

§8. 热力学平衡

可逆性的要求意味着在转变 $1 \to 2$ 的整个过程中总和 $\sum X_i dx_i = 0$. 因此, 系统所做的功为

$$\int_1^2 pdV = F_1 - F_2 - \int_1^2 SdT.$$

我们现在断定

$$\int_1^2 pdV = F_1 - F_2, \tag{15}$$

即在我们的假设下, SdT 的积分为零. 这是由于以下论点: 转变 $1 \to 2$ 可以包含温度为 T_0 的等温过程; 沿着这些过程我们有 $dT = 0$. 此外, 它包含一个或多个绝热且可逆的过程, 每个过程对应于一个恒定的熵与始末相等的温度 T_0. 因此, 这样的绝热段满足关系

$$\int_{T_0}^{T_0} SdT = S\int_{T_0}^{T_0} dT = 0.$$

若该过程是不可逆的, 所做的功则小于 $F_1 - F_2$. 否则, 我们可以使系统沿着可逆的路径到达初始状态, 做 $\geqslant 0$ 的功, 从 T_0 的外界耗费等量的热. 然而, 这违反了第二定律. 出于这个原因, 自由能的变化也被描述为: 当系统 Σ 经历一个始末温度等于周围环境的温度 T_0 的过程时, 它对其周围环境可做的最大功, 条件是它仅在该温度下与周围环境交换热.

在许多热力学教材中, 上述最大功的说法是在转变 $1 \to 2$ 是等温的这个附加限制性假设下表述的. 我们的提法更进一步, 因为对于一些系统, 不可能找到一个可逆等温过程 $1 \to 2$. 尽管可以产生最大功. Helmholtz 的所谓 "自由能" 源于式 (15); 其在两个具有相同温度 T_0 的状态 1 和 2 之间的差异代表了能量的变化部分 $U_1 - U_2$, 它可以转化为一个可逆过程 $1 \to 2$ 期间外部的功 (其是 "可用的"), 或者有必要在这个可逆过程中外界对系统做功, 条件是热在温度 T_0 下与周围环境仅可逆地交换. 一直以来, 我们可以把 $U - F = TS$ 称为 "束缚的", 或 "不可用" 的能量.

我们现在用一个简单的例子显示如何能够以确保沿整个路径 $\sum_i X_i dx_i = 0$ 的方式进行 $1 \to 2$ 的过程; 选择这个具体例子, 以使它代表一般情况. 为了这个目的, 我们将考虑一个离散气体, 可以随意阻碍其离散速度. 令 x 表示其离散度; 其在自由平衡态的值将由 $\bar{x}(T, V)$ 来表示. 我们可以把式 (3) 替换为 $TdS = dU + pdV + Xdx$. 初态由 T_0、V_1、x_1 给出, 而末态表示为 T_0、V_2、x_2. 两个离散度 x_1 和 x_2 中至少一个将被假定为相对于平衡态的一个偏差; 否则, 随后的论点会变得微不足道. 假设第一个过程为绝热的, 并且可逆地从 T_0、V_1、x_1 以恒定的 x_1(即 $dx_1 = 0$) 至 $x_1 = \bar{x}(T', V')$ 的 T'、V' 值. 换句话说, 我们要求出 T 和 V 的那些值, 对此, 规定值 x_1 表示无约束平衡的离散度. 现在, 我们可以去掉在不造成系统中任何进一步的变化的条件下保持 x_1 不变的这个约束. 接下来, 我们实现一个绝热可逆变化, 从 T'、V'

到 T''、V'' 那些值以引起从 x_1 到 $x_2 = \bar{x}(T'', V'')$ 的变化. 沿着变化的路径平衡一直不受约束, 从而根据式 (9) 在所有点 $X \mathrm{d}x$ 为零 (可以看出, $X = 0$ 是离散平衡的条件, 由于 $\mathrm{d}x \neq 0$). 我们现在保持 $x_2 = $ 常数并且从 T''、V'' 做进一步绝热且可逆的变化, 直到达到初始温度 T_0 和体积 V'''. 最后, 我们在恒定的 x_2 下进行一个等温可逆过程, 其间 V''' 被改变至所需的体积 V_2. 在前面的例子中, 整个过程可以一直等温进行, 因为离散平衡取决于压强. 为了实现这个过程, 我们可以进行一个可逆的等温过程, 在恒定的 x_1 下改变压强 p_0 直到 $x_1 = \bar{x}(T_0, p')$, 或者换句话说, 直到在 x_1 的规定值达到离散平衡. 在这个阶段, 我们再次去掉该约束, 并且把 p' 变到 p'', 其中 p'' 如此选择, 使在过程期间 $x_2 = \bar{x}(T_0, p'')$ 且 $X = 0$. 最后, 我们再次保持 $x_2 = $ 常数而改变压强, 直到达到规定的最终体积 V_2.

总之, 我们应作如下评论. 在一个具有相同的始末温度 T_0 的基本过程中可以提供的最大功为 $p \mathrm{d}V + \sum_i X_i \mathrm{d}x_i$. 由于这个原因, 前面的表达式被称为功的广义微分. 它是一个全微分并存在一个属性, 自由能 F, 在恒定温度 T_0 下, 其差值等于其积分.

§9. van der Waals 方程

迄今为止我们的注意力在理想气体, 我们现在将考虑真实气体, 并且将把我们的描述立足于 van der Waals 于 1873 年在 Leiden 发表的一篇题为 "论气态和液态的连续性" 的论文.

事实上, van der Waals 成功地建立了一个状态方程, 其把一个修正量引入理想气体的状态方程, 定性地再现了一个气体的液化 (冷凝) 过程. Boltzmann[1]将 van der Waals 描述成处理真实气体问题的牛顿.

对于一摩尔, van der Waals 建立的方程具有的形式写为

$$p = \frac{RT}{v-b} - \frac{a}{v^2}. \tag{1}$$

这里引入的常量 b 与分子的体积有关; 常量 a 是气体分子之间内聚力的一种量度, 并与自由液体的表面张力有关 (a 和 b 的原子意义在 §26 中进行讨论). 当 $a = b = 0$ 时, 或者与此等价, 当 v 足够大时, 式 (1) 转化为理想气体方程. 替代式 (1), 我们也可以写成

$$(p + p_a)(v - b) = RT, \quad p_a = a/v^2. \tag{1a}$$

p_a 这个量表示 "内聚压强", 它必须添加到 "动力学压强" p 上. 我们将由式 (1) 计

---

[1] Enzykl. der Mathem. Wiss., Vol. V. 1, p. 550.

算热膨胀系数开始. 使 $dp = 0$ 并对式 (1) 微分, 我们得到

$$0 = \frac{dT}{v-b} - \left[\frac{a}{(v-b)^2} - \frac{2a}{Rv^3}\right]dv,$$

因此

$$\alpha = \frac{1}{v}\left(\frac{\partial v}{\partial T}\right)_p = \frac{v-b}{vT - \frac{2a}{R}\left(\frac{v-b}{v}\right)^2}, \tag{2}$$

这是对理想气体的值 $\alpha = 1/T$ 的一个推广, 并且其可以由式 (2) 代入 $a = b = 0$ 来获得.

我们还将计算差值

$$\alpha - \frac{1}{T} = \left\{\frac{2a}{RT}\left(\frac{v-b}{v}\right)^2 - b\right\} \Big/ \left\{vT - \frac{2a}{R}\left(\frac{v-b}{v}\right)^2\right\}. \tag{2a}$$

这可以通过仅保留参数 a、b 的一次幂简化, 即表明 $v \gg b$, $RTv \gg a$:

$$\alpha - \frac{1}{T} = \left(\frac{2a}{RT} - b\right) \Big/ vT. \tag{2b}$$

对于大多数气体, 如 O_2、N_2, 式 (2) 的右边在一般温度范围内为正, 意味着膨胀系数比理想气体的大. H_2 和惰性气体只是例外. 这些气体的内聚力, 由 a 定义, 是如此之小, 以至于式 (2a) 的右边在常温下变成负的. 出于这个原因, H_2 过去被称为"超理想气体."

A. 等温线

图 7 显示出 van der Waals 等温线. v 轴和平行于 p 轴的直线 $v = b$ 是它们的渐近线. 方程 (1) 对于 $v < b$ 没有物理意义. 根据式 (1), 一条等压线 $b =$ 常数与一条等温线 $T =$ 常数的交点由一个三次方程来确定. 这有一个或三个实根. 这两种情况之间的界限沿着临界等温线 $T = T_{\mathrm{cr}}$ 其上三个交点合并成与水平切线的一个拐点——临界点 $v = v_{\mathrm{cr}}$, $p = p_{\mathrm{cr}}$.

为了确定 v_{cr} 和 T_{cr}, 我们由式 (2) 计算:

$$\frac{\partial p}{\partial v} = 0, \text{ 即 } \frac{RT}{(v-b)^2} = \frac{2a}{v^3}; \quad \frac{1}{2}\frac{\partial^2 p}{\partial v^2} = 0, \text{ 即 } \frac{RT}{(v-b)^3} = \frac{3a}{v^4}.$$

由此得出

$$\begin{cases} v = v_{\mathrm{cr}} = 3b, \\ RT = RT_{\mathrm{cr}} = \frac{8}{27}\frac{a}{b}. \end{cases} \tag{3}$$

由式 (1) 求得 p 的对应值

$$p = p_{\mathrm{cr}} = \frac{1}{27}\frac{a}{b^2}. \tag{4}$$

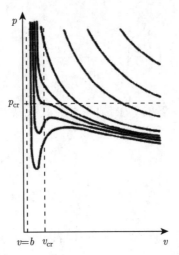

图 7 p-v 平面中的 van der Waals 等温线

由于常数 a、b 可以用临界参数表示, 式 (1) 可重写为仅包含比例

$$\boldsymbol{v} = \frac{v}{v_{\mathrm{cr}}}; \quad \boldsymbol{p} = \frac{p}{p_{\mathrm{cr}}}; \quad \boldsymbol{t} = \frac{T}{T_{\mathrm{cr}}}.$$

我们则得到

$$\left(\boldsymbol{p} + \frac{3}{\boldsymbol{v}^2}\right)(3\boldsymbol{v} - 1) = 8\boldsymbol{t}. \tag{5}$$

前面的方程表示 van der Waals相应的状态定律, 并建立了一个相似的普遍规律; 其精度与式 (1) 是相同的. 顺便说一下, 我们可以注意到, 对于只含有三个单独常数的任何方程可以建立一个类似的相似定律[①]. 它通过引入新的无量纲属性 $\boldsymbol{v}$、$\boldsymbol{p}$、$\boldsymbol{t}$, 足以消除这三个常数.

B. van der Waals 气体的熵和热性质

在 §5D 讨论一个理想气体的属性时, 我们已经由附加的热条件证明了熵的存在, 但在 van der Waals 气体的情况下, 我们将以相反的方式进行, 即将从熵的存在的命题推出其热性质. 在理想气体的情况下, 这由 §5 式 (7a) 即 $\partial u/\partial v = 0$ 定义; 在目前情况下, 我们将引出更一般的条件

$$\left(\frac{\partial u}{\partial v}\right)_T = \frac{a}{v^2}. \tag{6}$$

[①] J de Boer 和合作者, Physica, 14, 139, 149, 320 (1948).

§9. van der Waals 方程

这个条件物理上揭示：一个气体的内能现在被看作是不仅包括分子的动能，而且包括与常量 a 相关的它们内聚力的势能. 这种能量是负的，并随着不断膨胀接近零，这对一个引力质点系而言是常有的事. 因此，包含在气体中的能量 u 一定随 v 增加，正如我们的式 (6) 所证实的.

实际上，当 van der Waals 建立他的方程时，他已经完全拥有热力学的基本命题. 因此，他能够使他的方程形式适应熵原理. 我们将证明式 (6) 可以从这个原理推断导出.

根据 §6 式 (10a) 中的定义，我们写出

$$\mathrm{d}s = \frac{\mathrm{d}u + p\mathrm{d}V}{T}. \tag{7}$$

插入式 (1) 的 p 值，并考虑到 u 是 T 和 v 的一个函数，我们首先得到

$$\begin{aligned}\mathrm{d}s &= \frac{1}{T}\left(\frac{\partial u}{\partial T}\mathrm{d}T + \frac{\partial u}{\partial v}\mathrm{d}v\right) + \left(\frac{R}{v-b} - \frac{a}{v^2 T}\right)\mathrm{d}v \\ &= \frac{1}{T}\frac{\partial u}{\partial T}\mathrm{d}T + \left(\frac{1}{T}\frac{\partial u}{\partial v} + \frac{R}{v-b} - \frac{a}{v^2 T}\right)\mathrm{d}v.\end{aligned} \tag{8}$$

该表达式是一个全微分的充分必要条件是

$$\frac{1}{T}\frac{\partial^2 u}{\partial v \partial T} = \frac{\partial}{\partial T}\left(\frac{1}{T}\frac{\partial u}{\partial v} + \frac{R}{v-b} - \frac{a}{v^2 T}\right). \tag{9}$$

在进行右边表示的微分时，注意到中间项为零，并且最后项给出 $a/(v^2 T^2)$；第一项产生两个，一个抵消左边，另一个等于 $-\frac{\partial u}{\partial v}/T^2$. 因此，式 (9) 变为

$$0 = -\frac{1}{T^2}\frac{\partial u}{\partial v} + \frac{1}{T^2}\frac{a}{v^2}. \tag{9a}$$

这与我们所求证的式(6)是相同的.

通过偏微分，我们可以从式 (6) 推导出

$$\frac{\partial c_v}{\partial v} = \frac{\partial^2 u}{\partial T \partial v} = \frac{\partial}{\partial T}\frac{a}{v^2} = 0, \tag{10}$$

从而 c_v 只是 T 的一个函数，正如对一个理想气体.

我们现在接着计算摩尔热容之差 $c_p - c_v$，其对于理想气体等于特征值 R. 参照 §7 一般式 (8c)，我们得到

$$c_p - c_v = \left\{\left(\frac{\partial u}{\partial v}\right)_T + p\right\}\left(\frac{\partial v}{\partial T}\right)_p. \tag{11}$$

$(\partial v/\partial T)_p$ 的值可以取自式 (2)，$(\partial u/\partial v)_T$ 的值由式 (6) 得到.

因此，对于 van der Waals 气体，我们求得

$$c_\mathrm{p} - c_\mathrm{v} = R \bigg/ \left[1 - \frac{2a}{RT}\frac{(v-b)^2}{v^3}\right]. \tag{12}$$

在这个方程中，a 可以视为小的并且小量 a、b 的乘积可以忽略。方程 (12) 现在变为

$$c_\mathrm{p} - c_\mathrm{v} = R \bigg/ \left(1 - \frac{2a}{RTv}\right). \tag{13}$$

回到式 (8) 中熵的表达式，鉴于式 (6) 和式 (10)，可以把它简化为

$$\mathrm{d}s = \frac{c_\mathrm{v}\mathrm{d}T}{T} + R\frac{\mathrm{d}v}{v-b}, \tag{14}$$

在摩尔比热 c_v 几乎是一个常数的假设下积分，我们得到

$$\int_{T_0,v_0}^{T,v} \mathrm{d}s = s - s_0 = c_\mathrm{v}\log\frac{T}{T_0} + R\log\frac{v-b}{v_0-b}. \tag{15}$$

§10. van der Waals 对气体液化的评论

A. 积分和微分的 Joule-Thomson 效应

焓 H 恒定的条件对任何状态方程都有效，而不只是对理想气体；这已经在 §5 式 (7) 里强调。由 §7 中的表，如果通过一种近似方式将无限小量 $\mathrm{d}s$、$\mathrm{d}p$ 外推到小的有限差 Δs、Δp，我们得到

$$\Delta h = T\Delta s + v\Delta p. \tag{1}$$

要从变量 s、p 变到变量 T、p，我们可以令

$$\Delta s = \left(\frac{\partial s}{\partial T}\right)_p \Delta T + \left(\frac{\partial s}{\partial p}\right)_T \Delta p.$$

回顾一下 c_p 的意义，我们有

$$\left(\frac{\partial s}{\partial T}\right)_p = \frac{1}{T}\left(\frac{\partial q}{\partial T}\right)_p = \frac{c_\mathrm{p}}{T}.$$

利用关系

$$\left(\frac{\partial s}{\partial p}\right)_T = -\left(\frac{\partial v}{\partial T}\right)_p,$$

由我们 §7 中的表，可以把式 (1) 变换为

$$\Delta h = c_\mathrm{p}\Delta T + \left[v - T\left(\frac{\partial v}{\partial T}\right)_p\right]\Delta p. \tag{2}$$

§10. van der Waals 对气体液化的评论

由焓恒定的这个事实可得

$$\frac{\Delta T}{\Delta p} = \frac{1}{c_\mathrm{p}}\left[T\left(\frac{\partial v}{\partial T}\right)_p - v\right] = \frac{vT}{c_\mathrm{p}}\left(\alpha - \frac{1}{T}\right). \tag{3}$$

其中, α 表示热膨胀系数. 在我们用特殊值替换 §9 式 (2) 的 α 时, 我们将注意力集中在 van der Waals 气体. 考虑 §9 式 (2b) 可得

$$\frac{\Delta T}{\Delta p} = \left(\frac{2a}{RT} - b\right)\bigg/c_\mathrm{p}, \tag{4}$$

从中我们得出结论: 如果

$$\frac{2a}{RT} > b, \tag{4a}$$

当气体膨胀时, $\Delta p < 0$, 将会冷却, $\Delta T < 0$, 这是空气以及大多数其他气体的情况. 空气可以通过反复膨胀随意冷却, 并且最终液化.

在 Linde 型装置中, 液态空气 (及其分离物: 氖, 氩, ⋯) 的工业生产当然不需要限于 Joule-Thomson 效应在其所有细节的精确实现. 使用节流阀替代 "多孔塞", 并且性能通过 Linde 的再生逆流换热器得以改进.

我们在 §11 中将再次遇到式 (3). 它代表了有限Joule-Thomson效应. 它起源于由先前已严格定义的微分Joule-Thomson效应的外推. 从式 (3) 我们发现, 对于后者

$$\left(\frac{\partial T}{\partial p}\right)_h = \frac{vT}{c_\mathrm{p}}\left(\alpha - \frac{1}{T}\right). \tag{5}$$

B. 转化曲线及其实际应用

我们现在将试着一般确定 p-T 平面中膨胀 ($\Delta p < 0$) 与温度的降低 ($\Delta T < 0$) 相关的区域, 如在式 (4a) 中, 或者换句话说, 在 $(\partial T/\partial p)_h > 0$ 处. 从实际应用的角度, 这个想要的区域将被称为正的. 它以其上 $(\partial T/\partial p)_h = 0$ 的转化曲线为界, 所以, 从式 (5) 我们看到, 它由下式给出:

$$\alpha(p, T) = \frac{1}{T}. \tag{5a}$$

它将想要的区域和不想要的负区域分开. 正如前面提到的, 对应于压强和温度的一般条件下的空气和大多数其他气体的状态总是位于转化曲线内. 这被图 8 所证实.

利用精确的 van der Waals 方程, 对于转化曲线, 我们从 §9 式 (2a) 得到以下表达式:

$$\frac{2a}{RT}\left(\frac{v-b}{v}\right)^2 = b, \tag{5b}$$

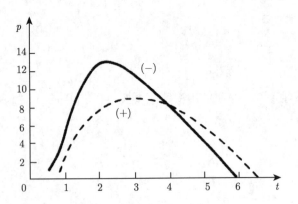

图 8　在约化坐标中对于微分 Joule-Thomson 效应的转化曲线

——对于 H_2 由 W. Meissner 实验确定的; - - - - 对于 van der Waals 气体从 §10 式 (5c) 计算的; 对于空气: $T = 132.5 \times t$ K; $p = 34.5 \times p$ atm 对于 H_2: $T = 33.2 \times t$ K; $p = 13.2 \times p$ atm

它只需要以 p 和 T 来表达 v. 同时引入约化坐标 p 和 t, 经过一些重新整理后, 我们得到

$$p = 24\sqrt{3t} - 12t - 27. \tag{5c}$$

图 8 除了式 (5c) 的转化曲线, 包含实验对 H_2(W. Meissner) 测定的一条转化曲线. 对氢气和空气的转化数据列于该图的文字说明中. 可以看出, 对于空气在室温下直到 450 atm, $(\partial T/\partial p)_h$ 是正的; 另一方面, 对于 H_2 在室温下, 它总是负的. 这种情况是造成许多事故的原因, 由于高压氢气从受损的管道泄漏时自发点燃这样的事实. 氢仅当其温度已降至低于 -80 ℃后在突然膨胀 ("节流") 下可以冷却.

回到以 Joule-Thomson 过程运行的一台机器的性能, 我们发现, 它与积分Joule-Thomson效应有关

$$(T_2 - T_1) = \int_{p_1}^{p_2} \left(\frac{\partial T}{\partial p}\right)_h dp. \tag{5d}$$

在实际应用中, 膨胀后压强 p_2 在大多数情况下约等于大气的压强. 温度 T_1 是由预冷流体的选择基本确定 (冷却水用于空气的液化, 而液氮用于 H_2 的液化). 气体进入液化室时的压强 p_1 是可以在一定限度内自由调整的唯一变量. 我们现在将试着确定导致最大冷却效果的那个 p_1 值. 对式 (5d) 中的积分相对于下限微分并等于零, 我们有

$$\text{对于} p = p_1,\ T = T_1;\ \left(\frac{\partial T}{\partial p}\right)_h = 0.$$

然而, 这正是对于状态 p_1、T_1 位于微分 Joule-Thomson 效应的转化曲线上的条件. 在设计液化装置时, 必须满足该条件. 例如, 研究发现, 对于 H_2 的液化预冷

§10. van der Waals 对气体液化的评论

最适合的温度是 64.5 K(它是通过在减压下蒸发液氮产生的). 从转化曲线找到相应的合适压强是 160 atm. 在实际中，通常选 72 K 和 140 atm 的值进行操作. 在氢的情况下，使用预冷温度 14 K 和压强 $p_1 = 29$ atm. 温度 14K 的提出既用于减压下可让其沸腾 (Kammerlingh-Onnes) 的液态 H_2，最近，也用于一个可逆绝热过程 (在一个膨胀的热机中做功) 助其冷却的氢气. Kapitza 和 Meissner; 后者给了所需的热力学条件的全面分析.

C. p-v 面中液-气相共存区域的边界

相这个词有好几个意思，一般来说，它表示 "一种现象的形式". 在这方面，我们可能会想到一个光学振动的相位、月相、一个政治发展中的众生相; 后来我们在统计力学中讲多维 "相空间". 在热力学中术语 "相" 是用来表示一种单一物质聚集的不同状态，包括固体的各种结构形式 (晶体结构、非晶结构). 当应用于几种物质时，该术语包括它们能够具有不同的化学集合.

在 van der Waals 发展的理论中，我们将研究气相 2 和液相 1 之间的平衡, 即在液体和其上的饱和蒸汽之间的平衡. 压强相等构成这种平衡的力学条件，而温度相等是平衡的热学条件. 在 §7 的表中列出的四个势中，自由焓 G 是在 p 和 T 为常数时最适合使用的一个. 根据 §8 式 (13a)，两个相中 p 的相等和 T 的相等连同 g 的相等: $g_1 = g_2$. 如果两个相 1 和 2 中所含物质的质量分别以 m_1 和 m_2 表示，则根据 §8 式 (13a)，我们可以写出

$$\delta G = \delta(m_1 g_1 + m_2 g_2) = (g_1 - g_2) \cdot \delta m_1 = 0,$$

因为 $\delta m_1 = -\delta m_2$，总质量 $m_1 + m_2$ 在变化期间保持不变.

参考图 7，我们考虑一条等温线 $T < T_{\text{cr}}$，并使其与一条等压线 $p < p_{\text{cr}}$ 相交. 三个交点中，我们将以 A 和 B 表示外面的两个点，如图 9 所示. 相应的 g 值以 g_A 和 g_B 表示. 这些也是相等的，因为它们具有同样的 p 和 T. g_A 和 g_B 相等导致

$$u_B - u_A - T(s_B - s_A) + p(v_B - v_A) = 0, \tag{6}$$

因为 $g = u - Ts + pv$. 熵差 $s_B - s_A$ 可以从 §9 式 (15) 得到. 考虑到在两个交点 A 和 B 处 T 相等，我们求得

$$s_B - s_A = R \log \frac{v_B - b}{v_A - b}. \tag{7}$$

我们现在沿等压线 $p = $ 常数积分 du 以计算 $u_B - u_A$ (任何其他积分路径将导致相同的结果):

$$u_B - u_A = \int_A^B du = \int_A^B \left\{ \left(\frac{\partial u}{\partial v}\right)_T dv + \left(\frac{\partial u}{\partial T}\right)_v dT \right\}.$$

利用 §9 式 (6)、§9 式 (10)，我们有

$$u_B - u_A = \int_A^B \frac{a}{v^2} \mathrm{d}v + \int_A^B c_v(T) \mathrm{d}T,$$

其中，右边的第二项为零，因为 $T_A = T_B$. 第一项给出

$$u_B - u_A = -\frac{a}{v_B} + \frac{a}{v_A}. \tag{8}$$

把式 (7) 和式 (8) 代入式 (6)，我们发现

$$-\frac{a}{v_B} - RT \log(v_B - b) + \frac{a}{v_A} + RT \log(v_A - b) + p(v_B - v_A) = 0. \tag{9}$$

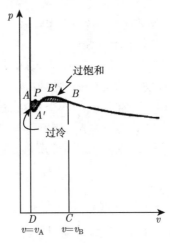

图 9　Maxwell 线的定义

我们现在计算在 p-v 平面中由等温线 $T = $ 常数，横坐标轴与两条直线 $v = v_A$，$v = v_B$ 所围的面积. 根据 van der Waals 方程，该面积等于

$$\int_A^B p \mathrm{d}v = RT \int_A^B \frac{\mathrm{d}v}{v-b} - a\int_A^B \frac{\mathrm{d}v}{v^2} = \left[RT\log(v-b) + \frac{a}{v} \right]_{v=v_A}^{v=v_B}. \tag{10}$$

右边的表达式等于式 (9) 中前四项，除了符号. 把式 (9) 代入式 (10)，我们有

$$\int_A^B p \mathrm{d}v = p(v_B - v_A). \tag{11}$$

几何上，$p(v_B - v_A)$ 表示图 9 中的矩形 $ABCD$. 根据式 (9)，其面积等于式 (10) 中考虑的等温线和横坐标轴之间的面积. 因此，图中这两个新月形阴影必有相等的面积. 这条规律给出确定相平衡边界点 A 和 B 的一种方便的图形方法. 它最早是由 Maxwell(自然，1875 年) 给出的; 直线 AB 被称为 "Maxwell 线".

§10. van der Waals 对气体液化的评论

对于每条低于图 7 中临界线的等温线,实行上述构造,我们得到 p-v 平面内包围其中液相和气相这两相平衡共存区域的边界. 该边界如图 10 中的描绘所示. 此线的右边只有气体可以存在, 而它的左边将只有液体存在. 这一区域的顶点与临界点 v_{cr}、p_{cr} 重合. 边界曲线的两个分支在这一点相遇. 点 A 的轨迹是水 (或液相) 线, 而点 B 的轨迹是蒸气 (或气相) 线. 从气相开始, 我们发现第一滴液体出现在气相线上; 从液相出发, 我们应注意到蒸气的第一个气泡碰上液相线.

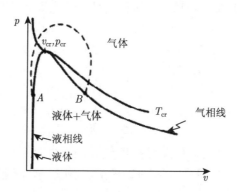

图 10 p-v 平面内气相 + 液相共存区域的边界

我们回到图 9, 并探讨沿 Maxwell 线 AB 的各点的物理意义. 它们是具有不同体积但相同压强和温度的点. 体积的变化是由液相和气相出现的比例不同产生的. 在 B 点我们只有具有摩尔体积 v_B 的饱和蒸气, 而在 A 点我们只有具有摩尔体积 v_A 的液体. 以 x 表示液体的相对质量, 并且以 $1-x$ 表示蒸气的相对质量, 我们发现, 在 A 点, $x = 1$, 而在 B 点, $x = 0$. 在一个中间点 P, 我们有

$$v_P = xv_A + (1-x)v_B.$$

因此,
$$x = \frac{v_B - v_P}{v_B - v_A} = \frac{PB}{AB}; \quad 1-x = \frac{v_P - v_A}{v_B - v_A} = \frac{AP}{AB}. \tag{11a}$$

x 和 $1-x$ 部分可从图中推断出, 因为它们与比例 PB/AB 和 AP/AB 是相等的.

我们现在来解释图 9 中说明文字 "过饱和" 和 "过冷" 的含义. 它们表示不稳定的平衡态, 其不是真正的像那些对应于 Maxwell 线上的点的平衡态. 在有利的条件下 (如在无尘环境中的蒸气), 恒定温度下, 压强呈现的值比在气相线上 B 点处的值高, 能够获得过饱和蒸气. 同样, 如果在一个完全没有振动的容器中加热, 液态在温度略微超过沸点时可保持. 在温度等于 A 点的温度时, 压强减小. 然而, 必须认识到的是, 这些超过边界线范围的不稳定的扩展是非常小的, 并且 A' 和 B' 之间的状态根本不能达到, 因为它们对应于等温膨胀时压强增加. van der Waals 理论能够预测, 至少定性地, 沿着分支 AA' 或 BB' 不稳定态的存在, 这是非常了不起的.

现在我们回到图 10, 并直接从它推断出以下事实:

(1) 在温度 $T > T_{\text{cr}}$ 时, 一个气体不可能液化, 不管多大的压缩.

(2) 为了液化一个气体, 将温度降至 $T < T_i$ 是不够的; 根据式 (5b) 和 §9 式 (3) 转化温度 T_i 比 T_{cr} 约大七倍. 然而, 有可能液化一个气体, 例如, 对于空气的情况, 如果 $T < T_i$ 已经达到, 通过一系列的 Joule-Thomson 膨胀以使局部范围且最后整体实现液化.

(3) 通过走一条穿过临界点以上区域的路径有可能直接从图 10 的示意图中右下区的稀薄气体状态到达左下角的液相区而不穿过阴影的两相区. 根据 van der Waals 方程, 沿着这样一条路径的状态形成一连串的稳定平衡态. 没有间断, 即使跨越临界等温线 $T = T_{\text{cr}}$, 要么在其下的分支线上, $p < p_{\text{cr}}$; 要么在其上的分支线上, $p > p_{\text{cr}}$. 这种行为说明了 van der Waals 论文的标题 "气态和液态的连续性".

(4) 特别是我们可以从 Maxwell 的一端 B 沿着图 10 中由虚线所示的路径走到另一端 A 处. g_B 的解析表达式会连续变化, 直到达到 g_A 值. 这已在式 (6) 中被预料到. 严格地说, 我们可以给这个方程加上一个 T 的线性函数, 由于事实上能量和熵的零点是不确定的. 然而, 我们连续性的考虑的确说明这应该, 事实上, 已设定等于零.

在前面的描述中, 已经借助于 van der Waals 气体的理想模型解释了临界点的概念以及 Maxwell 线的概念.

事实上, 一个真实气体的等温过程显示出与 van der Waals 模型定性一致. 特别是一个临界点的存在总是被看到由 §9 的条件即

$$\left(\frac{\partial p}{\partial v}\right)_T = 0, \quad \left(\frac{\partial^2 p}{\partial v^2}\right)_T = 0$$

连同状态方程 $p = p(v, T)$ 来确定. 此外, 对于状态方程的解析式, 关于 Maxwell 线的关系 (11) 一般仍正确, 因为它很容易证明.

为了这样做, 让我们考虑低于临界线的一条等温线, 其形状由图 9 所示定性地模拟. 由 A 处和 B 处的自由焓相等, 我们有

$$f_A + pv_A = f_B + pv_B, \tag{12}$$

因为 $g = f + pv$. 另一方面

$$f_A - f_B = -\int_A^B \left(\frac{\partial f}{\partial v}\right)_T dv. \tag{13}$$

根据 §7 中的表, 我们发现 $(\partial f/\partial v)_T = -p$, 从而由式 (12) 和式 (13) 得出

$$p(v_B - v_A) = \int_A^B p\, dv,$$

其中, 积分延伸到外推等温线 $AA'B'B$. 这证明式 (11) 对状态方程的任何解析式是正确的.

§11. Kelvin 温标

绝对温度在 §6 中已经被定义为一个任意的常规测量的温度 θ 的函数 $\phi(\theta)$, 其满足 Carnot 比

$$\frac{Q_1}{Q_2} = \frac{\phi(\theta_1)}{\phi(\theta_2)} = \frac{T_1}{T_2}. \tag{1}$$

这个定义早在 1848 年由 Thomson 提出, 人们还已经指出: 用气体温度计测量的温度将以一定的精度满足条件 (1), 其直接关系到测温物质在所考虑的范围内对一个理想气体的偏差. 我们现在继续说明借助于一个真实气体温度计测量的温度 θ 如何可以化为绝对温度 T.

显然, 式 (1) 不是很适合于这一目的, 因为它不可能以足够高的精度用量热法测量 Q. 然而, 在此, 我们可以使用从第二定律推导出的包含绝对温度的任意关系. Kelvin 勋爵认为, 在 §8 中给出的他的 Joule-Thomson 效应的解析式是特别适合的. 在 §14 中给出的 Clapeyron 方程被视为另一个实际出发点.

§10 方程 (3) 有如下形式:

$$\frac{\Delta T}{\Delta p} = \frac{vT}{c_p}\left(\alpha - \frac{1}{T}\right). \tag{2}$$

因为 $T = \phi(\theta)$ 只是 θ 的函数, 已经借助于对 T 的导数定义的 c_p 和 α 这些量可以用对 θ 的导数改写:

$$\alpha = \frac{1}{v}\left(\frac{\partial v}{\partial T}\right)_p = \frac{1}{v}\left(\frac{\partial v}{\partial \theta}\right)_p \frac{\mathrm{d}\theta}{\mathrm{d}T} = \alpha'\frac{\mathrm{d}\theta}{\mathrm{d}T};$$

$$c_p = \left(\frac{\partial q}{\partial T}\right)_{p=\text{常数}} = \left(\frac{\partial q}{\partial \theta}\right)_{p=\text{常数}} \frac{\mathrm{d}\theta}{\mathrm{d}T} = c_p'\frac{\mathrm{d}\theta}{\mathrm{d}T}.$$

新定义的 α' 和 c_p' 这些量将被视为由经验确定的 θ 的函数. 式 (2) 右边的分子和分母除以 $\mathrm{d}\theta/\mathrm{d}T$, 我们发现, 它等于

$$\frac{vT}{c_p'}\left(\alpha' - \frac{1}{T}\frac{\mathrm{d}T}{\mathrm{d}\theta}\right). \tag{2a}$$

可以将左边改写为

$$\frac{\Delta\theta}{\Delta p}\frac{\mathrm{d}T}{\mathrm{d}\theta}, \tag{2b}$$

其中, $\Delta\theta/\Delta p$ 这个量是经验给定的 θ 的一个函数, 即借助于 Joule-Thomson 效应测量的函数. 令式 (2a) 和式 (2b) 相等, 我们有

$$c'_{\mathrm{p}}\frac{\Delta\theta}{\Delta p}\frac{1}{T}\frac{\mathrm{d}T}{\mathrm{d}\theta} = v\left(\alpha' - \frac{1}{T}\frac{\mathrm{d}T}{\mathrm{d}\theta}\right),$$

从而

$$\frac{1}{T}\frac{\mathrm{d}T}{\mathrm{d}\theta} = \frac{v\alpha'}{v + c'_{\mathrm{p}}\dfrac{\Delta\theta}{\Delta p}}, \tag{3}$$

或

$$\log\frac{T}{T_0} = \int_{\theta_0}^{\theta} \frac{v\alpha'}{v + c'_{\mathrm{p}}\dfrac{\Delta\theta}{\Delta p}}\mathrm{d}\theta. \tag{4}$$

一般而言, 此积分当然必须数值进行, 因为它仅涉及经验确定的 θ 的函数 (v 也属于这类). 如果 θ 的单位是摄氏度 (℃), 并且适当地选择 T 的刻度单位, 则我们有对应关系

$$\theta = 0 \text{ 和 } T = T_0.$$

$$\theta = 100℃ \text{ 和 } T = T_0 + 100℃.$$

为了确定 T_0, 我们可以使用式 (4), 或

$$\log\left(1 + \frac{100℃}{T_0}\right) = \int_0^{100℃} \frac{v\alpha'}{v + c'_{\mathrm{p}}\dfrac{\Delta\theta}{\Delta p}}\mathrm{d}\theta. \tag{4a}$$

上述定义的温标现在普遍称为 Kelvin 温标, 并且我们写为 $T = \cdots$ K. 在区间 0~100 ℃, 对多数测温物质, T 和 θ 之间的差异很小. 按照德国物理技术研究院进行的测定, 当 θ 由空气温度计测定时, 最大偏差是 -0.0026 ℃. 对于更理想的氢气, 它较小, 达到 0.0007 ℃.

这些差异自然随着温度接近各物质的液化点而增加, 并且 Joule-Thomson 过程在低于它时失效. 产生接近 (达不到的) 绝对零度的最低温度的最有效方法是基于**磁热效应**(P. Debye1926 年, W. J. Giauque1937 年); 两位作者为此 (相互独立地) 建议使用顺磁性硫酸钆盐作为最合适的物质. 过程如下: 该物质首先在具有极低温度 (~1.3 K) 的液氦池里冷却并置于一个强磁场中, 直到达到热平衡. 这样, 所有的磁偶极子几乎变成单向的, 假如该磁场足够强. 此有序状态的熵小于在无外场的情况下呈现的无序状态的熵 (参见 §19), 而且结果是熵明显减少. 此时, 将顺磁盐绝热并将磁场关闭. 总熵在这个过程中必须保持不变, 但随着外磁场减少, 一定量的无序将增加, 磁对熵的贡献从零增加到一个相当大的值. 由于绝热的存在, 总熵保持

不变, 其导致温度降低. 比热 c_p 在这些非常低的温度下是非常小的, 并且磁对熵的贡献可视为首要项, 从而在绝热退磁时, 温度可降低到 1K 的几千分之一量级的一个值 (de Haas). 我们将在 §12 中看到: 绝对零度不能以这种方式达到. 我们在这里只注意, 绝热退磁过程的热力学理论 (参见 §19) 为我们提供了将 Kelvin 温标的定义向下扩展到绝对零度附近的温度的一种方法.

持怀疑态度的 Mach[①]认为, 绝对温标的零点只在气体的特殊情况下具有意义. 这种观点在绝对 Kelvin 温标创立后被断然否决. 不存在这个 (固定的, 但无法实现的) 温度下限, 热力学学科的整体结构就将崩溃.

§12. Nernst 热力学第三定律

Nernst 的观点称为热力学第三定律是非常正确的. 它不会像热力学第一定律和第二定律导致一个新的属性, 但它使属性 S、F、G、$\cdots$ 数值确定, 因此可用.

熵是以其微分 dS 定义的, 但 S 本身的定义只缺少一个常数 S_0. 这本身并不构成一个缺点, 因为在应用中我们几乎总是处理熵差. 能量 U 也是如此, 在其表达式中, 留下一个积分常数是不定的. 然而, 在 F 和 G 这些势的表达式中, 一个具有 $S_0 T +$ 常数形式的线性函数由于 TS 这一项仍未确定. 因此, 其对于不同温度下的状态以及在化学平衡方程中的效用变得虚无缥缈.

由此产生熵的绝对值问题, 即与所有的基本问题情况一样, 自然提供了最可能简单且数学上最满意的答案: 当一个系统的温度趋于绝对零度时, 其熵趋于一个与压强、聚集状态等无关的恒定值 S_0, 我们可以令它等于零, 从而每种物质的熵以一种绝对的方式变为标准化的. 这也消除了 F、G 这些势中的不确定性, 因为在熵的积分式 (参见 §6 式 (11)) 中, 我们可以假设下限在 $T = 0$ 处.

这是由 Planck 给出的构想, 但有趣的是, 在这里引用 Nernst 自己对同一事实的最先表述. 与他关于电化学现象的研究有关, Nernst 能够比其他任何人更成功地处理热力学第二定律, 但是, 很明显, 他不喜欢熵的概念, 而更愿意使用 "最大 (可用) 功" 的概念, 他把 "最大 (可用) 功" 也作为化学亲合力的一种度量. 引入 Nernst 给它的符号 A, 我们发现, 根据 §8 式 (15), 我们有

$$A = \Delta F \text{ 及 } \Delta F = F_1 - F_2. \tag{1}$$

由 $F = U - TS$ 连同关系

$$S = -\left(\frac{\partial F}{\partial T}\right)_V, \quad \text{参见§7中的表,}$$

[①] 热力学原理, Leipzig, 1896 年, p. 341. Gay Lussac 无法理解已经以这本书的一个附录发表的他的自由膨胀实验的原因.

我们有
$$F = U + T\left(\frac{\partial F}{\partial T}\right)_V.$$

从而, 由式 (1) 求得
$$A - \Delta U = T\left(\frac{\partial A}{\partial T}\right)_V \text{ 及 } \Delta U = U_1 - U_2. \tag{2}$$

Nernst 把式 (2) 视为热力学的基本方程[1], 因为它把第一定律与第二定律结合起来.

根据 Berthelot 和 Nernst, ΔU 表示在恒定的 V 时过程的热度[2]. Berthelot 认为式 (2) 的左边应等于零, 然而, 情况并非如此. Nernst 在上述引文中作了如下评论: "我突然想到, 我们这里有一个极限定律, 由于 A 与 ΔU 之差通常是非常小的. 看来, 在绝对零度 A 和 ΔU 不仅相等而且渐近彼此相切. 因此, 我们应该有
$$\text{对于 } T = 0, \lim\frac{\mathrm{d}A}{\mathrm{d}T} = \lim\frac{\mathrm{d}\Delta U}{\mathrm{d}T} = 0." \tag{3}$$

这是对 20 世纪经典热力学的影响最深远的概括的历史渊源.

从 A 返回至
$$\Delta F = \Delta U - T\Delta S,$$

我们从式 (3) 即得
$$\lim\left\{\frac{\mathrm{d}\Delta U}{\mathrm{d}T} - \Delta S - T\frac{\mathrm{d}\Delta S}{\mathrm{d}T}\right\} = \lim\frac{\mathrm{d}\Delta U}{\mathrm{d}T},$$

并因此
$$\text{当 } T \to 0 \text{ 时, } \Delta S \to 0, \text{ 即 } S_2 \to S_1. \tag{4}$$

所以我们从 Nernst 的表述 (3) 推导出了 Planck 方程 $S \to S_0$ 以及任何物质标准化 $S_0=0$ 的可能性. 相反, 显而易见的是, 式 (3) 从式 (4) 得到.

起初 Nernst 把他的定理的有效性限于纯凝聚态物质 (固体或液体), 而排除了气态. 然而, 在随后的一本出版物[3]中, 他考虑那时开始让物理学家全神贯注的简并气体问题. 不久之后, 此问题在 Bose-Einstein 统计和 Fermi-Dirac 统计中被系统阐述了. 这两个统计表明, 在最低温度下气体简并. 特别是在他的一个金属理论的描述 (1927 年) 中, 当前作者表明, 关于它的所有属性, 自由电子气服从 Nernst 第三定律. 这一点也不让人吃惊: 分别对于一个理想气体的熵和一个 van der Waals

---

[1] 理论化学, 编, 1926 年, p. 795. 我们已写成 ΔU, 而不是 Nernst 的 U, 并且我们已在 A 的偏导数中加了下标 V, 这是 Nernst 略掉的.

[2] 在大多数情况下, 考虑在恒定压强下的热度并将其定义为焓差 ΔH 更加有用.

[3] 热定律的新理论与实验基础, Knapp, Halle, 1918 年.

§12. Nernst 热力学第三定律

气体的熵的表达式 §5 式 (10) 和 §9 式 (15) 当 $T \to 0$ 时不导致 $S \to 0$, 因为在这一区域它们不要求任何有效性. 观察到的第三定律与氘化物显而易见的矛盾已经被 Clausius 解决了, 其表明, 它们代表冻结的即亚稳平衡态.

热力学学科可以不给关于这种特殊状态持续时间的信息; 这个问题必须留下来由量子力学的方法处理. 在任何情况下, 我们发现没有必要把 Nernst 第三定律的有效性限于凝聚态物质, 并且我们认为其有效性是普遍的.

现在我们来总结该定律关于均匀物质的一系列最简单的结果. 因为我们现在针对摩尔或单位质量, 将使用小写符号 s、v 替代迄今所用的大写字母.

(1) 随着 $T \to 0$, 热膨胀系数趋于零. 根据 §7 中的表 1 第 G 行, 我们有

$$\left(\frac{\partial s}{\partial p}\right)_T = -\left(\frac{\partial v}{\partial T}\right)_p.$$

左边为零, 因为 s 的极限 s_0 与压强无关. 因此, 出现在右边的体积变化也必须为零. 热膨胀系数 α 同样如此.

(2) 随着 $T \to 0$, 压强系数趋于零. 根据 §7 中的表第 F 行, 我们有

$$\left(\frac{\partial s}{\partial v}\right)_T = \left(\frac{\partial p}{\partial T}\right)_v.$$

因此, 左边再次为零, 因为极限 s_0 与 v 也无关. 右边以及压强系数 β 同样如此, 假如 $p \neq 0$.

(3) 随着 $T \to 0$, 比 (或摩尔) 热容 c_p 和 c_v 趋于零. 由定义

$$c_v = T\left(\frac{\partial s}{\partial T}\right)_v, \quad c_p = T\left(\frac{\partial s}{\partial T}\right)_p,$$

我们通过积分得到

$$s(v,T) = \int_0^T \frac{c_v}{T}\mathrm{d}T, \quad s(p,T) = \int_0^T \frac{c_p}{T}\mathrm{d}T. \tag{5}$$

积分常数在第一个积分中仅是 v 的函数, 而在第二个积分中仅是 p 的函数. 然而, 对于 T 足够小的值, 它们的存在将与规定极限值 s_0 同 v 和 p 二者渐近无关的 Nernst 第三定律相矛盾. 我们已在式 (5) 的两个式中通过假设积分的下限等于零, 将 s_0 的值标准化在 $s_0 = 0$. 现在这些积分表明, 对于 $T = 0$, c_v 和 c_p 必须为零; 如果不是这样, 由于积分的下限 $T = 0$, 积分将发散. 德国研究院在 Nernst 的方向下进行了广泛的测量, 提供了一个充分证实的事实: 在接近绝对零度时, 这些比热特别是 c_p 减少. 式 (5) 未能确定这些量趋向于零的速率. 根据 Debye(参见第二卷, §44), 减少的速率对于一个弹性体正比于 T^3, 对于电子气正比于 T(参见本卷 §39). 这些理论结果也已通过实验充分证实.

(4) 绝对零度的温度不能通过任何有限过程达到, 它也许只是渐近达到. 我们已经利用绝热膨胀过程 (参见 §5) 来冷却真实气体. 在最低温度的范围内, 作为最有效的过程, 采取的是绝热退磁, 参见 §11.

图 11 中所示的 T-S 示意图表示对于强度为 H 的磁场中的盐, 在 H = 常数①的恒定磁场强度下的曲线. 压强也被认为是恒定的 (例如, $p = 0$ 时的真空; 在盐的情况下, 固态的体积是不重要的). 该曲线通过原点 O, 并且它的斜率随着 T 增加, 因为偶极子受到加在盐上的磁场作用的有序化随着 T 增大而降低. 我们现在补充对于一个非磁化的盐 $H = 0$ 的曲线. 它位于 H = 常数的曲线上方, 因为在这种情况下, 不存在磁有序. 根据 Nernst 第三定律, 这条曲线也必须通过 $T = 0$ 的原点. 如果我们现在从初始温度 T_1 的磁化状态开始, 并沿绝热 (等熵) 曲线继续, 即沿 S = 常数的水平线, 直到已达到 $H = 0$②曲线上的消磁状态, 我们达到一个温度 T_2, 其从该图所画的可见, 大大低于 T_1; 但绝对零度是肯定达不到的.

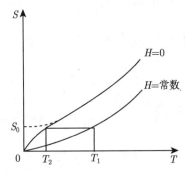

图 11　说明不可能通过绝热退磁达到绝对零度

如果第三定律是不正确的, 则不会如此. 假设曲线 $H = 0$ 对于 $T = 0$ 有一个 $S_0 \neq 0$ 的极限, 如图 11 中的虚线所示. 选择目前的初始温度 T_1, 我们会从 H = 常数一步达到绝对零度, 即将到达 $H = 0$ 处的点 $S = S_0$.

通过在 T_2 下磁化并反复退磁试图接近绝对零度是很自然的事情. 然而, 这样的方案会遇到实际困难. 唯一进一步有效的办法将是使原子核消磁, 但这在将来才有可能.

在任何情况下, 下面的结论可以从第三定律得出: 绝对零度的温度点只能渐近达到. 因此, 一个在 $T = 0$ 放热的 Carnot 过程和 $\eta = 1$ 的效率 (参见 §6) 是不可能实现的.

---

① 在本节和 §19、§25 中, 字母 H 被用来表示磁场强度, 而不是焓.
② 曲线中凸起的特征是由于这样的事实: 在非常低的温度下顺磁材料表现出类似于铁磁物质所表现出的一种自发磁化 (磁矩的有序化).

第2章 热力学对特殊系统的应用

§13. 气体混合物　Gibbs 悖论　Guldberg-Waage 定律

我们周围的空气是一种混合物

$$78\% N_2, \ 21\% O_2 \text{和几乎} 1\% Ar.$$

氩令人惊讶的高含量因为它的惰性逃过早期研究者的注意；迟至 20 世纪初它才被 Rayleigh 勋爵和 W. Ramsay 发现．前面的数字代表摩尔百分比，正比于混合物中各自气体的分子数．重量百分比分别以分子量 28、32、40 乘以上面的数字所得．

在气体是理想的假设下，这在常温下是允许的 (特性——分子凝聚力为零；van der Waals 常数 $b = 0, a = 0$)，混合物各组分的行为就好像它单独占据体积 V，因此，能够确定分压 p_i 并把它们相加，以获得总压强 p.

$$p = \sum_i p_i, \text{道尔顿定律}. \tag{1}$$

由于每个组分以形式 §3 式 (10) 遵从 Gay-Lussac 理想气体定律，我们也有

$$V p_i = n_i RT. \tag{1a}$$

把对各组分的式 (1a) 相加，我们得到

$$Vp = nRT; \quad n = \sum_i n_i. \tag{2}$$

该混合物的能量也是各组分的摩尔能量之和：

$$U = \sum_i n_i u_i; \quad u_i = c_{vi} T. \tag{3}$$

因此，该混合物的比热 C_v 和 C_p 由下式给出：

$$C_v = \sum_i n_i c_{vi}; \quad C_p = \sum_i n_i c_{pi}; \quad C_p - C_v = nR. \tag{3a}$$

方程 (3) 可以通过想象将每个组分等温压缩至较小的体积来理解

$$V_i = V \frac{p_i}{p}, \tag{3b}$$

所有这些体积都并排置于具有相同的横截面 A 的隔室里 (类似于图 12 中), 并且它们由隔板分开, 以使体积之和 $V = \sum_i V_i$. 如果撤去隔板, 第 i 组分将从较小体积 V_i 扩至较大体积 V, 并且在此过程中, 其温度 T、摩尔能量 u_i 以及总能量 $n_i u_i$ 将保持不变. 根据我们前面的表示, 剩余组分的存在可被忽略. 这个过程的物理性质用术语扩散更好地说明.

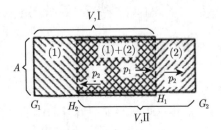

图 12 两种气体的可逆分离

A. 气体的可逆分离

在下面的论证中, 我们限于考虑两种气体: 1 和 2. 为了实现分离, 我们将需要半透膜. 这些发生在自然界中, 如有机细胞壁, 也可以借助于化学手段 (亚铁氰化铜膜) 来近似实现. 其实际及理论应用应归功于植物学家 Pfeffer, 参见 §15. 图 12 示出了两个具有相同体积 V 的气缸 I 和 II, 其可无摩擦地彼此滑动. 假定侧面和两端 (I 的 G_1 和 II 的 G_2) 对两种气体 1 和 2 是不透的. 然而, 假定 II 的端部 H_2 只对 2 是不透的, 而允许 1 通过它. 对 I 的端部 H_1 作相反的假定.

假定两个气缸最初被彼此推入, 两种气体被混合. 现在想象气缸 II 被无限缓慢地向右拉出一个距离 $\mathrm{d}x$. 隔室 $G_1 H_2$ 只能让气体 1 进入其中, 如此说来, 忽略膜 H_2 的存在. 端部 H_2 仅受到阻碍位移 $\mathrm{d}x$ 的压强 p_2 的作用. 在此过程中它做的功是

$$\mathrm{d}W = -A p_2 \mathrm{d}x. \tag{4}$$

膜 H_1 静止, 不做任何功, 壁 G_1 同样如此. 然而, 有与移动 $\mathrm{d}x$ 的壁 G_2 相关的功. 由于隔室 $H_1 G_2$ 在压强等于 $H_2 H_1$ 中的压强下只含有气体 2(如此说来, H_1 被气体忽略), p_2 对 G_2 所做的功为

$$\mathrm{d}W = +A p_2 \mathrm{d}x, \tag{4a}$$

即与式 (4) 相等并相反. 分离过程不需要功, 且没有发生热交换, 正如我们从现在起将假设的; 这意味着, 两组分的能量和温度保持恒定. 该实验的最终结果是, 气体 1 和 2 二者被分离, 它们中的每一个的体积为 V 且压强为 p_1 或 p_2. 它们的熵将由

§13. 气体混合物 Gibbs 悖论 Guldberg-Waage 定律

S_1 和 S_2 来表示. 因为这个假想的分离过程证明是可逆的, 既不需要功也不需要热, 我们可以说, 该混合物的熵 S 为

$$S = S_1 + S_2. \tag{5}$$

显而易见的是, 如图 12 所示的过程通过缓慢地将气缸彼此滑入而可逆. 以这种方式, 气体混合也变得可逆.

方程 (5) 为一种混合物的熵的计算提供了一个依据. 把它更完全地写为

$$S(T, V) = S_1(T, V) + S_2(T, V), \tag{5a}$$

或者 (通过改变该函数的符号 S 的数学定义)

$$S(T, p) = S_1(T, p_1) + S_2(T, p_2). \tag{5b}$$

换句话说: 为了计算一种混合物的熵作为其组分的熵之和, 有必要想象每个组分占据与混合物一样的体积V从而使压强p 分别减少到p_1和 p_2.

推广至两种以上组分, 显然, 我们有

$$S(T, p, n_1, n_2, \cdots) = \sum_i n_i s_i(T, p_i), \tag{6}$$

其中, n_i 为物质的量; s_i 为第 i 个组分的摩尔熵.

B. 扩散过程和 Gibbs 佯谬中的熵增加

在 §13A 里考虑的扩散过程中, 假设组分并排排列, 初始体积为 V_i, 彼此不同, 每个小于 V; 它们的压强通过等温压缩带来共同值 p. 让 S_0 表示在扩散前各组分的熵的总和. 根据式 (6) 类推, 我们可以写出

$$S_0 = \sum_i n_i s_i(T, p). \tag{6a}$$

从式 (6) 和式 (6a), 我们可以计算扩散熵变:

$$S - S_0 = \sum_i n_i \{s_i(T, p_i) - s_i(T, p)\}. \tag{6b}$$

利用我们在 §5 式 (10) 中给出的对理想气体原始的熵的定义, 可以计算出在恒定温度下每摩尔熵差[①], 而且我们得到

$$s_i(T, p_i) - s_i(T, p) = R \log \frac{v}{v_i};$$

[①]的确, Clausius 和 Waldmann 已表明扩散伴随可测量的温差. 然而, 我们在这里只关心温度变得均等之后才有的最终状态.

由于式 (3b), 我们可以用 $R \log(p/p_i)$ 代替右边. 因此式 (6b) 变成

$$S - S_0 = R \sum_i n_i \log \frac{p}{p_i}. \tag{7}$$

与热传导的方式相同, 扩散是一个不可逆的过程. 式 (7) 中可见的熵的增加只能通过做功才可逆.

考虑到前面的状态方程 (2) 和 (1a), 我们有 $p/p_i = n/n_i$. 熵的增加变成只是物质的量 n_i 及它们的总和 $n = \sum_i n_i$ 的一个函数:

$$S - S_0 = R \sum_i n_i \log \frac{n}{n_i} = R \left[n \log n - \sum_i n_i \log n_i \right]. \tag{8}$$

式 (8) 的右边可称为混合项. 它仅取决于分子数, 而不是它们的性质. 这导致Gibbs阐明的佯谬: 在讨论同种分子的界限时, 式 (8) 将显然保持不变. 这是荒谬的, 因为当隔板从相同分子被完全封闭的隔室中撤掉时, 没有扩散. 讨论这个界限的过程是不可接受的. 它违背了物质的原子性, 并且与不同种类的分子之间没有连续的转变这个事实不一致 (如原子 H 和 He).

为了更详细地解释它, 我们考虑分子非常相似的情况, 如一种稀有气体的同位素. 把方程 (8) 不加任何修正地应用于这种情况; 同样如此的是其组分仅区别于它们的自旋的正氢和仲氢的一种混合物, 以及能量处于基态的一些分子与能量处于激发态的其余分子的一种分子混合物. 另一方面, 当组分的分子完全没有区别时, 式 (8) 失效.

C. Guldberg 和 Waage 的质量作用定律

到目前为止, 我们已假设所考虑的混合物的组分是相对于彼此化学惰性的. 当化学反应在系统中是可能的, 反应物和生成物之间的一个平衡态最终会达到, 使得我们现在提出研究这样一个平衡的确切性质. 我们将假定化学反应在恒定压强 p(例如, 在恒定的大气压强) 和恒定温度 T 下发生. 如果实验被适当地安排, 这样的条件几乎总是可以实现. 按照 §8, 我们可以将平衡条件写为

$$\delta G = 0 \text{ 及 } G = U - TS + pV = H - TS. \tag{9}$$

蒸汽分解为氢气和氧气提供了这样一个过程的简单例子, 在该过程中一种氢氧气体的化学计量混合物与水蒸气保持平衡 (在常温下蒸汽不能被视为理想气体的事实在这里我们不必担忧, 因为没有发生明显的分解, 除非温度变高). 该化学反应式即

$$2H_2O \rightleftarrows 2H_2 + O_2$$

§13. 气体混合物　Gibbs 悖论　Guldberg-Waage 定律

表明，在系统中对于每 2 摩尔的 H_2 和每摩尔的 O_2 的出现，2 摩尔的 H_2O 必须消失. 如果我们以 n_1、n_2 和 n_3 分别表示在系统中存在的 H_2、O_2 和 H_2O 的物质的量，并且以 ν_1、ν_2 和 ν_3 表示与化学方程式相关的整数 (对化学方程式右边的物质记为正, 而左边为负), 那么对于当前的例子, 有

$$\begin{cases} \nu_1 = 2, \quad \nu_2 = 1, \quad \nu_3 = -2, \\ \text{分别对于} H_2, O_2 \text{ 和 } H_2O. \end{cases} \tag{9a}$$

此外, 考虑到在系统里物质的量中一个真实的或虚拟的变化, 我们可以建立以下比例：

$$\delta n_1 : \delta n_2 : \delta n_3 = \nu_1 : \nu_2 : \nu_3. \tag{10}$$

我们现在继续以变量 p、T、n_i 和参数 ν_i 表示式 (9) 中的平衡条件. 摩尔能量, 如先前所示, 只是 T 的函数. 故

$$U = \sum_i n_i u_i(T).$$

如式 (1) 和式 (1a) 所示的焓或者由 h_i 表示的摩尔焓同样如此. 因此, 我们有

$$H = \sum_i n_i h_i(T). \tag{11}$$

然而, 关于熵的规则是不同的. 在这方面, 有必要回顾一下, 摩尔熵 $s_i(T, p)$ 由于混合项一定增加并以式 (8) 给出, 即

$$S = \sum_i n_i \{s_i(T, p) + R \log(n/n_i)\}. \tag{12}$$

从式 (9)、式 (11) 和式 (12), 我们可以推导出

$$G = \sum_i n_i \{h_i(T) - T s_i(T, p) - RT \log(n/n_i)\},$$

这也可以写为

$$G = \sum_i n_i \{g_i(T, p) - RT \log(n/n_i)\} \tag{13}$$

其中, g_i 表示每个单独组分 1 摩尔的自由焓 (吉布斯函数).

考虑到 T 和 p 是不变的, 我们可以从式 (13) 得到

$$\delta G = \sum_i \delta n_i \{g_i(T, p) - RT \log(n/n_i)\} - RT \sum_i n_i \delta \log(n/n_i).$$

然而，由于 $n = \sum_i n_i$，在上述公式中的最后一项为零．平衡条件 $\delta G = 0$ 因此可以改写为

$$\sum_i \nu_i \{g_i(T, p) - RT\log(n/n_i)\} = 0, \tag{14}$$

其中，由比例条件式 (10) 适当地修改，ν_i 替代了 δn_i．采用反对数，我们得到质量作用定律的形式如下：

$$\prod_i (n_i/n)^{\nu_i} = K, \quad \text{其中} \ \log K = -\frac{1}{RT}\sum_i \nu_i g_i(p, T). \tag{15}$$

该定律最早是在 1867 年由挪威科学家 Guldberg 和 Waage 发现，他们使用一条基于统计力学 (分子碰撞概率) 的论点．不久之后，Gibbs 只借助于热力学讨论证明此定律对理想气体的有效性．他通过实际计算常数 K 值进一步扩展了这一定律的范围．质量作用定律具有一定的局限性，也能够适用于蒸汽[①]，并且这构成了物理化学的基础之一，其发展初期发生在所考虑的期间．

如果我们现在引入摩尔浓度，即引入摩尔分数 $c_i = n_i/n$，由式 (15) 得到

$$\prod_i c_i^{\nu_i} = K. \tag{15a}$$

K 这个量被称为质量作用方程"常数"或平衡常数．在水蒸气分解的例子中，我们从式 (15) 看到

$$\frac{c_1^2 c_2}{c_3^2} = K. \tag{16}$$

为了确定三个未知数 c_1, c_2 和 c_3 的各自值，我们可以利用附加条件：

$$c_1 + c_2 + c_3 = 1 \tag{16a}$$

其从 $\sum n_i = n$，以及已知的 (直接或通过测量) 系统中氢和氧的原子数之比导出：

$$\frac{N_H}{N_O} = \frac{2c_1 + 2c_3}{2c_2 + c_3}. \tag{16b}$$

在更一般的情况下，当三种组分以上参加反应并且涉及两种以上的原子时，可用的方程数仍足以计算 c_i 的各个值．

由式 (15a) 并使用分压强 p_i 反而可以消除摩尔分数 c_i，我们则有

$$\prod_i p_i^{\nu_i} = K_p, \quad \text{其中} \ K_p = p^{\sum_i \nu_i} \times K. \tag{17}$$

[①] 如果借助于附加方程描述它们，并且该定律通过为几个同时反应建立平衡条件来应用，蒸气可能发生的聚合和分解的过程也可以包括在前面的论点中．

§13. 气体混合物 Gibbs 悖论 Guldberg-Waage 定律

这种形式的质量作用定律是有用的, 因为 K_p 只是 T 的函数, 与 p 无关. 这个事实可以证明如下. 在式 (15) 中将 K 对压强微分, 我们得到

$$\frac{\partial \log K}{\partial p} = -\frac{1}{RT}\sum_i \left\{ \nu_i \frac{\partial g_i(p, T)}{\partial p} \right\}. \tag{18}$$

从 §7 的表中, 我们求得

$$\frac{\partial g_i}{\partial p} = v_i(p, T) \quad \text{和} \quad \frac{\partial g_i}{\partial T} = s_i(p, T). \tag{18a}$$

这里 v_i 表示在压强 p 下的第 i 个组分的摩尔体积, 并等于 RT/p. 因此, 式 (18) 可以转化为

$$\frac{\partial \log K}{\partial p} = -\frac{\sum_i \nu_i}{p} = \frac{\partial}{\partial p}\log p^{-\sum_i \nu_i}.$$

此外, 对 p 积分, 我们有

$$K = C \times p^{-\sum_i \nu_i}, \tag{18b}$$

其中, C 与 p 无关. 然而, 从式 (17) 可见, C 等同于 K_p, 这证明我们的命题.

我们可以用类似的方式得到 K 和 T 之间的关系. 将式 (15) 对 T 微分, 我们得到

$$\frac{\partial \log K}{\partial T} = -\frac{1}{RT^2}\sum_i \nu_i g_i - \frac{1}{RT}\sum_i \nu_i \frac{\partial g_i}{\partial T}. \tag{19}$$

根据式 (18a), 对式 (19) 的右边, 我们可以写出

$$\frac{1}{RT^2}\sum_i \nu_i(g_i + Ts_i) = \frac{1}{RT^2}\sum_i \nu_i h_i \tag{19a}$$

求得 $\log K$ 对 p 和 T 的微分, 我们就可以计算 K 值. 我们发现, 它是确定的, 除了一个仅与所考虑的系统性质有关的常数因子. 我们将在 §14C 中得到后者.

质量作用定律对化学和工程问题的诸多应用的讨论超出了本书的范围. 只可能描述刚推导的方程的一些基本结果. 为日后参考, 我们在这里将以一个较为完整的形式重复最重要的部分:

$$\prod c_i^{\nu_i} = K(p, T). \tag{15a}$$

$$\frac{\partial \log K}{\partial p} = -\frac{\sum_i \nu_i v_i}{RT} = -\frac{\Delta v}{RT}, \tag{18}和(18a)$$

$$\frac{\partial \log K}{\partial T} = \frac{\sum_i \nu_i h_i}{RT^2} = \frac{\Delta h}{RT^2}. \tag{19}和(19a)$$

这里, 符号 Δv 表示整个系统摩尔体积的变化, Δh 表示在一个涉及化学反应完成的过程中总摩尔焓的变化, 前提是由左到右压强和温度二者均保持不变. 从第一个方程可以看出, K 增加导致 c_i 的增加, c_i 与 ν_i 的正值即根据先前采用的约定与化学方程式右边出现的物质相关联 (参见式 (9a)).

上述第二个方程表明, 恒温下压强的增加使平衡朝着有利于化学方程式对应于体积较小的那一侧移动. 因为一直认为只有理想气体参与反应, 体积的变化 Δv 遵循 §3C 中讨论的整个体积比的 Gay-Lussac 定律并且可以直接由化学方程式来估计. 因此, 在前面式 (10) 所考虑的蒸汽分解的情况中, 相比较于分解物 $2H_2$ 和 O_2 的体积之和, 其等于 $2+1=3$, 蒸汽具有较小的体积 2. 因而压强的增加导致蒸汽浓度增加.

在氯气和氢气的易爆混合物的情况下

$$H_2 + Cl_2 \rightleftharpoons 2HCl$$

$\Delta v = 0$, 并且平衡只与温度有关.

前述方程中最后一个说明, 在恒定压强下温度上升使平衡位置移向方程中与较高焓相关的那一侧. 在较低温度下对应于较高焓的气体实际上不存在. 因此, 在蒸汽的情况下, 分解度在沸点 100℃ 可忽略不计.

在这方面应该牢记的是, 热力学平衡的科学只关心最终的稳定状态, 并不会做出有关达到某种平衡态的反应速度的表示. 这些速度可以是如此之低以使 "亚稳" 态成为可能, 但后者不能在经典热力学的基础上处理. 这就解释了为什么一个由两份氢和一份氧以体积组成的混合物可以存在于任一段时间, 即使它不处于热力学稳定的平衡态. 这种亚稳态可以被包括在 "约束平衡" 的标题下, 正如在 §6C 中所定义的.

由氢和大气氮进行的氨的合成在工业中具有十分重要的实际意义. 它根据下面方程发生:

$$N_2 + 3H_2 \rightleftharpoons 2NH_3,$$

这表明, 摩尔体积从 4 降低到 2. 根据上述第二个方程, 氨的浓度随压强增加. 现在工业中进行该合成的非凡成功归于对热力学平衡条件 (Haber) 的完整理解, 对与高压相关的工程问题的掌握 (Bosch), 以及最终对促进高反应速率的催化剂的成功选择 (Mittasch).

§14. 化学势和化学常量

在前面的章节中, 除了属性 p、T 或 v、T, 我们遇到了参数 n_i, 即各个组分的物质的量. 它们的属性, 是典型的广延量.

§14. 化学势和化学常量

在 §8 式 (3) 中，我们已经承认具有任意数属性 (始终，自然，有限) 的可能性. 从这个方程出发，我们可以把第一定律与第二定律结合起来，并且可以写出

$$T\mathrm{d}S = \mathrm{d}U + p\mathrm{d}V + \sum_i X_i \mathrm{d}x_i. \tag{1}$$

现在把这些量 x_i 与我们的 n_i 联系起来. 按照 Gibbs, 与它们正则共轭的**强度量**将以 $-\mu_i$ 来表示, 式 (1) 从而变为

$$T\mathrm{d}S = \mathrm{d}U + p\mathrm{d}V - \sum_i \mu_i \mathrm{d}n_i, \tag{2}$$

$$\mathrm{d}U = T\mathrm{d}S - p\mathrm{d}V + \sum_i \mu_i \mathrm{d}n_i. \tag{2a}$$

替代式 (2)，我们也可以写为

$$\mathrm{d}H = \mathrm{d}U + \mathrm{d}(pV) = T\mathrm{d}S + V\mathrm{d}p + \sum_i \mu_i \mathrm{d}n_i, \tag{2b}$$

$$\mathrm{d}F = \mathrm{d}U - \mathrm{d}(TS) = -S\mathrm{d}T - p\mathrm{d}V + \sum_i \mu_i \mathrm{d}n_i, \tag{2c}$$

$$\mathrm{d}G = \mathrm{d}H - \mathrm{d}(TS) = -S\mathrm{d}T + V\mathrm{d}p + \sum_i \mu_i \mathrm{d}n_i. \tag{2d}$$

A. 化学势 μ_i

首先，我们注意到没有任何变化引入 §7 的表中，其最初局限于两个独立的变量，假如新的附加变量 n_i 保持不变. 然而，如果它们的变化是允许的，有必要添加下列微分关系，具体形式取决于我们是否使用式 (2a、b、c、d)[①]：

$$\mu_i = \left(\frac{\partial U}{\partial n_i}\right)_{S,V,n_j}, \tag{3a}$$

$$\mu_i = \left(\frac{\partial H}{\partial n_i}\right)_{S,p,n_j}, \tag{3b}$$

$$\mu_i = \left(\frac{\partial F}{\partial n_i}\right)_{T,v,n_j}, \tag{3c}$$

$$\mu_i = \left(\frac{\partial G}{\partial n_i}\right)_{T,p,n_j}. \tag{3d}$$

---

① 下标 n_j 表示，所有我们不对其微分的 n_j 保持不变.

显而易见的是, 有可能以同样的方法推导出对应于 §7 中 Maxwell 方程组的关系. 例如:

$$\frac{\partial V}{\partial n_i} = \frac{\partial \mu_i}{\partial p}. \tag{4}$$

(这意味着右边的 S、p、$n_j \neq n_i$ 和左边的 S、n_i 分别保持不变). 在式 (3a、b、c、d) 中, 最后一个是最重要的关系. 为了更仔细地检查它, 让我们想象一下, 系统已增加了一个给定的因子, 即 γ. 所有广延量, 即物质的量 n_i、体积 V 以及熵 S, 将以 γ 相乘, 而所有强度量, 即压强、温度和势 μ_i, 将保持不变. 我们从式 (3d) 得出结论: G 以与 n_i 同样的方式乘以 γ. 因此, 我们看到, G 一定为 n_i 的一次齐次函数:

$$G(p, T, \gamma n_i) = \gamma G(p, T, n_i). \tag{5}$$

关于 U、H、F 这些量, 当我们把它们考虑为 T、p、n_i 的函数时, 可以做出同样的论断; 但是, 例如自由能, 视为一个势函数并借助于对应于它的变量 T、V、n_i 表示, 必须满足关系 (参见 §7) $F(T, \gamma V, \gamma n_i) = \gamma F(T, V, n_i)$.

对齐次函数应用 Euler 法则 (对 γ 微分, 及 $\gamma = 1$), 我们得到

$$G = \sum_i n_i \left(\frac{\partial G}{\partial n_i}\right)_{T,p,n_j}. \tag{6}$$

将此与式 (3d) 结合, 我们有

$$G = \sum_i \mu_i n_i. \tag{7}$$

μ_i 与 p、T 和 n_i 有关. 对后者的依赖性一定如此需要产生零阶齐次函数, 即物质的量之比或所谓的 "摩尔浓度" 的纯函数. 因此, 进一步由式 (3d), 平衡条件 $\delta G = 0$ 可写为

$$\delta G = \sum_i \left(\frac{\partial G}{\partial n_i}\right)_{T,p,n_j} \delta n_i = \sum_i \mu_i \delta n_i = 0, \quad \delta p = 0, \quad \delta T = 0. \tag{8}$$

这必须补充辅助条件, 它们表示化学原子数保持不变的事实. 以与质量作用定律在 §13 式 (10) 中的情况的同样方式将此应用于对化学反应的单个方程, 我们有

$$\delta n_1 : \delta n_2 : \delta n_3 : \cdots = \nu_1 : \nu_2 : \nu_3 : \cdots . \tag{9}$$

将此与式 (8) 结合, 我们得到

$$\sum_i \mu_i \nu_i = 0. \tag{10}$$

在这个公式中, 正如质量作用定律的情况, 我们并没有规定反应物是理想气体. 因此, 我们可以把式 (10) 作为质量作用定律的一个普遍有效的公式.

§14. 化学势和化学常量

现在真正的困难在于 μ_i 的确定;它构成物理化学学科中的主要问题,并且只可以在测量的基础上解决. 幸运的是一定相同性的存在减少了其所需的程度, 我们现在开始推导它们. 从式 (7) 相当普遍地有

$$dG = \sum_i n_i d\mu_i + \sum_i \mu_i dn_i. \tag{11}$$

由于 G 是一个属性,我们可以写成

$$dG = \left(\frac{\partial G}{\partial p}\right)_{n_j,T} dp + \left(\frac{\partial G}{\partial T}\right)_{n_j,p} dT + \sum_i \left(\frac{\partial G}{\partial n_i}\right)_{T,p,n_j} dn_i. \tag{11a}$$

根据式 (2d), dp 和 dT 的因子分别等于 V 和 $-S$,并且由式 (3d) 可见, dn_i 的因子正好等于 μ_i. 比较式 (11) 与式 (11a), 我们得出下面的结论:

$$\sum_i n_i d\mu_i = V dp - S dT. \tag{11b}$$

现在将此一般方程应用于式 (11a) 的独立变量 p、T、n_i 中 p、T 保持不变并且只有 n_i 变化的情况. 考虑到 μ_i 是属性, 我们得到

$$\sum_i \sum_k n_i \left(\frac{\partial \mu_i}{\partial n_k}\right)_{T,p,n_j} dn_k = 0. \tag{11c}$$

现在这个公式中, n_i 是独立变量 (必须考虑的辅助条件, 例如, 与质量作用定律有关, 是不重要的, 因为式 (11b) 不仅在化学平衡下是正确的, 而且在涉及的原子数变化的情形下也是有效的), 以及式 (11c) 对于每个 dn_k 必须满足. 故

$$\sum_i n_i \left(\frac{\partial \mu_i}{\partial n_k}\right)_{T,p,n_j} = 0 \quad (k=1,2,\cdots,K). \tag{12}$$

由于 μ_i 仅与 n_k 的比例即浓度 c_k 有关, 方程组 (12) 可以写为

$$\sum_i c_i \left(\frac{\partial \mu_i}{\partial c_k}\right)_{T,p,c_j} = 0 \quad (k=1,2,\cdots,K-1), \tag{12a}$$

假设 K 种物质, 或 $K-1$ 个浓度 μ_i 都被视为 $K-1$ 个变量 $c_1, c_2, \cdots, c_{K-1}$ 的函数. 方程 (12a) 已经在 Gibbs 的著作中出现; 然而, 它们通常被描述为 Duhem-Margule 条件.

B. 理想混合物 μ_i 与 g_i 之间的关系

我们已经在 §13 中以式 (13) 中所给的所有变量 p、T、n_i 表示出了对涉及理想气体的特殊情况时的自由焓. 此式具有我们现在的式 (7) 的形式, 因而将后者与

§13 式 (13) 比较, 我们可以立即写下化学势的一个方程:

$$\mu_i = g_i(T, p) - RT \log \frac{n}{n_i}; \quad n = \sum_i n_i. \tag{13}$$

在 §13 中已经强调, 符号 g_i 表示纯组分 i 的摩尔自由焓. 正如我们现在可以看到的, 化学势与它不同. $RT \log n/n_i$ 这项的由来是什么? 答案是: 混合熵的增加 (参见 §13 式 (8)). 遵从式 (13) 的混合物将被称为理想混合物, 即使不含有理想气体. 很容易验证, 在式 (13) 中给出的化学势满足 Duhem-Margule 条件 (见习题II). 在非理想混合物的情况下, 组分的相互作用可能会引起热度、体积的变化等.

C. 理想气体的化学常量

我们现在回到在 §13 末尾已经提出的问题: 在质量作用定律中我们能够预测平衡常量 $K(p, T)$ 到什么程度. 根据 §13 式 (15), 有必要完全知道 g_i 这些量, 我们现在将其写成以下形式:

$$g_i = h_i - TS. \tag{14}$$

我们知道, 对于一个理想气体且温度不是太低, 我们有

$$h_i = c_{\mathrm{p}i} T + h_{i0}; \tag{15}$$

$$s_i = c_{\mathrm{p}i} \cdot \log T - R \log p + s_{i0}. \tag{16}$$

这里 h_{i0} 和 s_{i0} 表示积分常数, 其值不能借助于热力学来单独确定. 第三定律在这里没有直接帮助, 因为所考虑的定律不能外推至 $T \to 0$. 我们在这里将强调的是, 当温度 T 足够大时量子力学证实了式 (16), 并由此确定 s_0 的值. c_{p} 的精确值也由量子力学给出, 从而这个量

$$i_j = \frac{s_{j0} - c_{\mathrm{p}j}}{R} \tag{17}$$

可以对每个组分 j 计算出来. i_j 这些量被称为化学常量, 并且在把我们目前的式 (14)~ 式 (16) 代入 §13 式 (15) 中时, 它们的解释将变得清晰. 我们因此得到

$$\log K = \sum_j \nu_j \left[\frac{c_{\mathrm{p}j}}{R} \log T - \log p - \frac{h_{j0}}{RT} + \frac{s_{j0} - c_{\mathrm{p}j}}{R} \right],$$

其中, 方括号中的最后一项与 i_j 相同. 因此, 质量作用定律可以写成

$$\prod_i c_i^{\nu_i} = p^{-\sum_j \nu_j} T^{\sum_j \nu_j c_{\mathrm{p}j}/R} \times e^{\sum_j \nu_j i_j - r_0/RT}. \tag{18}$$

必须通过实验来确定, 并且我们可以正式表示为 "在绝对零度下的反应热" 的唯一量是

$$r_0 = \sum_j \nu_j h_{j0}. \tag{19}$$

这是提到的与 §13 式 (19a) 相关的常数.

§15. 稀 溶 液

当溶剂 (如水) 量比溶质 (如糖) 量大得多时, 一个溶液被称为稀溶液. 稀溶液与浓溶液的不同在于它们的行为简单性 (除了强电解质); 在某种程度上类似于理想气体与实际气体相比.

A. 历史综述

当溶质进入溶剂时, 它会均匀地向整个溶剂扩散, 不管初始状态如何, 与气体向整个可占据的体积扩散的方式相同. 此行为, 以与气体同样的方式, 归因于溶质受到压强的作用. 这就是所谓的渗透压, 并将其表示为 P. 它的存在可以通过半透膜的应用来显示, 半透膜可渗透溶剂, 但不是溶质, 参见 §13B. 此膜只感受渗透压 P, 而对溶剂中的压强不敏感.

如果将膜置于溶液和溶剂之间, 并且它可以自由移动, 那么必须做功以使其朝着有溶液的一侧移动. 溶剂将穿过膜并且溶液将变得更浓. 相反, 可以通过将膜朝着溶剂的方向移动来获得功, 从而让其能够渗透到溶液中, 使浓度降低. 因此, 通过这种可获得的正功显示自己有稀释的倾向. 我们可以说, 该膜对溶剂施加一个吸力, 其阻碍溶质散开的趋势, 并且正比于后者的渗透压.

这对应于 Pfeffer(对渗透的调查, Leipzig, 1877 年) 最早用来测量渗透压的措施. 一根长管插入一个装满水的烧杯中, 管的底部用半透膜 (亚铁氰化铜, 参照 §13A) 封闭. 由于该膜可渗透水, 管和烧杯中的水平面将起初是相等的. 如果现在向管中的水加糖, 其中的水将开始与所加的糖量成比例上升. 当管下端的静水压等于溶液的渗透压 P 时达到平衡. 当溶液浓缩时, 水平面可以差到几米, 迫使 Pfeffer 在其后来的实验中用封闭式水银压力计.

渗透压和半透膜在自然经济中发挥最重要的作用. 液汁如何可以渗透到高大树木的顶部之谜只能通过对渗透压存在的认识来解答. 在动物和植物二者中的有机细胞壁都是半透的. 细胞壁中的原生质与细胞所浸入的外部流体必须具有相同的渗透压: 二者必须都是 "等渗压"(等渗) 的. 如果外部渗透压越大, 则细胞会收缩, 而如果情况相反, 则它会胀破. 在医学领域中, 如涉及血小板的疾病, 两种可能性都发挥了显著作用.

B. 稀溶液的 Van't Hoff 状态方程

如果我们现在希望除上述一般性说明外获得定量的结果, 必须考虑在稀溶液中可逆过程的特殊情况. van't Hoff 在 1885 年遵循这样的思路, 并发现稀溶液和理想气体之间有一定的相似性.

为了证明这种类似, 习惯上考虑涉及一个移动活塞的循环, 假定活塞在一个行程中为半透的而在下一个行程中为不透的, 并比较系统做的功或对系统做的功的大小. 然而, 我们应基于我们考虑一般平衡条件的讨论, 因为这样将更快达到我们的目标.

假定该系统由两部分——纯溶剂和溶液组成, 二者穿过半透壁相互作用. 所有涉及"溶剂"物质的量将以下标 1 表示, 而那些与"溶质"有关的量将得到下标 2. 子系统"溶液"将以上标 1 表示, 而在另一方面, 子系统"纯溶剂"将以上标 2 表示. 因此, 我们应当区分物质的量 n_1^1、n_1^2 和 n_1^3. 由于子系统 2 不含溶质, 有

$$n_1^2 = 0. \tag{1}$$

我们规定半透壁应不阻碍热交换, 从而假定整个系统温度均匀, 然而, 我们必须承认, 壁两边的压强 p^1 和 p^2 可能是不同的.

当推导 §8 中的平衡状态时, 我们可以考虑 $T = $ 常数、$p^1 = $ 常数、$p^2 = $ 常数, 且 p^1 不等于 p^2 的情况. 然而, 不难看出, 我们不会得到什么新的条件, 并且将旧的条件

$$\delta G = 0 \tag{2}$$

最后应用到 $p^1 \neq p^2$ 的系统.

附加条件是

$$\delta n_1^1 + \delta n_1^2 = 0, \tag{3}$$

$$\delta n_2^1 = \delta n_2^2 = 0. \tag{4}$$

方程 (3) 表示溶剂的质量守恒, 而方程 (4) 是半透壁性质的数学表达式. 将 §14A 的化学势引入式 (2) 中, 并考虑到式 (4), 我们得到

$$\mu_1^1 \delta n_1^1 + \mu_1^2 \delta n_1^2 = 0. \tag{5}$$

鉴于式 (3), 我们进一步有

$$\mu_1^2(p^2, T) = \mu_1^1\left(p^1, T, \frac{n_2^1}{n_1^1}\right). \tag{6}$$

各个变量已经在括号中示出以使关系更清晰. 我们已经在 §14 中确立了, μ 仅取决于物质的量之比——"浓度". 参数 n_2^2/n_1^2 可以从 μ_1^2 中省略, 因为它是指由纯溶剂构成的均匀子系统, 其中, 根据式 (1), 浓度 n_2^2/n_1^2 等于零. 我们现在可以很清楚地看到, n_2^1 的非零值必然意味着差 $p^2 - p^1 \neq 0$, 否则平衡条件 (6) 无法得到满足. 原因在于关系 $\delta n_1^1 + \delta n_1^2 = 0$, 其是在考虑平衡时的特征并且表示一个守恒定律. 这个差

$$P = p^2 - p^1 \tag{7}$$

§15. 稀 溶 液

称为渗透压.

方程 (6) 是任何溶液的恰当状态方程; 为了能够应用它, 就必须知道化学势. 一般来说, 情况不是这样, 我们不得不使用实验结果和半经验公式, 就像是真实气体的情况. 类比于气体, 其中理想气体构成一种极限情况, 我们可以考虑在这方面也具有一种极限情况, 即可以用纯理论的方法处理高度稀释溶液. 因此, 现在意味着

$$n_1^1 \gg n_2^1.$$

当物质 2 渗入溶剂 1 时, 相对于物质 1 的唯一变化是分子无序的增加, 即混合熵的产生. 这里所含的假设被高精度实验证实了, 它可以通过热力学或统计性质的考虑得到进一步说明.

以 g_1 表示溶剂的摩尔自由焓, 我们必须假设

$$\begin{cases} \mu_1^1 = g_1(p^1,\ T) - RT \log \dfrac{n_1^1 + n_2^1}{n_1^1} \\ \mu_1^2 = g_1(p^2,\ T) \end{cases} \tag{8}$$

按照 §14B, 鉴于 $n_2^1 \ll n_1^1$ 这一假设, 我们有 $\log(1 + n_2^1/n_1^1) \approx n_2^1/n_1^1$. 因此, 由式 (6) 和式 (8) 推出

$$g_1(p^2,\ T) = g_1(p^1,\ T) - RT \frac{n_2^1}{n_1^1}. \tag{9}$$

我们现在将左边按泰勒级数展开并只保留第一项:

$$g_1(p^2,\ T) = g_1(p^1,\ T) + (p^2 - p^1) \left[\frac{\partial g_1(p^1,\ T)}{\partial p}\right]_T + \cdots. \tag{10}$$

根据 §7 中的表 1, 我们有

$$\frac{\partial g_1}{\partial p} = v_1, \tag{11}$$

其中, v_1 是纯溶剂的摩尔体积. 将式 (10)、式 (11) 和式 (7) 代入式 (9) 中, 我们得到

$$Pv_1 = RT \frac{n_2^1}{n_1^1}. \tag{12}$$

由于溶质的分体积与溶液体积 V 相比很小, 我们可以令

$$V = n_1^1 v_1,$$

与前面的所有公式近似相同. 从现在开始, 我们将用符号 n 表示溶质的物质的量 n_2^1. 因此

$$PV = nRT. \tag{13}$$

这是 van't Hoff 的命题：n 摩尔溶质的稀溶液的渗透压等于 n 摩尔理想气体施加于总体积 V 与溶剂和溶质的体积相等的容器壁上的压强.

当在溶液中存在更多的溶质时，它们的量为 $n_1, n_2, \cdots$，我们会以同样的方式求得

$$PV = (n_1 + n_2 + \cdots)RT, \tag{14}$$

这是混合理想气体的状态方程. 因此，可以定义单一溶剂的分压强 P_i

$$P_i V = n_i RT, \tag{14a}$$

并且总渗透压

$$P = \sum_i P_i,$$

与理想气体方式相同. 式 (13) 意想不到的形式最初发现时是难以把握的. 任何怀疑现已通过大量实验资料的结果并通过基于 (H. A.Lorentz 等) 动力学理论的考虑被去除.

§16. 水的不同相　对蒸汽机理论的说明

在本节中，我们将研究水的不同相之间的平衡. 在此之际，我们希望对热力学的起源，特别是对其与蒸汽机的发展的联系做一些说明，使读者想起在 §6 的引言中关于 Carnot 的段落.

A. 蒸汽压曲线和 Clapeyron 方程

我们首先考虑以下众所周知的事实：想象一个装满水的圆柱形容器和一个在其上表面完全吻合的活塞. 水和活塞之间没有空气. 我们现在把活塞从气缸拉出，温度始终保持恒定，并注意到一些水蒸发. 水面和活塞之间形成的蒸汽量刚好足以保持一个恒压，其与体积无关，仅是温度的单一函数. 蒸汽被称为是 "饱和" 的. 逆转活塞，蒸汽未被压缩但形成水，其量再次刚好足以确保该蒸汽仍然饱和. 由此可以看出，存在一个方程：

$$\phi(p, T) = 0, \tag{1}$$

其与体积无关，并且其把规定的温度 T 与饱和蒸汽压 p 关联起来. 式 (1) 在 p-T 坐标系中的标示得到蒸汽压曲线，如图 13 所示. 一组值给出如下：

$t = 0℃$	$50℃$	$100℃$	$120℃$	$200℃$	
$p = 6 \times 10^{-3}$	0.126	1.03	2.02	15.9	kp/cm^2.

§16. 水的不同相　对蒸汽机理论的说明

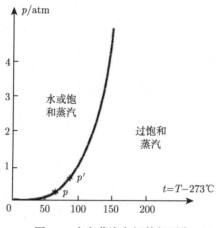

图 13　水和蒸汽之间的相平衡

体积的这种独立性与**液化过程的** van der Waals 模型一致. 回到图 10, 我们可以想象一下, 温度为第三坐标, 并将它绘制成对 p-V 面呈直角, 我们可以把注意力放在最终的 "状态面" 上. 从 V 轴的方向看这个面, 即将它投射到 p-T 面, 我们应注意到, 每条 Maxwell 线 AB 将在 p-T 面产生一个点. 沿着每一条这样的直线, 体积根据液体质量与蒸汽质量之比变化, 如 §10 式 (12) 给出, 这个事实不能从图 13 推断出. 特别是, p-V 面中表示为 "液化线" 和 "汽化线" 的这两条曲线给出 p-T 面中的单一投影, 即我们的蒸汽压曲线 (1). 这条曲线在对应于状态面上的临界点处突然结束. 可以看出, van der Waals 方程考虑了式 (1) 表示的事实 (不仅在蒸汽的情况下, 而且对所有凝聚气体).

现在, 我们应努力求得式 (1) 的一个解析表达式. 由于 p、T 为所考虑的变量, 要使用自由焓 G 和平衡条件 $\delta G=0$, 按照 §8, 我们使

$$G = ng_2 + (N-n)g_1, \tag{2}$$

其中, 下标 2 指的是 "高温" 相 (蒸汽), 而下标 1 指的是 "低温" 相 (水). 所谓的一个相的热量将高于另一个, 如果从后者到前者的转变与热量的增加相关联. 以后我们将使用下标 0 表示固相. 符号 g_1 和 g_2 分别表示每摩尔液体和蒸汽的自由焓, n 表示蒸汽的物质的量, N 表示蒸汽 + 液体的物质的量; g_1 和 g_2 是 p 和 T 的纯函数.

在恒定的 p、T 和 N 下将条件 $\delta G = 0$ 应用于式 (2) 导致 $(g_2 - g_1)\delta n = 0$, 从而使

$$g_2 = g_1. \tag{3}$$

这是式 (1) 的解析表达式. 我们现在就来评估它, 但在这样做之前, 我们应当由其

推出一个有用的微分关系.

考虑两个相邻点 P 和 P', 如图 13 所示, 其坐标是 p、T 和 $p + \mathrm{d}p$、$T + \mathrm{d}T$. 参照 §7 中的表 1, 我们计算

$$g(p + \mathrm{d}p,\ T + \mathrm{d}T) = g(p,\ T) + \mathrm{d}p \left(\frac{\partial g}{\partial p}\right)_T + \mathrm{d}T \left(\frac{\partial g}{\partial T}\right)_p$$
$$= g(p,\ T) + \mathrm{d}p \times v + \mathrm{d}T \times s. \tag{4}$$

我们现在形成相 1 和相 2 的差, 以 Δ 表示它, 例如

$$\Delta v = v_2 - v_1; \qquad \Delta s = s_2 - s_1; \qquad \Delta g = g_2 - g_1,$$

并从式 (4) 中得出结论

$$\Delta g(p + \mathrm{d}p,\ T + \mathrm{d}T) = \Delta g(p,\ T) + \Delta p \times \Delta v + \Delta T \times \Delta s. \tag{4a}$$

鉴于式 (3) 适用于点 P 和 P' 的事实, 左边以及右边的第一项一定消失. 因此, 我们有

$$\frac{\mathrm{d}p}{\mathrm{d}T} = \frac{\Delta s}{\Delta v}. \tag{5}$$

以焓 h 表达 Δs 是方便的. 记着关系 $g = h - Ts$, 参照 §7, 并注意到 $\Delta g = 0$ 和 $\Delta T = 0$, 我们得到

$$\Delta h = T\Delta s. \tag{5a}$$

$\Delta h = h_2 - h_1$ 表示恒压下对于相变 $1 \to 2$ 每摩尔所需的热量. 这就是所谓的 "蒸发潜热", 它将以 r 表示. 将式 (5a) 代入式 (5) 中, 我们得到

$$\frac{\mathrm{d}p}{\mathrm{d}T} = \frac{r}{T\Delta v}. \tag{6}$$

这就是著名的 Clapeyron 方程; 它被 Clausius 首次从热力学证明. 如果 Δv 如通常那样表示比容之差, 而不是摩尔体积之差, 符号 r 的意义必须作相应的调整 (比潜热而非摩尔潜热).

在比较式 (6) 与前面的 §7 式 (7) 时, 我们注意到, 在对于单相系统的表达式中, 全导数 $\mathrm{d}p/\mathrm{d}T$ 和比值 $\Delta s/\Delta v$ 替换偏导数 $(\partial p/\partial T)_v$ 和 $(\partial s/\partial v)_T$.

如果 r 和 v 从测量已知, Clapeyron 方程提供了蒸汽压曲线从其切线逐点计算的方法. 替代执行这种一步一步积分过程, 我们还原为式 (3), 其显然一定含有这样的一个积分结果. 我们假设压强是如此之低, 从而蒸汽可以当作一个理想气体来处理. 根据 §14 式 (14)~ 式 (17), 我们得到

$$g_2 = RT\left\{\log p - \frac{c_{\mathrm{p}2}}{R}\log T + \frac{h_{20}}{RT} - i_2\right\}. \tag{7}$$

§16. 水的不同相　对蒸汽机理论的说明

为了建立 g_1 的相应表达式, 我们忽略体积变化, 正如通常对液体和固体那样. 现在区分 c_p 和 c_v 是多余的, 并且考虑一个比热 c_{liq} 足矣. 因此, 我们得到如下的焓和熵的表达式:

$$h_1 = h_{1m} + \int_{T_m}^{T} c_{\text{liq}} \mathrm{d}T, \tag{8}$$

$$s_1 = s_{1m} + \int_{T_m}^{T} \frac{c_{\text{liq}}}{T} \mathrm{d}T. \tag{9}$$

符号 h_{1m} 和 s_{1m} 表示在任意一个瞬时温度 T_m 下焓和熵的值, T_m 可被选择在熔点. 常数 h_{1m} 和 s_{1m} 因此可以借助于第三定律和固相的热性质来确定.

因此, 液体的自由焓由下式给出:

$$g_1 = \int_{T_m}^{T} c_{\text{liq}} \mathrm{d}T - T \int_{T_m}^{T} \frac{c_{\text{liq}}}{T} \mathrm{d}T + h_{1m} - T s_{1m}, \tag{10}$$

与我们的平衡条件 (3) 连同式 (7) 和式 (10) 一起得到

$$\log p = \frac{c_{p2}}{R} \log T + \frac{1}{RT} \int_{T_m}^{T} c_{\text{liq}} \mathrm{d}T - \frac{1}{R} \int_{T_m}^{T} \frac{c_{\text{liq}}}{T} \mathrm{d}T - \frac{h_{20} - h_{1m}}{RT} + i_2 - \frac{s_{1m}}{R}. \tag{11}$$

原则上, 上述方程中所有量, 除了化学常数 i_2, 必须从对固相的测量而获得. 如果认为, 由量子力学中给出 i_2 的值不够可靠, 可以借助于蒸汽压的一个简单测量对它检验. 以上述方式获得并被实验充分证实的水的蒸汽压曲线如图 13 所示. 正如已经可以从 Clapeyron 方程推断, 它单调上升. 事实上, r 始终为正 (这与我们之前的一个"高温相"的定义一致); 此外, 我们必然有 $\Delta v > 0$ (因为 $v_2 \gg v_1$).

需要考虑的最高温度 (见上文) 为临界温度, 这是曲线的物理自然结束点 (因为它位于其范围之外, 图 13 中没有示出). 该曲线也有一个自然起始点, 在水的情况中, 它位于我们图的原点附近, 参照 §17A; 它可以用于对 i_2 值的直接检验.

B. 冰和水之间的相平衡

冰是相对于水的低温相, 因为, 熔化如 1g 冰需要引入熔解(熔化) 潜热 r, 既然我们已同意以下标 0 表示固相, 符号 Δv 现在表示差 $v_\text{水} - v_\text{冰}$. 把符号 Δ 的正确解释应用于 g、h、s, 我们再次从式 (4) 和式 (5) 获得正式 Clapeyron 方程 (6), 重要的区别在于Δv现在是负的:

$$\Delta v = v_1 - v_0 = (1.00 - 1.091) \text{cm}^3/\text{g} = -0.091 \text{cm}^3/\text{g}.$$

这其实是地球上生命存在的基础. 冰浮在水上. 如果不是这样, 所有的鱼会在冬季死亡而没有生命可以在我们的地区发展 (众所周知, 陆地动物从水生动物进化而来). 水结冰时膨胀. 山的侵蚀让肥沃土壤到达山谷是这一事实 (当水在裂隙中结冰时, 岩石爆破) 的结果.

Clapeyron 方程表明: 熔解曲线随着 T 的增加而下降, 不同于蒸汽压曲线. 在 0℃附近潜热的数值是

$$r = 80 \frac{\text{cal}}{\text{g}} = 80 \times 42.7 \frac{\text{atm} \cdot \text{cm}^3}{\text{g}}.$$

最后一个值由 §4 式 (6)、§3 式 (2) 和 §3 式 (2a) 得到; 因此, 在 $T \sim 273$ K 和 $t = T - 273$℃ = 摄氏温度, 我们有

$$\frac{\mathrm{d}p}{\mathrm{d}t} = -\frac{80 \times 42.7}{273 \times 0.091} \frac{\text{atm}}{\text{deg}} = -138 \frac{\text{atm}}{\text{deg}}. \tag{12}$$

因此, 熔解曲线 $\phi(p, t) = 0$ 在 $p \approx 0$, $t \approx 0$℃开始并经过图 13 的第二象限; 它是一条非常陡、几乎是直的线, 必达到 $p = 138$ atm 以使熔解温度降至 $t = -1$℃. 这个 "熔点的降低" 在冰川运动中起着重要作用, 尽管事实上它是如此小. 一个冰川的较深部位在它们之上的冰块压力下开始移动, 但当压力减小时再次冻结 (复冰). 滑冰者在冰上移动的难易也取决于这个事实; 在轮鞋的压力下熔化的冰作为一种润滑剂.

C. 饱和蒸汽的比热

到目前为止, 我们只讨论了比热 c_p 和 c_v. 然而, 有可能对任何过程即 p-v 平面中的任何路径定义一个比热. 显然, 在沿一条等熵线 ($\mathrm{d}q = 0$) 进行时, 我们有 $c_s = 0$; 另一方面, 我们可以断定 $c_T \approx \infty$, 因为沿一条等温线进行时, 无论 $\mathrm{d}q$ 多么大, 温度没有变化. 我们也可以定义一个沿着 p-T 平面中任何路径的比热.

我们对沿着蒸汽压曲线 $\phi(p, T) = 0$ 进行的蒸汽比热 c_ϕ 特别感兴趣. 应用式 (5a) 的蒸汽潜热 c_ϕ 的定义, 并考虑到 $h = u + pv$, 我们得到

$$\frac{\mathrm{d}r}{\mathrm{d}T} = \frac{\mathrm{d}\Delta u}{\mathrm{d}T} + p\frac{\mathrm{d}\Delta v}{\mathrm{d}T} + \frac{\mathrm{d}p}{\mathrm{d}T} \cdot \Delta v. \tag{13}$$

根据第一定律, 沿着任何路径,

$$\frac{\mathrm{d}q}{\mathrm{d}T} = \frac{\mathrm{d}u}{\mathrm{d}T} + p\frac{\mathrm{d}v}{\mathrm{d}T}, \tag{13a}$$

从而在蒸汽的情况下, 沿着蒸汽压曲线, 我们一定特别有

$$c_\phi = \frac{\mathrm{d}q_\phi}{\mathrm{d}T} = \frac{\mathrm{d}u_2}{\mathrm{d}T} + p\frac{\mathrm{d}v_2}{\mathrm{d}T}. \tag{13b}$$

对于液相相应方程为

$$c_{\text{liq}} = \frac{\mathrm{d}u_1}{\mathrm{d}T} + p\frac{\mathrm{d}v_1}{\mathrm{d}T} \tag{13c}$$

§16. 水的不同相 对蒸汽机理论的说明

因为对于液相 c_p 和 c_v 之差可以忽略不计, 正如关于 §2 式 (4) 已经指出的. 因此, 我们可以让 $c_p \approx c_v = c_{\text{liq}}$ 并从式 (13b、c) 得到

$$c_\phi - c_{\text{liq}} = \frac{d\Delta u}{dT} + p\frac{d\Delta v}{dT}.$$

将此代入式 (13), 我们求得

$$\frac{dr}{dT} = c_\phi - c_{\text{liq}} + \frac{dp}{dT} \cdot \Delta v. \tag{13d}$$

最后, 考虑到 Clapeyron 方程 (6), 我们有

$$c_\phi = \frac{dr}{dT} + c_{\text{liq}} - \frac{r}{T}. \tag{14}$$

根据工程师们进行的非常精确的测量[①], 在 $T\sim 373$ K 我们有

$$\frac{dr}{dT} = -0.64\frac{\text{cal}}{\deg \times \text{g}}, \tag{14a}$$

从而对于 $T = 373$ K 和 $c_{\text{liq}} = 1$ cal/(deg × g) 具有值 $r = 539$ cal/g.

$$c_\phi = (1 - 0.64 - 1.44)\frac{\text{cal}}{\deg \times \text{g}} = -1.08\frac{\text{cal}}{\deg \times \text{g}}. \tag{14b}$$

当饱和蒸汽的状态沿着蒸汽压曲线变化不需要热时, 它能够放热. 另一方面, 如果饱和蒸汽膨胀而不吸热, 如图 13 所示, 它会进入蒸汽压曲线下方标有 "水或过饱和蒸汽" 的区域中. 往往在这个区域冷凝.

我们将引用两个例子, 一个常见, 另一个为现代物理学的基础: 在一个含有矿泉水的瓶子中, 液体的自由表面和塞子之间的空气是一种饱和蒸汽. 当瓶子被突然打开时, 过程的速度保证其绝热. 蒸汽凝结成液滴. 这种现象在 C. T. R. Wilson(1912) 云室中发现一个漂亮的应用. 该室含有饱和蒸汽并非常突然地膨胀. 如果刚好在膨胀之前, 让正电离的物质粒子进入它, 产生的离子将作为凝结核, 这些粒子的路径因此将变得可见. 这种研究 (宇宙射线、正电子、介子的发现等) 方法的重要性是众所周知的.

c_ϕ 为负的事实在蒸汽工程中具有某种重要性. 当蒸汽等熵膨胀时, 相应的曲线比起理想气体的等熵线 $pv^\gamma = $ 常数不太陡. 由于这一事实的示意图如图 14 所示, 图中阴影显示增加的面积. 从一个往复式蒸汽机的设计观点看这具有一些优点.

[①] 在这方面, 参照习题 II.2.

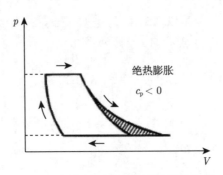

图 14 示功图, 对沿蒸汽压线负比热的修正

§17. 相平衡理论综述

水的不同相的研究只是一个特殊的例子, 其属于任意化学组成物质相共存的普遍问题. 即使在水的情况下, 上述分析是不完全的. 在固态中, 除了普通的六角形冰, 雪花显微照片显示出其结构是如此美丽, 根据 Tammann, 冰存在众多的同素异形变体; 这些显示出对 p-T 平面中其他地区的偏爱. 此外, 水的各相的完整研究将必须包括它离解成氢氧气体, 参照 §13, 当系统不再是均匀的(H_2O) 而变得不均匀(H_2, O_2).

A. 水的三相点

我们现在回到水在 p-T 平面的状态图. 参考图 13, 我们现在画一个图, 其中, p 轴是水平轴, 而 t 轴是垂直轴 (t 为摄氏温度), 两者都按比例放大. 已经绘出蒸汽压曲线示意图, 可以看出, 它现在向上凸起. 此外, 熔化线也绘出; 根据 §16B, 它几乎是一条相对于 p 轴以 1/138 的非常小斜率向下倾斜的直线. 在此阶段要解决的问题是如何在 p-t 平面绘制冰和蒸汽区域之间的边界. 众所周知, 冰可以直接转化为蒸汽, 而不只是通过首先熔化的中间阶段. 这个过程称为升华(这个术语并非源自于水而是汞). 该过程可以在春天观察, 在轻霜伴随着灿烂的阳光时, 雪似乎很快消失, 没有融化. 实际上, 产生的水蒸气进入大气中. 这个条件再次由定义 p-t 平面中的升华曲线的方程 $\phi(p, T) = 0$ 说明. 我们现在给出证明, 它经过熔化曲线与蒸汽压曲线的交点. 为了做到这一点, 考虑三条曲线的解析表示:

$$\begin{aligned} \text{熔化曲线} \quad & \phi_{01} = 0 \quad & g_0 = g_1, \\ \text{蒸汽压曲线} \quad & \phi_{12} = 0 \quad & g_1 = g_2, \\ \text{升华曲线} \quad & \phi_{02} = 0 \quad & g_0 = g_2. \end{aligned} \quad (1)$$

可以看出, 当两个方程 $g_0 = g_1$ 和 $g_1 = g_2$ 同时满足时, 方程 $g_0 = g_2$ 满足. 所有三

条曲线的共同交点称为三相点. 它由下式定义:

$$g_0 = g_1 = g_2. \tag{1a}$$

对应于三个转变的潜热将以 r_{01}、r_{12}、r_{02} 表示, 从而 r_{02} 是升华潜热. 根据第一定律, 它们必须满足关系

$$r_{01} + r_{12} + r_{20} = 0. \tag{2}$$

(沿着包围三相点的一条路径, 能量回到其初始值.) 因此, 由式 (2) 得到

$$r_{02} = -r_{20} = r_{01} + r_{12}. \tag{2a}$$

利用前面 §16B 的值 $r_{01} = 80 \text{ cal/g}$[①]和 $r_{12} = 603 \text{ cal/g}$, 我们求得

$$r_{02} = 683 \frac{\text{cal}}{\text{g}}. \tag{2b}$$

因为 g_0 和 g_1 的解析表达式是未知的 (即 g_2 仅从理想气体方程近似已知), 我们不能解出式 (1), 必须求助于实验来找到三相点的热力学坐标, 如图 15 所示, 相应的实验值是

$$t = 0.0074\text{℃}, \qquad p = 0.0061 \text{ atm}. \tag{3}$$

沿着升华曲线 Clapeyron 方程再次满足

$$\frac{\mathrm{d}p}{\mathrm{d}T} = \frac{r_{02}}{T\Delta v}, \tag{4}$$

其中, 在三相点, Δv 可以求得如下:

$$\Delta v = \Delta v_{20} = v_2 - v_0 = v_2 - v_1 + v_1 - v_0 = \Delta v_{21} + \Delta v_{10}. \tag{4a}$$

这三条平衡曲线已在图 15 中描绘, 为了反映 p-t 平面各区域中非稳定平衡态的事实, 借助于相应的虚线把它们延长到三相点的另一边.

简而言之: 所考虑的水的三个相只能在 p-t 平面中的单个点共存; 三个相中两个共存只能沿一条特定曲线; 每个相单独存在时只能在一个界限分明的区域中.

图 16 示出了水的一个三维模型的等轴投影. 温度轴 T 向上画, 体积轴 v 水平向里画, 而压强轴 p 向左向里画. 急剧上升的双曲面对应于气相, 其方程为 $T = pv/R$; 等压线和等容线是直线, 在模型中标示. 它的下边缘是蒸汽线. 固相以一个凸起形式出现在左侧底部. 它在液相的边界沿着熔解曲线. 反过来, 后者的上边界沿着液相线. 液相线和气相线之间的可展曲面对应于水+蒸汽区域. 该表面在 p-T

[①]从对于 $t = 100\text{℃}$ 值 $r = 539 \text{ cal/g}$ 和 $\mathrm{d}r/\mathrm{d}t = -0.64 \text{ cal}/(\text{g}\times\text{deg})$ 外推, §16 式 (14a).

平面上按 v 方向从左向里的投影沿着 §16 式 (1) 所述的蒸汽压曲线. 在右侧底部边缘的凸起表示冰+蒸汽的共存; 它也是可展的. 它在水+蒸汽区域的边界沿着三点边缘. 三点边缘的最前端点为三相点本身. 升华曲线出现在模型的这部分在 p-T 平面的投影上.

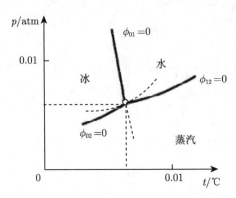

图 15　p-t 平面中三相点附近

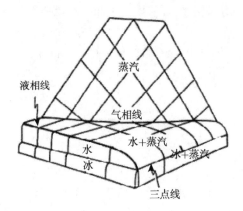

图 16　说明水的三相的模型. 为了便于与图 15 比较, 要想象 p 轴已经向左画

B. Gibbs 相律

在前面的章节中, 我们限于考虑一个单一组分 H_2O, 而现在将描述扩展到任意数量的物质 (分子或原子种类). 我们将它们编号如下:

$$1, 2, \cdots, k, \cdots, K.$$

此外, 我们现在应当承认任何数量的物理状态和 K 组分的化学基团的存在, 而不是到目前为止考虑的两个或三个相. 我们将再次以相表示它们, 并且将它们连续

§17. 相平衡理论综述

编号:

$$1, 2, \cdots, i, \cdots, J.$$

符号 J 表示可以共存的相的最大数, 而 K 表示彼此反应的物质的总数.

第 i 相中出现的第 k 组分的物质的量将以 n_{ik} 表示. 整个系统的自由焓 G 是各相及组分的贡献之和. 条件 $\delta G = 0$ 导致一组联立方程具有形式

$$\sum_{i=1}^{J}\sum_{j=1}^{K} g_{ik}\delta n_{ik} = 0. \tag{5}$$

如果 δn_{ik} 是相互独立的, 包括在式 (5) 中的条件数将等于 $J \times K$. 然而, 它们由各组分的总质量 (所有相的物质的量之和) 必须保持不变的条件相联系. 因此, 下列附加条件必须满足:

$$\sum_{i=1}^{J} \delta n_{ik} = 0, \quad k = 1, 2, \cdots, K. \tag{5a}$$

独立方程的数目不等于 $J \times K$; 它只能是

$$J \times K - K. \tag{6}$$

现在探讨我们有所掌握的以及必须满足这些方程的变量数. 这些由物质的量 n_{ik} 给定, 其数目还是 $J \times K$. 然而, 由于在 n_{ik} 中 G 是均匀的, 参照 §14A, 对于每个相写出的平衡条件 (5)、(5a) 将只包含 n_{ik} 的比率. 每个相这样的比率数等于 $K - 1$, 从而对于所有相的总和我们将有比率数

$$J(K-1) = J \times K - J.$$

此外, 有两个变量 p、T, 其确定 $p\text{-}T$ 平面上的一个点. 我们掌握的独立变量总数因此为

$$JK - J + 2. \tag{7}$$

当这个数小于满足的方程数式 (6) 时, 一般来说, 该系统不可以求解. 因此, 有必要规定

$$JK - J + 2 \geqslant JK - K.$$

所以

$$J \leqslant K + 2. \tag{8}$$

这是由 Willard Gibbs 发现的著名的相律. 替代式 (8), 我们也可以写成

$$J + F = K + 2,$$

其中, F 表示形成 J 个共存相的 K 组分系统所具有的自由度数.

当 $F=0$ 时, 相应的系统状态称为不变的, 这种情况例如, 对于水, $K=1$, 在三相点: $J=3$, 这里有冰、水和蒸汽共存.

当 $F=1$ 时, 相应的系统称为单变的. 在 $K=1$ 的特定情况下, 我们有 $J=2$, 即两相沿着蒸汽压线、熔解线或升华曲线共存.

当 $F=2$ 时, 系统是双变的. 对于 $K=1$, 我们也有 $J=1$, 无相共存; 相反, 在 p-T 平面的二维区域中有一个单相存在的可能性.

如果除了普通 (六角形) 相外, 我们现在考虑冰的一种塔曼同素异形体, 发现相律允许它们只能再与一个相或液体或蒸汽共存. 当 $K=1$ 时, 没有 "四点" 的情况. 这样的点可存在于至少由两种物质构成的一个 "二元" 系统: 对于 $F=0$, $K=2$ 给出 $J=4$.

相律在三元或多组分系统的应用的研究引起多维空间描述相平衡的考虑. 然而, 我们必须把这个话题留给物理化学.

C. 稀溶液的 Raoult 定律

相平衡的一种特别简单的情况发生在稀溶液蒸发时, 条件是溶质是不挥发的. 这里我们将参阅 §15B 中对 van't Hoff 定律的推导, 不包括前面我们对电解质情况的考虑. 我们希望在标记时做如下变化: 替代迄今为止以下标表示相, 我们现在以上标 1 和 2 分别表示溶剂的液相和气相; 这些已在 §15 中被用于区分两个子系统 "溶液" 和 "纯溶剂". 下标 1 和 2 现在要表示物质 "溶剂" 和 "溶质", 如我们在 §14 所做的. §15 "纯溶剂" 的地方现在换成气相 (物质的量 n_1^2). 替代半透壁, 我们现在必须考虑流体的自由表面, 其是不透溶质的. 稀溶液的物质的量现在和以前一样, 表示为 n_1^1 和 n_2^1.

两种情况之间的差别在于这样的事实: 两相的压强现在相等. 前面的平衡条件 §15 式 (5)

$$\mu_1^1 \delta n_1^1 + \mu_1^2 \delta n_1^2 = 0 \tag{9}$$

和附加条件 §15 式 (3)

$$\delta n_1^1 + \delta n_1^2 = 0 \tag{10}$$

保持不变. 因此, 我们目前的 "蒸汽压线" 方程由 §15 式 (6) 来确定

$$\mu_1^2(p, T) = \mu_1^1\left(p, T, \frac{n_2^1}{n_1^1}\right), \tag{11}$$

§17. 相平衡理论综述

但条件是 $p^1 = p^2 = p$. 类似于以前的 §15 式 (8), 我们现在必须假设

$$\begin{aligned} \mu_1^1 &= g_1^1(p,T) - RT\log\frac{n_1^1+n_2^1}{n_1^1}, \\ \mu_1^2 &= g_1^2(p,T), \end{aligned} \tag{12}$$

其中, 与 §15 中的标记不同, 符号 g_1^2 表示纯蒸汽的自由焓, g_1^1 表示纯溶剂的自由焓. 因此, 平衡条件变为

$$g_1^2(p,T) = g_1^1(p,T) - RT\log\frac{n_1^1+n_2^1}{n_1^1}. \tag{13}$$

如果溶液稀释到足够程度, 我们有 $n_2^1 \ll n_1^1$, 并且可以以 n_2^1/n_1^1 或如果省略现已成为多余的上标以 n_2/n_1 替代对数. 因此, 式 (13) 变为

$$g_1^2(p,T) = g_1^1(p,T) - RT\frac{n_2}{n_1}. \tag{14}$$

这是在 p-T 平面中溶液上方溶剂的蒸汽压曲线方程.

为了比较, 我们现在写出纯溶剂的蒸汽压曲线方程. 为了区别, 我们将以 p^*、T^* 表示其坐标:

$$g_1^2(p^*,T^*) = g_1^1(p^*,T^*). \tag{14a}$$

从式 (14a) 减去式 (14), 我们有

$$g_1^2(p^*,T^*) - g_1^2(p,T) = g_1^1(p^*,T^*) - g_1^1(p,T) + RT\frac{n_2}{n_1}. \tag{15}$$

现在, 我们将两边都按泰勒级数展开, 并且每边只保留第一项. 故

$$\begin{aligned} (p^*-p)\frac{\partial g_1^2}{\partial p} &+ (T-T^*)\left[-\frac{\partial g_1^2}{\partial T}\right] \\ =(p^*-p)\frac{\partial g_1^1}{\partial p} &+ (T-T^*)\left[-\frac{\partial g_1^1}{\partial T}\right] + RT\frac{n_2}{n_1}. \end{aligned} \tag{16}$$

这些导数可取自 §7 中的表. 因此, 式 (16) 变为

$$(p^*-p)\left[v_1^2(p,T) - v_1^1(p,T)\right] + (T-T^*)\left[s_1^2(p,T) - s_1^1(p,T)\right] = RT\frac{n_2}{n_1}. \tag{17}$$

这个方程可以从两个观点来分析:

(1) 首先, 我们将探究在恒温 T 下向溶剂添加 n_2 摩尔的物质 2 时蒸汽压的变化. 这意味着, 必须在式 (17) 令 $T = T^*$, 所以我们确定蒸汽压的减少 $\Delta p = p - p^*$:

$$\Delta p = \frac{RT}{v_1^2 - v_1^1} \cdot \frac{n_2}{n_1}. \tag{18}$$

方程 (18) 适用于任何稀溶液, 即每当 $n_2 \ll n_1$ 时, 特别是如果蒸汽可被视为理想气体

$$v_1^2 = \frac{RT}{p}$$

并且液体的摩尔体积 v_1^1 相对于蒸汽的摩尔体积可忽略, 我们可以简化方程 (18), 显示为

$$\frac{\Delta p}{p} = \frac{n_2}{n_1}. \tag{19}$$

这是蒸汽压定律. 它与溶剂以及溶质的性质无关, 并直接由两者的物质的量之比给出. 这种令人惊讶的简单规律被 Raoult 在 1886 年凭经验发现. 不久之后, 它被 van't Hoff 作了热力学证明.

(2) 其次, 我们将探究在定压下向溶剂 1 添加物质 2 时沸点的变化 $T - T^* = \Delta T$. 我们现在式 (17) 中令 $p = p^*$, 并考虑到

$$(s_1^2 - s_1^1)T = r \quad (r = 蒸发潜热).$$

对于 $\Delta T = T - T^*$ 由式 (17) 推出

$$\Delta T = \frac{RT^2}{r} \frac{n_2}{n_1}. \tag{20}$$

蒸汽压降低的 Raoult 定律被看作是与沸点升高定律相关联. 关于这一定律的有效性及历史渊源可以作与蒸汽压降低定律有关的同样说明.

相应于沸点升高, 从 1 到 0 相变 (冻结) 时凝固点下降. 式 (20) 对于此情况也仍然有效, 除了 $r = r_{12}$ 必须由反应热 $r_{10} = -r_{01}$ 替代, 其等于凝固热的负值.

在所有这些考虑中, 作出的假设是总的摩尔质量在相变过程中保持不变, 这意味着排除聚合和分解. 包括这些现象没什么困难, 仅需要, (如在式 (11) 的右边) 包括与各个所需过程相关的质量比 m_2/m_1. Planck[①]强调这种情况对于分子量的确定的重要性.

D. Henry 吸收定律 (1803)

平衡条件 $\delta G = 0$ 可以在液体中气体的溶解度的研究中找到一个简单的应用, 该液体的蒸汽压与气室压强相比可以忽略不计. 在这样的情况下, 只有气体在气相中的化学势 μ^2 和在溶液中的化学势 μ^1 是重要的 (表示 "气体" 的下标 1 可以在这里及随后丢弃). 附加条件

$$\delta n^1 + \delta n^2 = 0$$

[①]热力学, §269 和 §270.

导致
$$\mu^1 = \mu^2, \tag{21}$$
与式 (11) 中的方式相同. 我们将再次假定气相可被视为一个理想气体, 以便
$$\mu^2 = g^2 = RT \log p + \psi(T). \tag{22}$$
不必对包括气体化学常数的函数 $\psi(T)$ 进行更详细的说明. 关于求解, 我们作假设
$$\mu^1 = g^1(p, T) + RT \log c, \tag{23}$$
其类似于式 (12). 这里 c 表示溶解气体的摩尔浓度 (在上述方程 (12) 中表示为 n_1^1/n 及 $n = n_1^1 + n_2^1$). 具有固定化学性质的液体的自由焓实际在一定程度上与压强无关, 从而式 (23) 可以写成
$$\mu^1 = RT \log c + \chi(T).$$
由式 (21)~ 式 (23) 可得
$$\log c = \log p - \frac{\chi(T) - \psi(T)}{RT}.$$
并且也有
$$c = p \times f(T) \text{ 以及 } \log f(T) = \frac{\psi(T) - \chi(T)}{RT} \tag{24}$$

这是非常著名的 Henry 定律: **液体吸收的气体量正比于液体上方剩余气体的分压**. 比例系数只取决于温度 (对于气体和液体相等); 它不会受到室内任何其他气体存在的影响.

§18. 原电池的电动势

我们到现在为止只考虑由电中性粒子 (原子、分子) 组成的热力学系统. 我们现在对当包括带电粒子 (电子、离子) 时导致方程的变化进行研究. 这一领域包括热学和金属、电解质、离子气体中的电子的状态方程等问题. 我们将继续把自己限于平衡热力学问题, 这意味着排除诸如电流流过金属或电解质等这样的问题.

从收集的各种各样的遗留问题中, 我们现在要关注开放原电池的电动势 (简称 emf) 问题, 因为我们无需费力就可以阐明几个一般性表述. 我们在前面句子中增加了 "开放" 的限制性条件, 以强调我们只对静态情况感兴趣的事实. 假定平衡已经达到, 并且它不受任何不可逆过程如电流通过时产生的焦耳热的干扰. 因此, 有必要设想电池的电动势借助于静电电压表测定.

当能够交换带电粒子的两相被一个边界始终隔开时, 它们之间将出现一个电势差, 与被一个半透壁隔开的两种不同浓度的溶液之间平衡的情况相同, 意味着在它们之间永久保持一个渗透压差.

A. 电化学势

我们现在考虑一个热力系统 Σ 及其"环境"Σ'，正如在 §8 中所做的. 系统 Σ 将通过具体属性 V、T、n_i 来描述. 根据 §14 式 (1)，我们可以对 Σ 写出

$$T\mathrm{d}S = \mathrm{d}U + p\mathrm{d}V - \sum_i \mu_i \mathrm{d}n_i. \tag{1}$$

让我们关注一个无限小的过程

$$\mathrm{d}V = 0, \quad \mathrm{d}T = 0, \quad \mathrm{d}n_i = 0, \quad \text{对于} \ i \neq j$$

$$\mathrm{d}n_j \neq 0;$$

积 $\mu_j \mathrm{d}n_j$ 表示对系统 Σ 必须做功的量，以便通过一个增量 $\mathrm{d}n_j$ 改变物质的量 n_i，正如前面提到的.

我们将假设组分 j 不再是如前电中性的情况，它是带正电的，换句话说，它由每个已失去一定数量的电子的分子或原子组成，以 z 表示这个电子数. 因此，1 摩尔的第 j 分量带有电荷 zF，其中，F 表示 96494 库仑的法拉第等效电荷并等于基元电荷 × 每摩尔 Avogadro 罗数的积. 假设系统 Σ 有一个相对于 Σ' 的电势 Φ. 一般地，可以假设 Σ' 接地，以使其电势为零. 我们现在只进行一个假想实验，因此不必关心其中保持电势 Φ 的方式. 如果我们现在引入系统 $\mathrm{d}n_j$ 摩尔的带电粒子，除了"化学"功 $\mu_j \mathrm{d}n_j$，我们将要做功

$$\Phi z_j F \mathrm{d}n_j.$$

对 Σ 做功的总量为

$$(\mu_j + z_j F \Phi)\mathrm{d}n_j.$$

电荷的转移必须无限缓慢地发生，且如果这个过程是可逆的，不能产生焦耳热.

因此，式 (1) 必须被替换为

$$T\mathrm{d}S = \mathrm{d}U + p\mathrm{d}V - \sum \eta_i \mathrm{d}n_i. \tag{2}$$

其中

$$\eta_i = \mu_i + z_i F \Phi. \tag{3}$$

η_i 被称为**电化学势**，以不同于化学势 μ_i. 对于带负电荷的粒子 z_i 应取为负的.

然而，一般而言，一个原电池将由一个以上的势说明. 它有一系列的相，各相都有其自己的电势，并且仅与它相邻的两个相平衡. 可以想象，至少在我们的假想实验中，各相彼此由仅允许某些离子通过的半透膜隔开. 这些说法将在 Daniell 电池的例子中明确.

B. Daniell 电池 (1836)

Daniell 电池的示意图如图 17 所示. 各个相以罗马数字标记. 墙 M(由黏土制成) 只允许 SO_4^{2-} 通过. 我们设想, 一个铜线终端 V 与锌电极 IV 相连以确保该开路电池的电动势 $\Phi_I - \Phi_V$ 是在相同的金属 (铜) 之间测量的, 从而当静电测量时排除任何接触电动势. 电化学势 η 和物质的量 n 将彼此通过分别把相写在左上角标和把粒子种类写在右下角标来区分, 例如, $^{II}\eta_{Cu^{2+}}$. 符号 $\ominus$ 表示电子. 平衡条件, 如相 I 与相 II 之间, $\delta G = 0$, 以及表示摩尔质量不变的辅助条件是

$$^{I}\eta_{Cu^{2+}}\delta^{I}n_{Cu^{2+}} + {}^{II}\eta_{Cu^{2+}}\delta^{II}n_{Cu^{2+}} = 0, \tag{4}$$

$$\delta^{I}n_{Cu^{2+}} + \delta^{II}n_{Cu^{2+}} = 0. \tag{5}$$

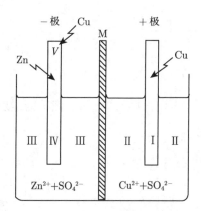

图 17 Daniell 电池的示意图

| Zn | ZnSO$_4$+H$_2$O | CuSO$_4$+H$_2$O | Cu |
| 固体 | 液体 | 液体 | 固体 |

这些方程与 §17 中式 (9) 和式 (10) 是相似的, 因为虚拟变化在恒定的 p 和 T 下进行, 并且化学势必须由电化学势取代. 从式 (4) 和式 (5), 我们得到

$$^{I}\eta_{Cu^{2+}} = {}^{II}\eta_{Cu^{2+}}. \tag{6}$$

根据式 (3) 及 $z = +2$, 我们有

$$\text{相 I / II:} \quad {}^{I}\mu_{Cu^{2+}} + 2F\Phi_I = {}^{II}\mu_{Cu^{2+}} + 2F\Phi_{II}. \tag{7}$$

其余对相之间的平衡条件是类似的, 并且可以写为

$$\text{相 II / III:} \quad {}^{II}\mu_{SO_4^{2-}} - 2F\Phi_{II} = {}^{III}\mu_{SO_4^{2-}} - 2F\Phi_{III}, \tag{8}$$

相III/IV： $\quad {}^{III}\mu_{Zn^{2+}} + 2F\Phi_{III} = {}^{IV}\mu_{Zn^{2+}} + 2F\Phi_{IV},$ (9)

相IV/V： $\quad {}^{IV}\mu_\Theta - F\Phi_{IV} = {}^{V}\mu_\Theta - F\Phi_{V}.$ (10)

此外，还有描述铜和锌电极处的化学反应方程

$$Cu \rightleftarrows Cu^{2+} + 2\Theta, \qquad Zn \rightleftarrows Zn^{2+} + 2\Theta.$$

这意味着，在铜电极沉积的 Cu^{2+} 和跨越边界 Zn-ZnSO$_4$ 带上两个正基元电荷的锌原子中和. 这种情况根据两个附加条件发生：

$$^{I}\mu_{Cu} - 2\,{}^{I}\mu_\Theta = {}^{I}\mu_{Cu^{2+}}, \tag{11}$$

$$^{IV}\mu_{Zn} - 2\,{}^{IV}\mu_\Theta = {}^{IV}\mu_{Zn^{2+}}. \tag{12}$$

最后，由于两个电极材料 (Cu) 相同，必须加上条件

$$^{V}\mu_\Theta = {}^{I}\mu_\Theta \tag{13}$$

这就完成了对发生在我们的平衡链中反应的所有细节的描述.

C. 个体反应缩简为总体反应

可以从式 (7)~ 式 (10) 接连消除势 Φ_{II}、Φ_{III}、Φ_{IV}. 通过这种方式，我们发现

$$2F(\Phi_I - \Phi_V) = ({}^{II}\mu - {}^{I}\mu)_{Cu^{2+}} + ({}^{IV}\mu - {}^{III}\mu)_{Zn^{2+}}$$
$$+ ({}^{II}\mu - {}^{III}\mu)_{SO_4^{2-}} + 2({}^{IV}\mu - {}^{V}\mu)_\Theta. \tag{14}$$

鉴于式 (11)，右边的第一项可以转化为

$$^{II}\mu_{Cu^{2+}} - {}^{I}\mu_{Cu} + 2\,{}^{I}\mu_\Theta, \tag{15}$$

并且，类似地，鉴于式 (12)，第二项可以转化为

$$^{IV}\mu_{Zn} - {}^{III}\mu_{Zn^{2+}} + 2\,{}^{IV}\mu_\Theta. \tag{16}$$

考虑到条件 (13)，我们看到，最后两个式子与右边的第四项加在一起等于零. 因此，由式 (14) 得出

$$\Phi_I - \Phi_V = \frac{1}{2F}\left\{{}^{IV}\mu_{Zn} - {}^{III}\mu_{Zn^{2+}} + {}^{II}\mu_{Cu^{2+}} - {}^{I}\mu_{Cu} + ({}^{II}\mu - {}^{III}\mu)_{SO_4^{2-}}\right\}. \tag{17}$$

$\Phi_I - \Phi_V$ 是开路电池的电动势，我们将以 E 表示它.

允许假设 $^{\text{II}}\mu_{\text{SO}_4^{2-}} = {}^{\text{III}}\mu_{\text{SO}_4^{2-}}$，这意味着 $\Phi_{\text{II}} = \Phi_{\text{III}}$. 可以借助于某些技巧证明这是合理的. 替换式 (17)，我们则有

$$E \cdot 2F = {}^{\text{IV}}\mu_{\text{Zn}} + {}^{\text{II}}\mu_{\text{Cu}^{2+}} - {}^{\text{III}}\mu_{\text{Zn}^{2+}} - {}^{\text{I}}\mu_{\text{Cu}}. \tag{17a}$$

这种关系的物理化学解释如下：

想象将一个电荷 $2F$ 以一个可逆 (静电) 方式从电源外的正极移至负极，从而一个相等的电荷从 Daniell 电池内的负极移至正极，在恒温恒压下引起 1 摩尔的下列反应发生：

$$\begin{array}{c} \text{Zn} \to \text{Zn}^{2+} \\ \text{Cu}^{2+} \to \text{Cu} \\ \hline \text{Zn} + \text{Cu}^{2+} \to \text{Zn}^{2+} + \text{Cu} \end{array} \tag{17b}$$

积 $2F \times E$ 代表电池做的 (电) 功. 因此，式 (17a) 的右边可以通过在式 (17b) 描述的过程中自由焓的减少 ΔG 来解释. 这可以从下列表示推断：

$$\Delta G = \sum_i \mu_i (-\Delta n_i) \tag{18}$$

它对于 $\Delta n_{\text{Zn}} = -1$，$\Delta n_{\text{Zn}^{2+}} = +1$，$\Delta n_{\text{Cu}} = +1$ 和 $\Delta n_{\text{Cu}^{2+}} = -1$ 及恒定化学势由 §14 式 (7) 推出. 此外，为了精确，有必要用 1 摩尔的无穷小部分进行前述反应，如果后者条件得到满足.

反应 (17b) 表示电池中的总反应. 它是各个反应 (7)~(13) 的结果. 方程 (7)~ 方程 (13) 起因于虚拟变化，式 (18) 对应于电荷的一个实际输运. 然而，由式 (17a、b) 将可以看出，这些个别反应是不重要的. 它们的作用是明确表示电动势是由各个子系统的平衡决定的.

在如式 (17b) 所描述的电荷 $2F$ 移动期间，即当 1 摩尔经历整个反应时，系统会释放一定的反应热，其可被直接测量. 我们现在来推导这个热量和电动势之间的关系.

D. Gibbs-Helmholtz 基本方程

我们将从一个 Daniell 电池的特殊情况推广到任何原电池开始. 假设式 (17a) 和式 (18) 具有普遍有效性：

$$E = \frac{1}{zF}\Delta G. \tag{19}$$

这里 ΔG 表示在 $p = $ 常数、$T = $ 常数时每 1 摩尔自由焓的减少，以及 z 是阴离子或阳离子的价数或它们的最小公倍数.

通过形成差，我们从 §7 中的表 1 得到 (如 $G = H - TS$；$S = -(\partial G/\partial T)_p$)

$$\Delta G - T \left(\frac{\partial \Delta G}{\partial T} \right)_p = \Delta H. \tag{20}$$

如果反应在 $V = $ 常数, $T = $ 常量下发生, 式 (19) 和式 (20) 将被下式取代[①]:

$$E = \frac{1}{zF}\Delta \boldsymbol{F}, \tag{21}$$

$$\Delta \boldsymbol{F} - T\left(\frac{\partial \Delta \boldsymbol{F}}{\partial T}\right)_v = \Delta U. \tag{22}$$

这里 $\Delta \boldsymbol{F}$、ΔH 和 ΔU 表示经历整个反应时每 1 摩尔 $\boldsymbol{F}$、H 和 U 的减少, 以及 ΔH 和 ΔU 分别表示在 $p = $ 常数和 $V = $ 常数下的反应热. 从式 (19)~ 式 (22) 即可导出

$$E - T\left(\frac{\partial E}{\partial T}\right)_p = \frac{\Delta H}{zF} \quad \text{(Gibbs)}, \tag{23}$$

$$E - T\left(\frac{\partial E}{\partial T}\right)_v = \frac{\Delta U}{zF} \quad \text{(Helmholtz)}. \tag{24}$$

当 Nernst 提出第三定律时, 这两个方程起了非常重要的作用, 因为实验结果表明, 即使在较低的温度下, "简单" 公式

$$E \sim \frac{\Delta H}{zF} \text{ 或 } E \sim \frac{\Delta U}{zF} \tag{25}$$

似乎是正确的. 从这一事实 Nernst 得出结论: U 和 $\boldsymbol{F}$ 曲线一定相切, 不仅在绝对零度相遇 (参见 §12).

E. 实例

我们现在回到 Daniell 电池. 电动势的测量给出

$$E = 1.0999 \text{ V 在冰点}$$

$$\frac{\mathrm{d}E}{\mathrm{d}T} = -4.3 \times 10^{-4} \frac{\text{V}}{\text{deg}} \text{ 在冰点}.$$

由 Daniell 电池的制作方式, 可以预料 $(\partial E/\partial T)_p$ 及 $(\partial E/\partial T)_v$ 之间没有差别, 事实上, 没有观察到差别. 因此, 式 (23) 和式 (24) 中分别给定的两个反应热 ΔH 和 ΔU 彼此相同. 以 q 表示它们的共同值, 由式 (23) 或式 (24) 及 $z = 2$, 我们得到

$$q = 2 \times 96494 \text{ C} \times (1.0999 + 273 \times 4.3 \times 10^{-4})\text{V} =$$
$$= 192988 \text{ C} \times (1.0999 + 0.1174)\text{V} = 2.35 \times 10^5 \text{C} \times \text{V}.$$

单位 $\text{C} \times \text{V} = \text{J} = \text{Erg}$. 因为 1 Erg $= 0.239$ cal, 我们有

$$q = 56165 \text{cal}$$

[①]在下面我们将暂时用符号 $\boldsymbol{F}$ 表示自由能, 以避免与 Faraday 常数 F 混淆.

§18. 原电池的电动势

与测量值 $q = 55200$ cal 比较一致.

如果我们从式 (25) "简单地" 计算, 将获得

$$E = \frac{55200}{2 \times 96494 \times 0.239} \text{V} = 1.197 \text{V}$$

替代 1.0999 V. 原始方程可见是相当不错的, 并且这可以很容易地理解, 如果注意到与 $E = 1.0999$ V 相比 $T\,dE/dT = 0.1173$ V 相对较小. 对电池来说情况就不是这样了.

$$\text{Hg} \mid \text{HgCl}_2 + \text{KCl} \mid \text{KOH} + \text{Hg}_2 \mid \text{Hg}.$$

这里我们有

$$E = 0.1483 \text{ V 在冰点}$$

$$\frac{dE}{dT} = 8.37 \times 10^{-4} \frac{\text{V}}{\text{deg}} \text{ 在冰点}$$

观察的反应热为

$$-3280 \text{ cal}$$

从而应用简单公式, 我们将获得一个负的电动势. 事实上, 在 0°C, $TdE/dT = 0.227$ V 这项超过与反应热的负值一致的 E 的本身值.

有时在教科书中说明, 一个原电池的电动势特别是一个 Daniell 电池的电动势可以从第一定律和仅引入一个修正项的第二定律推导出. 最后的例子表明, 该说法是错误的. 原则上, 要基于 Gibbs–Helmholtz 方程, 其已经借助于第一和第二定律推导出.

F. 对基本方程积分的说明

鉴于同一性

$$E - T\frac{dE}{dT} = -T^2 \frac{d}{dT}\left(\frac{E}{T}\right) \tag{26}$$

式 (23) 也可以写成

$$\frac{d}{dT}\left(\frac{E}{T}\right) = -\frac{\Delta H}{zF \cdot T^2} \tag{27}$$

我们可以把 ΔH 分成与温度无关的一项 ΔH_0 和与温度有关的一项 ΔH_T. 我们将证明, 后者随着 $T \to 0$ 很快为零. 我们可以写出

$$\Delta C_\text{p} = \frac{\partial \Delta H}{\partial T} = \frac{\partial \Delta H_T}{\partial T} \tag{28}$$

根据第三定律, 对于 $T \to 0$, ΔC_p 为零, 因此, ΔH_T 一定比 T 更迅速地趋向于零 (在大多数情况下如 T^4, 需要考虑在微分式 (28) 时会为零的 ΔH_T 中没有常数项, 因

为 ΔH_0 必须包含它). 积分式 (27) 即得

$$E = \frac{\Delta H_0}{zF} - \frac{T}{zF} \int_0^T \frac{\Delta H_T}{T^2} dT. \tag{29}$$

把积分下限选为 $T=0$, 我们已经给出了积分常数的正确值, 即该值对应于我们在式 (19) 中的 E 的原始定义. 事实上, 因为当 $T \to 0$ 时, $TS \to 0$, 正如第三定律所要求的, 我们有

$$\Delta G_0 = \Delta H_0, \quad \text{就是说} \quad E = \frac{\Delta H_0}{zF}.$$

必须在绝对零度满足的这个 "限制条件" 可见满足式 (29), 其证明我们的积分下限的选择是合理的.

方程 (29) 使我们能够由反应热随温度的变化的测量值预测电动势及其随温度的变化. 利用该方法确定了许多电池的电动势, 与已有的直接测量非常吻合. 从根本上说, 这个一致性相当于第二定律和第三定律的一个额外的验证.

§19. 铁磁性与顺磁性

抗磁现象是与温度无关的, 但顺磁性和铁磁性非常强烈地依赖于它. 二者都随温度降低而增加. 超过一定限度, 即 Curie 点, 铁磁物质行为像顺磁性固体. 现在我们的目的是将热力学原理应用于这类现象. 像往常一样, 我们只能期望得到关于此类现象的基本框架. 其细节必须借助于统计方法并辅以原子物理学领域的说明 (电子的磁矩, 参照第三卷 §14B) 来得到. 抗磁过程完全属于原子物理学领域.

A. 磁化功和状态的磁方程

根据第三卷 §5 式 (66) 和 §12 式 (2), 磁能密度的微分由 $(\boldsymbol{H}, d\boldsymbol{B})$ 及 $\boldsymbol{B} = \mu_0(\boldsymbol{H} + \boldsymbol{M})$ 给出, 其中, $\boldsymbol{M}$ 是磁化强度 (每单位体积的磁矩), μ_0 是对真空的常数 (后来称真空磁导率), 如果考虑量纲, 必须要包括 μ_0. 我们对以下微分项不感兴趣:

$$\mu_0(\boldsymbol{H}, d\boldsymbol{H})$$

因为即使在没有磁性情况下它也存在. 不考虑磁化过程的矢量本质 (在单晶的情况下不允许), 我们发现, 能量密度的贡献可以写为 (参见第 58 页的脚注①)

$$\mu_0 H dM. \tag{1}$$

为方便起见, 把 M 解释为每摩尔 (而不是每单位体积) 的磁化强度; 因此式 (1) 表示当每摩尔磁化强度改变 dM 时外磁场所做的功, 即添加到系统中的能量.

§19. 铁磁性与顺磁性

除了热变量 T、s,我们现在必须考虑两个磁变量:H、M[①]. 我们忽略 p、V 这两个力学变量,因为这里它们是不重要的 (只有考虑了磁致伸缩现象,它们才会发挥作用). 结合第一定律和第二定律,我们有

$$\mathrm{d}u = T\mathrm{d}s + \mu_0 H \mathrm{d}M \tag{2}$$

或

$$\mathrm{d}s = \frac{\mathrm{d}u}{T} - \frac{\mu_0 H}{T}\mathrm{d}M. \tag{2a}$$

Paul Langevin 在他对这个问题的第一篇论文中 (1905 年) 做的初步设想为:$\mathrm{d}s$ 中的两项是全微分. 因此,$\mu_0 H/T$ 必须与 T 无关,因此它必须是 M 的单一函数. 这相当于说,M 仅是 H/T 的函数:

$$M = f\left(C \cdot \frac{H}{T}\right). \tag{3}$$

同时,式 (2a) 中的 u 必须与 M 无关且是 T 的单一函数:

$$\left(\frac{\partial u}{\partial M}\right)_T = 0. \tag{3a}$$

式 (3) 中函数 f 的参数含有一个常数 C,其表征材料特性,并假定包括式 (2a) 的系数 μ_0;此外,该常数必须如此而使得函数 f 的参数无量纲. 关于式 (3a),有必要说,u 在这里正如在式 (2) 中被认为是 T 和 M 而不是 s 和 M 的一个函数 (不计其对我们继续忽视的 p、V 的依赖性).

前述方程让人想起理想气体方程,如果想象将磁性 H、M、C 分别替换为力学量 $1/v$、p、$1/R$. 方程 (3a) 可见变换成理想气体的基本热方程:$(\partial u/\partial v)_T = 0$,并且如果 $f(x)$ 替换为 x,式 (3) 成为状态方程. 因此

$$\frac{1}{v} = \frac{p}{RT}.$$

我们正在讨论的理想气体与磁介质之间的这种类似表明,式 (3) 可以被称为 "一个理想磁介质的状态方程". 在任何情况下都应该牢记的是,这种类似仅适用于顺磁质. 再次令 $f(x) = x$,我们得到

$$M = C \cdot \frac{H}{T}; \quad \frac{M}{H} = \chi = \frac{C}{T}. \tag{4}$$

这个公式被称为顺磁性固体的 Curie 定律,已在第三卷 §13 式 (10) 中提到;C 为 Curie 常数,而 χ 为每摩尔磁化率. 由式 (4) 可见,C 具有温度的量纲.

[①] 选择以 $\mu_0 H$ 替代 H 本身作为第一磁性变量会更一致. 它作为强度量,对应于其他两对变量中的变量 T 和 p. 然而,为了文字与不重要系数 μ_0 不混淆,我们将单独使用 H.

抗磁质的状态方程不符合式 (3) 情况, 因为 M 与 H 成正比而与温度无关. 然而, 式 (2) 对抗磁质是有效的. 对于我们这里非常感兴趣的铁磁质的方程也不同于式 (3) 情况. 因此, 式 (3a) 不适用于在 D 部分将进行说明的铁磁质.

B. 顺磁质的 Langevin 方程

一个置于外磁场中磁矩大小为 m 的可转动的基元磁体将指向前者方向. 如果 1 摩尔中含有的 n 个基元磁体都如此指向, 磁化强度会呈现其饱和值

$$M_\infty = mn. \tag{5}$$

热运动阻碍这种状态. 我们现在的任务是确定饱和 $M = M_\infty$ 与完全无序 $M = 0$ 之间的折中态, 其对应于给定温度 T. Langevin 在考虑 Boltzmann 统计相对简单的应用下推导出结果, 参照 §25. 那里将显示他的结果有形式

$$\frac{M}{M_\infty} = \frac{\cosh \alpha}{\sinh \alpha} - \frac{1}{\alpha}; \quad \alpha = \frac{\mu_0 M_\infty H}{RT}, \tag{5a}$$

其中, α 无量纲, 因为式 (5a) 中定义 α 的分子以及分母具有能量的量纲.

表达式

$$L(\alpha) = \frac{\cosh \alpha}{\sinh \alpha} - \frac{1}{\alpha} \tag{5b}$$

称为 Langevin 函数. 它是由图 18 中单调递增曲线 OBA 来图像化表示, 对应于下面的近似表示:

$$\alpha \to 0, \quad L(\alpha) = \frac{1 + \frac{1}{2}\alpha^2 + \cdots}{\alpha + \frac{1}{6}\alpha^3 + \cdots} - \frac{1}{\alpha} = \frac{1}{\alpha} \frac{\frac{1}{3}\alpha^2}{1 + \frac{1}{6}\alpha^2} \to \frac{1}{3}\alpha, \tag{6}$$

$$\alpha \to \infty, \quad L(\alpha) = \frac{e^\alpha + e^{-\alpha}}{e^\alpha - e^{-\alpha}} - \frac{1}{\alpha} \approx 1 - \frac{1}{\alpha} \to 1. \tag{6a}$$

α 值实际可得, 由式 (6) 和式 (5a), 我们得到如下表达式:

$$\chi = \frac{M}{H} = \frac{M_\infty \alpha}{H \cdot 3} = \frac{\mu_0 M_\infty^2}{3RT}. \tag{7}$$

其适用于几乎所有的 α 值. 这是 Curie 定律 (4), 其中 Curie 常数 C 为

$$C = \frac{\mu_0 M_\infty^2}{3R}. \tag{7a}$$

它只对于 $T \to 0$ 失效, 那时式 (4) 导致 $\chi \to \infty$, 而不是正确的有限值

$$\chi = M_\infty / H$$

其从式 (7) 和式 (6a) 导出.

近似式 (6) 和式 (6a) 如图 18 所示, 它们分别由原点 O 附近的虚线和渐近线表示. 一般而言 (参见下文), 所有实际中可以实现的顺磁态在靠近正切曲线的最下端.

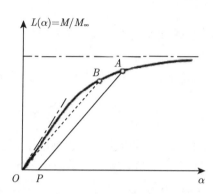

图 18　顺磁质的 Langevin 曲线及其在铁磁现象的 Weiss 理论中的应用

Langevin 的统计理论忽略了基元磁体之间的相互作用. 它假设, 它们只是受到外磁场的影响, 显然, 这代表了一种广泛的理想化. 这种理想化相当于在式 (3a) 中假设能量 u 与 M 无关; 如果考虑到基元磁体之间的相互作用, 这将不正确. 现在清楚的是, Langevin 的状态方程 (5) 与情况 (3) 兼容, 因为后者与条件 (3a) 热力学相关联. 为了证明这一极端简化, 我们可以说, 饱和效应通常来说在顺磁质中无法观察到, 只能期望发生在最低温度下. (这是通过 Woltjer 和 Kamerlingh-Onnes 在 Leiden 的低温实验室对温度降至 1.3 K 时制成的硫酸钆盐的观察得以证实, 参照 E 部分.) Debye[1] 表明 Langevin 函数不再适用于如此低温, 因为在使 T 趋于零时, 它违背了 Nernst 第三定律.

C. 铁磁现象的 Weiss 理论

Pierre Weiss 把这个卓有成效的假设表述为, 在铁磁体中能够辨别小区域或畴, 其中基元磁体成为彼此平行的, 从而引起一个内部分子磁场 H_m, 其观察到的强度超过外场许多数量级, 参照第二卷 §14A. Weiss 假设该磁场正比于其中存在的磁化强度 M, 比例系数 N 是非常大的, 并且与所考虑的材料有关:

$$H_m = N \cdot M. \tag{8}$$

这些 "Weiss 畴" 每个整齐排列, 但分子磁场 H_m 的方向因磁畴而异. 因此, 整体在没有外磁场 H 时呈现非磁性. 这样的一个外磁场 H 施加于磁畴的力矩完全不同

---

[1]Ann. d. Phys., 81, 1154 (1926). 所需的 Langevin 函数的简化是由量子力学完成的, 见下文D部分.

于施加于单个基元磁体的力矩; 外磁场对强磁性数量级的影响是由于这些磁畴与外场取向一致.

方向上的变化, 尤其是在弱场的情况下, 不是由于 Weiss 畴的方向转动; 主要是由于 Weiss 畴边界的基元磁体进行不可逆的突然转向以及与它们相连的畴壁位移 (第三卷 §14C).

为避免分析 Weiss 畴之间所发生的相互作用, 我们限于考虑外磁铁对一个单畴中的磁化的影响.

Weiss 将 α 的 Langevin 表达式中内场 H_m 与外场 H 定量地叠加:

$$\alpha = \frac{\mu_0 M_\infty}{RT}(H + H_m) = \frac{\mu_0 M_\infty}{RT}(H + NM). \tag{9}$$

可以看出, α 值变得比在顺磁情况下要大得多, 因为 $H_m \approx H$. 此外, 替代式 (9), Langevin 假设 (5a) 变为 M 的一个隐方程, 因为 M 不仅明显地出现在式 (5a) 的左边, 而且也在式 (9) 的右边给出.

图 18 显示解决这个方程的一种图解法. 一方面, 由两个未知数 M/M_∞ 和 α 确定的点必须位于 Langevin 曲线上, 另一方面, 在由式 (9) 定义的直线上. 因此, 它必须满足这两个方程

$$\frac{M}{M_\infty} = L(\alpha). \tag{9a}$$

$$\alpha = \alpha_0 + \beta \frac{M}{M_\infty}; \quad \alpha_0 = \frac{\mu_0 M_\infty H}{RT}; \quad \beta = N\frac{\mu_0 M_\infty^2}{RT}. \tag{9b}$$

直线 (9b) 与横坐标轴在点 $\alpha=\alpha_0$ (在图 18 中以 P 表示) 处相交; 根据式 (5a) 中 α 的定义, 这也是在顺磁情况下横轴非常靠近原点的地方. 根据式 (9b), 它与横坐标轴夹角的正切由下式给出:

$$\frac{1}{\beta} = \frac{1}{N}\frac{RT}{\mu_0 M_\infty^2}. \tag{9c}$$

该斜率取决于温度并随它降低. 该直线与 Langevin 曲线的交点 A 随着 T 降低而向右移动; 这样, M 接近饱和度值 M_∞, 其对应于基元磁体完全一致取向.

当撤掉外磁场即当我们使 $H = 0$ 时, 交点的位置变化很小, 直线 PA 则平行于自身移动, 直到它通过原点 O (因为 $\alpha_0 = 0$) 并且新的交点处于 B. 单个 Weiss 畴的场几乎保持不变. 因此, 存在一个导致永久磁化的 Weiss 畴剩余自发磁化强度的可能性. 前面的论证表明, 式 (9) 再现了在低温下铁磁行为的基本特征, 例如, *存在随着T降低而增加的自发磁化*. 不能总是观察到这个自发磁化的事实可由各磁畴方向可能不同的各个场之间的相互作用使它们彼此抵消来推知.

到现在为止, 我们已经暗示直线 PA 没有如在 O 处 Langevin 曲线的切线陡. 当正好相反时, 假设外磁场足够弱, 交点将位于原点 O 附近处. 在这种情况下, 可

§19. 铁磁性与顺磁性

用 $L(\alpha)$ 的近似式 (6) 及式 (9a, b) 得到

$$\frac{M}{M_\infty} = \frac{1}{3} \cdot \frac{\mu_0 M_\infty}{RT}(H + NM).$$

因此,

$$M\left(T - \frac{\mu_0}{3} \cdot \frac{M_\infty^2 N}{R}\right) = \frac{\mu_0}{3} \cdot \frac{M_\infty^2}{R} H. \tag{10}$$

右边 H 的系数等于式 (7a) 的 Curie 常数 C。左边包含其倍数 NC, 我们将以 Θ 表示它, 即

$$\Theta = \frac{\mu_0 M_\infty^2 N}{3R}. \tag{11}$$

Θ 被称为 Curie 点.

因为在前面的方程中因子 $1/3$ 从 $L(\alpha)$ 的级数展开中的第一项导出, 并且与 $L'(0)$ 相同, 我们可以把式 (11) 替换为

$$\Theta = \mu_0 L'(0) \frac{M_\infty^2 N}{R}. \tag{11a}$$

使用这种形式比式 (11) 方便, 因为后面进行的一些计算就可以与 Langevin 函数 $L(\alpha)$ 的特定选择无关. 这将使结果更适于量子力学提出的一般化的引入.

代入式 (11) 或式 (11a) 的缩略形式 Θ, 我们可以将式 (10) 变换为

$$M = \frac{CH}{T - \Theta}. \tag{12}$$

可以看出, 高于 Curie 点, 物体行为像一个顺磁质, 并服从 Curie-Weiss 定律 (12). 其图形表示由绘制的 H/M 对 T 的直线给出. 严格来说, 实验表明两个略有不同的 Curie 点的存在取决于 Θ 是借助于直线还是在自发磁化消失的基础上定义. 对这些更深入的考虑以及大量铁磁质实验数据的其他细节将超过本书的范围.

然而, 我们必须仔细检查 Curie 点的附近. 显然, 式 (12) 仅在 H 同时足以趋于零的条件下对于 $T \to \Theta$ 仍然有效. 因此, 我们可以将式 (12) 在 $H = 0$ 时应用于 Curie 点以上, 以得到 $M = 0$, 表示没有自发磁化.

我们现在考虑当 $H = 0$ 时的磁化, 即将研究接近但低于 Curie 点的自发磁化; 相应的 α 值将以 α_{sp} 表示. 如果图 18 的交点 B 不消失, 即使 $H = 0$, 不再允许把 Langevin 函数用直线近似. 此外, 有必要考虑 $L(\alpha)$ 在原点的更高阶导数. 所有偶阶导数在原点全部为零, 由于 $L(\alpha)$ 是 α 的一个奇函数. 忽略 5 阶、7 阶等高阶导数, 我们从式 (9a) 得到

$$\frac{M_{sp}}{M_\infty} = \alpha_{sp} L'(0) + \frac{\alpha_{sp}^3}{6} L'''(0). \tag{13}$$

另一方面，由式 (9) 及 $H=0$ 并鉴于式 (11a) 推出

$$\frac{M_{\rm sp}}{M_\infty} = \alpha_{\rm sp}\frac{RT}{\mu_0 N M_\infty^2} = \alpha_{\rm sp} L'(0)\frac{T}{\Theta}. \tag{14}$$

比较式 (13) 和式 (14)，我们得到一个方程，其非零解可以写为

$$\alpha_{\rm sp} = \sqrt{\frac{6L'(0)}{-L'''(0)}\left(1-\frac{T}{\Theta}\right)}. \tag{15}$$

从式 (5a) 计算出的 $L'''(\alpha)$ 的值等于 $-2/15$. 将式 (15) 代入式 (13)，简短计算之后，我们得到，刚刚低于 Curie 点的自发磁化强度由下式给出：

$$M_{\rm sp} = M_\infty\sqrt{\frac{6\left[L'(0)\right]^3}{-L'''(0)}\cdot\frac{T}{\Theta}}\cdot\sqrt{\left(1-\frac{T}{\Theta}\right)}. \tag{16}$$

图 19 显示 $M_{\rm sp}$ 关于 T 降低的曲线在 Curie 点具有一条竖直切线，与式 (16) 一致. 曲线上升至 $T=0$，此处 $M_{\rm sp}=M_\infty$. 然而，需要指出的是，该图只是定性地正确. 事实上，由于量子效应，它的形状应改变 (自旋旋矩的取向量子化；曲线在 $M_{\rm sp}=M_\infty$ 处获得一条水平切线，并且其斜率与图 19 中所示的不一样).

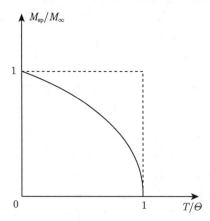

图 19　根据 Weiss 理论 (经量子修正) 低于 Curie 点的自发磁化强度

很显然，图 19 适用于单个 Weiss 畴. 在一个宏观集合体中将是明显的永磁化程度取决于材料结构，不能借助于本理论说明.

D. 比热 c_H 和 c_M

由于式 (9) 中 NM 项的存在，状态的磁方程不再具有简单形式 (3). 因此，热方程 (3a) 不再适用. 起作用的方程可以从熵的表达式 (2a) 通过把它以 T 和 M 作

为独立变量写出来推得：
$$\mathrm{d}s = \frac{1}{T}\left(\frac{\partial u}{\partial T}\right)_M \mathrm{d}T + \frac{1}{T}\left[\left(\frac{\partial u}{\partial M}\right)_T - \mu_0 H\right]\mathrm{d}M. \tag{17}$$

取 $\mathrm{d}T$ 之前的因子对 M 作偏导以及 $\mathrm{d}M$ 之前的因子对 T 作偏导，我们有
$$\frac{1}{T}\frac{\partial^2 u}{\partial M \partial T}$$

以及
$$\frac{1}{T}\left[\frac{\partial^2 u}{\partial T \partial M} - \mu_0\left(\frac{\partial H}{\partial T}\right)_M\right] - \frac{1}{T^2}\left[\left(\frac{\partial u}{\partial M}\right)_T - \mu_0 H\right].$$

由于两个导数必须彼此相等，我们得到
$$\left(\frac{\partial u}{\partial M}\right)_T = \mu_0\left\{H - T\left(\frac{\partial H}{\partial T}\right)_M\right\}. \tag{18}$$

在最后的公式中下标 T 和 M 的添加是为了清楚起见. 首先我们注意到，前述推导完全类似于 §9 式 (6) 中 $\partial u/\partial v$ 从 van der Waals 方程的推导. 将式 (18) 代入式 (17) 中，我们发现，可逆吸收的热量由下式给出：
$$T\mathrm{d}s = \left(\frac{\partial u}{\partial T}\right)_M \mathrm{d}T + T\mu_0\left(\frac{\partial H}{\partial T}\right)_M \mathrm{d}M. \tag{19}$$

如果选择 T 和 H 代替 T 和 M 作为独立变量，仅需要替换
$$\mathrm{d}M = \left(\frac{\partial M}{\partial T}\right)_H \mathrm{d}T + \left(\frac{\partial M}{\partial H}\right)_T \mathrm{d}H.$$

由式 (15) 推出
$$T\mathrm{d}s = \left\{\left(\frac{\partial u}{\partial T}\right)_M - T\mu_0\left(\frac{\partial H}{\partial T}\right)_M\left(\frac{\partial M}{\partial T}\right)_H\right\}\mathrm{d}T - T\mu_0\left(\frac{\partial H}{\partial T}\right)_M\left(\frac{\partial M}{\partial H}\right)_T \mathrm{d}H. \tag{20}$$

与摩尔比热 c_v 和 c_p 完全类比，我们现在把恒定磁化下的摩尔比热定义为 c_M，以及把恒定磁场强度下的摩尔比热定义为 c_H. 根据式 (19) 和式 (20)，我们得到
$$c_M = T\left(\frac{\partial s}{\partial T}\right)_M = \left(\frac{\partial u}{\partial T}\right)_M, \tag{21}$$

$$c_H = T\left(\frac{\partial s}{\partial T}\right)_H = \left(\frac{\partial u}{\partial T}\right)_M - T\mu_0\left(\frac{\partial H}{\partial T}\right)_M\left(\frac{\partial M}{\partial T}\right)_H, \tag{21a}$$

据此，通过相减得
$$c_H - c_M = -T\mu_0\left(\frac{\partial H}{\partial T}\right)_M\left(\frac{\partial M}{\partial T}\right)_H. \tag{22}$$

这又是已很熟悉的 $c_p - c_v$ 的一般表达式的一个精确类比 (把 §7 式 (9) 的 $-p$、v 以 $\mu_0 H$、M 取代).

式 (22) 的右边的两个导数可以从参数表示式 (9a)、式 (9b) 求得; 在 M 恒定下, 对 T 求导, 我们得到

$$0 = L'(\alpha)\left\{\frac{\mu_0 M_\infty}{RT}\left(\frac{\partial H}{\partial T}\right)_M - \frac{\alpha}{T}\right\}. \tag{23}$$

以及在 H 恒定下, 我们有

$$\left(\frac{\partial M}{\partial T}\right)_H = M_\infty L'(\alpha)\left\{\frac{\mu_0 N M_\infty}{RT}\left(\frac{\partial M}{\partial T}\right)_H - \frac{\alpha}{T}\right\}. \tag{24}$$

由式 (23) 即得

$$\left(\frac{\partial H}{\partial T}\right)_M = \frac{R}{\mu_0 M_\infty}\alpha. \tag{25}$$

考虑到 Θ 的定义 (11a), 我们从式 (24) 计算出

$$\left(\frac{\partial M}{\partial T}\right)_H = \frac{M_\infty L'(0)L'(\alpha)\alpha}{\Theta L'(\alpha) - T L'(0)}. \tag{26}$$

因此, 根据式 (22), 比热之差变为

$$c_H - c_M = \frac{RL'(0)L'(\alpha) \times \alpha^2}{L'(0) - (\Theta/T)L'(\alpha)}. \tag{27}$$

现在我们讨论此结果的特殊情况, 当 $H = 0$(去除外场) 时, 相应地让 $M = M_{sp}$(自发磁化强度), 如图 20 所示. 正如我们已经知道在 $T > \Theta$ 下, 有 $M_{sp} = 0$(顺磁行为). 因此, 从式 (9) 推出, $H = 0$ 意味着 $\alpha = 0$. 因此, 由式 (27) 得到

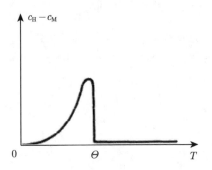

图 20 在 Curie 点 $c_H - c_M$ 的最大值的定性表示. $T=0$ 附近的行为根据量子力学的结果且不同于式 (29) 描绘. 对于 $T > \Theta$, 我们有 $c_H - c_M = 0$

$$c_H = c_M \tag{28}$$

对于 $T > \Theta$ 和 $H = 0$.

在区域 $T \leqslant \Theta$ 中，我们首先考虑情况 $T \ll \Theta$，其根据式 (9)，意味着 $\alpha \gg 1$，从式 (6a) 则得

$$L'(\alpha) \approx \frac{1}{\alpha^2},$$

并由式 (27) 得到

$$c_H - c_M = \frac{RL'(0)}{L'(0) - \dfrac{\Theta}{T} \cdot \dfrac{1}{\alpha^2}}. \tag{29}$$

由式 (9) 及 $H = 0$ 和 $M = M_{sp} = M_\infty$ (参见图 17)，我们有

$$\alpha = \frac{\mu_0 M_\infty^2 N}{RT},$$

鉴于式 (11a)，可以将其替换为

$$\alpha = \frac{\Theta}{T}/L'(0)$$

将此代入式 (29) 中，我们有

$$c_H - c_M \approx \frac{R}{1 - \dfrac{T}{\Theta}L'(0)} \approx R. \tag{29a}$$

考虑 Curie 点附近，我们假设

$$\Theta - T \ll \Theta. \tag{29b}$$

现在有必要继续以与式 (13) 同样的方式，并考虑到式 (27) 的分母中 Langevin 函数的三阶导数，以 $L'(0)$ 取代分子中的 $L'(\alpha)$，这是允许的，因为 $\alpha = \alpha_{sp} \ll 1$：因此，我们得到

$$c_H - c_M = \frac{R\alpha^2 [L'(0)]^2}{L'(0) - \dfrac{\Theta}{T}\left[L'(0) + \dfrac{1}{2}\alpha^2 L'''(0)\right]}. \tag{30}$$

替代式 (15) 的 α，并消掉分子和分母中的公因子 $\Theta - T$，我们求得

$$c_H - c_M = 3R\frac{[L'(0)]^2}{-L'''(0)} \cdot \frac{T}{\Theta}. \tag{31}$$

因此，比热在 $T = \Theta$ 存在一个跃变，因为正如已经提到的，对于 $T > \Theta$, $c_H = c_M$.

利用前述数值 $L'(0) = 1/3$, $L'''(0) = -2/15$, 我们发现

$$c_H - c_M = \frac{5}{2} R. \tag{31a}$$

事实上, 这个突变被平滑成一个最大值 (由于在 Curie 点值的小范围, 参见上文), 其在 $T > \Theta$ 的一侧急剧下降, 而在 $T < \Theta$ 的一侧更渐近. 在 $H \neq 0$ 的情况下, 即磁化受到外场影响而不是自发的情况下, 这样一个最大值也仍然存在.

回想在 C 部分中得到有必要强调的事实: 其中含有的结果局限于对单个 Weiss 畴的应用, 它们在完全宏观系统的情况下不显要并依赖于特定材料. 这种限制就比热而言是不必要的. 比热把自己一个一个像标量叠加, 而不像服从矢量定律的场的叠加. 因此, 我们目前的公式对宏观系统仍然有效.

然而要记住, 我们目前的结果必须按照量子力学修正. 这可以从下面的事实推断出: 式 (29a) 意味着对于 $T \to 0$, $c_M - c_H \to R$, 而 Nernst 第三定律要求 $c_M - c_H \to 0$; 参照 §12 中第 (3) 条.

量子理论导致比式 (31a) 中的值 $5R/2$ 低得多的值; 例如, 值 $3R/2$ 的获得与基于原子论对于 Langevin 函数 L 的一定选择所必须假定的方向的那种量子化有关.

铁磁现象的全面和重要的表示由在第三卷 §14D 中已引用的 Becker 和 Doering[①]的一本书给出. 我们在前面的论证中已假设, Weiss 模型提供了一个对实际足够精确的近似; 另一方面, Becker 和 Doering 的书包含该模型与现有的相关实验材料的一个详细比较.

E. 磁热效应

绝热退磁在铁磁质和顺磁质的情况下导致温度降低. 根据式 (20) 和式 (21), 我们可以从下式计算它:

$$c_H \left(\frac{\partial T}{\partial H} \right)_s = T \mu_0 \left(\frac{\partial H}{\partial T} \right)_M \left(\frac{\partial M}{\partial H} \right)_T = -T \mu_0 \left(\frac{\partial M}{\partial T} \right)_H. \tag{32}$$

它被称为*磁热效应*. (相反, 一个突然的并因此绝热的磁化导致温度增加.) 我们已经在 §11 和 §12 的末尾依据与退磁有关的无序定性地描述了该效应, 现在对它进行计算.

我们考虑特别有兴趣的顺磁盐 (如硫酸钆) 的情况, 并假定它降到最低温时服从 Curie 定律. 因此, 我们有

$$M = \frac{C}{T} H, \quad \left(\frac{\partial H}{\partial T} \right)_M = \frac{M}{C}, \quad \left(\frac{\partial M}{\partial H} \right)_T = \frac{C}{T}.$$

[①] R. Becker 和 W. Doering, 铁磁性, 柏林, 1939 年. 这本书还讨论了本课程不得不忽略的问题的原子论方面.

并且由式 (32), 我们求得

$$c_H \left(\frac{\partial T}{\partial H}\right)_s = T\mu_0 \frac{M}{C} \cdot \frac{C}{T} = \mu_0 \frac{C}{T} H.$$

由此可见, 所考虑的绝热过程满足微分方程

$$T dT = \frac{\mu_0 C}{c_H} H \cdot dH. \tag{33}$$

此过程通过以下描述:

$$H \to 0, \qquad T \to T_0.$$

假定系数 C 和 c_H 是常数, 我们可以把式 (33) 积分以得到

$$T_0^2 - T^2 = -\frac{\mu_0 C}{c_H} H^2, \quad T_0 = T\sqrt{1 - \frac{\mu_0 C}{c_H} \cdot \frac{H^2}{T^2}}. \tag{34}$$

可以看出, 实际上, 温度的确降低, 起始磁场 H 越强且初始温度 T 越低, 温度的降低越大.

前面的计算在一定程度上也是肤浅的, 因为 Curie 定律外推到最低温度. 这意味着, 基元磁体之间的相互作用已被忽略, 而这已不再允许. 然而, 式 (34) 确实给出了被 Debye、Giauque 和 Kammerlingh Onnes 采取的非常有效步骤的一个思路以使温度接近绝对零度.

§20. 黑 体 辐 射

所有热的物体都发出电磁辐射. 随着温度升高, 物体从红色经黄色变到亮白色. 然而, 必须认识到, 物体即使在常温或低温下发出辐射, 不过那时波长处于红外区. 所有热辐射具有波一样的性质, 但在场内, 可以根据表示它们可被分解成多束光线的几何光学定律精确地分析它们.

现在让我们设想一个空心盒, 其壁保持在一个恒定的温度. 它里面的辐射现与壁是处于热平衡的. 因此, 它与壁所拥有的温度 T 相同. 这适用于空腔内每个体积元并且说明辐射处处均匀, 即其中之一与空间坐标无关. 空腔构成一个热力学系统 (证明在 A 部分), 其与发生在壁中的发射和吸收特定的物理和化学过程无关.

据发现, 腔内平衡明显地不被干扰, 如果在盒子上开一个小孔, 使得辐射可以离开空腔, 并因此可易于观察. 可能落在开口处的外来辐射将不会被反射; 经过壁的多次反射并且每次反射被部分吸收后, 它完全被壁吸收. 由于完全吸收辐射的一个表面通常被称为 "黑体", 很自然地把从盒子的开口发出的辐射称为 "黑体辐射".

将一点"烟灰",即具有非常小的热容量的一个完全吸收体引入空腔不影响平衡态. 另一方面, 当空腔的内壁由一完全反射的材料制成并因此不会影响落在内壁的光线时, 充满空腔的辐射可变成非平衡辐射. 将一点烟灰引入空腔将会把辐射变成黑体辐射 (这点灰尘起着催化剂的作用).

腔内观察者的所见不是很有趣: 他看到在各处各方向上亮度相同. 他看不到腔的形状以及意识不到在不同方向上至壁的距离的差异. 用一个 Nicol 棱镜他可以验证辐射不是偏振的. 在温度变化时, 他将只会注意到辐射强度和颜色的变化.

A. Kirchhoff 定律

我们从电动力学得知, 电磁辐射携带能量和动量, 参照第三卷 §31. 能量密度以 W 表示. 在一个单色辐射场中, 其对时间的平均值取决于空间坐标、频率 ν 和振幅, 或者更确切地说它的平方, 强度. 我们现在考虑一个小的频谱区间 $d\nu$ 内的所有辐射, 与单色辐射截然不同. 包含在此区间内的能量密度将以 $u\,d\nu$ 表示, 并且整个频谱的能量密度将以 u 表示. 我们则有

$$u(T) = \int_0^\infty u(\nu, T) d\nu. \tag{1}$$

在这里已添上 T 的理由是强调如果平衡普遍存在并且在腔的各点相同, 黑体辐射的振幅 (或强度) 仅取决于温度的事实. 符号 u 在这里用于稍微不同的意义, 因为 u 现在表示每单位体积而不是每单位质量 (或每摩尔) 的能量:

$$[u] = \frac{\text{erg}}{\text{cm}^3}. \tag{1a}$$

由式 (1) 导出 u 的量纲为

$$[u] = \frac{\text{erg} \cdot \text{s}}{\text{cm}^3}. \tag{1b}$$

Kirchhoff(1859 年) 证明, u 是参数 ν 和 T 的函数, 并且它与腔壁的性质无关. 这个结论称为 Kirchhoff 定律. 为了说明证明它的方法, 我们考虑两个空心盒 A 和 B, 它们的壁是不同的. 我们假设, 在一定频谱区域 $(\nu, d\nu)$, A 中的 u 比 B 中的大. 我们现在通过一个小管把 A 和 B 连接起来, 小管对所有的波长除了 ν 是不透明的 (滤色器). 在这样的安排下, 从 A 流向 B 的热量会比在相反的方向多, 从而破坏平衡状态; B 的温度会增加, 而 A 的温度会降低, 直到 u 的两个值变为相等. 这样一个温度差将"自发"(不对系统做功) 产生, 这与第二定律不一致. *我们得到结论: u 一定是 ν 和 T 的一个普适函数*; 从式 (1) 得出 u 是 T 的一个普适函数.

我们现在考虑不同于其密度的能流 (在电动力学中以 S 表示). 它被定义为单位面积和单位时间辐射的能量. 矢量符号 S 对应于所考虑的单位面积的法线方向. 由于黑体辐射是各向同性的(在所有方向一样), 它就失去了其矢量性质, 并且我们有

§20. 黑体辐射

理由谈及一个标量辐射强度. 我们将不把它与一个离散方向相关联 (在任何给定的单方向上的能流是零), 但是与一个小的锥形辐射 $d\Omega$ 相关联. 我们现在想象方向被封闭在这样的一个锥形中, 并且以 $Kd\Omega$ 表示通过 $d\Omega$ 辐射的能量. 因此, 通过一个与法线形成 θ 角的锥形微元辐射的能量由下式给出:

$$K\cos\theta d\Omega, \quad \text{其中} \quad d\Omega = \sin\theta \cdot d\theta \cdot d\phi. \tag{2}$$

在时间 dt 期间通过一个面积微元 da "向前" (或 "向后") 传递的辐射量则为

$$Kdadt\int_0^{\pi/2} \cos\theta\sin\theta d\theta \int_0^{2\pi} d\phi = \pi K dadt. \tag{2a}$$

如果 K 被光谱分析并且如果两个偏振方向用撇区分开, 我们可以写为

$$K(T) = \int_0^\infty \left[\boldsymbol{K}(\nu, T) + \boldsymbol{K}'(\nu, T)\right] d\nu = 2\int_0^\infty \boldsymbol{K}(\nu, T) d\nu, \tag{3}$$

最后等式是黑体辐射中没有偏振的结果. K 的量纲与 S 是相同的; $\boldsymbol{K}$ 的量纲由式 (3) 并为

$$[K] = \frac{\text{erg}}{\text{cm}^2\text{s}}; \quad [\boldsymbol{K}] = \frac{\text{erg}}{\text{cm}^2}. \tag{3a}$$

这些量和 K 满足关系

$$u = 4\pi K/c. \tag{4}$$

我们不在这里给出证明, 因为它可以从几何光学的一个简单前提推导, 假设腔为真空. 如果不是这样, 就有必要以 c/n 替换 c. 鉴于式 (3) 和式 (1), 由式 (4), 我们有

$$u = 8\pi\boldsymbol{K}/c. \tag{4a}$$

我们现在接着通过对腔壁应用平衡原理以得到 Kirchhoff 定律的一个推论.

一个壁元 da 的吸收功率将以 A 表示; 换句话说, A 表示当它渗入壁中时转换成热的碰撞辐射 $\boldsymbol{K}(\nu, T)$ (假定频谱分解). 因此, 从平衡系统中扣除的能量 (每单位面积和单位时间以及每立体角 $d\Omega$) 是

$$A\boldsymbol{K}(\nu, T). \tag{5}$$

该能量在腔中必须由同一壁元的辐射率 E 取代. 在黑体表面的情况下 ($A = 1$), 我们有

$$E = \boldsymbol{K}(\nu, T). \tag{5a}$$

一个理想的全反射白色表面 $(A = 0)$ 的辐射率一定为 $E = 0$. 在这种情况下, 如前所述, 壁不助于热力学平衡的建立. 在平均表面 E 必须替换从腔出来的量 (5). 因此, 我们必有

$$\frac{E}{A} = \boldsymbol{K}(\nu,\ T). \tag{6}$$

对于纯热辐射, 辐射功率与吸收功率之比是频率和温度的一个普适函数.

Kirchhoff 定律及由此的推论现在不仅在黑体辐射问题, 而且在照明工程中变得非常重要. 它促进了由 Kirchhoff 和 Bunsen 在那时做的频谱分析的发现.

B. Stefan-Boltzmann 定律

在 A 部分中已经指出, 除了能量, 辐射还携带动量. 这是 Maxwell 发现光压的原因. 根据第三卷 §31 中最后的方程, 与一面元 da 的法线形成的夹角为 θ 的波所施加的压强为 $u\cos^2\theta$; 因此, 对于来自各个方向的辐射, 压强为

$$p = u \int_0^{\pi/2} \cos^2\theta \sin\theta d\theta = u/3. \tag{7}$$

上述方程对于部分反射面以及黑体表面是有效的, 因为发射辐射的推力已经包含了反射辐射的推力.

现在让我们想象一个装有一个滑动活塞的抽空圆柱容器, 并且在温度 T 下充满了黑体辐射. 体积 V 可以通过 (无限缓慢地) 移动活塞来随意改变. 上述构成一个具有两个变量的热力学系统, 其能量为

$$U = Vu(T),$$

然而, 根据式 (7), 对活塞做的功由下式给出:

$$dW = pdV = \frac{1}{3}u(T)dV.$$

熵变为

$$dS = \frac{dU + dW}{T} = \frac{V}{T}\frac{du}{dT}dT + \frac{4}{3}\frac{u}{T}dV. \tag{8}$$

由于 dS 是一个全微分, 我们一定有

$$\frac{1}{T}\frac{du}{dT} = \frac{4}{3}\frac{d}{dT}\left(\frac{u}{T}\right);$$

经过简单计算后, 我们求得

$$\frac{du}{u} = 4\frac{dT}{T}; \qquad \log u = 4\log T + 常数, 或$$

$$u = aT^4. \tag{9}$$

§20. 黑体辐射

为了确定积分常数 a, 我们根据式 (4), 用 K 替代 u, 得到

$$K = \frac{ca}{4\pi}T^4. \tag{10}$$

根据式 (2a), 左边表示一个黑体表面 (如任意黑体腔壁上的孔) 每单位面积和单位时间的总辐射. 右边出现的常数 $ca/4\pi$ 通常以 σ 表示; 它可以由观察来确定. 方程 (10) 含有 Stefan 凭经验发现的辐射定律的表述. 前面的热力学推导最早由 Boltzmann 于 1884 年给出. H. A. Lorentz 在其对 Boltzmann 的纪念演说中, 把它称为 "理论物理学的一颗名副其实的珍珠".[①]

将式 (9) 代入式 (8), 我们得到

$$dS = 4a\left(VT^2 dT + \frac{1}{3}T^3 dV\right) = \frac{4}{3}a\, d(T^3 V). \tag{11}$$

式 (11) 的积分不会导致一个新的常数, 因为根据第三定律, 对于 $T = 0$, 我们必须有 $S = 0$. 因此, 我们得到

$$S = \frac{4}{3}aT^3 V. \tag{12}$$

在 T-V 平面中一条等熵线的方程由下式表示:

$$T^3 V = 常数. \tag{12a}$$

它描述了伴随着绝热且可逆的体积变化的温度变化 (因此, 根据式 (9), 能量密度 u 也变化). 方程 (12a) 被认为与比热比 $K = 4/3$ 的一个理想气体的等熵方程是相同的.

C. Wien 定律

W. Wien 用于确定黑体辐射频率和温度之间关系的最重要的思想包括在他对从一个移动的镜子反射的辐射光谱变化的探究中. 从第四卷 §13 会想起, 当镜子沿其法线方向移动时, 反射光的频率不同于入射光的频率. 入射辐射和反射辐射的强度同样如此. 利用这个前提: 如果过程以一个合适的方式进行, 修正光谱必须保留平衡辐射的性质; 有可能推出强度最大值的变化并因此伴随着温度变化的辐射颜色的变化.

我们应在一个合适模型的基础上[②]避免证明 Wien 定律, 并且将借助于量纲分析, 即基于相似性的考虑, 专注于广泛讨论的它是否合理的问题上[③]. 与往常一样,

---

[①] Verh. d. Deutsch. Physik. Gesellschaft, 1907.

[②] 这种最简单的证明由 von Laue 给出. Ann. d. Phys., (5) 43, 220, 1943. 该模型包括一束单色光线, 并且证明是基于 Lorenz 变换不变性. 我们的观点仅假定尺度改变的不变性.

[③] 参照 Glaser 的一个笔记, Sitzungsber. d. Akad., Wien, Vol. 156, p. 87; 我们的考虑部分是基于这一点.

我们将采用四个基本单位, 其中之一是温度 (符号 θ), 其余三个是力学单位, 以能量的单位 (尔格, 符号 e) 代替质量单位是方便的[①]. 时间和长度的单位将分别以 t 和 l 表示.

根据式 (1b) u 的量纲为 et/l^3. 现在有必要以 ν 和 T (量纲分别为 t^{-1} 或 θ) 及某些普适常数来表示 u. 后者包括光速 c (量纲为 lt^{-1}) 和普适常数 R, 其量纲为 $e\theta^{-1}$, 因为 RT 表示一种能量, 由理想气体状态方程可见. R 通常是指 1 摩尔的某种物质. 然而, 在下文中, 将它指为单个分子更方便, 这可以通过将 R 除以每摩尔分子数来实现. 它被称为 Boltzmann 常量, k, 并且其量纲 $e\theta^{-1}$ 与 R 的量纲是相同的.

问题中的五个量及其量纲一起在下面列出 (目前我们将说明最后一列):

u	ν	T	c	k	$h = k\alpha$
$el^{-3}t$	t^{-1}	θ	lt^{-1}	$e\theta^{-1}$	et

(13)

我们现在试着把这五个量每个升至一定 (正或负) 的次幂, 形成一个积, 满足它在所有四个单位中零量纲的条件

$$e、l、t、\theta. \tag{14}$$

我们可以假设, 指数中的一个具有一个规定值, 即单位值, 而不失一般性. 以这种方式可见, 其余四个指数由式 (14) 的每个单位的指数总和为零所得到的四个方程唯一确定. 只存在一个这样的积. 假设 u 的指数等于 1, 我们可以从表 (13) 推导, uc^3 和 $\nu^2 kT$ 具有量纲 et^{-2}, 从而问题中的积变成

$$\Pi = \frac{uc^3}{\nu^2 kT}, \tag{15}$$

并且 Π 表示一个未知普适数. 光谱分布函数变为

$$u = \frac{\nu^2 kT}{c^3}\Pi. \tag{16}$$

这是经典物理学提供给黑体辐射光谱问题的唯一 (除了一个不确定因素) 答案. 形容词 "经典" 这里指论证是限于已在物理学使用很长一段时间的两个普适常数 c 和 k 的应用.

式 (16) 最早是由 Lord Rayleigh 于 1900 年推导的, 他从经典统计得到它, 同时求得数值常数 Π 等于 8π. 该公式由 J. H. Jeans 进一步改进 (Rayleigh-Jeans 辐射公式). 但是显然, 对于大的 ν 值该公式给出荒谬结果, 因为当 $\nu \to \infty$ 时, 它导致 u 的一个无穷大值, 而且对于总辐射, 积分 $u = \int u d\nu$ 是发散的.

[①] 假设我们的电动力学系统的第四个单位, 电学单位 Q, 不在论证中出现.

§20. 黑体辐射

为了与实验相一致, 我们不得不放弃只使用两个普适常数的限制. 一定有第三个这样的常数, 因为由 Kirchhoff 定律可得, 除了 u, ν 和 T, 没有其他变量.

第三个常数将导致一个额外的无量纲组 Π', 其与式 (15) 无关, 并且可假定其与 u 无关而与 ν 的一次幂有关, 且不失一般性[①]. 因此, 我们得到

$$\Pi' = \alpha \nu T^n. \tag{17}$$

这个方程中的常数 α 为 c、k 以及新的普适常数的一个组合. 因此

$$\Pi = f(\Pi') \tag{17a}$$

或

$$u(\nu, T) = \frac{\nu^2}{c^3} kT \cdot f(\alpha \nu T^n). \tag{17b}$$

指数 n 必须如此选择以对所有频率积分得到式 (9). 由

$$u = \frac{kT}{c^3} \int_0^\infty f(\alpha \nu T^n) \nu^2 \mathrm{d}\nu$$

用 $\alpha \nu T^n = x$ 的缩写, 我们有

$$u = \frac{kT^{1-3n}}{\alpha^3 c^3} \int_0^\infty f(x) x^2 \mathrm{d}x.$$

只有当我们令 $n = -1$ 时, 结果与 T^4 成比例. 这样式 (17b) 导致 Wien 定律:

$$u(\nu, T) = \frac{\nu^2 kT}{c^3} \cdot f\left(\frac{\alpha \nu}{T}\right). \tag{18}$$

两个变量的未知函数 $u(\nu, T)$, 因此被化为单一变量 $\alpha \nu / T$ 的未知函数 f, 这是 Wien 定律的伟大成就.

为方便起见, 在 f 的论证中包括 Boltzmann 常量 k 并令 $k\alpha = h$, 这给出更熟悉的形式

$$u(\nu, T) = \frac{\nu^2 kT}{c^3} \cdot f\left(\frac{h\nu}{kT}\right). \tag{18a}$$

h 这个量代表一个新的常量, 并且有 "作用" 量纲即et. 它完成了我们的表 (13). 我们在这里顺便说一句, h 为普朗克的作用量子, 其现在已成为常见的一个基本常量, 并且至少就其量纲而言, 已被 Wien 定律所预测. 在式 (18a) 中 f 的系数乘以并除以 $h\nu$, 我们得到

$$u(\nu, T) = \frac{h\nu^3}{c^3} \cdot \frac{f(x)}{x} = \frac{h\nu^3}{c^3} f_1(x); \quad x = \frac{h\nu}{kT}. \tag{18b}$$

[①] 如果不是这种情况, 则通过 Π' 与 Π 的一个合适次幂相乘足以消除 u, 并将结果提高到这样的次幂以使 ν 的指数等于单位值. 最后的操作总是可能的, 因为实验表明, Π' 不能与 ν 无关.

因此, 由式 (9), Stefan-Boltzmann 常数 a 变为

$$a = k\left(\frac{k}{hc}\right)^3 \times F, \quad F = \int_0^\infty x^3 f_1(x) \mathrm{d}x. \tag{19}$$

最后, 我们将给出把前面的定律描述为 Wien 位移定律的理由. 我们现在来求给定温度下对应于强度 u 为最大值时的 ν 值, 即对于 $\partial u/\partial \nu = 0$ 的 ν 值. 由式 (18a), 我们发现, 它由下式给出:

$$2f(x) + xf'(x) = 0, \quad x = \alpha\nu/T. \tag{20}$$

我们将以对应于 $\nu = \nu_\mathrm{m}$ 的 $x = x_\mathrm{m}$ 表示此方程的正实根. 因此

$$\nu_\mathrm{m} = x_\mathrm{m} T/\alpha. \tag{20a}$$

随着 T 增加, 强度最大点朝着 ν 的更大值 "移动". 由于 ν_m 值决定观察整个频谱时看到的总体色彩, 可见式 (20a) 对于温度升高时从红光过渡到白光提供了一种解释.

已习惯用 λ 值而不是 ν 值与我们的色彩感知相关联. 因为

$$\nu = \frac{c}{\lambda}; \quad |\mathrm{d}\nu| = \frac{c}{\lambda^2}|\mathrm{d}\lambda|; \quad \boldsymbol{u}|\mathrm{d}\nu| = \boldsymbol{u}_\lambda|\mathrm{d}\lambda|,$$

从式 (18) 看到, 强度 $\boldsymbol{u}_\lambda$ 随着 λ 量的变化变为

$$\boldsymbol{u}_\lambda = \frac{kT}{c\lambda^2}f\left(\frac{\alpha c}{\lambda T}\right)\frac{|\mathrm{d}\nu|}{|\mathrm{d}\lambda|} = \frac{kT}{\lambda^4}f\left(\frac{\alpha c}{\lambda T}\right), \tag{21}$$

如下引入一个新变量 y 和一个新函数 $g(y)$:

$$y = \frac{\lambda T}{\alpha c}; \quad g(y) = yf\left(\frac{1}{y}\right) \tag{21a}$$

从式 (21), 我们得到

$$\boldsymbol{u}_\lambda = \frac{\alpha k c}{\lambda^5}g(y) \tag{22}$$

因此

$$\frac{\partial \boldsymbol{u}_\lambda}{\partial \lambda} = -\frac{\alpha k c}{\lambda^6}[5g(y) - yg'(y)], \tag{22a}$$

并且最大强度的位置由下式给出:

$$5g(y) - yg'(y) = 0, \tag{23}$$

利用此方程根的正实值 y_m, 我们从式 (21) 求得

$$\lambda_\mathrm{m} T = \alpha c y_\mathrm{m}. \tag{23a}$$

$y = y_\mathrm{m}$ 这个根不同于式 (20) 的根 x_m, 因为 y 和 x 具有不同的意义. 关于颜色位移的定性结论显然和以前一样, 即随着温度升高, λ_m 值移向较短波长 (较高频率 ν).

D. Planck 辐射定律

Planck 把一个线性振子插入辐射场, 在一定程度上线性振子与辐射场相互作用: 它是一个具有一定固有频率 ω_0 的 Hertz 偶极子, 其尺寸与有关的波长相比很小. 如果振子是自由的, 它会因为电磁辐射进行阻尼振动, 并且当入射辐射的频率 ω 在 ω_0 附近时它会反应强烈, 具有小阻尼. 假设入射振动和受迫振动分别由下面给定:

$$C\sin\omega t \quad 和 \quad D\sin(\omega t+\delta), \tag{24}$$

并且应用第一卷中 §19 式 (10) 的结果, 我们求得

$$D = \frac{C}{M}\left\{(\omega^2-\omega_0^2)^2+4\rho^2\omega^2\right\}^{-\frac{1}{2}}. \tag{24a}$$

根据第一卷的 §19 式 (9), 振动方程必假定具有形式

$$m(\ddot{x}+2\rho\dot{x}+\omega_0^2 x) = e\boldsymbol{E}_x, \tag{25}$$

$\boldsymbol{E}_x$ 在这里表示辐射电场 $\boldsymbol{E}$ 的分量, 其与运动方向 x 一致; e 和 m 表示振荡电子的电荷和质量. 根据式 (25), 反向的阻尼力等于

$$\boldsymbol{R} = -2\rho m\dot{x}. \tag{26}$$

把它与辐射阻尼力 ("反作用力") 比较, 由第三卷 §36 式 (4), 我们有

$$\boldsymbol{R} = \frac{e^2}{6\pi\varepsilon_0 c^3}\dddot{x},$$

其也可以写成

$$\boldsymbol{R} = -\frac{e^2}{6\pi\varepsilon_0 c^3}\omega^2\dot{x} \tag{26a}$$

因为 $x = D\sin(\omega t+\delta)$ 与时间有关. 由式 (26) 和式 (26a) 得到

$$\rho = \frac{1}{12\pi}\frac{e^2}{m\varepsilon_0 c^3}\omega^2. \tag{26b}$$

我们现在开始计算振子的能量. 其动能为

$$\frac{m}{2}\dot{x}^2 = \frac{m}{2}D^2\omega^2\cos^2(\omega t+\delta),$$

而其势能可以由式 (25) 求得:

$$\frac{m}{2}\omega_0^2 x^2 = \frac{m}{2}D^2\omega_0^2\sin^2(\omega t+\delta).$$

考虑到式 (24a), 我们求得它们对时间的平均总和等于

$$U_\omega = \frac{m}{4}D_\omega^2(\omega^2+\omega_0^2) = \frac{C_\omega^2}{4m}\frac{\omega^2+\omega_0^2}{(\omega^2-\omega_0^2)^2+4\rho^2\omega^2}. \tag{27}$$

为了强调到目前为止我们一直在考虑一个简单的单频振动, 我们已对能量 U 和振幅 C、D 添加下标 ω. 然而, 置于辐射场中的一个振子是由具有相互非相干的振子 C_ω 的一个连续光谱激发的. 非相干的要求对于我们的黑体辐射是必不可少的, 因为它是第四卷 §49 中的自然 "白" 光.

因此, 在这种情况下, 振幅的平方 (强度) 是相加的, 而不是像对相干光那样振幅本身相加. 由式 (27) 得到

$$U = \int U_\omega d\omega = \frac{1}{4m}\int C_\omega^2 \frac{\omega^2+\omega_0^2}{(\omega_0^2-\omega^2)^2+4\rho^2\omega^2}d\omega. \tag{28}$$

右边积分中的分数随着 ω 剧烈变化, 并且在 $\omega=\omega_0$ 附近具有一个尖锐的最大值 (由于 $\rho^2\omega^2$ 这项小, 最大值是尖锐的). 另一方面, C^2 缓慢变化, 并且可以以 C^2 在 $\omega=\omega_0$ 的值替代. 因此, 替代式 (28), 我们可以写为

$$U = \frac{C^2}{4m}\int_0^\infty \frac{\omega^2+\omega_0^2}{(\omega_0^2-\omega^2)^2+4\rho^2\omega^2}d\omega. \tag{28a}$$

此积分可以进一步简化, 因为分子和 $4\rho^2\omega^2$ 这项变化缓慢. 它们可以分别被替换为

$$2\omega_0^2 \text{ 和 } 4(\sigma\omega_0^2)^2\omega_0^2 \tag{28b}$$

由式 (26b),

$$\sigma = \frac{1}{12\pi}\frac{e^2}{m\varepsilon_0 c^3}. \tag{28c}$$

我们可以进一步写为

$$(\omega_0^2-\omega^2)^2 = (\omega-\omega_0)^2 4\omega_0^2.$$

这样, 所考虑的积分变为

$$\frac{1}{2}\int_0^\infty \frac{d\omega}{(\omega-\omega_0)^2+(\sigma\omega_0^2)^2} = \frac{1}{2\sigma\omega_0^2}\int_{-1/\sigma\omega_0}^\infty \frac{d\xi}{\xi^2+1}; \quad \xi = \frac{\omega-\omega_0}{\sigma\omega_0^2}.$$

因为 $\sigma\omega_0 \ll 1$, 我们得到

$$\frac{1}{2\sigma\omega_0^2}\arctan\xi\Big|_{-\infty}^{+\infty} = \frac{\pi}{2\sigma\omega_0^2},$$

并且式 (28a) 转变为

$$U = \frac{\pi}{8m\sigma\omega_0^2}C_0^2. \tag{29}$$

§20. 黑体辐射

现在仍然以黑体辐射的能量密度 u 表示 C_0. 能量密度等于其电贡献的两倍, 即

$$(\boldsymbol{E},\ \boldsymbol{D}) = \varepsilon_0 \boldsymbol{E}^2.$$

对各向同性黑体辐射取时间平均, 我们有

$$\varepsilon_0 \overline{\boldsymbol{E}^2} = 3\varepsilon_0 \overline{\boldsymbol{E}_x^2} = \boldsymbol{u}_\omega. \tag{30}$$

右边的最后一项表示对 ω 量的能量密度, 与之前使用的 ν 量不同. 从式 (24) 和式 (25) 可知, C 等于 $e\boldsymbol{E}_x$ 的振幅; 对时间平均, 我们求得, 在 $\omega=\omega_0$ 有

$$\frac{1}{2}C_0^2 = e^2 \overline{\boldsymbol{E}_x^2}.$$

由式 (30) 替代 $\overline{\boldsymbol{E}_x^2}$, 我们得到

$$C_0^2 = \frac{2}{3}\frac{e^2}{\varepsilon_0}\boldsymbol{u}_\omega \tag{30a}$$

其中, $\boldsymbol{u}_\omega$ 表示在 $\omega=\omega_0$ 处 $\mathrm{d}\omega$ 区间的能量密度. 所以

$$\boldsymbol{u}_\omega \mathrm{d}\omega = \boldsymbol{u}_\nu \mathrm{d}\nu; \qquad \boldsymbol{u}_\omega = \frac{1}{2\pi}\boldsymbol{u}_\nu.$$

因此式 (30a) 可以替换为

$$C_0^2 = \frac{1}{3\pi}\frac{e^2}{\varepsilon_0}\boldsymbol{u}_\nu. \tag{30b}$$

将此表达式代入式 (29), 并考虑到式 (28c), 我们发现, 代表振子具体模型的这些量 e 和 m 被消掉了 (可以看出, 常数 ε_0 也消失了, 正像人们在量纲基础上已可预料的), 我们简单地得到

$$U = \frac{\pi c^3}{2\omega_0^2}\boldsymbol{u}_\nu = \frac{c^3}{8\pi\nu^2}\boldsymbol{u}_\nu. \tag{31}$$

前面的论证表明: 正如黑体辐射的能量密度, 振子的能量也通用, 从而 Planck 在随后的推理中以后者代替前者. 他将振子与熵 S 相关联, 除了温度 T, 前者在恒定的辐射体积 ($\mathrm{d}V = 0$) 下由下式给出:

$$\mathrm{d}S = \frac{\mathrm{d}U}{T}. \tag{32}$$

Planck 在 1920 年他发表的诺贝尔奖演讲中给了一个很好的客观例子; 他的辐射定律最初被描述为 "一个侥幸猜测的内插公式."

1900 年之前 Paschen、Lummer 和 Pringsheim 获得的短波情况下的实验结果似乎证实了 W. Wien 提出的经验假说. 由式 (18b), 令

$$f_1(x) = A\mathrm{e}^{-x}, \quad x = \alpha\nu/T.$$

因此，
$$u(\nu, T) = \frac{\alpha k A}{c^3}\nu^3 e^{-\alpha\nu/T}. \tag{33}$$

相应地，我们由式 (31) 得到
$$U = A_1 e^{-\alpha\nu/T}; \quad A_1 = \frac{\alpha k}{8}\nu A. \tag{33a}$$

求 $1/T$ 的值并考虑到式 (32)，我们有
$$\frac{dS}{dU} = -\frac{1}{\alpha\nu}\log\left(\frac{U}{A_1}\right), \tag{33b}$$

并且
$$\frac{d^2 S}{dU^2} = -\frac{1}{\alpha\nu U}. \tag{33c}$$

后来，由 Rubens 和 Kurlbaum 在长波 (红外区) 进行的测量显示一个完全不同的行为模式，其似乎证实了 Rayleigh-Jeans 公式 (16)。根据式 (31)，相应的振子能量变为
$$U = kT, \tag{34}$$

如果式 (16) 中的数值因子 Π 已知为 Rayleigh 计算的 8π 值。因此，根据式 (32)，我们求得
$$\frac{dS}{dU} = \frac{1}{T} = \frac{k}{U}, \tag{34a}$$
$$\frac{d^2 S}{dU^2} = -\frac{k}{U^2}. \tag{34b}$$

Planck 使用下面的公式：
$$\frac{d^2 S}{dU^2} = -\frac{1}{\alpha\nu U + U^2/k} \tag{35}$$

在式 (33c) 和式 (34b) 之间进行插值。右边可写为
$$-\frac{1}{\alpha\nu}\cdot\frac{1}{U + \beta U^2} = -\frac{1}{\alpha\nu}\left(\frac{1}{U} - \frac{\beta}{1+\beta U}\right); \quad \beta = \frac{1}{\alpha\nu k}. \tag{35a}$$

而且可以看出，式 (35) 是可积的。积分常数将由对于 $U = \infty$，我们必有 $T = \infty$ 使得 $dS/dU = 0$ 的条件确定。因此
$$\frac{dS}{dU} = -\frac{1}{\alpha\nu}\log\frac{\beta U}{1+\beta U}. \tag{36}$$

正如从式 (32) 可见，导数 dS/dU 可以由 $1/T$ 替换，从而
$$\log\frac{\beta U}{1+\beta U} = -\frac{\alpha\nu}{T}; \quad \beta U = \frac{1}{e^{\alpha\nu/T} - 1}. \tag{36a}$$

§20. 黑体辐射

将式 (35a) 代入, 我们得到

$$U = \frac{\alpha \nu k}{e^{\alpha \nu / T} - 1}. \tag{36b}$$

根据表 (13), αk 具有能量 × 时间 = 作用的量纲. 可以看出, 新的普适常量, 作用量子

$$h = \alpha k \tag{37}$$

前面已被提到, 现在它出现了. 振子的能量变为

$$U = \frac{h\nu}{e^{h\nu/kT} - 1} \tag{38}$$

并且式 (31) 导致 Planck 辐射定律

$$\boldsymbol{u}_\nu = \frac{8\pi\nu^2}{c^3} \frac{h\nu}{e^{h\nu/kT} - 1}. \tag{39}$$

同一定律的统计推导参见 §33, 要比这个有点繁琐的论证深刻得多, 并且把常量 h 的革命性置于其适当的位置. 前面概括 Planck 原有思路并在这里描述其原因的论证不仅在于其非常伟大的历史意义; 引用它也为了说明熵概念对振子的应用在其中起着非常重要的作用.

图 21 显示 Planck 辐射定律的一个三维模型, 其中, $\boldsymbol{u}_\nu$ 轴竖直向上, ν 轴水平面向右, T 轴垂直于纸面. 该模型含有前后放置的六个平面轮廓. 轮廓表示对于 $T = 100K、200K、\cdots、600\ K$ 时 u 与 ν 的依赖性. 由于 ν_m 与 T 的关联方程的线性, 竖直轮廓经过式 (20a) 所给出的最大值 ν_m 是可展的.

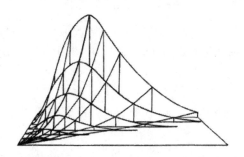

图 21 Planck 辐射定律的纸板模型 $u_v = f(\nu, T)$; ν 轴向右, T 轴垂直于纸面. 图中渐变的阴影是由于落在模型上的光. 在 $T=600K$ 时, 最大值位于 $\nu_m = 4 \times 10^{13}\ \mathrm{s}^{-1}$, 在 $T=200\ K$ 时, 低得多的最大值位于 $\nu_m = 12 \times 10^{12}\ \mathrm{s}^{-1}$. 对应 $T=100\ K$ 时的轮廓突出得很少, 几乎不可见

我们现在继续说明由 Rayleigh-Jeans 公式和 Wien 公式分别表示的极限情况如何可以由式 (39) 推导出:

对于小的 ν 值和一个固定的 T 值, 我们可以把式 (39) 的分母一级展开并得到

$$u = \frac{8\pi k}{c^3}\nu^2 T. \tag{40}$$

对于大的 ν 值和一个固定的 T 值, 我们可以忽略式 (39) 的分母中的 1, 并且有

$$u = \frac{8\pi k}{c^3}\nu^3 \mathrm{e}^{-h\nu/kT}. \tag{40a}$$

如前所述, 如果我们令 $\Pi = 8\pi$, 方程 (40) 与式 (16) 是相同的; 如果前面的常数 A 也换成 8π, 式 (40a) 变成式 (33). 最后, Stefan-Boltzmann 定律中的常数 a 获得一个明确的理论依据. 比较 §18 式 (6) 和本节式 (39), 我们可以得到函数 f_1 的表达式如下:

$$f_1(x) = \frac{8\pi}{\mathrm{e}^x - 1}.$$

因此, 式 (19) 中的积分 F 变为

$$F = 8\pi \int_0^\infty \frac{x^3}{\mathrm{e}^x - 1}\mathrm{d}x. \tag{41}$$

由于对于所有 $x > 0$ 的值, e^{-x} 小于 1, 我们可以重写式 (41), 得到

$$\frac{F}{8\pi} = \int_0^\infty \frac{\mathrm{e}^{-x}}{1 - \mathrm{e}^{-x}}x^3\mathrm{d}x = \int_0^\infty (\mathrm{e}^{-x} + \mathrm{e}^{-2x} + \mathrm{e}^{-3x} + \cdots)x^3\mathrm{d}x. \tag{41a}$$

在级数的第 2, 第 3, $\cdots$ 项中分别以 ξ 表示 $2x$、$3x$、$\cdots$, 我们有

$$\left(1 + \frac{1}{2^4} + \frac{1}{3^4} + \cdots\right)\int_0^\infty \xi^3 \mathrm{e}^{-\xi}\mathrm{d}\xi. \tag{41b}$$

积分等于 $\Gamma(4) = 3!$, 并且在积分前面括号中级数的值可以从第六卷 §2 式 (18)[*] 得到, 在那里它已被证明等于 $\pi^4/90$. 因此, 式 (41b) 给出 $\pi^4/15$ 而式 (41a) 得到

$$F = 8\pi^5/15. \tag{41c}$$

将此值代入式 (19), 我们得到 Stefan-Boltzmann 常数 a 的理论值如下:

$$a = \frac{8\pi^5}{15}\frac{k^4}{(hc)^3}. \tag{42}$$

由于 a 和 Wien 位移定律的常数 $\alpha = h/k$ 是从测量已知的, 式 (42) 和式 (23a) 及式 (37) 可以反过来用于求 h 和 k 的值. 目前, 以下被视为它们的最精确值:

$$h = 6.624 \times 10^{-27}\mathrm{erg \cdot s}; \quad k = 1.380 \times 10^{-16}\mathrm{erg/deg}. \tag{43}$$

---

[*] 即 Sommerfeld 著《物理学中的偏微分方程》, 中译本即将出版. —— 译者注

§21. 不可逆过程 近平衡过程热力学

A. 热传导和局域熵产生

到目前为止，我们考虑的基本上只是热力学平衡态. 关于不可逆过程，只要它们发生在一个封闭系统的绝热边界内，我们只能确定它们与熵增加有关. 我们现在打算更详细地确定熵增加在哪里以及它如何取决于系统的参数.

我们先考虑一个特别简单的例子，即一个各向同性均匀固体中的热传导，固体的热膨胀姑且不计. 如果温度逐点变化，则一般来说，每单位质量 $u(x, y, z, t)$ 的内能将取决于空间坐标和时间. 热通量 $\boldsymbol{W}$ 同样如此. 能量守恒原理 (参见第六卷 §7 式 (11); 应注意的是，符号 u 在那个方程中表示温度) 可以写为

$$\rho\frac{\partial u}{\partial t} + \mathrm{div}\boldsymbol{W} = 0 \tag{1}$$

其中，ρ 表示密度. 为了完成热传导过程的描述，有必要写一下内能和温度之间的关系，如微分形式

$$\mathrm{d}u = c\mathrm{d}T, \tag{2}$$

其中，c 表示比热，而热通量与温度梯度之间关系的 Fourier 假设 (§44、§45 和第六卷 §7 式 (12)) 为

$$\boldsymbol{W} = -\chi\mathrm{grad}T, \tag{3}$$

式中，χ 是热导率.

我们暂且忽略式 (2) 和式 (3)，而将注意力集中在式 (1). 内能和熵通过以下关系关联：

$$\mathrm{d}u = T\mathrm{d}s, \tag{4}$$

因为已忽略体积变化. 由式 (1) 和式 (4)，我们得到

$$\rho\frac{\partial s}{\partial t} = -\frac{1}{T}\mathrm{div}\boldsymbol{W}, \tag{5}$$

或重新排列：

$$\rho\frac{\partial s}{\partial t} + \mathrm{div}\frac{\boldsymbol{W}}{T} = -\frac{1}{T^2}(\boldsymbol{W} \cdot \mathrm{grad}T). \tag{6}$$

式 (1) 是一个连续性方程，这意味着它体现一个守恒原理; 在这种情况下，即为能量守恒原理. 式 (6) 也表示一个守恒原理，如果其右边为零. 现在已知，熵不满足守恒原理，而且，在一个孤立系统的不可逆过程中，如其内有热传导，则熵增加. 此

熵增加现在必定与式 (6) 的右边相关, 并且为了获得它, 我们将对整个热导体积分式 (6). 利用高斯定理 (见第二卷 §3 式 (1)) 我们得到

$$\rho\frac{\partial}{\partial t}\int s\mathrm{d}V + \oint \frac{W_n}{T}\mathrm{d}A = -\int \frac{1}{T^2}(\boldsymbol{W}\cdot\mathrm{grad}T)\mathrm{d}V. \tag{7}$$

首先, 假设热导体表面是热绝缘的, 我们发现 W_n 为零. 然后式 (7) 左边的项是物体每单位时间的熵变. 它在右边是以温度、温度梯度和热通量表示. 由于根据 Clausius 表述, 热量不能自发地从较低温度流向较高温度, 若 $\boldsymbol{W} \neq 0$ 且 $\mathrm{grad}\, T \neq 0$, 则 $\boldsymbol{W}\cdot \mathrm{grad}\, T$ 必定为负. 因此, 式 (6) 的右边按第二定律要求是正的.

每单位时间的熵变因此由一个体积分给出; 很自然把被积函数定义为每单位时间和每单位体积的熵变. 我们将把这个量视为局域产生的熵. 因此, 局域熵增加被定义为

$$\theta = -\frac{1}{T^2}(\boldsymbol{W}\cdot \mathrm{grad}T). \tag{8}$$

在一定时间一定地点它只取决于状态. 在这种情况下, 有必要比以往更广泛地解释状态这个概念. 换句话说, 我们在式 (8) 中已经明确要求恒温, 并且注意, 为了说明状态, 有必要另外说明温度梯度以及由此得到 (参见式 (3)) 的热通量.

如果我们现在降低有关边界绝热性质的限制, 并设想它与热源接触, 则 W_n 表示边界每单位面积每单位时间传递给热源的热量 (= 能量, 由于功 =0), 以及 W_n/T 表示从物体传递给热源的熵. 因此, 自然地把 W_n/T 作为熵流

$$\boldsymbol{S} = \frac{\boldsymbol{W}}{T}. \tag{9}$$

用这些约定, 式 (6) 变为

$$\rho\frac{\partial s}{\partial t} + \mathrm{div}\boldsymbol{S} = \theta \tag{10}$$

对物体的任意部分积分得到

$$\rho\frac{\partial}{\partial t}\int s\mathrm{d}V + \oint S_n\mathrm{d}A = \int \theta\mathrm{d}V. \tag{11}$$

从右到左, 我们现在可以解释这个方程的物理意义: 积分体积内熵产生的量部分被导离它, 部分贡献于体积熵变. 显然后者的贡献也可以是负的.

前面的讨论使我们能够确定熵的来源以及热传导的情况下它们的输出. 根据第二定律, 我们可以进一步确定这个输出永远不能是负的. 式 (10) 连同不等式 $\theta \geqslant 0$ 可以被视为热力学第二定律的微分公式. 积分形式的表述, 即一个孤立系统的熵不能减少, 可以被其微分形式的推论取代, 它断言局域熵产生的量不能为负, 不论系统是否孤立, 并且不论所考虑的过程是否不可逆.

§21. 不可逆过程 近平衡过程热力学

我们现在将比较 Fourier 假设 (式 (3)) 与式 (8) 中的局域熵产生量的表达式. 我们发现, 后者含有作为精确因子进入 Fourier 方程的量 W 和 $\operatorname{grad} T$. 这一事实, 如后面将看到的, 具有更普遍的意义. 此外, 从

$$\theta = \frac{\chi}{T^2}(\operatorname{grad} T)^2 \geqslant 0$$

我们推出

$$\chi \geqslant 0.$$

B. 各向异性体中的热传导和 Onsager 互易关系

我们现在考虑各向异性体如任意构成的晶体中热传导的更一般情况. 前面的说法仍然不变, 除了式 (3), 其现在必须以温度梯度分量与热通量分量之间的一个张量关系来代替 (我们现在以 x_1, x_2 和 x_3 表示坐标).

$$\begin{cases} W_1 = -\chi_{11}\dfrac{\partial T}{\partial x_1} - \chi_{12}\dfrac{\partial T}{\partial x_2} - \chi_{13}\dfrac{\partial T}{\partial x_3}, \\ W_2 = -\chi_{21}\dfrac{\partial T}{\partial x_1} - \chi_{22}\dfrac{\partial T}{\partial x_2} - \chi_{23}\dfrac{\partial T}{\partial x_3}, \\ W_3 = -\chi_{31}\dfrac{\partial T}{\partial x_1} - \chi_{32}\dfrac{\partial T}{\partial x_2} - \chi_{33}\dfrac{\partial T}{\partial x_3}. \end{cases} \tag{12}$$

它表示晶体中的温度梯度和热通量一般来说不是平行 (更准确地说反平行) 的事实.

如果像以前一样, 我们现在比较式 (12) 中的假设 (这样一个假设, 以及与其他不可逆过程有关的类似假设, 被称为唯象假说) 与式 (8) 中局域熵产生的表达式, 把后者重写为

$$\theta = -\frac{1}{T^2}\left(W_1\frac{\partial T}{\partial x_1} + W_2\frac{\partial T}{\partial x_2} + W_3\frac{\partial T}{\partial x_3}\right), \tag{13}$$

我们注意到, 唯象假说式 (12), 以式 (13) 中第二因子 $\partial T/\partial x_1$、$\partial T/\partial x_2$ 和 $\partial T/\partial x_3$ 表示的第一因子 W_1、W_2、W_3, 为线性齐次函数. 在任何情况下, 式 (12) 中的唯象假说不是任意的, 它必须首先满足任何温度梯度下 $\theta \geqslant 0$ 的条件, 即

$$\sum_i \sum_k \chi_{ik}\frac{\partial T}{\partial x_i}\frac{\partial T}{\partial x_k} \geqslant 0, \tag{14}$$

这表明张量 χ_{ik} 结果是非负定的. 其次, 我们必须有

$$\chi_{ik} = \chi_{ki} \quad (i, k = 1, 2, 3) \tag{15}$$

这说明该张量是对称的.

最后的关系由实验[1]证实并可以由热传导的动力学理论得出. 这是最终 Onsager 假设的相当一般对称关系的一个特例[2]. 我们将在后面回到这些互易关系的更一般的公式.

按照不可逆过程的一般热力学理论的语言, 我们认为前面的例子中有三个基本不可逆过程, 它们彼此叠加. 其中每个对应于与一个坐标方向相关的一个基本不可逆过程. 此外, 按照式 (12) 中的假设并从式 (13) 可以看出, 当几个基本不可逆过程彼此相互作用时, 局域熵产生量可以分成三项, 每一项对应一个不可逆过程. 另一方面, 唯象假说表明, 这样的基本过程可以耦合, 这意味着一个温度梯度, 例如, 在 x_1 方向, 可以引起另一个方向如 x_2 和 x_3 上的热通量.

这个特点是很一般的, 并且可以出现在完全不同的不可逆过程如热传导和扩散、热和电的传导等的一个相互作用过程中. 在这些情况下不可逆过程通过各个唯象假说的耦合导致热扩散 (当涉及冷凝相时称为 Soret 效应) 和 Dufour 效应或热隙透 (由扩散过程中温度梯度诱发), 或热电现象.

C. 热电现象

在热电效应的情况下, 我们一方面把能流和电通量, 另一方面把温度梯度和电场强度作为其原因. 我们考虑通以电流的一个金属, 并且其中存在一个温度梯度. 我们可以写下能量守恒原理, 转而由其可以推出对应式 (6) 的熵方程. 这里, 我们假设比内能 u 和比熵 s 与电流密度 I 无关. 这个假设具有与 A 部分中的隐含假设同样的性质, 即内能取决于温度, 而不是热通量或温度梯度. 金属的电子理论为这样一个假设提供进一步的合理解释 (参见 §45).

现在我们假定只存在一种电的载流子. 它可以看作是带有一个负电荷 $-e (e > 0)$, 而在我们的论证中不必引入任何限制. 同样的观点也构成金属电子理论的基础.

在表示能量方程时, 有必要考虑到该金属每单位时间和体积接收的电能量 ($\boldsymbol{I} \cdot \boldsymbol{E}$), 并且由于每单位时间充电 $-\mathrm{div}\boldsymbol{I}$, 势能增加一个量 $-\Phi\mathrm{div}\boldsymbol{I}$, 其中, Φ 表示电势, 而 $\boldsymbol{E} = -\mathrm{grad}\Phi$ 是电场强度. 特此表明电流以缓慢的速率变化. 能量守恒定律, 类比式 (1), 现在变为

$$\rho\frac{\partial u}{\partial t} = -\mathrm{div}\boldsymbol{W} + (\boldsymbol{I} \cdot \boldsymbol{E}) - \Phi\mathrm{div}\boldsymbol{I}. \tag{16}$$

由 §18 式 (2) 和式 (3), 比熵取以下形式:

$$T\mathrm{d}s = \mathrm{d}u - (\mu - F\Phi)\mathrm{d}n \tag{17}$$

---

[1] M. Voigt, Nachr. Ges. Wiss. Göttingen, Math. Phys. Class, p. 87 (1903); Ch. Soret Arch. de Genève, Vol. 29, p. 355 (1893), Vol. 32, p. 611 (1894).

[2] L. Onsager, Phys. Rev. Vol. 37, p. 405, Vol. 38, p. 2265 (1931).

§21. 不可逆过程 近平衡过程热力学

假设体积变化可以忽略不计,并考虑到 $z = -1$. 此处 Ln 是每克的电载流子数 (L =Avogadro 常量), μ 表示载流子的化学势, $\mu - F\Phi$ 表示载流子的电化学势. 由于 $F = Le$ 并且由于 $-\rho Lne$ 表示每单位体积的电荷, 我们有

$$\rho F \frac{\partial n}{\partial t} = -\rho \frac{\partial (-Lne)}{\partial t} = \mathrm{div}\boldsymbol{I}.$$

因此

$$T\rho \frac{\partial s}{\partial t} = \rho \frac{\partial u}{\partial t} + \left(\Phi - \frac{\zeta}{e}\right) \mathrm{div}\boldsymbol{I}, \tag{17a}$$

其中, 我们已经令 $\mu/F = \zeta/e$, 即 $\zeta = \mu/L$. 在金属电子理论中, ζ 这个量称为每个电子的化学势. 从式 (16) 和式 (17a) 消掉 $\partial u/\partial t$ 并略微重新排列, 我们得到

$$\rho \frac{\partial s}{\partial t} + \mathrm{div} \frac{1}{T}\left(\boldsymbol{W} + \frac{\zeta}{e}\boldsymbol{I}\right) = \frac{1}{T}\left(\boldsymbol{W} - \frac{1}{T}\mathrm{grad}T\right) + \frac{1}{T}\left(\boldsymbol{I} \cdot \boldsymbol{E} + T\mathrm{grad}\frac{\zeta}{eT}\right). \tag{17b}$$

此方程与式 (6) 是相辅相成的. 这里, 我们再次将 $\frac{1}{T}\left(\boldsymbol{W} + \frac{\zeta}{e}\boldsymbol{I}\right)$ 这个量视为熵流, 而方程的右边表示局域熵产生量 θ. 在 A 和 B 部分中推出的结果说明, 如何从局域熵增加得到对于热通量和电流的假设. 首先, 我们从式 (17b) 发现, θ 是通量 $\boldsymbol{W}$ 和 $\boldsymbol{I}$ 的线性函数, 并再次将它们表示为它们的系数 $-1/T\mathrm{grad}T$ 和 $\boldsymbol{E} + T\mathrm{grad}(\zeta/eT)$ 的线性函数, 即

$$\begin{cases} \boldsymbol{W} = -\dfrac{\alpha}{T}\mathrm{grad}T + \beta\left(\boldsymbol{E} + T\mathrm{grad}\dfrac{\zeta}{eT}\right) \\ \boldsymbol{I} = -\dfrac{\gamma}{T}\mathrm{grad}T + \delta\left(\boldsymbol{E} + T\mathrm{grad}\dfrac{\zeta}{eT}\right) \end{cases} \tag{18}$$

解出 $\boldsymbol{E}$ 和 $\boldsymbol{W}$, 用通常的表示, 我们有

$$\boldsymbol{W} = -\chi\mathrm{grad}T - \left(\Pi + \frac{\zeta}{e}\right)\boldsymbol{I} \tag{18a}$$

$$\boldsymbol{E} = \frac{1}{\sigma}\boldsymbol{I} - \varepsilon\mathrm{grad}T - \mathrm{grad}\frac{\zeta}{e} \tag{18b}$$

系数 χ、Π、ε、$1/\sigma$ 的意义将在后面进一步分析. 为进一步参考, 指出它们与 β 和 γ 的关系:

$$\beta = -\sigma\left(\Pi + \frac{\zeta}{e}\right); \quad \gamma = -\sigma\left(\varepsilon T + \frac{\zeta}{e}\right). \tag{18c}$$

方程 (18b) 把跨越边界的两金属之间势的跃变与 ζ 的跃变联系起来. 也就是说, 如果把式 (18b) 沿穿过金属 I 和 II 之间的边界的一个非常小的路径积分, 我们得到

$$\Phi_{\mathrm{II}} - \Phi_{\mathrm{I}} = \frac{1}{e}(\xi_{\mathrm{II}} - \xi_{\mathrm{I}}) \tag{18d}$$

因为前两项对等式右边的贡献可以如我们所愿做成很小. $\Phi_{II}-\Phi_{I}$ 这个差是两种金属之间的接触势. 在平衡时, $I=0$, $W=0$, $\mathrm{grad}T=0$, 并因此 $E=-\mathrm{grad}(\zeta/e)$. 由式 (18b) 可得, 平衡时电场强度只存在于恒定温度下 ζ 变化的区域. 换句话说, 它们仅存在于材料是非均匀的区域, 特别是在跨过两个不同均质材料之间的边界.

若没有电流存在, 式 (18a) 简化为热传导的 Fourier 定律, 且与式 (3) 比较可见 χ 是热导率. 方程 (18b) 显示, 在这种情况下, 到处存在场强为 $E=-\varepsilon\,\mathrm{grad}\,T-\mathrm{grad}(\zeta/e)$ 的一个场. 系数 ε 称为绝对温差力(也参见 §45 中的式 (25), 其包含 ε 的一个显式).

若各处温度是均匀的且材料是均质的, 则 $\mathrm{grad}\,\zeta=0$, 式 (18b) 将简化为 Ohm 定律, σ 表示电导率. 在一般情况下, 即当整个空间的温度不是常数, 式 (18b) 可改写为

$$I=\sigma(E+E'). \tag{19}$$

以 E' 表示外加的电场强度. 式 (18a) 表明, 即使没有温差, 能流也可存在, 前提是 $I\neq 0$. 换言之, 电力传输与能量输运耦合. 这取决于这个事实: 电力传输和能量输运在金属的电子运动中有一个共同的原因, 并且金属的电子理论从各方面证实了这一假设. 按照目前的标记法, 每库仑输运的能量等于 $-(\Pi+\zeta/e)$.

我们现在开始考虑热电现象, 并且将以讨论 Thomson 效应开始. 这种效应发生在通以电流且沿着它维持温度梯度的导体中, 并且除了 Joule 热外, 包括实际出现的所谓Thomson 热, 正如将式 (18b) 代入式 (17) 可见. 每单位体积和单位时间的 Thomson 热量等于 $\mu(I\cdot\mathrm{grad}T)$, 其中 μ (不要与式 (17) 中的 μ 混淆) 是Thomson 系数. 此附加的热量可以是正的或负的, 取决于 I 和 $\mathrm{grad}T$ 的相对方向. 习惯上把这种效应指为可逆的, 因为随着 I 或 $\mathrm{grad}T$ 方向的改变它改变符号. 然而, 这个术语是用词不当, 因为 Thomson 效应只构成整个过程的一个方面, 此外, 它与热传导和 Joule 热的产生这两个典型的不可逆过程密切关联.

Thomson 热的存在隐含在前面的基本方程中, 当考虑每单位时间、单位体积的热积累时, 或分别把式 (18a) 和式 (18b) 的 W 和 E 代入 $\rho\partial u/\partial t=(I\cdot E)-\mathrm{div}W-\Phi\,\mathrm{div}\,I$, 这就很容易看出. 因为 $\mathrm{div}\,I=0$(其对直流电总是如此, 并且若电流变化但缓慢, 则其是近似的), 我们得到

$$\rho\frac{\partial u}{\partial t}=\mathrm{div}(\chi\mathrm{grad}T)+\left(\frac{\partial\Pi}{\partial T}-\varepsilon\right)(I\cdot\mathrm{grad}T)+\frac{1}{\sigma}I^{2}.$$

右边的第一项给出只有热传导时的热积累, 最后一项为 Joule 热. 第二项具有 Thomson 热可以预期的形式. 由 Thomson 系数的定义推导出第一个 Thomson 关系, 即

$$\mu=\frac{\partial\Pi}{\partial T}-\varepsilon. \tag{20}$$

§21. 不可逆过程　近平衡过程热力学

它最早是由 Thomson 得到的; 更精确地说, 事实上, 一般 $\partial \Pi / \partial T - \varepsilon \neq 0$, 否则能量就不会守恒, Thomson 由此推断存在热的一个附加项.

系数 Π 称为 Peltier 系数. 它与 Peltier 效应即在两种不同金属之间的边界具有正或负的热流有关. 考虑图 22 中的排列, 并假设温度处处保持恒定, 我们可以计算出金属 I 中从左至右的能流由下式给出: $-[\Pi_{\mathrm{I}} + (1/e)\zeta_{\mathrm{I}}]\boldsymbol{I}$, 而在金属 II 中由下式给出: $-[\Pi_{\mathrm{II}} + (1/e)\zeta_{\mathrm{II}}]\boldsymbol{I}$, 假设两个导体边界处的横截面积为一个单位.

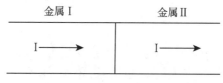

图 22　对 Peltier 效应的标记

因此, 我们得到一个量级的能量积累

$$\left[\Pi_{\mathrm{II}} - \Pi_{\mathrm{I}} + \frac{1}{e}(\zeta_{\mathrm{II}} - \zeta_{\mathrm{I}})\right]\boldsymbol{I}. \tag{21}$$

$1/e(\zeta_{\mathrm{II}} - \zeta_{\mathrm{I}})\boldsymbol{I}$ 这个量在移动载流子跨过边界, 电势差从 Φ_{I} 升高到 Φ_{II} 时耗尽了, 因此, 只有 $(\Pi_{\mathrm{II}} - \Pi_{\mathrm{I}})\boldsymbol{I}$ 这个量是剩下的.

最后, 我们可以计算由两种不同的金属组成的电路的电动势, 其中金属不保持恒定温度. 因此,

$$\oint (\boldsymbol{E}' \cdot \mathrm{d}\boldsymbol{r}) = \oint \varepsilon (\mathrm{grad}\,T \cdot \mathrm{d}\boldsymbol{r}) + \oint \left(\mathrm{grad}\frac{\zeta}{e} \cdot \mathrm{d}\boldsymbol{r}\right) = \oint \varepsilon \mathrm{d}T.$$

为方便起见, 把整个积分分为两段, 每段积分对应一种金属. 若 T_1 和 T_2 分别表示结的温度, ε_{I} 和 $\varepsilon_{\mathrm{II}}$ 分别表示两种金属电动势的绝对值, 我们得到

$$\oint (\boldsymbol{E}' \cdot \mathrm{d}\boldsymbol{r}) = \int_{T_1}^{T_2} \varepsilon_{\mathrm{II}} \mathrm{d}T + \int_{T_2}^{T_1} \varepsilon_{\mathrm{I}} \mathrm{d}T = \int_{T_1}^{T_2} (\varepsilon_{\mathrm{II}} - \varepsilon_{\mathrm{I}}) \mathrm{d}T. \tag{22}$$

这表明, 一个闭合回路的电动势仅取决于结的温度, 并且当两种金属相同时 (如在 $\varepsilon_{\mathrm{I}} = \varepsilon_{\mathrm{II}}$ 这种情况下) 它为零, 最后, 对于足够小的温度差, 它约等于 $(\varepsilon_{\mathrm{II}} - \varepsilon_{\mathrm{I}})(T_2 - T_1)$. 这里有必要说, 由 Peltier 热的测量以及由电动势的测量只能够获得**双金属**的 Peltier 系数或电动势之差. 因此, 方程 (20) 和方程 (23) 仅相对于两种金属可以验证. 另一方面, 金属的电子理论能够确定单一金属的 Π 和 ε.

方程 (20) 表明, 三个热电效应彼此耦合. Onsager 的互易关系导致关联这些量的另一个重要方程. 根据它, 式 (18) 中系数的矩阵必须对称, 其导致 Thomson 第二关系 $\beta = \gamma$, 或者由式 (18c)

$$\Pi = T\varepsilon. \tag{23}$$

Thomson 通过一条不同的推理路线得到式 (23). 他把热电效应从实际上与之耦合的热传导和 Joule 热分离出来, 并认为当稳态运行时热电偶构成一个 Carnot 热机. 在这种情况下, 在热结处只有 Peltier 热被认为是系统吸收的热量. 因此, 在温差为 dT 的源和库之间, 并且做功量等于电能 $I\oint(\boldsymbol{E}'\cdot d\boldsymbol{r})$ 的一个循环的效率变为

$$\frac{\Delta T}{T} = \frac{(\varepsilon_{\mathrm{II}} - \varepsilon_{\mathrm{I}})\Delta T}{\Pi_{\mathrm{II}} - \Pi_{\mathrm{I}}},$$

这是式 (23) 的一个结果.

几乎没有理由这样区分所谓可逆和不可逆效应, 尽管事实上它会导致可通过实验验证的结果[1]. 因此, 非常令人欣慰的是, 金属电子理论能够证实 Thomson 第二关系, 而不需要附加"特定"假设[2]. 此外, 它为 Onsager 互易关系的直接证明提供了最早的例子之一, 并且阐述了作为其基础的基本原理, 也就是微观可逆性原理 (即基本定律关于时间方向变化的不变性). 这一原理后来被 Onsager 富有创意地概括.

在这方面, 需要进行一定的概括, 当考虑各向异性体的热电现象时并且当叠加了外磁场 $\boldsymbol{B}$ 时, 这是非常重要的. 尤其值得注意的是, 在磁场的情况下必须修改 Onsager 原理. 在最简单的情况下, 对于热导率张量, 我们得到

$$\chi_{ik}(\boldsymbol{B}) = \chi_{ki}(-\boldsymbol{B})$$

替代式 (15).

这种符号变化与微观可逆性原理只适用于磁场同时反向的事实有关. 例如, 考虑一个电子在磁场中的运动方程, 即 $m\dot{\boldsymbol{v}} = -e(\boldsymbol{v}\times\boldsymbol{B})$, 注意, 经替换 $t, \boldsymbol{B} \to -t, -\boldsymbol{B}$, 它保持不变.

热扩散过程以及由 Dufour[3]发现且由 Clausius 和 Waldmann[4]令人非常信服地证明的热隙透过程可以通过类似的方法进行分析. 一个明显的难题产生, 由于必须考虑体积变化和流动现象这一事实. Onsager 原理的应用导致联系两个效应的一个关系, 并且这个关系被实验证实. 现在使用这个关系以由关于热隙透的测量得到

---

[1]Thomson 本人明确表示, 这样分开涉及一个新的假说并且需要一个实验证明, 因为 "不仅动力学理论的第二定律规定的条件没有完全满足, 而且满足它们的部分机构是在所有与密不可分地伴随着它的机构成正比的过小热电流已知的情况下, 并基本上违反这些条件"(Trans. Roy. Soc. of Edinburgh, Vol. XXI, p. 128, 1854 年 5 月 1 日). Boltzmann 经过仔细分析表明, 这一假设是站不住脚的, 因此完全证实了 Thomson 的疑虑 (Sitzungsber. d. Akad. d. Wiss., Vienna, Math. Naturw. Klasse, II Div. 96, 1258 (1888)).

[2]A. Sommerfeld, Zeitschr. f. Physik Vol. 47, pp. 1 and 43 (1928).

[3]Dufour, Ann. Physik. Vol. 28, p. 490 (1873).

[4]KI. Clausius and L. Waldmann, Naturw. Vol. 30, p. 711 (1942).

热扩散系数非常准确的值①

D. 内部变换

在前面的章节中,我们已经考虑输运现象 (能源输运和电力输运),现在我们提出来讨论非均匀物质中的不可逆过程,即所谓内部变换或弛豫现象,其不伴随着输运现象 (如果内部变换包括化学反应,通常意义上它们也被称为均相反应). 在这种情况下,体积必须保持恒定,必须排除吸热,因此我们令 $dV = 0$ 和 $dU = 0$. 我们将考虑由可能参与两个反应 $A_0 \leftrightarrows A_1$ 和 $A_0 \leftrightarrows A_2$ 的三组分 A_0、A_1 和 A_2 组成的 1g 物质. 涉及任意组分数和任意类型的化学反应的所有其他可能情况,可以用同样的方式进行处理,从而我们自己可以限于这种简单方案. 利用 $dV = 0$ 和 $dU = 0$,§14 的式 (2) 变为

$$Tds = -\mu_0 dn_0 - \mu_1 dn_1 - \mu_2 dn_2.$$

μ_i 这些量表示单个组分的化学势,并且这里它们指的是 1g 物质而不是 1 摩尔物质,而 n_0、n_1 和 n_2 这些量分别表示总共 1g 混合物各组分的量. 因此,$n_0 + n_1 + n_2 = 1$ 且仅 n_1 和 n_2 是独立的,故

$$Tds = (\mu_0 - \mu_1)dn_1 + (\mu_0 - \mu_2)dn_2. \tag{24}$$

熵随时间的变化率,或者因为排除输运现象,熵产生率变为

$$\rho\frac{ds}{dt} = \frac{\rho}{T}(\mu_0 - \mu_1)\frac{dn_1}{dt} + \frac{\rho}{T}(\mu_0 - \mu_2)\frac{dn_2}{dt}. \tag{25}$$

这个表达式也是 dn_1/dt 和 dn_2/dt 的线性函数,并且它们的系数描述对平衡的偏差. 在平衡时,$ds \leqslant 0$, 如 §8 式 (1) 所示,对于每个状态的虚拟变化 dn_1、dn_2,这意味着 $\mu_0 - \mu_1 = \mu_0 - \mu_2 = 0$.

对热力学平衡的小偏差,我们可以再次把式 (25) 中的 dn_1/dt 和 dn_2/dt 表示为其系数的线性函数:

$$\begin{cases} \rho\dfrac{dn_1}{dt} = a_{11}(\mu_0 - \mu_1) + a_{12}(\mu_0 - \mu_2) \\ \rho\dfrac{dn_2}{dt} = a_{21}(\mu_0 - \mu_1) + a_{22}(\mu_0 - \mu_2) \end{cases} \tag{26}$$

其中,$a_{ik} = a_{ik}(T, v)$,并且根据 Onsager 原理,我们有 $a_{12} = a_{21}$. 与具体的平衡原理的关系在求解习题 II.7 时讨论.

要结束本节,我们将添加一些一般性意见. 为了排除输运现象,有必要施加条件 $dU = 0$. 内能变化只能通过做功即通过体积变化或热交换进行. 另一方面,只有

---

①L. Waldmann, Z. f. Physik, Vol. 124, p. 30 (1944).

两个反应 $A_0 \leftrightarrows A_1$ 和 $A_0 \leftrightarrows A_2$ 进行的假设是多余的; 如果反应 $A_1 \leftrightarrows A_2$ 也被允许, 该论点将不变. 这种情况是由于这样的事实, 只有独立反应是重要的, 而且其数目决定独立的 n_i 的数目. 在所考虑的情况下, 反应 $A_1 \leftrightarrows A_2$ 与反应 $A_0 \leftrightarrows A_1$ 和 $A_0 \leftrightarrows A_2$ 不同, 不会独立. 显然, 任何两个反应都可以作为独立反应. 此外, 上述反应并不需要如实表示它们的分子机理, 即它们是所谓的基本反应. 它甚至允许选择这些基本反应以任意数值系数进行任意线性组合, 而对结论没有任何影响. 这是下列事实的结果: 不可逆过程的热力学理论本身只关心过程的唯象方面, 而不考虑它们的分子机理.

在这一点上, 回顾 §8 式 (9) 中的表述是有用的, 其断言对于一个可逆过程 $\sum X_i \, dx_i = 0$. 方程 (25) 表明对于涉及 dx_i 变化的一个过程, 每 dt 时间的熵产生率 θ 由 $\rho \sum_i X_i dx_i$ 给出, 并且对于一个不可逆过程, 我们总是有 $\sum_i X_i dx_i > 0$.

E. 一般关系

涉及与输运现象内部变化耦合的更一般的不可逆过程的讨论超出了本书的范围. 我们将限于讨论, 在每个特殊情况下, 一个孤立的单位质量沿其运动范围内路径的熵变可以借助于守恒定律和 Gibbs 方程 §14 式 (2) 来计算, 并且它总是可以写成如下形式①:

$$\rho \frac{ds}{dt} + \text{div} \boldsymbol{S} = \theta, \tag{27}$$

其中, $\boldsymbol{S}$ 表示熵流. 若系统中存在能流、扩散通量和电流密度, 熵流是它们的一个线性函数. 它不包含对流熵流, 即熵通过运动物质输运, 因为对于一个随质元行进的观察者, 式 (27) 是有效的. θ 这个量是局域熵产生且总是可以写为

$$\theta = \frac{1}{T} \sum_i K_i X_i. \tag{28}$$

X_i 这些量是广义的通量如能流 (或其三个分量), 内摩擦的动量流, 即在第二卷 §10 式 (18) 中考虑的其六个分量 p_{ik}, 前一节考虑的 dn_i/dt 这些量等. 系数 K_i 将被称为热力学力, 如 $-1/T \text{grad} T$、$T \text{grad} \mu_i/T$、$\partial v_i/\partial x_k$、化学势本身或它们的差 (如在方程 (25) 中) 等. 能量耗散项 $T\theta$ 因此总是对通量和力的乘积之和.

当对热力学平衡的偏差小时, 通量 X_i 是力 K_k 的线性函数, 因此

$$X_i = \sum_{k=1}^{n} a_{ik} K_k. \tag{29}$$

从这一点起, 我们能够用公式表示Onsager 互易关系. 然而, 相反的是从前面的章节

---
①这个事实首先由 G. Jaumann 清楚地阐述出来; 他的名字已在第三卷另一关系中提到.

§21. 不可逆过程　近平衡过程热力学

可能预期它们的一般表示不能采用

$$a_{ik} = a_{ki}. \tag{30}$$

Casimir[①]第一个指出这些关系仅对以下情况正确：当以一对下标 i、k 相关联的力 K_i 和 K_k 二者都是流速或分子速度的偶函数或二者都是奇函数. 然而, 如果这两个力之一是偶的而另一个是奇的, 我们必须根据 Casimir 写为

$$a_{ik} = -a_{ki}. \tag{31}$$

我们这里不能给出式 (30) 和式 (31) 的一般证明. 在 Onsager 和 Casimir 之后, 有可能从微观可逆性原理, 或者在特殊情况下, 如将气体动力学理论应用于气体流动获得这些关系. 在后一种情况下, 如果要获得非平凡的 Onsager 型关系, 有必要至少考虑气体混合物. 对于一个均相气体, 能量耗散也将在第 5 章中说明, 由下式给出：

$$T\theta = \frac{1}{2}\sum_i\sum_k p_{ik}\left(\frac{\partial v_i}{\partial x_k} + \frac{\partial v_k}{\partial x_i}\right) + \left(W - \frac{1}{T}\mathrm{grad}T\right) \tag{32}$$

(对第二项的解释参阅 B 部分, 而对第一项的解释参见第二卷, §10.18). 式 (29) 中的唯象关系将 W_x、W_y 和 W_z 这些量表示为 $-(1/T)(\partial T/\partial x_i)$ 这些项和 $(\partial v_i/\partial x_k + \partial v_k/\partial x_i)$ 这六项的线性函数. 这三个唯象关系必须相对于坐标系的旋转保持协变, 由于气体各处各向同性, 或者, 换句话说, 当以新坐标系的分量表示时, 其形式必须相同, 具有相同的系数.

因此, $(\partial v_i/\partial x_k + \partial v_k/\partial x_i)$ 这些项的系数必须为零 (如果连续介质是各向同性的, 一个矢量不能线性地依赖于一个张量). 此外, 由各向同性的条件也可得, 热传导张量必须把自身简化为单位张量 δ_{ik} 的倍数. 涉及对 p_{ik} 的唯象假设的一个类似说法导致的结论是, 可能与温度梯度不耦合. 因此, 几乎所有的混合唯象系数为零, 只有 p_{ik} 与 $(\partial v_i/\partial x_k + \partial v_k/\partial x_i)$ 之间的关系中的一些混合系数依然存在. 因此, 正如第二卷 §10.21 中已显示, 并且正如本卷第 5 章将再次显示, 我们可以写出

$$p_{ik} = \eta\left(\frac{\partial v_i}{\partial x_k} + \frac{\partial v_k}{\partial x_i}\right) + \left(\zeta - \frac{2}{3}\eta\right)\left(\frac{\partial v_1}{\partial x_1} + \frac{\partial v_2}{\partial x_2} + \frac{\partial v_3}{\partial x_3}\right)\delta_{ik}. \tag{33}$$

在这个方程中, η 表示普通黏度, 而 ξ 表示体积或体黏度. 如果我们考虑 p_{11} 中 $(\partial v_2/\partial x_2)$ 的系数和 p_{22} 中 $(\partial v_1/\partial x_1)$ 的系数, 发现它们必须相等. 以这种方式可以看出, 所有互易关系从本实例中的对称性考虑得到. 然而, 只要就两种气体的混合物而言, 可以推导出一个非平凡互易关系. 它表示热扩散与热隙透之间的关系.

[①] H. B. G. Casimir, Rev. Mod. Physics, Vol. 17, p. 343 (1945).

F. 不可逆过程热力学理论的局限性

所有先前的考虑限于对热力学平衡的小偏差,而现在需要更精确地说明对热力学平衡的偏差可以被视为小的程度. 假设温度的热力学概念以及热力学函数的概念仍保留其意义是很自然的. 然而,只有当一个更一般的理论可以被确切地阐述时,适用范围的严格说明变得可能. 这样的一个理论将包含不可逆过程作为一个特殊限制情况下的理论. 对于气体动力学理论满足这些要求. 事实上,正如我们将在第 5 章看到的,这的确证实流体动力学守恒定律,它导致式 (32) 中的耗散函数表示,并也产生有关热流和黏性应力张量的唯象假设. 如果想要建立这些方程的有效范围,有必要在第 5 章中通过按量级顺序加入下一项进行进一步扩展. Enskog 这样做了[1]. 这种方法导致对条件的清晰表述,在该条件下按量级顺序下一项可以忽略不计. 以这种方式可得,沿一个平均自由程温度变化与绝对温度相比要小,而速度的变化与声速相比,或与随机热运动的平均分子速度相比要小. 考虑到正常情况下的平均自由程是 10^{-4} cm,必得结论,这些限制仍然留下极宽的很少违背的范围,除了冲击波现象. 事实上,在许多其他不可逆现象的情况下,现在不可能定量且以简单的方式表示各公式的有效范围,但关于气体的结果使我们有信心期望,在许多其他情况下,存在一个对多种用途足以有效的范围.

---

[1] D. Enskog, Zeitschr. f. Physik, Vol. 54, p. 498 (1929).

第3章 气体动力学基本理论

气体动力学理论的起源可以追溯到 Daniel Bernoulli. 由撞击其壁的分子动量的变化对气体压强表达式的一种推导可以在 1738 年他在 Strassbourg 的著作《流体动力学》(参见第二卷, §11) 中找到. 这一理论的进一步发展在 19 世纪中叶恢复: 1856 年 Krönig, 1857 年 Clausius, 1860 年 Maxwell. Ludwig Boltzmann 给出 Maxwell 速度分布律最一般形式的论文达到这个发展的高峰.

§22. 理想气体状态方程

现在, 让我们把注意力集中在一个坚实、平坦 (或连续弯曲)、光滑 (因此无摩擦) 的壁经受气体分子的撞击. 我们将注意到, 这些对任意所取面元 $d\sigma$ 的碰撞曲线图由一条曲线 $f(t)$ 表示, 它具有对应于巨大碰撞数的大量锯齿. 该面元上的压强 (每单位面积的力) 被定义为这条曲线的平滑时间平均值. 单个碰撞的贡献等于一个分子由撞击以及随后的反射产生的动量变化. 当撞击以速度 c 且方向与壁的法线形成 θ 角发生时, 动量的变化等于

$$2mc \times \cos\theta. \tag{1}$$

因子 2 源于反射脉冲出现期间壁所经历的反冲 (反射角 = 入射角, 由于没有摩擦, 速度的大小 $|v| = c$ 保持不变). 取 v 的三个直角坐标分量 ξ, η, ζ 并且让 ξ 轴垂直于面元, 其正方向向外, 我们可以将式 (1) 替换为

$$2m\xi, \quad \xi > 0. \tag{1a}$$

为了考虑到所有碰撞, 我们在面元 $d\sigma$ 上构造一个斜柱体, 如图 23 所示, 相对于法线以一角度 θ 倾斜其轴线, 并使其长度等于 c. 在该柱体内, 我们现在标记所有分子, 其速度指向壁, 并且其值介于 c 与 $c+dc$ 之间, 方向限于 θ 与 $\theta+d\theta$ 以及 ϕ 与 $\phi+d\phi$ 之间. 角度 θ 和 ϕ 相对于面元法线并围着它测量. 从每一个这样的分子绘制的所有速度矢量与我们的面元相交; 在单位时间内所有这些, 也只有这些分子会撞击所考虑的面元 $d\sigma$.

柱体体积等于横截面积 × 高度, 即 $d\sigma \times \xi$. 以 n 表示每单位体积的分子数, 我们求得, 包含在柱体内的分子数目为

$$n \times \xi \mathrm{d}\sigma. \tag{2}$$

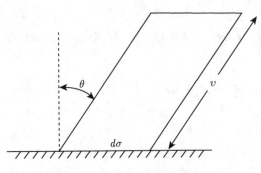

图 23 说明动力学压强的计算

这些中, 只有这样的分子将记为与壁相遇并且只有其速度介于 "速度空间" 的一个给定区域 $\mathrm{d}\omega$ 中的这样分子. 到目前为止, 这个区域已由 $\mathrm{d}c$、$\mathrm{d}\theta$、$\mathrm{d}\phi$ 这些量描述. 速度范围因此已在极坐标系中描述, 其从物理空间中的 $\mathrm{d}\omega$ 元的角度看是自然的. 然而, 从随后论证的角度看, 以直角坐标 ξ、η、ζ 表示 $\mathrm{d}\omega$ 并让 $\mathrm{d}\omega = \mathrm{d}\xi\,\mathrm{d}\eta\,\mathrm{d}\zeta$ 将更方便.

在任何情况下, 且与坐标系的选择无关, 碰撞分子数由下式给出:

$$\mathrm{d}\nu = \nu \xi \mathrm{d}\sigma \mathrm{d}\omega. \tag{2a}$$

必须与 n 仔细区分的符号 ν 表示每单位体积每单位速度空间 $\mathrm{d}\omega$ 的分子密度. 显然,

$$n = \int \nu \mathrm{d}\omega.$$

由式 (2a) 乘以式 (1) 可得相应的动量变化, 或

$$2\nu m \xi^2 \mathrm{d}\sigma \mathrm{d}\omega. \tag{2b}$$

因而这组碰撞对压强的贡献为 (除以 $\mathrm{d}\sigma$)

$$\mathrm{d}p = 2\nu m \xi^2 \mathrm{d}\omega, \quad \xi > 0. \tag{2c}$$

当我们对所有可能的速度范围构建我们的柱体时, 总压强如下:

$$p = nm\overline{\xi^2}, \quad \overline{\xi^2} = \frac{2}{n} \int \nu \xi^2 \mathrm{d}\omega, \quad \xi > 0; \tag{3}$$

$\overline{\xi^2}$ 这个值通过对一半的速度空间 $\xi > 0$ 平均得到. 然而, 由于对于每个朝向壁运动的分子 ($\xi > 0$) 等概率地相应有一个远离它移动的分子 ($\xi < 0$), 我们可以把式 (3)

§22. 理想气体状态方程

所示的积分扩展为整个速度空间并写为

$$p = nm\overline{\xi^2}, \quad \overline{\xi^2} = \frac{1}{n}\int \nu\xi^2 d\omega, \quad \text{以及} \quad \xi \gtrless 0, \tag{3a}$$

替代式 (3). 符号 $\overline{\xi^2}$ 表示在空间中一给定点 ξ^2 的平均值. 更合理的表示, 并且与坐标系的选择无关, 通过考虑各方向是等价的 (速度空间的各向同性) 事实得到. 我们则有

$$\overline{\xi^2} = \overline{\eta^2} = \overline{\zeta^2} = \frac{1}{3}\overline{c^2}, \tag{3b}$$

因为 $v^2 = \xi^2 + \eta^2 + \zeta^2 = c^2$, 所以由式 (3) 得到

$$p = \frac{nm}{3}\overline{c^2} = \frac{2}{3}n\overline{E_{\text{tr}}}, \quad \overline{E_{\text{tr}}} = \frac{1}{2}m\overline{c^2}, \tag{4}$$

其中, $\overline{E_{\text{tr}}}$ 表示*平动动能*; 转动能量或与内部运动有关的能量在压强的计算中不必考虑.

方程 (4) 不仅包含压强的动力学解释, 还包含温度的动力学定义. 为了看到一点, 我们令

$$n = \frac{N}{V}, \tag{4a}$$

其中, N 表示体积 V 中的分子总数. 因此式 (4) 导致

$$pV = \frac{2}{3}N\overline{E_{\text{tr}}}. \tag{4b}$$

把式 (4b) 应用于 1 摩尔, 我们有 $V = V_{\text{mol}}$ 和 $N = L =$ 每摩尔的分子数 =Loschmidt-Avogadro. 因此, 式 (4b) 变换成

$$pV_{\text{mol}} = \frac{2}{3}L\overline{E_{\text{tr}}}. \tag{4c}$$

把该结果与理想气体的状态方程具有的形式 §3 式 (11) 和 §3 式 (11a) 比较可以看出, 其右边必须等于 RT. 如此

$$\overline{E_{\text{tr}}} = \frac{3}{2}\frac{R}{L}T = \frac{3}{2}kT, \tag{5}$$

其中, k 表示在 §20 中已定义的 Boltzmann 常量, 即气体常数, 对于单个分子化简为 R/L. 在一个三维空间中平移具有三个自由度. 因此, 式 (5) 的内容 (同时将下标 tr 变为下标 fr) 可以表示如下: *每自由度的平均动能由下式给出*

$$E_{\text{fr}} = \frac{1}{2}kT. \tag{6}$$

这个表示包含我们的温度的(瞬时)*动力学定义*.

这里应指出的是, 式 (5) 包含一个单原子气体的比热理论. 因为它的能量完全是平动能量, 我们可以由式 (5) 求得这种气体每摩尔的 u 和 c_v. 因此,

$$u = L\overline{E_{\text{tr}}} = \frac{3}{2}RT, \quad c_v = \frac{du}{dT} = \frac{3}{2}R \approx 3 \text{ kcal/kmol}.\text{[①]} \tag{6a}$$

因为 $c_p - c_v = R$, 式 (6a) 也决定 c_p, 且我们有

$$\frac{c_p}{c_v} = 1 + \frac{2}{3} = 1.66. \tag{6b}$$

现在, 我们重申在 4C 部分已经说过的: 气体动力学理论由于实际数值与实验一致, 能够填补热力学的总体框架. 在第 4 章中, 我们将回到有关多原子气体的值, 正如在 4C 部分所讨论的.

在前面的论证中, 我们已经遇到平方的平均值 $\overline{\xi^2}$、$\overline{c^2}$ 等. 显然, 线性平均 $\overline{\xi}$ 等于零, 因为速度空间是各向同性的, 而 ξ 的正半轴与其负半轴或任意另一半轴统计学上没有区别. c 的平均值 (显然不为零) 将在 §23B 中计算. 这个量

$$(\overline{c^2})^{1/2} \tag{7}$$

直接从实验结果给出, 并构成气体速度的一个量度. 通过举例, 我们现在将对 H_2、He、O_2、N_2 气体求其数值. 只要气体保持理想, 平均速度只取决于温度, 而不取决于压强.

以 m 表示一个分子质量, 我们可以由式 (5) 求得

$$\frac{m}{2}\overline{c^2} = \frac{3}{2}kT,$$

或者, 乘以 Loschmidt-Avogadro 常量, 即

$$\frac{Lm}{2}\overline{c^2} = \frac{3}{2}RT.$$

Lm 这个乘积为摩尔质量 μ, 并且可以看出, 分子速度的平方的平均值 $\overline{c^2} = 3RT/\mu$ 只能从宏观测量中得到. 例如, 对于氢气, 我们有 μ=2 kg/kmol. 取 T=273 K 以及 R 的值 §3 式 (9), 我们得到

$$\overline{c^2} = \frac{3}{2} \times 8.31 \times 273 \times 10^2 \text{ m}^2/\text{s}^2.$$

因此

$$\sqrt{\overline{c^2}} = 1.85 \text{ km/s}. \tag{8}$$

[①] 1 kmol=1000 mol= 千克摩尔量.

相应地，对于氦气 (单原子，原子量 4，即 H_2 的摩尔量 2 的 2 倍)，我们求得

$$\sqrt{\overline{c^2}} = \frac{1.85}{\sqrt{2}} \text{km/s} = 1.30 \text{ km/s}.$$

氧的摩尔量是氢的 16 倍. 因此, 需要让式 (8) 的速度被 $\sqrt{16}=4$ 除. 在氮的情况下, 需要被 $\sqrt{14}=3.74$ 除.

甚至在 0°C, 分子速度非常高; 随温度升高它们的值有所增加, 即正比于 $(1+t/273)^{\frac{1}{2}}$, 其中, t 为摄氏温度. 如果我们考虑到声速不能超过传播它的分子速度, 可以对这些关系有一些深刻认识. 因此, 它必须具有相同的数量级, 即 $c^2 = \frac{f+2}{f} \cdot \frac{RT}{\mu}$ (参照第二卷，§13 式 (17a)). 这同样适用于压缩气体在膨胀喷嘴出口处的速度.

大气中 O_2、N_2、$\cdots$ 的平均速度彼此不同, 任何气体混合物是同样的情况. 根据温度的一个定义, 平均平动能量在热平衡下是彼此相等的. 因此, 就平均而言, 总的平动能量在气体混合物的不同组分中均分并且正比于其质量. 上面是更一般的能量均分定理的最简单的例子.

在前面的论证中, 我们只考虑了对壁的压强. 然而可以看出, 所有相关的表示适用于气体内部的压强, 如果假想那里引入一个小膜以测量压强. 因此, 气体内的压强且包括在壁处的压强似乎与其所测得的点无关 (然而, 参见 §26). 这是由于外力如万有引力被忽略了的事实. 这种对涉及气体统计考虑的影响将在 §23C 中予以讨论.

§23. Maxwell 速度分布

在 §22 中, 我们已经区分了物理空间和速度空间. 我们认为, 例如, 在式 (4a) 中, 物理空间均匀地充满分子, 与宏观观察明显一致, 这意味着没有外力作用于分子. 我们现在把注意力转向速度空间. 应当指出的是, 在前面的论证中, 我们只需要知道平均值 $\overline{\xi^2}$、$\cdots$、$\overline{c^2}$.

A. 单原子气体的 Maxwell 分布 1860 年的证明

如果我们选择任意一个气体分子, 我们发现它的速度分量有一定的任意值, 即 ξ、η、ζ. 我们现在考虑第一个分量值介于 ξ 与 $\xi+d\xi$ 之间 (限于与 ξ 轴垂直的两个平面之间的一薄层) 的概率, 并把它表示为

$$f(\xi)d\xi.$$

关于 η 和 ζ 分量同样可以说, 概率函数与前面一样, 因为空间中没有优先方向. 但是, 并不明显, η 的可能值不受已经求得的比如说 ζ 的一个值的影响. 众所周知, 这

如同彩票的情况: 一年内已赢得巨额奖金, 下一年我们仍然有完全相同的机会赢得它. 起初, Maxwell 认为概率的这种独立性在气体的理论中是正确的, 后来又明确地证明它 (参见 C 部分和第 5 章).

从 ξ、η、ζ 得到的速度矢量 v 属于速度空间 (三个薄片的交点 ξ、η、ζ) 的体积元 $d\xi$、$d\eta$、$d\zeta$, 而由于彩票的假设, v 的前端在这个体积元中被找到的概率等于

$$f(\xi)f(\eta)f(\zeta)d\xi d\eta d\zeta, \tag{1}$$

考虑到各速度方向的各向同性, 并因此它们都是同样可能的事实, 我们可以引入一个新的未知函数 F, 其只取决于速度, 从而

$$F(c)d\omega, \quad d\omega = d\xi d\eta d\zeta. \tag{1a}$$

比较式 (1) 与式 (1a), 我们发现

$$F(\sqrt{\xi^2+\eta^2+\zeta^2}) = f(\xi)f(\eta)f(\zeta). \tag{2}$$

为了从前面的函数方程确定函数 F 和 f, 我们可以 (完全正式地) 如下进行:
(1) 式 (2) 对 ξ 对数微分:

$$\frac{\xi}{c}\frac{F'(c)}{F(c)} = \frac{f'(\xi)}{f(\xi)}. \tag{3}$$

(2) 引入缩写

$$\Phi(c) = \frac{1}{c}\frac{F'(c)}{F(c)}, \quad \phi(\xi) = \frac{1}{\xi}\frac{f'(\xi)}{f(\xi)}. \tag{3a}$$

由此式 (3) 变为

$$\Phi(c) = \phi(\xi), \tag{3b}$$

(3) 对 η 或 ζ 微分导致

$$\Phi'(c) = 0, \quad \Phi(c) = 常数. \tag{3c}$$

假设 ① 常数 $=-2\gamma$, 我们发现, 鉴于式 (3b), 也有

$$\phi(\xi) = -2\gamma,$$

从而, 根据式 (3a)

$$\frac{d\log f(\xi)}{d\xi} = -2\gamma\xi, \quad \log f(\xi) = \alpha - \gamma\xi^2. \tag{3d}$$

---
① 负号是必需的, 以满足, 例如, 下面的式 (5); 为方便引入因子 2.

§23. Maxwell 速度分布

令 $\mathrm{e}^{-\alpha} = a$, 我们有

$$f(\xi) = a\mathrm{e}^{-\gamma\xi^2}. \tag{4}$$

还值得注意的是, 令人欣喜地发现概率由所有统计规律的标准形式即 Gauss 误差分布函数给出. 速度分量 ξ 的最概然值是 $\xi = 0$; 对其的偏差自身对称地分布在两侧并且勾勒出 Gauss 概率曲线(参照图 24a).

式 (4) 中的常数 a 可以从 ξ 具有的某个值介于 $-\infty$ 和 $+\infty$ 之间这个绝对肯定的条件来确定. 故

$$\int_{-\infty}^{+\infty} f(\xi)\mathrm{d}\xi = 1. \tag{5}$$

利用 Laplace 积分, 我们有

$$a\int_{-\infty}^{+\infty} \mathrm{e}^{-\gamma\xi^2}\mathrm{d}\xi = a\left(\frac{\pi}{\gamma}\right)^{\frac{1}{2}} = 1, \quad 因此 a = a\left(\frac{\gamma}{\pi}\right)^{\frac{1}{2}}. \tag{5a}$$

为了确定 γ 值, 我们将计算分量 ξ 自由度的平均动能:

$$\frac{m}{2}\overline{\xi^2} = \frac{m}{2}\left(\frac{\gamma}{\pi}\right)^{\frac{1}{2}} \int_{-\infty}^{+\infty} \xi^2 \mathrm{e}^{-\xi^2}\mathrm{d}\xi = -\frac{m}{2}\left(\frac{\gamma}{\pi}\right)^{\frac{1}{2}} \frac{\mathrm{d}}{\mathrm{d}\gamma} \int_{-\infty}^{+\infty} \mathrm{e}^{-\gamma\xi^2}\mathrm{d}\xi$$

$$= -\frac{m}{2}\left(\frac{\gamma}{\pi}\right)^{\frac{1}{2}} \frac{\mathrm{d}}{\mathrm{d}\gamma}\left(\frac{\pi}{\gamma}\right)^{\frac{1}{2}} = \frac{m}{4\gamma}.$$

根据 §22 式 (6), 将其等于 $kT/2$, 我们求得

$$\gamma = m/2kT. \tag{6}$$

考虑到式 (5) 和式 (6), 我们得到式 (4) 的最终形式

$$f(\xi) = \left(\frac{m}{2\pi kT}\right)^{\frac{1}{2}} \times \mathrm{e}^{-E_1/kT}; \quad E_1 = \frac{m}{2}\xi^2. \tag{7}$$

符号 E_1 这里表示对应于所考虑的速度空间点的 ξ 分量的动能. 类似的公式适用于其余分量 η、ζ. 借助于式 (2), 新的分布函数 $F(c)$ 可以立即获得. 因此,

$$F(c) = \left(\frac{m}{2\pi kT}\right)^{\frac{3}{2}} \times \mathrm{e}^{-E/kT}, \quad E = \frac{1}{2}m(\xi^2 + \eta^2 + \zeta^2). \tag{8}$$

符号 E 现在表示由分量 ξ、η、ζ 引起的平动动能.

B. 数值和实验结果

如果我们感兴趣的不是速度 v, 而是速度的绝对值, 用 $c = $ 速率来表示, 我们考虑关于原点以半径 c 和 $c+\mathrm{d}c$ 描述的球壳. 它的概率将表示为

$$\phi(c)\mathrm{d}c,$$

并且它等于球壳内的体积 $4\pi c^2 \mathrm{d}c$ 乘以 $F(c)$ 的值式 (8). 因此, 我们得到

$$\phi(c) = 4\pi c^2 \left(\frac{m}{2\pi kT}\right)^{\frac{3}{2}} \times \mathrm{e}^{-E/kT}, \quad E = \frac{1}{2}mc^2. \tag{9}$$

这样, 我们被引到一个分布函数, 其不再是 Gauss 分布, 如图 24 所示, 并且其相对于最概然值不再是对称的. 对于大的 c 值, 它以与前面的曲线同样的方式按指数降低到零, 但对于小的 c 值, 它仅以二次方趋于零; 对于 $c < 0$, 显然, ϕ 仍然无定义.

由 $\phi'(c) = 0$ 求得曲线的最大值, 并根据式 (9), 我们有

$$c_\omega = \left(\frac{2kT}{m}\right)^{\frac{1}{2}} = 最概然速率. \tag{10}$$

它不同于方均根 $\sqrt{\overline{c^2}}$ 以及线性平均

$$\bar{c} = \int_0^\infty c\phi(c)\mathrm{d}c, \tag{10a}$$

这三个速度满足比例:

$$c_w : \bar{c} : \sqrt{\overline{c^2}} = 1 : 1.13 : 1.22, \tag{11}$$

正如习题III.2 所示.

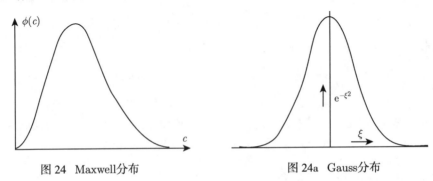

图 24　Maxwell分布　　　　　图 24a　Gauss分布

Maxwell 分布的定性证明通过观察一个发光气体的光谱线随温度的增加而扩大来得到. 这是由于 Doppler 效应. 如果 ν_0 表示发光粒子 (原子或分子) 的固有频

§23. Maxwell 速度分布

率并且 $\lambda_0 = c_L/\nu_0$ (我们将暂时以 c_L 表示光速, 以把它与前面的 c 区分开), 则正在看的观察者, 即在 x 方向上, 发觉只有速度在 ξ 方向几乎为零的这样的粒子波长为 λ_0. 一般来说, 他会观察到波长 $\lambda_0+\Delta\lambda$. 根据第四卷 §11(并忽略相对论修正), 我们有 $\Delta\lambda/\lambda_0=\xi/c_L$, 从而

$$\Delta\lambda = \xi/\nu_0. \tag{12}$$

具有相同 ξ 的所有粒子以离其中心正或负的距离同样程度 $\Delta\lambda$ 贡献于谱图的比强度 J. 它们的数量由式 (4) 的分布函数 $f(\xi)$ 来确定. 我们有理由假设, 由于辐射的非相干性, 所有粒子以相等强度激发并且它们的强度 (不是振幅) 叠加. 因此, 所观察到的强度变为与 $f(\xi)$ 成正比, 其中, 根据式 (12), 要把 ξ 取为等于 $\nu_0\Delta\lambda$. 这样, 由式 (4) 我们得到

$$J = J_0 \exp[-\gamma(\nu_0\Delta\lambda)^2]. \tag{13}$$

J_0 表示在谱图中心的比强度; 按照式 (6), γ 与 T 成反比, 并且决定谱线的宽度. 其在半强度的宽度由 $J = J_0/2$ 给出, 或者

$$\Delta\lambda_H = \frac{1}{\nu_0}\left(\frac{\log 2}{\gamma}\right)^{\frac{1}{2}} = \frac{1}{\nu_0}\left(\frac{kT}{m}2\log 2\right)^{\frac{1}{2}}.$$

可以看出, 由式 (13) 给出的谱线形式构成 Gauss 误差分布曲线的直接图像, 因此也是 Maxwell 分布函数的直接图像.

不同的温度和原子量 m 的辐射谱的形状和半宽度的第一次测量应归于 Michelson[1]. Fraunhofer 的吸收谱的形状在天体物理学中是至关重要的. 在这方面, 除了 Doppler 效应, 有必要考虑压强 (碰撞阻尼) 引起的扩展, 而自然线宽相比之下 (参见第三卷 §36) 变得微不足道. Otto Stern[2]是第一个利用他的原子束方法成功地直接验证 Maxwell 分布的人.

C. 能量分布总评　　Boltzmann 因子

在 §23B 中, 我们已经使用了由 Maxwell 首先提出的原始的且有些粗糙的证明. 我们将在第 4 章中在使用一个更普遍且基本上较简单的基于经典力学的 "组合方法" 时证明彩票假设. 将会显示, 更精确的方法导致对于单原子气体没有外力情况下的 Maxwell 分布函数. 在 A 部分的标题中强调了对单原子气体的限制: 这个限制意味着对气体没有外力作用于它们, 如在式 (4a) 中, 我们假设密度在整个物理空间是均匀的, 但是在引力场中的气体将不会如此.

期望在第 4 章中给出这些结果, 我们现在着手把我们的讨论推广到包括具有势 Φ 的一个外力场中的多原子气体. 我们将从式 (8) 继续, 但我们现在必须以一个

---

[1] Phil. Mag. 34, 280 (1892).
[2] Zeitschr. f. Phys. 3, 417 (1920).

粒子的总能量替代平动能量 E

$$E = E_{\text{tr}} + E_{\text{rot}} + \cdots + \Phi. \tag{14}$$

除了平动能量 (其是适用于单原子气体的唯一形式), 我们还要考虑转动能量 E_{rot} 以及粒子运动的内能 (振动能等), 在上面的方程中表示为 $\cdots$, 以及在力场中的势能 Φ. 此外, 我们将扩展速度空间微元 $\mathrm{d}\omega = \mathrm{d}\xi\mathrm{d}\eta\mathrm{d}\zeta$ 的范围, 并且要引入将在后面定义的 "相位空间" 微元 $\mathrm{d}\Omega$. 因此, 替代式 (8), 我们得到

$$F\mathrm{d}\Omega = A\mathrm{e}^{-\varepsilon/kT}\mathrm{d}\Omega. \tag{15}$$

这里引入的常数 A 由归一化条件确定:

$$\int F\mathrm{d}\Omega = 1, \tag{15a}$$

式 (4) 中的常数 a 以同样的方式被归一化. 关于 $\mathrm{d}\Omega$ 的意义, 我们在这里将只谈论单原子气体的情况 $\mathrm{d}\Omega = \mathrm{d}\tau \times m^3 \mathrm{d}\omega$; $\mathrm{d}\tau$ 表示物理空间中的体积元 $\mathrm{d}x\mathrm{d}y\mathrm{d}z$; 因子 m^3 是由于这样的事实: 在相空间中, 我们应引入动量 $m\xi$、$m\eta$、$m\zeta$, 而不是速度 ξ、η、ζ 本身. 现在, 我们将注意力集中在式 (15) 中含有的因子

$$\mathrm{e}^{-\Phi/kT}. \tag{16}$$

因为我们假设只有 Φ 取决于空间坐标 x、y、z, 这一因子的值表示一个气体分子在 x、y、z 的一个单元中可以被发现的概率. 因此, 它可以使我们计算粒子的空间密度分布 ρ. 如果 ρ_0 表示在一个基准势下的密度, 我们可以令

$$\frac{\rho}{\rho_0} = \mathrm{e}^{-\Phi/kT}. \tag{17}$$

在最简单的引力场情况下, 其中, $\Phi = mgz$, 式 (17) 变换成气压公式, 参见第二卷 §7, 式 (15a) 或式 (15c); J. Perrin 关于大气模型的实验, 同上, 可视为 Boltzmann 因子的宏观确认.

§24. Brown 运 动

由悬浮在液体或气体中并且可借助于显微镜观察的最小的粒子 (灰尘微粒、胶体粒子) 进行的振动, 在 1826 年被植物学家 Robert Brown 描述. 其性质很长时间内仍然是一个谜. 最后的澄清是 Einstein 在 1905 年发表的一篇值得纪念的论文中给出的. 即使在 1906 年, 爱挑剔的 Roentgen 通过一系列适当控制的实验力图反驳 Brown 运动可能是由于显微镜的照明系统的能量的断言.

§24. Brown 运动

Brown 运动是在涨落即偏离热力学平衡的总标题下. 与我们本卷的基本特征一致, 在这里我们自己将只限于起初 Langevin[①] 的一个特殊的推导, 因为它以一个非常简单的方法导致了 Einstein 的结果.

在第四卷的 §33 中, 我们已经证明了以下定理: 如果我们把数量为 N 的非常多的具有完全任意方向的单位矢量置于一个平面上, 则合成矢量等于 $\sqrt{N}$. 在目前情况下, 我们感兴趣的是由于其周围的热扰动胶体粒子发生的碰撞. 碰撞方向上的完全各向同性是统计学上确定的, 并且碰撞数与观测时间 t 成正比. 粒子在两次碰撞之间走过的距离 (实际上参考了粒子的路径 r 在显微镜的焦平面上的投影, 观察到其是由锯齿组成) 不构成单位矢量; 它们是在一个平均值周围涨落的小距离, 平均值的大小转而取决于周围流体的性质以及所观察到的运动 (所谓 "随机行走") 粒子. 一个粒子的合位移 r 可以由第四卷中的 §33 式 (4) 通过把 S 与 r 互换并且以 r_i 替换单位矢量来计算. 则平均值为

$$\overline{r^2} = \sum \overline{r_i^2} = \overline{r_i^2} \times N = Pt. \tag{1}$$

为了确定这个公式中的比例系数, 我们将参考粒子的运动方程:

$$M\ddot{\boldsymbol{r}} = \boldsymbol{K}(t) - C\dot{\boldsymbol{r}}. \tag{2}$$

M 表示胶体粒子的质量, r 是质心从一个固定初始点 O 的矢量位移; $\boldsymbol{K}(t)$ 是大小和方向都随跳跃而变化的力, 并且其传给对 M 的碰撞; 公式中的最后一项表示摩擦阻力, 按照 Stokes 假说, 假定其正比于速度 $\dot{\boldsymbol{r}}$; 这个假设意味着周围介质被视为连续的, 显然, 这是允许的, 只要粒子比流体的分子结构大许多倍; 这是在这种情况下的一个合理假设. 假定粒子是半径为 a 的一个球体, 并且该流体的黏度是 η, 我们可以假设

$$C = 6\pi\eta a \tag{2a}$$

正如在第二卷的 §35 式 (20) 中给出的. 取与 r 的标积, 我们从式 (2) 得到

$$M(\boldsymbol{r} \cdot \ddot{\boldsymbol{r}}) = (\boldsymbol{r} \cdot \boldsymbol{K}) - C(\boldsymbol{r} \cdot \dot{\boldsymbol{r}}). \tag{3}$$

其中

$$\boldsymbol{r} \cdot \dot{\boldsymbol{r}} = \frac{1}{2}\frac{\mathrm{d}}{\mathrm{d}t}(r^2).$$

$(\boldsymbol{r} \cdot \boldsymbol{K})$ 这个标积称为 "力 $\boldsymbol{K}$ 的位力" 这个在材料力学方面的研究中正使用的术语; 其在气体动力学理论中的实用性最早是由 Clausius 认可的. 现在, 我们运用维里定理使用的有关的基本变换:

$$\boldsymbol{r} \cdot \ddot{\boldsymbol{r}} = \frac{\mathrm{d}}{\mathrm{d}t}(\boldsymbol{r} \cdot \dot{\boldsymbol{r}}) - (\dot{\boldsymbol{r}} \cdot \dot{\boldsymbol{r}}) = \frac{1}{2}\frac{\mathrm{d}^2}{\mathrm{d}t^2}(r^2) - \boldsymbol{v}^2;$$

[①] Comptes rendus 1908, p. 530.

因此, 式 (3) 变换为

$$\left(\frac{1}{2}M\frac{\mathrm{d}^2}{\mathrm{d}t^2}+\frac{1}{2}C\frac{\mathrm{d}}{\mathrm{d}t}\right)\boldsymbol{r}^2-M\boldsymbol{v}^2-(\boldsymbol{r}\cdot\boldsymbol{K}). \tag{4}$$

现在, 我们把这个公式对时间从 0 到 t 积分, 并且所有项都除以 t. 在 t 的时间间隔, $(\boldsymbol{r}\cdot\boldsymbol{K})$ 这个标积即迅速变化的力在 $\boldsymbol{r}$ 方向上的投影, 多次改变符号. 除以 t 的较大值 (大是与对应于 $\boldsymbol{r}\cdot\boldsymbol{K}$ 符号变化一次的时间间隔相比), 我们可以期望

$$\frac{1}{t}\int_0^t (\boldsymbol{r}\cdot\boldsymbol{K})\mathrm{d}t=0. \tag{4a}$$

因为 $r_0=0$(为粒子的初始位置), 积分了的式 (4) 变为

$$\frac{M}{2t}\frac{\mathrm{d}\boldsymbol{r}^2}{\mathrm{d}t}+\frac{C}{2t}\boldsymbol{r}^2=\frac{1}{t}\int_0^t M\boldsymbol{v}^2\mathrm{d}t. \tag{5}$$

右边包含两倍粒子动能的时间平均值. 根据均分定理, 对大量粒子取平均的动能平均值等于 kT (在所考虑的二维运动中 2 个自由度; 在直线运动的情况下, 就有必要写成 $\frac{1}{2}kT$ 去替代). 现在, 我们可以利用 §23B 中关于气体混合物的结果: 我们的胶体粒子的平均速度远小于周围环境中那些分子的平均速度, 由于前者的质量大得多但两者的平均动能相等, 因此可以以所示的周围流体的绝对温度来表示. 对较大的聚集体, 以符号上的一横条表示平均值 (从单个粒子到一定粒子聚集体的转变), 我们得到

$$\frac{1}{t}\int_0^t \frac{1}{2}M\overline{\boldsymbol{v}^2}\mathrm{d}t=kT. \tag{5a}$$

目前, 我们将证明, 式 (5) 的左边第一项随 t 呈指数下降, 从而我们能够暂时忽略它. 在式 (5) 的左边对粒子的聚集体进行转换, 并考虑到式 (2a) 和式 (5a), 我们得出结论

$$\overline{\boldsymbol{r}^2}=\frac{2kT}{3\pi\eta a}t. \tag{6}$$

这包含我们在式 (1) 中的粗略估算连同其中出现的因子 P 的估计.

当只观测粒子的一维平动, 如在 x 方向上的那些粒子时, 按照均分原理, 式 (6) 被替换为

$$\overline{x^2}=\frac{kT}{3\pi\eta a}t. \tag{6a}$$

这是 Einstein 方程, 其已经在许多方面被实验证实并且使用, 例如, 确定 Boltzmann 常量 k, 或 Loschmidt-Avogadro 常量 $L=R/k$.

§24. Brown 运动

现在, 我们将以式 (5) 的一个更精确的积分补充我们的推导, 在积分前对聚集体进行转换. 令式 (4) 中的 $\overline{r^2} = u$ 并进行一次积分, 我们得到

$$\dot{u} + \frac{C}{M}u = \frac{4kT}{M}t. \tag{7}$$

有关的齐次方程的积分是

$$u_1 = A\mathrm{e}^{-Ct/M}, \tag{7a}$$

而且很容易发现

$$u_2 = \frac{4kT}{C}\left(t - \frac{M}{C}\right) \tag{7b}$$

构成非齐次方程的一个特解. 现在, $M = \frac{4\pi}{3}\rho a^3$. 其中, ρ 表示粒子的密度, 并因此, 根据式 (2a), 我们有

$$\frac{M}{C} = \frac{2}{9} \cdot \frac{\rho a^2}{\eta}.$$

假设 $a = 10^{-4}$ cm (能见度极限), $\eta \approx 10^{-2} \dfrac{\mathrm{g}}{\mathrm{cm\,s}}$ (水) 和 $\rho \approx 1$ g/cm³ (漂浮在水中的粒子), 我们发现

$$\frac{M}{C} = \frac{2}{9} \times 10^{-6} \text{ s}. \tag{7c}$$

式 (7b) 的括号中 M/C 的存在表示对时间尺度的零点一个小的不可测量的变化. 在式 (7a) 指数中它的存在表示可能已经存在的任何初始扰动 A 中的一个非常快的衰减. 因此, 我们的假设, $u = u_1 + u_2$ 简化为

$$u \approx u_2 \approx \frac{4kT}{C}$$

其与式 (6) 相同.

显而易见的是, 对单个粒子进行的观测将大大偏离式 (6) 或式 (6a) 中的平均值; 此外, 由于很容易证明, 散射将遵循 Gauss 误差分布曲线, 从而有必要取大量单个观测的平均值, 以便得到实验验证.

一种转动微平衡的行为构成布朗运动的一个极为有益的变异. 微平衡涨落的研究最早由 M. von Smoluchowski 提出, 他也给出了有关理论. 该方法由 E. Kappler[①]改进, 使它可以用于确定 Loschmidt-Avogadro 常量至 1% 以内.

在 Brown 运动的情况下, 观测涉及位移的二次方的平均 ($\overline{r^2}$ 或 $\overline{x^2}$); 在微平衡的情况下, 相关的量由角位移的二次方的平均 $\overline{\phi^2}$ 给出.

以下讨论可对实验过程中遇到的情况给予充分说明: 面积约为 1 mm² 的一面薄镜由直径为几微米的石英丝悬挂. 由空气分子的撞击引起的扭转涨落借助于反

[①] Ann. d. Phys. 11, 233 (1931); 参考. Naturw. 649 and 666 (1939).

射光被记录在照相胶片上. 当然, 需要保持一个恒定的温度, 并确保振动自由. "定向力", 即石英丝的弹性常数 D, 以通常的方式通过提供一个附加质量时观察系统的自由振荡来确定. 为了排除辐射影响, 最好保持压强要么非常低 (如 1/100 mmHg), 或相对较高 (如 1atm). 一个胶片记录的时间约为 10 h.

当对这些涨落进行理论分析时, 需要注意的是, 镜子不仅具有动能

$$\frac{1}{2}I\dot{\phi}^2, \quad I = \text{转动惯量}^{①} \tag{8a}$$

而且具有势能

$$\frac{1}{2}D\phi^2, \quad D = \text{定向力 (弹性常数)}. \tag{8b}$$

由于动能和势能的时间平均值是相等的, 它们每个被认为具有统计平均能量 $\frac{1}{2}kT$, 对应于一个自由度. 取平均值, 由式 (8a) 和式 (8b), 我们分别求得

$$\overline{\dot{\phi}^2} = \frac{kT}{I}, \tag{9a}$$

$$\overline{\phi^2} = \frac{kT}{D}. \tag{9b}$$

对这两个平均值的统计偏差已经被 Kappler 记录; 二者绘制的曲线都精确地沿着一条 Gauss 误差分布曲线. $\dot{\phi}^2$ 围绕的平均值 (9a) 的分布可以直接表示为角速度的 "Maxwell 分布".

人们意识到, Kappler 的方法提供了确定 Loschmidt-Avogadro 常量 L 的一个基本且合理的精确方式, 因为当已知 k 时, 方程 $R = Lk$ 使我们能够计算 Loschmidt-Avogadro 常量.

显而易见的是, 在考虑自由漂浮粒子的 Brown 运动时没有式 (9b) 的类比发生, 因为粒子不限于一个确定的平衡位置. 方程 (9a) 被替换为我们前面的式 (5a). 此外, 一个布朗粒子的角位移 ϕ(相对于一个固定轴测量) 满足类似于 Einstein 方程 (6a) 的一个关系, 已如 Perrin 所示, 其中, 足以使 Stokes 摩擦常数 (2a) 发生一个合适的变化 (参见第二卷, §35 式 (21)).

为了完成转动平衡实验的动态分析, 我们再次采用 Langevin 方法. 类似于式 (2), 我们可以把运动方程写为

$$I\ddot{\phi} = \boldsymbol{M}(t) - C\dot{\phi} - D\phi, \tag{10}$$

其中, $\boldsymbol{M}(t)$ 表示分子与镜子碰撞的转矩; $C\dot{\phi}$ 表示周围空气 (或低压) 中 Stokes 摩擦力矩; $D\phi$ 是石英丝的弹性耦合 (该项在式 (2) 中不存在). 以 ϕ 相乘并应用维里

---

① 参考. 31, 注意到方程. (7).

定理, 我们有
$$\left(\frac{1}{2}I\frac{\mathrm{d}^2}{\mathrm{d}t^2}+\frac{1}{2}C\frac{\mathrm{d}}{\mathrm{d}t}\right)\phi^2 - I\dot{\phi}^2 + D\phi^2 = \phi M(t), \tag{11}$$

替代式 (4). 对 t 积分并且除以 t, 我们发现, 右边为零. 按照式 (9a、b), 当对聚集体取平均时, 左边最后两项彼此抵消. 因此, 式 (11) 简化为

$$I\frac{\mathrm{d}u}{\mathrm{d}t} + Cu = 0, \quad u = \overline{\phi^2}$$

因为鉴于力矩的平均值等于零的事实, 积分常数为零. 再次积分给出

$$u = u_0 \mathrm{e}^{-Ct/I} = 0. \tag{11a}$$

Kappler 研究了由式 (11a) 表示的一个初始角位移 (或速度) 的衰减. 通过降低空气压强, 我们可以使摩擦常数 C 的值减少到一个任意小的值, 从而能够提高 "衰减时间" I/C 至几秒的数量级. 这样, 有可能获得式 (9a) 中对于转动平衡关系的实验验证.

同样, 式 (5a) 不能在一个自由漂浮粒子的情况下实现, 因为式 (7c) 中计算的 M/C 的数量级. 后者也表示时间间隔, 在此期间的运动无论从哪点来看都可被视为线性的 (即没有显著的方向变化). 因为这一数量级, 通过眼睛观察的一个布朗粒子的运动实际上看成许多位移的一个平均.

这就是为什么由 Franz Exner(1900) 进行的非常仔细的测量导致速度值比式 (5a) 表示的那些小许多个数量级的原因. 这些测量的存在对认为 Brown 运动本质上是一个分子的性质观点的接受证明是一个障碍. 后者的观点只是在 1905 年 Einstein 理论上推导出一个可以直接测量的量即位移的均方值后才得到普遍认可.

回到转动平衡, 我们以普遍关心的一句话做结论: 可以以转动平衡为例定量研究的热涨落为所有指示仪表的灵敏度设置了不可逾越的极限; 该原则最早是由 Ising1926 年首先就超灵敏电流计阐述的.

§25. 对顺磁质的统计讨论

在本证明之前, 为了给已用于 §10 的 Langevin 函数一个统计推导, 只需对 §23 式 (15) 中的 Boltzmann 因子进行简单应用.

我们假设顺磁体是由单个、独立、可以自由转动且以无序方式排列的基元磁体组成的. 我们将以 $m = ple$ ($p=$ 磁极强度, $l=$ 磁极之间的距离, $e =$ 单位矢量) 表示它们的磁矩. 这个模型不仅足以推断顺磁性气体 (O_2, NO, $\cdots$) 和液体的性质, 而且足以推断那些固体盐的性质, 二者当如在 A 部分中应用经典考虑时, 以及当如在 B

部分中使用量子力学时. 从经典观点来看, 所有磁轴方向是允许的, 并且是同样可能的. 从量子力学的观点来看, 磁轴只允许相对于外磁场的几个分立取向. 在任何情况下, 给定取向的概率由外场的定向力和热扰动即系统的温度之间的相互作用来确定.

A. 经典的 Langevin 函数

让 θ 表示基元磁体的轴线与外磁场方向之间的角度. 后者将以 B 来表示 (在 §19 中以 $\mu_0 H$ 表示). 它们之间的作用力矩是

$$D = mB\sin\theta$$

并且趋于减小 θ, 即使 m 平行于 B. 增加 θ 克服磁场的功是

$$Dd\theta = mB\sin\theta d\theta = -mBd\cos\theta.$$

转动 dθ, 我们的基元磁体的势能 Φ 的变化具有同等大小. 因此, 我们有

$$d\Phi = -mBd\cos\theta, \quad \Phi = -mB\cos\theta. \tag{1}$$

Φ 随着 θ 增加而增加, 与引力势能 $\Phi = mgz$ 随着到地球表面的距离 z 增加而增加的方式相同. 目前 Φ 是如此标准化, 以使其最小值 $\Phi = -mB$ 在 $\theta = 0$ 的稳定位置, 而其最大值在 $\theta = \pi$ 的不稳定位置.

从经典观点来看, 我们的基元磁体给定取向的先验概率 dW 对同样的角度范围 $d\omega = \sin\theta\, d\theta\, d\phi$ 是相同的. 当乘以 Boltzmann 因子时, 即

$$dW = Ae^{-\Phi/kT}d\omega. \tag{2}$$

对于不同温度它变得不同. 这显示出温度和场的相反影响. 在高温下, 各方向具有大致相同的概率, 其实是先验的, 因为那样的话 $\exp(-\Phi/kT) \approx 1$. 在低温下稳定取向 $\theta = 0, \Phi = \Phi_{\min}$ 胜过所有其他的可能性. 式 (2) 中引入的系数 A 可以最好由在任何方向找到磁体的概率等于 1 的条件来估计. 由此得出

$$\int dW = 1 = A\int_0^{2\pi} d\phi \int_0^\pi e^{-\Phi/kT}\sin\theta d\theta,$$

从而

$$1/A = 2\pi\int_0^\pi e^{-\Phi/kT}\sin\theta d\theta. \tag{2a}$$

§25. 对顺磁质的统计讨论

代入式 (2) 并对 ϕ 积分，我们有

$$\mathrm{d}W = \frac{\mathrm{e}^{-\Phi/kT}\sin\theta\mathrm{d}\theta}{\int \mathrm{e}^{-\Phi/kT}\sin\theta\mathrm{d}\theta}. \tag{3}$$

我们现在开始计算 m 沿场方向的分量的平均值，且将以 $\bar{m}$ 表示它。利用式 (3) 的 $\mathrm{d}W$，我们有

$$\bar{m} = \int_0^\pi m\cos\theta\mathrm{d}W. \tag{4}$$

当基元磁体的数量非常大时，只有这个分量且只有其概然值进入计算，因为与场成直角的分量无规则地位于不同方位角 ϕ 平面且相互抵消。把平均值 $\bar{m}$ 与每摩尔基元磁体数 n 相乘，我们得到一个 M 量，其在 §19 中被称为磁化强度：

$$M = n\bar{m}.$$

另一方面，$M_\infty = nm$（在一个足够强的场中所有基元磁体均匀取向），§19 式 (7) 表示饱和磁化强度。引入缩写

$$x = \cos\theta, \quad \alpha = \frac{mB}{kT} \tag{5}$$

我们发现，由式 (4) 得到

$$\frac{M}{M_\infty} = \int_{-1}^{+1} \mathrm{e}^{\alpha x} x \mathrm{d}x \bigg/ \int_{-1}^{+1} \mathrm{e}^{\alpha x} \mathrm{d}x. \tag{6}$$

完成分母中所表示的积分，我们有

$$\frac{1}{\alpha}(\mathrm{e}^\alpha - \mathrm{e}^{-\alpha}) = \frac{2}{\alpha}\sinh\alpha.$$

分子是分母对 α 的导数，即等于

$$\frac{2}{\alpha}\cosh\alpha - \frac{2}{\alpha^2}\sinh\alpha.$$

因此，由式 (6) 得到

$$\frac{M}{M_\infty} = \frac{\cosh\alpha}{\sinh\alpha} - \frac{1}{\alpha}. \tag{7}$$

右边代表 §19 式 (5b) 的 Langevin 函数；很容易看到，式 (5) 中我们的 α 的定义与 §19 式 (5a) 中给出的定义一致。我们现在的式 (7) 填补了 §19B 中留有的空白，并且完成了顺磁质的经典理论以及随后在 §19C 中铁磁质的 Weiss 理论。

B. 借助于量子力学对 Langevin 函数的修正

根据量子力学的观点,基元磁体所有可能的取向的集合不构成一个连续体,$-1 \leqslant \cos\theta \leqslant +1$,但限于 $\cos\theta$ 的某些离散值("角量子化")。其数量由基态原子(或分子)的光谱特征确定;它等于 $2, 3, 4, \cdots$ 取决于基态是否对应于双态,三重态,四重态,$\cdots$(基态与一个单系统情况下的磁矩无关;原子则不构成一个基元磁体.)

量子力学的原理导致下面的规则,我们这里显然不能证明:令 r 表示系统项的多样性 ($r = 2$ 双态, $r = 3$ 三态, $\cdots$);令 $r = 2j+1$ ($j = $ 角量子数) 和 $\cos\theta = s/j$ (使 $|s| \leqslant j$,因为 $|\cos\theta| \leqslant 1$). 该规则规定只允许 s 取此类值,以彼此不一,可区分. 它们被列如下:

$$
\begin{array}{lllll}
r = & 2 & 3 & 4 & 5 \\
j = & 1/2 & 1 & 3/2 & 2 \\
s = & \pm 1/2 & \pm 1; 0 & \pm 3/2; \pm 1/2 & \pm 2; \pm 1; 0.
\end{array}
$$

在一个双态系统的情况下,例如,只有对应于 $\cos\theta = \pm 1$ 的两个方向,即平行和反平行于场是允许的. 在一个三态组成的系统中,对应于 $\cos\theta = 0$、与场成直角的取向也是允许的;在一个四态组成的系统中,有四个可能的方向,即由 $\cos\theta = \pm 1$, $\cos\theta = \pm 1/3$ 给出的那些方向等. 想当然地假设这些取向与等概率有关. 当计算沿场方向分量的平均值 $\bar{m}$ 时,有必要再次考虑到 Boltzmann 因子. 一般而言,式 (4) 中的积分现在被 r 项之和所取代. 引入式 (5) 中的缩写,对于 $r = 2$ 我们有

$$\frac{\bar{m}}{m} = (e^\alpha - e^{-\alpha})(e^\alpha + e^{-\alpha}) = \tanh\alpha, \tag{8}$$

而对于 $r = 3$

$$\frac{\bar{m}}{m} = (e^\alpha - e^{-\alpha})(e^\alpha + 1 + e^{-\alpha}) = \frac{2\sinh\alpha}{1 - 2\cosh\alpha}. \tag{8a}$$

类似地,对于 $r = 4$

$$\frac{\bar{m}}{m} = \left(e + \frac{1}{3}e^{\alpha/3} - \frac{1}{3}e^{-\alpha/3} - e^{-\alpha}\right) \Big/ \left(e^\alpha + e^{\alpha/3} + e^{-\alpha/3} + e^{-\alpha}\right). \tag{8b}$$

取决于原子状态的光谱性质,有必要由前述方程之一的右边取代 Langevin 函数. 经典的 Langevin 函数表现为对 $r \to \infty$ 的一个极限. 我们将以 $L_\infty(\alpha)$ 表示后者,以 $L_2(\alpha)$、$L_3(\alpha)$、$\cdots$ 表示前面的修正形式. 函数 L_2 由 W. Lenz[1]于 1920 年推出. 现在,我们将把它与 Langevin 函数进行比较

$$L_2 = \frac{\sinh\alpha}{\cosh\alpha}, \quad L_\infty = \frac{\cosh\alpha}{\sinh\alpha} - \frac{1}{\alpha} \tag{9}$$

---

[1] Phys. Zeitschr. 21, 613 (1920).

由图上的曲线 L_3、L_4、$\cdots$ 可以看出在极限曲线 (9) 之间下降.

特别是, 这通过原点切线的斜率显示出来. 根据式 (9), 我们有 (参见 §19 式 (6))

$$L_2'(0) = 1, \quad L_\infty'(0) = \frac{1}{3}$$

而式 (8a, b) 给出

$$L_3'(0) = \frac{2}{3}, \quad L_4'(0) = \frac{5}{9}, \cdots$$

斜率对 L_2 最陡并且逐步减少, 直到它达到对 L_∞ 为 1/3.

因为, 根据 §19 式 (11a), 其 Curie 温度 Θ 取决于 $L'(0)$, 与经典值相比其值也被量子力学修正. 这同样适用于 Curie 常数, 例如, 在一个双态的情况下, 其经典值 §19 式 (7a) 应替换为

$$C = \frac{\mu_0 M_\infty^2}{R}$$

量子力学引入的附加修正已在 §19C 末并结合图 19 描述. 这里我们将不追究这一点, 但要强调的是, 顺磁和铁磁现象的理论, 作为统计的来源, 往往说明了经典统计力学与量子力学之间的区别.

§26. van der Waals 方程中常量的统计意义

在 §9 中我们以一个完全唯象的方式引入了 van der Waals 方程的常数 a 和 b, 只是简单说明了它们的物理意义. van der Waals 在他的论文中完全建立它们的统计根源, 而他的推导随后被 Boltzmann 在 1898 年《气体理论教程》(*Vorlesungen über Gastheorie*) 中简化. 在我们的描述中, 我们将遵循 F. Sauter 的论文[①]第 A 章中所给出的, 其包含对 Boltzmann 方法要点的一个近代说明. 正如 Sauter 所强调的, 为此所需的只是气体基本理论最简单的表述这个情况, 我们在此阶段就已经填补了 §9 留有的空白, 而不必利用在第 4 章中描述的一般方法.

A. 分子体积与常量 b

当考虑理想气体时, 假设一个分子的体积等于零. 这个假设在一定条件 (不太低的温度和非常稀薄) 下是合理的. 一般来说, 特别是与实际气体有关, 有必要假设, 一个分子体积 (非常小) 等于 v_0, 其存在防止其他体积也等于 v_0 的分子进入它的影响范围内. 这里足以假设 v_0 对应于一个刚性球. 因此影响范围可以被定义为这种球, 其他撞击分子的中心可以到达其表面, 而不会引起分子体积重叠. 显而易见的是, 此影响范围具有一个分子半径的两倍, 并因此其体积为 $8v_0$.

[①] Ann. d. Physik (6) 6, 59 (1949).

现在, 我们考虑气体内一个单位体积, 并令 n_i 表示其中存在的分子数 (分子密度). 对一个外加分子禁止的空间部分则为 $8n_i v_0$, 从而

$$\frac{v_i}{v_1} = 1 - 8n_i v_0, \tag{1}$$

其中, v_1 表示单位体积, 出于量纲一致性的原因, 它已被列入分母.

现在我们考虑气体内一个面元 $d\sigma$. 可以看出, 式 (1) 满足于它的两侧. 然而, 如果 $d\sigma$ 表示固体壁元, 则只有一半分子将构成障碍去渗透, 并且这将是由于分子存在于面元暴露于气体的一侧. 因此, 我们必须对 n_i 与 n_w(靠近墙壁的分子密度) 进行区分. 可让一个额外分子去渗透的体积比式 (1) 大, 并等于

$$\frac{v_w}{v_1} = 1 - 4n_w v_0, \tag{2}$$

比率 v_w/v_i 同时表示在壁附近找到一个额外分子的概率与气体内部相比较的比率 (能够把一个分子置于一个点与其他点相比的概率). 这个比率等于 n_w/n_i, 从而比较式 (2) 与式 (1), 我们有

$$\frac{v_w}{v_i} = \frac{n_w}{n_i} = \frac{1 - 4n_w v_0}{1 - 8n_i v_0}. \tag{3}$$

求解 n_w, 我们得到

$$n_w = \frac{n_i}{1 - 4n_i v_0}. \tag{3a}$$

分子数 n 以及气体的密度在壁附近比在体内略高些. 这是 van der Waals 方程中修正项 b 的真正原因, 正如在这方面跟随 Boltzmann 的 Sauter 所示.

为了说明这一点, 我们再次提到 §22 中给出的压强计算. 我们已考虑一个底为 $d\sigma$ 和高度 ξ 有限的圆柱体, 然而, 我们可以随意地降低高度 ξ, 如果同时让底部按比例增加, 则可以把整个柱体限制在壁附近. 因此, §22 式 (4) 仍然有效, 但 n 必须由 n_w 取代. 考虑到 §22 式 (5) 中温度的定义以及式 (3a), 我们有

$$p = n_w \times kT = \frac{n_i kT}{1 - 4n_i v_0}. \tag{4}$$

为了把这个等式简化为在 §9 中给出的 van der Waals 的形式, 我们首先将其应用于 1 摩尔的一个气体. 分子总数则等于 Loschmidt Avogadro 常量 L, 而单位体积中的分子数 $n_i = L/v$, 其中, v 现在表示摩尔体积. 由式 (4) 得到

$$p = \frac{LkT/v}{1 - 4Lv_0/v} = \frac{RT}{v - 4Lv_0}. \tag{4a}$$

与 §9 式 (1) 比较, 其中必须令 $a = 0$, 因为内聚力到目前为止一直没考虑, 我们发现

$$b = 4Lv_0; \tag{5}$$

常量 b 等于1 摩尔中所有分子总体积的四倍. 这是常量 b 的物理意义; 它已经由 van der Waals 推导.

B. van der Waals 内聚力与常量 a

在目前的论证中, 我们将忽略每个分子的体积, 但将考虑作用于邻近分子之间的短程内聚力, 并以 $f(r)$ 给出; 例如, 在惰性气体的情况下, 这些力随 r 的增加约以 r^{-7} 成比例地减少. 现在, 我们可以让 $n_i = n$, 好像没有内聚力存在, 因为在气体体内, 作用于一个分子的所有力均匀地分布并相互抵消. 然而, 一个边界附近, 条件是不同的, 因为内聚力施加一个朝向气体内部 ("向上") 的拉力, 而不存在施加一个相反方向 ("向下") 拉力的分子. 因此, 存在方向向上即远离壁的一种沉淀, 从而导致边界区外为正常值 n 但壁的附近产生一个值 $n_w < n$. 定性地说, 内聚力的影响在于在边界附近产生一个不同于正常的密度分布, 类似于分子体积的影响.

为了获得一个定量的表达式, 有必要回顾一下 §23 气压公式 (16). 在推导它时, 考虑了引力势能, 即与位置无关并且方向向下的重力的作用, 其值是

$$\Phi = mgz \quad \text{或} \quad -\frac{\partial \Phi}{\partial z} = -mg. \tag{6}$$

然而, 在目前的情况下, 该力不是恒定的; 它在边界区以上等于零 (内聚力相互补偿), 而它在边界区内向上指向. 我们想象, 内聚力的影响范围由中心在所考虑的点的球形表面表示, 并且我们使用符号 $\gamma(z)$ 来表示由壁截取的球体部分的影响. "向上拉力" 将正比于这个定义明确的量 $\gamma(z)$. 此外, 在目前的情况下, 我们不考虑在给定力场中的分子, 如引力场的情况, 但我们希望探究受到向上拉力的分子与周围邻近分子之间的相互作用. 这种相互作用取决于壁不存在时填补 $\gamma(z)$ 部分的邻近分子的密度. 因此可见, 它与分子数 n 成正比; 由于我们目前的考虑是针对一个修正项建立的, n 随空间坐标的变化可以忽略. 因此, 区别于式 (6), 我们令

$$-\frac{\partial \Phi}{\partial z} = n\gamma(z); \quad \Phi = n \int_z^\infty \gamma(z) \mathrm{d}z, \tag{7}$$

其中, 比例系数已被列入 $\gamma(z)$. 在这个方程中, 将 Φ 规范化为: 对于 $z = \infty$, 令 $\Phi = 0$, 这不同于在重力情况下的条件, 即在 $z = 0$ 处, $\Phi = 0$. 因此, 在壁处

$$\Phi(0) = n\bar{\gamma}; \quad \bar{\gamma} = \int_z^\infty \gamma(z) \mathrm{d}z,$$

而前面的气压公式

$$\frac{n_z}{n_0} = \mathrm{e}^{-\Phi/kT}$$

变换为
$$\frac{n_w}{n} = e^{-\Phi(0)/kT} = e^{-n\bar{\gamma}/kT} \tag{8}$$

在 $z = 0$ 处.

应用式 (4), 或 Bernoulli 结构, 我们发现, 压强由下式给出:
$$p = n_w kT = nkT e^{-n\bar{\gamma}/kT}. \tag{9}$$

扩展到一系列大的 kT 值, 而忽略高阶项, 我们有
$$p \approx nkT - n^2 \bar{\gamma}. \tag{9a}$$

我们对 1 摩尔再次应用这个公式, 令 $n = L/v$ 与 $v = v_{mol}$. 故 ①
$$p = \frac{RT}{v} - \frac{L^2 \bar{\gamma}}{v^2}. \tag{10}$$

第一项具有的形式与一个理想气体相同, 正如预期的那样, 因为已经忽略了分子体积. 与 van der Waals 方程比较, 第二项说明了 §9 式 (1) 中 a 的物理意义:
$$a = L^2 \bar{\gamma}. \tag{11}$$

在van der Waals方程中, 常量 a 等于 L^2 乘以边界处某个内聚作用, 其在气体体内为零. 可能值得一提的是, 当把压力计引入气体内部时, 创建了一人工壁, 因此除了正常压力外, 它测得 "内聚压力" $p_a = a/v^2$.

Sauter(在上述引文中) 从分子整体的统计行为推导出内聚压力的一个表达式, 而不是像我们在前面的论证中所做的, 从单个孤立分子的行为, 它受到其余部分的拉力. 因此, Sauter 的推导是比较令人满意的, 但也比较繁琐. 此外, Sauter 证明了壁的性质并推测壁和气体之间长程内聚力的存在对测量的压力没有影响.

---

① 就此有人可能会问, 式 (9) 是否不会导致一个比 van der Waals 方程中更精确的压强修正项. 当保留完全表示时, van der Waals 方程被 Dieterici 方程替换:
$$p = \frac{RT}{v-b} e^{-a/vRT}.$$

含有的临界值 (参照 §9A) 是
$$v_{cr} = 2b, \quad RT_{cr} = \frac{a}{4b}, \quad p_{cr} = \frac{a}{4b^2} e^{-2},$$

临界常数为
$$K = \frac{RT_{cr}}{p_{cr} v_{cr}} = \frac{1}{2} e^2 = 3.69$$

(代替由 van der Waals 方程给出的 $K = 8/3 = 2.67$). 对于 He, Ar 和 Xe, 经验值分别是 $K = 3.31$, 3.42 和 3.57.

§27. 平均自由程问题

平均自由程的概念是 Clausius 早在 1858 年引入的. 它表示所考虑的且在构成气体的分子聚集区内运动的任意分子在任意初始位置和与其他分子第一次碰撞之间的时间间隔内走过的期望长度 l. 在理想气体的情况下, 其分子已被假定缩为点, 我们将有 $l = \infty$. 因此, 正如在 §26 中, 有必要考虑一个分子的有限体积 v_0. 我们先前已发现该体积以常量 b 的形式进入 van der Waals 方程, b 又正比于 $4v_0$. 目前的情况将显示, 最终方程将包含 v_0 的横截面乘以因子 4. 正如在前面的论证中, 目前的讨论限于刚性的球形分子.

我们将进一步把计算限于碰撞分子的速度相对于遭受碰撞的分子大的情况下. 已经由 Maxwell 在分子满足 Maxwell 分布的假设下计算出的 "平均自由程" 具有相同的数量级 (分母中的系数 $\sqrt{2}$). 在我们看来, 目前的限制是合理的. 在精确理论中, 参照 §44, 没有必要知道平均自由程, 因为根据所研究的具体问题, 经过适当的级数展开, 它可以被其中的一个参数替换.

就此说一下, 下面 B 和 C 部分将讨论的问题涉及不可逆过程, 并因此超越普通热力学和统计力学 (参见 §21 和第 5 章) 的范围.

A. 一个特殊情况下平均自由程的计算

当撞击粒子运动很快时, 可以假设慢粒子碰撞前静止. 我们现在把后者的体积附给前者, 正如在 §26A 中所做的, 并构造一个 "有效截面". 有效截面的半径 (所考虑的两个分子的半径 r_1 与 r_2 之和) 将以 s 表示 (在目前的情况下, $r_1 = r_2 = r$ 且 $s = 2r$). 由每单位时间的影响范围扫过的体积具有横截面为 πs^2、高为 c 的圆柱体形式. 当分子数是 n 时, 圆柱内将包含受撞击的平均分子数为

$$n\pi s^2 c$$

这些分子现在可以被视为点, 因为它们已经失去了它们的体积. 前面的表达式也表示每单位时间的碰撞次数, 记为 ν. 因为碰撞 ν 与每单位时间行进的路径相关, 我们发现, 单个碰撞的平均自由程是

$$l = \frac{c}{\nu} = \frac{1}{n\pi s^2}. \tag{1}$$

在有效截面为 πs^2 的刚性球形分子的情况下, 如果没有交叉, 分子的有效截面将覆盖整个层面积, l 精确表示层的最小厚度.

我们现在接着计算 l 的数量级. 为了做到这一点, 我们引入一个参考长度 l_1, 定义的条件是边长为 l_1 的一个立方体仅含有一个分子. 因此, $n = 1/l_1^3$ 并根据式

(1), 我们有
$$\frac{l}{l_1} = \frac{1}{\pi}\left(\frac{l_1}{s}\right)^2. \tag{2}$$

一个氢原子 (第一玻尔轨道) 的半径的数值约为 0.5×10^{-8} cm. 一个氢分子的半径估为一个原子半径的两倍, 我们得到, 影响范围的半径 s 等于 2×10^{-8} cm. 取每单位体积的分子数 n, 并可由 Loschmidt-Avogadro 常量求得. 在 0°C 且 1atm 压强下, 它是 2.8×10^{19} cm^{-3}. 故

$$l_1^3 = \frac{1}{28}\times 10^{-18}\text{cm}^3, \quad \frac{l_1}{s} = \frac{1/3\times 10^{-6}}{2\times 10^{-8}} = \frac{50}{3}, \tag{2a}$$

并根据式 (2)

$$\frac{l}{l_1} = \frac{10^4}{36\pi} \approx 100. \tag{2b}$$

因此, 可设置以下比例:

$$l:l_1:s = 10^4:10^2:6. \tag{3}$$

在目前的假设下, 平均自由程 l 比分子之间的平均距离 l_1 大 100 倍; 在大气压下, 又比截面半径 s 或者, 正如我们所说, 比分子直径大得多.

根据 Avogadro 定律, 对于所有理想气体长度 l_1 是一样的; 此外, 分子直径彼此没有明显区别. 因此, 比例 (3) 对于 O_2 和 N_2 也大致有效.

我们可以进一步得出结论, 理想气体分子在从初始位置移过几厘米的距离时遭受极多次数的碰撞. 这表明, 在 §22 中求得的 $\sqrt{c^2}$ 出乎意料的大值只限于极其微小的距离. 我们也可以从式 (1) 看出 (l 与压强成反比), 当加上非常高的真空时, 一个平均自由程的概念变得虚无缥缈: 分子们可以到达容器壁而不先与其他的分子碰撞. 气体动力学理论的这个极限情况在 M. Knudsen 的详细论文中从实验和理论均阐明了. 在相反的极限情况下 (液化, 分子接触), 我们有 $l \approx s$, 并且平均自由路径的概念再一次失去其意义.

B. 黏度

我们现在来考虑一个气体的分子们除了它们的分子速度具有摩尔(宏观) 速度的情况. 我们假设后者沿 x 轴取向, 并且它在 y 方向线性增加. 在流体动力学的唯象学中, 参见第二卷 §10, 假定与 y 成直角的一个小面元在 x 方向受到一个剪切应力的作用, 由下式给出:

$$\sigma_{yz} = \pm\eta\frac{\partial u}{\partial y}. \tag{4}$$

它减小上部 (快些) 层的速度而加快下部 (慢些) 层的速度 (见第二卷的 §10 中各草图). 我们现在的任务是借助于动力学理论方面推出同样的结果并计算系数 η(黏度) 的值. 该证明包括建立动量转移的一个平衡方程.

§27. 平均自由程问题

以 m 表示一个分子的质量, u 表示摩尔速度在 x 方向上的分量, 以及 ξ 表示分子速度在 x 方向上的分量. 因此, x 方向上分子们的总动量是

$$g_x = m(u+\xi), \tag{5}$$

其中, u 与 y 有关, 如图 25 所示. ξ 值的概率分布与 y 无关, 如果正如我们将假定, 各点温度不变. 在所考虑的 $y=0$ 处的横截面不断地被来自下半部空间并进入上部区域的较慢分子穿过; 较快分子沿相反方向穿过它. 我们现在探讨这些较快分子和较慢分子分别从哪一点到达. 这取决于它们来的半部空间中的上一次碰撞. 为了确定此碰撞发生处的可能距离, 我们从 $y=0$ 开始作平均自由程 l 并让它沿着分子路径. 以 θ 表示这个方向与坐标轴之间的夹角, 我们发现, 对于来自下面的一个分子, 最后碰撞位置的横坐标等于 $-l\cos\theta$. 当它从上方到达时, 横坐标等于 $+l\cos\theta$, 参见图 26 和图 26a.

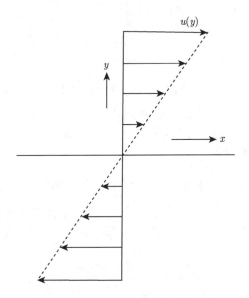

图 25　在 Couette 流中的平均速度

我们现在来计算摩尔动量 $g=mu$, 其被上半部空间 $y>0$ 失去, 由于其失去了在 $y=0$ 处每单位面积已通过我们横截面的分子. 没有必要考虑分子动量 $m\xi$, 因为 ξ 与 y 无关, 并因此其变化被从下方到达的分子抵消.

我们首先考虑以 c 和 $c+dc$ 之间的一个速度向上运动且其方向介于 θ 和 $\theta+d\theta$ 之间的这组分子. 因为它们来自下面, 如图 26a 所示, 它们的贡献是

$$g\!\uparrow\, = mu(-l\cos\theta) = mu(0) - ml\cos\theta \left(\frac{\partial u}{\partial y}\right)_0. \tag{5a}$$

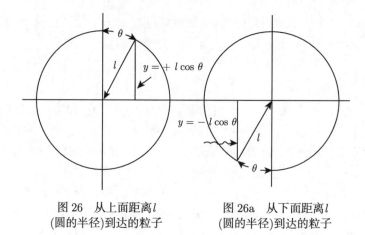

图 26　从上面距离 l
(圆的半径)到达的粒子

图 26a　从下面距离 l
(圆的半径)到达的粒子

(由于 $u(y)$ 是线性的, 在 u 的 Taylor 展开式中没有高阶项.) 相应的, 向上行进的这组分子 ($\theta=$ 与坐标负半轴的夹角) 如图 26a 所示:

$$g\downarrow = mu(+l\cos\theta) = mu(0) + ml\cos\theta\left(\frac{\partial u}{\partial y}\right)_0. \tag{5b}$$

两者之差是

$$g\uparrow - g\downarrow = -2ml\cos\theta\left(\frac{\partial u}{\partial y}\right)_0. \tag{6}$$

该值现在必须乘以分子数 $d\nu$, 对于每单位时间和单位面积在 $y=0$ 处越过我们截面的两部分相等. 根据 §22 式 (9a) 和 §23 式 (9), 每单位时间和单位面积从图 23 中的体积到达的分子数等于

$$d\nu = \frac{n}{4\pi c^2}\phi(c)\times c\cos\theta\times\sin\theta d\theta d\phi\times c^2 dc, \tag{7}$$

其中, 表面的法线取为 ζ 方向 (也为极轴). 图 23 所示体积中的分子动量的总改变通过式 (6) 乘以该表达式得到. 对方位角 ϕ 积分并重新整理, 我们有

$$-nm\times lc\phi(c)dc\times\cos^2\theta\sin\theta d\theta\times\left(\frac{\partial u}{\partial y}\right)_0.$$

$g\uparrow$ 和 $g\downarrow$ 的值已乘以相同的因子, 因为高斯分布是对称的. 为了估计转移的总动量, 有必要对所有速度 c 和分子可以来自的所有方向 θ 积分. 因此, 对 θ 从 0 积到 $\frac{1}{2}\pi$, 则动量的总变化变为

$$\bar{g} = \int (g\uparrow - g\downarrow)d\nu = -mn\left(\frac{\partial u}{\partial y}\right)_0\int_0^\infty lc\phi(c)dc\cdot\int_0^{\pi/2}\cos^2\theta\sin\theta d\theta$$

$$= -\frac{mn}{3}\left(\frac{\partial u}{\partial y}\right)_0\int_0^\infty lc\phi(c)dc. \tag{8}$$

§27. 平均自由程问题

该方程考虑了, 严格来说, l 取决于 c 的事实. 假定分子服从 Maxwell 分布律, 将有可能确定此关系, 计算有些复杂. 但是要注意, 所考虑的问题不涉及平衡态, 所以严格地说, 分布规律不是 Maxwell 的, 参见 D 部分. 因此, 我们应放弃进一步研究式 (8) 中的积分, 以其平均值如 $l/\sqrt{2}$ 取代 l (见本节介绍). 这使我们可将其放在积分之前, 所以, 由式 (8) 得到

$$\bar{g} = -\frac{mnl}{3}\left(\frac{\partial u}{\partial y}\right)_0 \int_0^\infty c\phi(c)\mathrm{d}c. \tag{8a}$$

利用 §23 式 (10a), 并以 $\bar{c}$ 替换式 (8a) 中的积分, 我们发现

$$\bar{g} = -\frac{mnl\bar{c}}{3}\left(\frac{\partial u}{\partial y}\right)_0. \tag{9}$$

对于负半空间估计动量变化, 我们得到相同的公式, 除了符号相反. 从而

$$\bar{g} = +\frac{mnl\bar{c}}{3}\left(\frac{\partial u}{\partial y}\right)_0. \tag{9a}$$

将式 (9) 和式 (9a) 与式 (4) 比较, 我们看到, 黏度由下式给出:

$$\eta = \frac{mnl\bar{c}}{3}. \tag{10}$$

注意到, mn 表示每单位体积的质量, 即气体的密度 ρ. 前面的方程 (10) 由 Maxwell 于 1860 年首先推导出. 它看似只意味着对压强的依赖性, 因为

$$\rho = mn \quad \text{和} \quad l \approx \frac{1}{\sqrt{2}n\pi s^2} \tag{11}$$

的乘积与分子数 n 无关, 在分子和分母中 n 将被消掉. 剩余量与质量和粒子的体积无关. 黏度的这种不依赖于压强起初认为是自相矛盾的; 然而, 它已经被 Kundt 和 Warburg 于 1875 年在压强降至 1/60 atm 的数量级时证实. 方程也被限制应用于高压范围, 因为当平均自由程的概念不再具有意义时, 气体则接近其液化点, 也是极低压的情况.

在式 (10) 中被因子 $\bar{c}$ 确定的对温度的依赖性也令人极其感兴趣. 事实上, $\bar{c}$ (以及 $(\overline{c^2})^{\frac{1}{2}}$) 随绝对温度的平方根成比例地增加, 而液体的黏度 (如油) 随温度快速降低, 气体的黏度随 $\sqrt{T}$ 成比例地增加.

C. 热导率

前述关于动量转移 g 的考虑适用于可由分子输运的任何量 G 的转移. 特别是当我们考虑一个不处于热平衡的气体且其温度沿坐标轴线性增加时, 对能量 E 的输运感兴趣. 我们将再次用图 26 和图 26a 说明论点.

能量 E 由 §23 式 (14) 给出，其中，势 Φ 现在可被忽略。以 f 表示 (平动、转动和内部振动) 自由度数并且利用能量均分定理，我们发现，每个自由度与能量 $\frac{1}{2}kT$ 相关，从而总能量成为

$$E = \frac{1}{2}fkT,$$

或者，与 y 的关系

$$E = \frac{1}{2}fk\left[T(0) + y\left(\frac{\partial T}{\partial y}\right)_0\right].$$

因此，替代式 (6)，输运的 G 这个量由下式给出：

$$G\uparrow - G\downarrow = -2 \cdot \frac{1}{2} \cdot fkl\cos\theta\left(\frac{\partial T}{\partial y}\right)_0$$

(mu 已被 $\frac{1}{2}fkT$ 取代). 替代式 (8a)，我们得到

$$\bar{G} = -\frac{1}{3} \cdot \frac{nfkl}{2}\left(\frac{\partial T}{\partial y}\right)_0 \cdot \int_0^\infty c\phi(c)\mathrm{d}c = -\frac{nl}{3} \cdot \frac{fk\bar{c}}{2}\left(\frac{\partial T}{\partial y}\right)_0.$$

将此表达式与关于沿相应的温度梯度热传导的 Fourier 唯象假设比较 ($Q=$ 输运的热量，χ 为热导率)

$$Q = -\chi\left(\frac{\partial T}{\partial y}\right)_0,$$

我们由动力学理论得到 χ 的解释如下：

$$\chi = \frac{nl}{3} \cdot \frac{fk\bar{c}}{2}. \tag{12}$$

可以看出，χ 以来自式 (10) 的 η 相同的方式与压强无关，但随温度变化 (由于因子 $\bar{c}$). 热导率不依赖压强 (当温度不太低时) 由 Kundt 和 Warburg 对黏度进行实验的同时得到证实。

从以上讨论产生的比值 χ/η 也令人极其感兴趣，因为它不包含不确定量 $\bar{c}$ 和 l. 结合式 (10) 和式 (12)，我们得到

$$\frac{\chi}{\eta} = \frac{fk}{2m}.$$

分子和分母乘以每摩尔 Loschmidt-Avogadro 常量 L，我们得到

$$\frac{\chi}{\eta} = \frac{\frac{1}{2}fR}{\mu}.$$

§27. 平均自由程问题

(因为 $kL = R =$ 普适气体常量和 $mL = u =$ 分子量). 由 §4 式 (13) 可见, 该分子包含气体恒定体积的摩尔比热 c_v. 这个量可以直接测量, 与在 χ 和 η 的表达式中出现的原始量 $\bar{c}$ 和 l 不同. 由此产生方程

$$\frac{\chi}{\eta} = \frac{c_v}{\mu} \tag{13}$$

其中, c_v/μ 表示比热. 在一个更精确的推导中, 它在右边将仍然包含一个数值因子. 对于刚性的球形分子 (Enskog), 常数的数值是 2.52, 对于多原子分子, 它变得相当小. 可能值得一提的是, 式 (13) 在一定程度上让人想起金属理论中的 *Wiedemann-Franz* 定律 (参见 §45).

$$\frac{\chi}{\sigma} = \frac{2}{3} \left(\frac{k}{e}\right)^2 T. \tag{13a}$$

($\sigma =$ 电导率, $e =$ 电子电荷). 这个类比在于这样的事实, 不确定量 l(以及自由电子数 n) 已在商数式 (13a) 中被消掉. 两个方程的区别在于温度的依赖性在式 (13) 中被抑制了, 不同于式 (13a).

D. 一些与平均自由程概念相关问题的总评

前面已在多个场合提到, 与非平衡态有关的 Maxwell 分布的假设构成一个粗略的近似. 这类问题的基本任务是确定速度对空间和时间的分布. 这个问题的重要性很早就被 Boltzmann 认识到; 它随后被 Hilbert 系统阐述. 在解决它时发现, 一定长度 l, 其可以解释为平均自由程, 自然地进入方程, 并且它只能依据速度分布来定义. 绝不是显然的是, 内摩擦和热传导的问题将是同样的, 正如迄今所假定的. 我们将在 §44 中回到这一点.

在涉及扩散的问题中这些关系变得特别困难, 但我们在这里不来处理此问题. 然而, 我们觉得, 不得不考虑一个困难, 其正好包含在概率的基础中, 并且其在涉及平均自由程的问题中变得尤其严重. 我们将通过掷骰子解释其性质, 探究为了一个指定数, 如 1, 第一次显示成为可能所需的投掷数. 这个不能用公式非常精确表示的问题传统上是通过如下定义的 "数学期望" 的概念来回答的:

$$\bar{x} = \sum_{x=1}^{\infty} x \omega_x, \tag{14}$$

其中, ω_x 表示指定数将首先发生在第 x 次投掷的概率. 在掷骰游戏的情况下, ω_x 是唯一已知的, 使得式 (4) 中的总和可以毫无困难地计算出. 此计算的进行在习题 III.4 中显示, 并且求得的结果是 6. 这个数字可以说是等于一系列投掷中 "数字 1 的平均自由程".

然而, 可以想象, 这一系列一直向后延伸, 并且我们可以探究在目前系列投掷已开始进行之前数字 1 最有可能在最后一次出现的时候. 此事件的数学期望再次

由式 (14) 给出, 并因此也等于 6. 如此看来, "平均自由程 6" 和向后延伸的系列中 1 最后出现与一系列的投掷中第一次出现之间的 12 次投掷的间隔之间有矛盾. 必须认识到, 这样的矛盾是可以预料的, 由于机会缺乏规律性并且对于选择一个确定开始的投掷系列受到在事件的顺序中任意切断的影响.

这种切断在气体动力学理论中得到其推论, 在图 26 和图 26a 中 $y=0$ 处我们引入任意切断; 以类似的方式, 可以认为, 上半部和下半部空间中的碰撞分别对应于切断之前和之后 1 的发生. 因此, 不应不足为奇的是, 一个分子在两个这样碰撞之间行走的路径等于两倍的距离; 按照式 (14), 对单一碰撞的发生我们将其定义为数学概率, 其近似值在式 (1) 中给出.

第 4 章 统计学的普遍理论：组合方法

在第 3 章中，我们利用统计思想由平衡态可以推出一些一般的定律，如 Maxwell-Boltzmann 速度分布律、理想气体状态方程及其比热值等. 另一方面，在第 3 章的最后我们得出结论，当考虑不可逆过程以及涉及平均自由程的使用的讨论时，由于各种原因我们需要引入相当武断的假设和相对复杂的模型. 从一个更有利的角度来审视这个问题，我们不得不假定平衡态问题可以用一个简单而易于理解的方式解决，而我们得利用复杂的方法来处理与不可逆过程相关的问题. 对于后者，我们将在第 5 章讨论. 本章主要讨论 Boltzmann(1847—1906) 的工作. 这部分内容简单得令人难以相信. 无论如何，当我们评价一个理论是否简单时，不是只凭直觉而应该看这个理论是否在数学方面是清晰的. 熵这个概念当之无愧应该是热力学的支柱，然而在第 3 章却并未提及它，本章才是它应该出现的地方，通过 Boltzmann 原理将发现，熵只不过是一个组合理论的自然结果.

§28. Liouville 定理，Γ-空间和 μ-空间

在应用概率作计算之前，我们首先要明确 "等概率事件" 的意义. 当我们掷骰子时，数字 1 到 6 出现的概率相等，这是由骰子的几何形状和制作骰子所用材料的均匀性决定的. 当我们玩扑克牌时，玩家会认真地洗牌，力求每一个玩家都得到均等的机会.

A. 多维 Γ-空间 (相空间)

对于气动理论，我们总是认为，由于粒子数目巨大且运动剧烈，位形空间或者速度空间的任何初始规律会很快被抹平. 我们期望系统处于完全的 "分子混沌" 状态，进而可以利用概率来描述并加以计算. 我们把气体看做具有自由度 F 的力学系统. 令气体的总分子数为 N，假定所有的分子完全相同且每个分子的自由度为 f，则有 $F=Nf$. 系统的动力学演化可以用下面的哈密顿正则方程 (见第一卷 §41 方程 (4)) 来描述：

$$\dot{p}_k = -\frac{\partial H}{\partial q_k}, \quad \dot{q}_k = +\frac{\partial H}{\partial p_k}, \quad H = H(p_1, \cdots, p_F, q_1, \cdots, q_F) \tag{1}$$

其中，q_k 是分子的空间坐标，p_k 表示与之对应的动量. 假定我们给所有的 p 和 q 编了号 (参见第一卷 §12)，则每个分子对应着许多 k. 哈密顿函数 H 代表系统的总能

量,可以用 p 和 q 表示出来,分子碰撞时的相互作用和容器壁的排斥作用都已包含在 H 中,H 可以由拉格朗日函数

$$L = L(q_1, \cdots, q_F, \dot{q}_1, \cdots, \dot{q}_F)$$

导出,即

$$H = \sum_k p_k \dot{q}_k - L, \quad p_k = \frac{\partial L}{\partial \dot{q}_k}$$

(见第一卷 §41 式 (1))

我们称由 p,q 定义的 $2F$ 维空间为 Γ-空间或者相空间 ①. 系统某时刻的瞬时状态可以用空间中的一个点来表示,随着时间的演化,这些点将组成一个路径. 我们不关心单个这样的 Γ 点,感兴趣的是大量 Γ 点的集体行为. 具体点说,我们关心位于空间元胞

$$\Delta\Omega = \Delta p \Delta q, \quad \text{其中} \begin{cases} \Delta p = \Delta p_1 \cdots \Delta p_F \\ \Delta q = \Delta q_1 \cdots \Delta q_F \end{cases} \tag{2}$$

中的大量 Γ 点.

我们进一步想象,用某种方式标记从元胞中发出的曲线. 它们代表许多份气体,每份都含有相同的分子种类和相同个数的分子,这些气体的微观态有所不同,当它们的能量相同 (或者几乎相同)② 时我们不能从宏观上加以区分. 元胞 $\Delta\Omega$ 的形状随时间多样变化,而整个过程中体积保持不变.

B. Liouville 定理

我们利用第二卷 §1 中关于运动学的结果来证明 Liouville 定理,这样会使得我们的证明显得简明扼要. 体积的相对变化 (体积膨胀) 可以由下面的式子给出:

$$\Theta = \frac{\partial \xi}{\partial x} + \frac{\partial \eta}{\partial y} + \frac{\partial \zeta}{\partial z} \tag{3}$$

这里 x,y,z 表示固定在空间中的任意的笛卡儿坐标,ξ 表示物体上的某一个点在 x 方向上的平移,η 和 ζ 分别表示在 y 和 z 方向上的平移. 现在我们发挥想象力把这个公式扩展到多维的情况,x 和 y 分别对应 p_1 和 q_1,ξ 和 η 分别对应相空间中的 $\dot{p}_1 dt$ 和 $\dot{q}_1 dt$ 平移,则 $\partial \xi/\partial x + \partial \eta/\partial y$ 变成

$$\left(\frac{\partial \dot{p}_1}{\partial p_1} + \frac{\partial \dot{q}_1}{\partial q_1}\right) dt \quad \text{或者考虑到式 (1) 变成} \left(-\frac{\partial}{\partial p_1}\frac{\partial H}{\partial q_1} + \frac{\partial}{\partial q_1}\frac{\partial H}{\partial p_1}\right) dt = 0 \tag{4}$$

---

① 该命名是遵照 P. and T. Ehrenfest 在他们的标准巨著 *Mathem.Enzykl.* 卷四, 4, 第 32 节中的说法, 该部分主要讨论气体的公理基础. 字母 Γ 表示气体.

② 当我们规定能量严格相同时, 由于方程 $H(p,q)$ =const, Γ-空间由 $2F$ 维约化为 $2F-1$ 维; 当能量近似相等时, $H_1 < H < H_2$, 我们将关注 $2F$ 空间的壳层部分, 后一种情况发生在系统与环境处于热平衡时.

§28. Liouville 定理, Γ-空间和 μ-空间

相似地,扩展到多维空间中,后面的项成对出现并两两相加为零. 这样的两两相加单个看来没有什么物理意义,因为它们只是表示在随意放置的坐标平面的一个投影. 但是当我们把所有的 Θ 都加起来以后,它的值在 Γ-空间中不变. 非常明显,它的几何意义是 $(\mathrm{d}\Delta\Omega/\mathrm{d}t)/\Delta\Omega$. 我们得到

$$\frac{\mathrm{d}\Delta\Omega}{\mathrm{d}t} = 0, \quad \Delta\Omega = \mathrm{const} \tag{5}$$

这就是 Liouville 定理.

我们可以这样理解式 (5): 设想不同微观态的相点在 Γ-空间中的分布密度是均匀的,则它们像不可压缩的流体一样运动. 把密度解释为在一个元胞中找到一个相点的概率的度量,我们可以得到这样的结论: 如果在某一时刻大小相同的元胞 $\Delta\Omega$ 对应的概率相同,则在其他任意时刻也都相同.

所以,我们可用相同元胞对应相同的概率这个统计假设来取代力学的初始条件. 正如骰子的每个面对应相同的概率一样. 最后,还有一个疑问,那就是骰子的每个面或者每个元胞真的对应相同的概率吗? 这个问题只能靠实验来验证. 前面的讨论只是告诉我们,统计力学的基本假设是与运动方程相容的. 一般来讲,统计规则取代系统动力学的初始条件,同时运动方程不变.

最后再次强调,我们讨论的相空间不是关于单份气体而是相对于许多份气体的态. 或者是任意一系列系统,我们设想把它们一个接着一个地放在一起,并在同一时间研究它们的性质,而它们的态在微观上有所不同但是在宏观上不可区分.

C. 理想气体的等概率

下面我们引入一个简单的表述,即单个分子的相空间,或者 μ-空间,这个概念是由 P. and T. Ehrenfest 引入的. 这个空间只有 $2f$ 维而不是像 Γ-空间那样 $2Nf$ 维. 因此对于单原子分子气体 ($f = 3$) 是六维,刚性双原子分子气体是十维 ($f = 5$ 增加了两个转动自由度).

需要明白的是,只有在描述力学系统的 $H(p,q)$ 具有一些特殊的性质时,我们才可以从 Γ-空间转到 μ-空间. 到目前为止,我们假定所研究系统的性质相当普遍 (分子间可以存在任意的相互作用,例如,被压缩时的排斥力或者分子间距离变大时的吸引力). 但是现在我们把要讨论的系统局限为理想气体(气体分子的体积 $v_0 = 0$,没有碰撞,平均自由程无限大),因而气体分子的运动相互独立,它们的相空间相互分开并且都相同. 总的 H 是单个分子哈密顿函数的和; 不存在同时包含多个分子坐标的交叉项,因此在运动过程中个体分子的贡献都是分开的. 基于 Γ-空间中的体积元是定值和所有 $\Delta\Omega_\Gamma$ 对应的概率相等 (统计假设和 Liouville 定理) 的事实,我们可以得出,在上面给出的条件限制下,$\Delta\Omega_\mu$ 对应的概率也相等. 本章我们要重点讨论的 Boltzmann 组合方法,它的基础正是这个等概率假设. Boltzmann 方法的前提条件就是每一个元胞

$$\Delta\Omega = \Delta p \Delta q, \quad \text{其中} \begin{cases} \Delta p = \Delta p_1 \cdots \Delta p_f \\ \Delta q = \Delta q_1 \cdots \Delta q_f \end{cases} \tag{6}$$

对应的概率相等. 注意式 (6) 和式 (2) 的区别: 在式 (6) 中下标 $1, 2, \cdots, f$ 适用于同一个分子, 而在式 (2) 中下标 $1, 2, \cdots, F$ 对应于所有的分子.

在推导式 (2) 时我们假定 Γ-空间中元胞 $\Delta\Omega$ 非常 "小", 在式 (4) 中我们用微分规则讨论了微量 Δp 和 Δq. 我们还没有确定这些元胞到底应该有多小. Boltzmann 在描述他的方法时多次强调, 微元 Δp 和 Δq 应该有一定大小因而元胞内可以装得下一定量的分子; 然而在得到最后结果时他往往又会采用极限 $\Delta p \to 0$ 和 $\Delta q \to 0$. 事实上到底有 "多小" 的答案只能通过量子理论来给出.

首先我们想强调的是: $p_k q_k$ (相应的 $\Delta p_k \Delta q_k$) 具有作用量的量纲. 在直角坐标系中这点非常明显 ($[q]$=cm; $[p]$=$[m\dot{q}]$=g·cm·s^{-1}); 对于坐标 q 具有任意量纲的情况也是如此, 这点可以从关系式 $p = \partial L / \partial \dot{q}$ 得到证明: 因为 L 具有能量的量纲erg, 进一步我们可以得出结论:

$$p_k q_k \text{的量纲} = \text{erg} \cdot \text{s} = \text{作用量}$$

量子理论告诉我们, 作用量是由一些不连续的基本量子组成的. 我们可以看到对于每一对 p_k 和 q_k, 普朗克常量 h(作用量的量子) 给出了 $\Delta p_k \Delta q_k$ 的下限:

$$\Delta p_k \cdot \Delta q_k = h \tag{7}$$

下面我们利用该结果来估计相空间中元胞的大小. 按照式 (6), 一个自由度为 f 的分子在相空间中的基元的大小是

$$\Delta\Omega = h^f \tag{8}$$

从统计的角度看, 同一个元胞中的两个分子态 p, q 不可分辨. 由这种方式定义的元胞 $\Delta\Omega$ 构成了应用组合方法作计算的基本单元, 这就像掷骰子游戏中的六个等概率事件一样.

在结束的时候, 我们再给出一个更为困难的问题: Boltzmann 要求元胞应该能够包括一定数量的分子, 前面定义的元胞能够满足这个要求吗? 通常情况下不是这样的. 早期的观点认为元胞足够大, 因此不存在太小的困难. 但是当量子力学给出了元胞的尺度以后, 认为元胞足够大的观点就站不住脚了. 然而, 经过一个简单的变形, 我们可以把一定量的元胞合在一起构成一个大的体元 (§29C) 进而为应用 Boltzmann 理论创造必要的条件. 这样一来, 元胞尺度小所造成的问题就不存在了.

Darwin 和 Fowler 发展出了一套完全不同的方法来计算平均量, 这套方法可以应用在元胞只包含小数目分子的情况. 他们所得的结果和 Boltzmann 的相一致, 但

是它们的适用范围更大,因为元胞与元胞之间能量不同会限制把一定量的元胞合在一起构成一个大的元胞的可能. 我们这里不介绍 Darwin 和 Fowler 给出的推演[1], 不过在后续的章节中将对这个方法加以推广 (参见 §37).

后面的讨论将大部分和 μ-空间相关, 但是量子力学要求全同粒子不可分辨, 这要求我们不得不再回到 Γ-空间来讨论. 我们将会发现这种情况下得到的式子和我们利用 μ-空间导出的式子非常相似. 它们可以通过相似的手段得到, 我们将在 §36 中利用 Gibbs 的方法对它们给予证明. 正是由于 Boltzmann 和 Gibbs 的工作我们才有了统计力学. 到时候我们将发现 Gibbs 的方法与元胞的尺度完全无关.

§29. Boltzmann 原理

Boltzmann 原理把熵解释为态的热力学概率, 其表达式非常简洁:

$$S = k \log W \tag{1}$$

这个公式至今还刻在位于维也纳中央公墓 Boltzmann 宏伟的半身像下面的墓碑上.

顺便提一下, Boltzmann 当年并没有把这个方程写成上面的形式. 这个公式是由 Planck 首次给出的, 出现在他的 1906 年第一版《热辐射理论教程》中. 常量 k 也是由 Planck 而不是 Boltzmann 第一次引入的. Boltzmann 只是指出 S 和热力学概率的对数成正比关系. "Boltzmann 原理" 的命名是由爱因斯坦针对式 (1) 的另一种形式提出的, 即

$$W = e^{S/k} \tag{1a}$$

在这个式子中, S 被设定为实验上可测的参数, W 是未知量. 从这个式子可以给出 "热力学第二定律的第一部分" 意义: 从一个有序的态变化到出现几率更大的无序的态. 对于这个结论, Helmholtz 也曾经指出过.

对于系统为非均匀的情况, 式 (1) 的右端需要加上一个常量, 这个常量与态参数无关而与不同组成部分的物质的量有关. 式 (1) 更普适的形式是

$$S = k \log W + \text{const.} \tag{1b}$$

Boltzmann 在 1877 年给出了与式 (1)(这个式子并不是由他自己给出) 有关的颇为含糊的评价[2]: "我们甚至可以通过不同分布数目的比值来计算出不同态的几率, 更为有意思的是这可能给出对热平衡态的计算." 之后不久[3], 他又说: "我不认

---

[1] 参考文献: R. H. Fowler, 'Statistical Mechanics', Cambridge 1929 或者 M.Born 写的小而可读性强的小册子: 'Natural Philosophy of Cause and Chance', Oxford, 1949.
[2] Vienna Academy, No.39 in' Gesammelte werke', P.121.
[3] Vienna Academy, No.42 in' Gesammelte werke', P.193.

为让人能毫无保留地接受这个结论的理由已经充分了，至少我们应该给出'最可几分布'的确切定义。"在同一篇文章中，Boltzmann 暗示，Liouville 定理给出了态参数选择的必要限制.

A. 用排列来量化热力学概率

下面我们考虑一理想气体；假定它含有 N 个分子，存放在体积为 V 的容器中，气体的总的能量为 U. 假定单个分子的自由度为 f，则相空间的维度是 $2f$. 我们把这些分子分在 M 个元胞中：

$$1, 2, \cdots, i, \cdots, M.$$

考虑到元胞是有限大的事实，正如 §28 式 (8) 给出的那样，并且系统的能量 U 和体积 V 的值也是有限大，分子的个数 M 非常大，也是一个有限的数. 首先，我们完全随机地把分子分配到这些元胞中并把每个元胞中的分子个数标记为

$$n_1, n_2, \cdots, n_i, \cdots, n_M, \tag{2}$$

它们满足条件

$$\sum_i n_i = N. \tag{2a}$$

任意一个分布 n_i 都表示气体的一个确定的微观态. 下面我们打算求出把 N 个分子分配在 M 个元胞中的所有微观态的个数，并把这个数记为态的热力学概率 (或者权重)W[①]. 它的值可以通过排列方法给出 [②]：

$$W = \frac{N!}{n_1! n_2! \cdots n_M!}. \tag{3}$$

下面我们给出一个简单的例子，以便把概念讲清楚.

例子： $N = 2, M = 2$;
a) $n_1 = 1, \quad n_2 = 1, \quad W = \dfrac{2!}{1!1!} = 2,$
b) $n_1 = 2, \quad n_2 = 0, \quad W = \dfrac{2!}{2!0!} = 1,$
c) $n_1 = 0, \quad n_2 = 2, \quad W = \dfrac{2!}{0!2!} = 1,$

对于 a)，我们可以把第一个原子放在元胞 1 或者元胞 2 中，相应地第二个原子的位置也就确定了，因此 $W = 2$. 对于 b) 和 c) 完全没有选择的余地，则 $W = 1$.

[①] 需要注意的是，热力学概率是一个整数，并没有归一化，因此 W 与元胞的大小有关.

[②] 排列 (德文为 Permutabilität) 是由 Boltzmann 在前面最后一次参看的文章的第 191 页提出的. 它比常用的德文 'Komplexion' 更形象.

§29. Boltzmann 原理

由排列组合的基本理论可知,式 (3) 代表多项式系数,尽管如此,为了内容的完整性,我们给出从 $N-1$ 到 N 的证明. 我们假定对于 $N-1$ 个分子式 (3) 已经被证明是正确的. 为了从已知的 W_{N-1} 的表达式推出 W_N,我们考虑下面对 W_{N-1} 的排列:

$$n_1-1, \quad n_2, \cdots, \quad n_M, \quad W_{N-1}^{(1)} = \frac{(N-1)!}{(n_1-1)!n_2!\cdots} = \frac{(N-1)!n_1}{n_1!\cdots n_M!}$$

$$n_1, \quad n_2-1, \cdots, \quad n_M, \quad W_{N-1}^{(2)} = \frac{(N-1)!}{n_1!(n_2-1)!\cdots} = \frac{(N-1)!n_2}{n_1!\cdots n_M!}$$

$$\cdots \quad \cdots \quad \cdots \quad \cdots$$

$$n_1, \quad n_2, \cdots, \quad n_M-1, \quad W_{N-1}^{(N)} = \frac{(N-1)!}{n_1!\cdots(n_M-1)!} = \frac{(N-1)!n_M}{n_1!\cdots n_M!}$$

对于上面排列的每一行,如果我们把第 N 个原子放在合适的位置,就可以得到一个与式 (2) 一样的排列. 然后,我们把 $W_{N-1}^{(i)}$ 的右端相加得到 W_N,这样就得到

$$W_N = \sum_{i=1}^{M} W_{N-1}^{(i)} = \frac{(N-1)!}{n_1!\cdots n_M!}(n_1+n_2+\cdots+n_M) = \frac{N!}{n_1!\cdots n_M!}$$

这正好是式 (3).

我们可以利用 Sterling 公式来化简 W. 由于 N 非常大,我们可以用以下近似:

$$N! = \left(\frac{N}{e}\right)^N. \tag{4}$$

一个更为准确的近似由下式给出:

$$N! = (2\pi N)^{\frac{1}{2}} \cdot \left(\frac{N}{e}\right)^N. \tag{4a}$$

方程 (4) 的主要推导步骤如下 (用对数曲线代替内接阶梯级数项):

$$\log N! = \log 1 + \log 2 + \cdots + \log N \approx \int_1^N \log x \mathrm{d}x$$

$$= [x(\log x - 1)]_{x=N} - [x(\log x - 1)]_{x=1} = N(\log N - 1) + 1 \approx N\log\frac{N}{e}$$

反解出来可以得到式 (4).

我们将像处理 N 那样用式 (4) 中的近似表示 n_i,这种近似的前提假设是它们都非常大. 只要这些 n_i 中包含一些大的数,无疑这种近似是可用的,因为小的数字是可以忽略用 1 取代. 然而,如果所有的 n_i 都非常小,这个方法就不行了. 不幸的是这正是在 Boltzmann 的方法适用的情况下,当我们讨论的问题与相格 h^f 有关时

情况也是如此. 例如, 标准状况下的理想气体 30000 量子元胞中, 大概最多只有一个包含一个分子 (参见 §37). 在这种情况下, 两个分子同时存在于一个元胞中的情况几乎是不可能的. 幸运的是, 我们在 §28 的末尾提到, 这不算是严重的障碍了. 我们先不管这一困难, 按照有一些 n_i 比较大的情况进行计算. 在论证结束的时候, 我们再考虑把大量的元胞组合成一个大元胞所必须做的变化, 此时 n_i 就真的包括大数了.

像 Boltzmann 做的那样, 我们用近似值

$$n_i! = \left(\frac{n_i}{e}\right)^{n_i}, \quad \log n_i! = n_i(\log n_i - 1)$$

代替式 (3) 中的 $n!$ 得到

$$\log W = \text{const} - \sum_{i=1}^{M} n_i \log n_i. \tag{5}$$

式 (5) 中的常量 (const) 包含了所有与 n_i 无关的项, 即

$$\text{const} = N(\log N - 1) + \sum_{i=1}^{M} n_i = N \log N. \tag{5a}$$

B. 用最大概率来度量熵

现在我们考虑这样的问题: 哪种分子排列出现的频率最高? 这个问题的另一个提法是: n_i 的值都取多少时, W 达到最大? 为了解决这个问题, 我们考虑 n_i 的一个虚变分 δn_i. 考虑到式 (2a) 给出的约束条件, 我们得到

$$\sum \delta n_i = 0 \tag{6}$$

由式 (5) 得到

$$\delta \log W = -\sum \delta n_i (\log n_i + 1)$$

由式 (6) 给出的限定条件知, 可以去掉上式中的右边括号中的 1. n_i 只需要满足条件 (6), 最大概率的判据是

$$\delta \log W = -\sum \delta n_i \log n_i = 0 \tag{7}$$

由条件 (6) 知, 只有当 $n_1 = n_2 = \cdots$ 时, 式 (7) 才成立. 也就是说, 统计假设要求所有的 n_i 都相等.

另一方面, n_i 还要服从其他的条件. 由于系统的总能量是给定的 (见本章的开始), 可以得到下式:

$$U = \sum n_i \varepsilon_i \tag{8}$$

§29. Boltzmann 原理

这里的求和表示对所有的元胞求和，ε_i 是元胞内所有分子的总能量，这些分子在相空间中的坐标是 p_i 和 q_i. 对于不同的元胞，ε_i 的值也不同，但是量子理论要求每个元胞对应的 ε_i 是确定的. 在式 (8) 中，当 n_i 变化而 U 和 ε_i 保持不变时，我们得到

$$\sum \varepsilon_i \delta n_i = 0 \tag{8a}$$

为了使得两个条件式 (6) 和式 (8a) 同时得到满足，我们利用拉格朗日乘子法，这个方法曾在第一卷中用过 (第一卷 §12 式 (5)). 因此式 (7) 变成

$$\delta \log W = -\sum \delta n_i (\log n_i + \alpha + \beta \varepsilon_i) = 0 \tag{9}$$

因为式中的 α 和 β 为待定乘子，我们可以认为所有的 n_i 是独立的. 这样，由式 (9) 可以得到

$$\log n_i = -\alpha - \beta \varepsilon_i, \quad n_i = \mathrm{e}^{-\alpha} \cdot \mathrm{e}^{-\beta \varepsilon_i} \tag{10}$$

把 $\log n_i$ 代入式 (5)，我们得到最大值

$$\log W_{\max} = \mathrm{const} + \alpha \sum n_i + \beta \sum n_i \varepsilon_i \tag{11}$$

这里 α 和 β 对应的不是单个元胞的态而是整个系统的态，因此我们把它们放在求和前面是合理的. 这里的求和是对所有的 i 求和.

把式 (2a)、式 (5a) 和式 (8) 代入式 (11) 可得

$$\log W_{\max} = N \log N + \alpha N + \beta U \tag{12}$$

后面我们将会看到，刚刚计算出的 W 的最大值比 n_i 微小变化而得到的态对应的值大得多. 出于这个原因，我们可以认为最大概率对应的态就是真实的态，这个态可以通过实验得到. 按照 Boltzmann 原理，式 (12) 代表 S/k 的值. 由式 (11) 我们可以得到，对一个 N 不变而系统的能量 U 由于外部环境作用而改变的过程，有

$$\mathrm{d}S/k = N\mathrm{d}\alpha + U\mathrm{d}\beta + \beta \mathrm{d}U \tag{13}$$

α 和 β 的变化受到下面的条件约束：

$$N = \sum n_i = \mathrm{e}^{-\alpha} \sum \mathrm{e}^{-\beta \varepsilon_i} = \mathrm{const} \tag{14}$$

式中的求和就是经常提到的**配分函数**：

$$Z_0 = \sum \mathrm{e}^{-\beta \varepsilon_i} \tag{15}$$

更加准确地, 式 (14) 中的求和指的是 μ-空间中的配分函数. 它的重要性在于所有的热力学量都可以由它导出 (参见 §33 式 (14)). 由式 (14) 可以得到 $\alpha = \log(Z_0/N)$, 因此式 (12) 变成

$$\frac{1}{k}S = \log W_{\max} = N \log Z_0 + \beta U \tag{12'}$$

同时, 分子及能量的分布可以从式 (8) 和式 (10) 得到:

$$n_i = e^{-\alpha} e^{-\beta \varepsilon_i} = -\frac{N}{\beta} \frac{\partial \log Z_0}{\partial \varepsilon_i}$$
$$U = e^{-\alpha} \sum \varepsilon_i e^{-\beta \varepsilon_i} = -N \frac{\partial \log Z_0}{\partial \beta} \tag{16}$$

C. 元胞的合并

不可否认, B 部分中的近似有点让人难以接受, 但是其结果是对的. 我们容易证明它们可以用来处理元胞间的能量略微变化的情况. 对于这种情况我们可以认为把大数 κ 个元胞合并后得到的整体的能量是不变的, 我们把这种合并以后的整体叫做超元胞.

我们用 $N_1, N_2, \cdots, N_m$ 来表示超元胞中分子的个数. 仿照式 (2a) 和式 (8), 我们可以得到

$$\sum_j N_j = N, \quad \sum_j N_j \bar{\varepsilon}_j = U \tag{17}$$

求和遍及所有的超元胞, $\bar{\varepsilon}_j$ 表示能量的平均值. 我们可以通过把所有分子分布的初等概率相加而得到分子在超元胞上的分布对应的热力学概率. 于是我们得到

$$W' = \frac{N!}{N_1! \cdots N_m!} {\sum_{(n)}}' \frac{N_1!}{n_{11}! \cdots n_{1\kappa}!} \cdot \frac{N_2!}{n_{21}! \cdots n_{2\kappa}!} \cdots \tag{18}$$

数学上要求求和遍及所有的分子排列, 因此求和变成许多求和的乘积

$$W' = \frac{N!}{N_1! \cdots N_m!} \prod_j \sum \frac{N_j!}{n_{ji}! \cdots n_{j\kappa}!}$$

这些量都可以通过二项式定理来计算出来, 相应的因子为 $\kappa^{N_1} \kappa^{N_2}, \cdots$, 我们得到

$$W' = \frac{N!}{N_1! \cdots N_m!} \kappa^N \tag{19}$$

这个式子与式 (3) 的区别仅在于因子 κ^N. 我们可以选择足够大的 κ 使得 N_i 变成大数, 因此可以把 Boltzmann 理论应用到 W' 上, 仿照式 (10), 我们得到

$$N_j = e^{-\alpha - \beta \bar{\varepsilon}_j} \tag{20}$$

进一步, 式 (12) 可变为

$$\log W'_{\max} = N \log \kappa N + \alpha N + \beta U \tag{21}$$

式 (14) 变为

$$N = \mathrm{e}^{-\alpha} \sum_j \mathrm{e}^{-\beta \overline{\varepsilon_j}} \tag{22}$$

我们可以写出配分函数 (15) 在 μ-空间中的表达式

$$Z_0 = \kappa \sum_j \mathrm{e}^{-\beta \overline{\varepsilon_j}} \tag{23}$$

由式 (22) 得到

$$\mathrm{e}^\alpha = \frac{Z_0}{\kappa N}, \quad \alpha = \log Z_0 - \log \kappa N$$

同样地, 我们又一次得到式 (12′)

$$\log W'_{\max} = N \log Z_0 + \beta U = \log W_{\max} \tag{21′}$$

也就是一个与 κ 无关的值, 其余的量与此相似, 当 $\kappa = 1$ 时, 两个结果变成一样. 这次我们整个过程非常合理.

§30. 与热力学对照

A. 等容过程

如果体积 V 是常量, 相空间中元胞的切分保持不变, 对 §29 式 (14) 求对数并微分可得

$$0 = -\mathrm{d}\alpha - \mathrm{d}\beta \frac{\sum \varepsilon_i \mathrm{e}^{-\beta \varepsilon_i}}{\sum \mathrm{e}^{-\beta \varepsilon_i}} = -\mathrm{d}\alpha - \mathrm{d}\beta \frac{U}{N} \tag{1}$$

因此 §29 方程 (13) 简化为

$$\mathrm{d}S = k\beta \mathrm{d}U \tag{2}$$

按照热力学第二定律 (参见 §6) 我们有

$$\mathrm{d}S = \mathrm{d}Q_{\mathrm{rev}}/T = \mathrm{d}U/T \tag{2a}$$

比较式 (2) 和式 (2a) 可得

$$\beta = \frac{1}{kT} \tag{3}$$

后面我们将看到, 这个基本关系在 B 和 C 部分中也是成立的.

B. 无外力情况下气体经历的一般过程

我们假定系统经历的过程既有能量的变化 dU 又有体积的变化 dV,因此我们不但要考虑编号为 1 到 M 的元胞 (即如果 dV 为正),还要考虑编号为 $M+1$ 到 M' 的元胞 (如果 dV 为负,元胞 $M+1$ 到 M' 将不出现). 求和 $\sum_{i=1}^{M}$ 中相应的变化由下式表示:

$$d\Sigma = \sum_{i=M+1}^{M'} \left(或 = - \sum_{i=M'+1}^{M} \right) \tag{4}$$

在这个附加项中, α 和 β 不是对应单个相元胞,而是对应整个系统,因此它们与原始项一样将保持不变. 对 §29 式 (14) 求对数并微分我们得到

$$-d\alpha - d\beta \frac{U}{N} + \frac{d\Sigma}{\Sigma} = 0 \tag{4a}$$

在没有外力的情况下,我们有

$$\frac{d\Sigma}{\Sigma} = \frac{dV}{V} \tag{4b}$$

这将在后面做简短的证明. 把式 (4a) 和式 (4b) 代入 §29 式 (13) 我们得到

$$dS = k\beta dU + kN \frac{dV}{V}$$

与热力学第二定律对比

$$dS = \frac{dQ_{\text{rev}}}{T} = \frac{dU + pdV}{T}$$

该式与式 (2a) 不同,我们得到式 (3) 和理想气体的状态方程

$$\frac{p}{T} = \frac{kN}{V} \quad 和 \quad pv = RT \tag{5}$$

第二个方程是在特定的情况下得到的,即我们选择分子数 N 等于 Avogadro 常量,也就是体积 V 变成摩尔体积 v.

为了证明式 (4b),我们进一步把元胞 $\Delta\Omega$ 进行细分. 我们用 x,y,z 来表示一个分子的位形空间坐标 (如分子的重心的位置),并把元胞写成下式:

$$\Delta\Omega = \Delta\tau\Delta\Omega', \quad \Delta\tau = \Delta x\Delta y\Delta z \tag{5a}$$

这里 $\Delta\Omega'$ 表示所有的动量空间的坐标以及内部自由度空间的坐标 (如果存在). 在 §28 中我们声明所有的元胞都相等并且等于 h^f. 现在我们再进行一点补充,即选择所有的 $\Delta\tau$ 也彼此相等,这是因为

$$\frac{\partial \dot{x}}{\partial x} + \frac{\partial \dot{y}}{\partial y} + \frac{\partial \dot{z}}{\partial z} = \frac{\partial^2 H}{\partial x \partial p_x} + + = \left(\frac{\partial K_x}{\partial p_x} + + \right) = 0$$

§30. 与热力学对照

上式等于零是由于我们已经假设外力 K 等于零.

在这种情况下能量 ε_i 与坐标 x,y,z 无关. 因此在 §29 式 (14) 中下标为 i 的求和项数对每个 $\Delta\Omega'$ 与对位形空间 $\Delta\tau$ 一样多,其个数为 $V/\Delta\tau$. 于是我们可以用

$$N = \sum_i n_i = \mathrm{e}^{-\alpha} \frac{V}{\Delta\tau} \sum_j \mathrm{e}^{-\beta\varepsilon_j} \tag{6}$$

来取代 §29 式 (14). 这里下标 j 表示只对相空间 $\Delta\Omega'$ 求和. 对式 (6) 求对数并微分, 并考虑到 N 为定值以及 V, α, β 的变化 (对于 j 的求和不变) 容易得到

$$-\mathrm{d}\alpha - \mathrm{d}\beta \frac{U}{N} + \frac{\mathrm{d}V}{V} = 0 \tag{6a}$$

方程中附加项 $\mathrm{d}V/V$ 与式 (4a) 中的 $\mathrm{d}\Sigma/\Sigma$ 对应, 式 (4b) 得证.

C. 外力场中的气体; Boltzmann 因子

在式 (5) 中我们发现, 气体各部分的压强都相等, 但是这要求能量 ε 与空间坐标无关. 当存在外力时 (我们假定它们有一单值势函数 $\Phi(x,y,z)$, 否则将不存在平衡态, 参见第二卷 §7 的末尾), 我们假定

$$\varepsilon = \Phi(x,y,z) + \varepsilon' \tag{7}$$

这里 ε' 表示分子的能量 (包括转动动能等), 它与坐标 x,y,z 无关. 现在问题变为与体积的变化 $\mathrm{d}V$ 有关 (也就是与我们如何插入体积元 $\Delta\tau$ 有关).

在这种情况下我们将只讨论 A 部分中的等容过程. 因为外力与过程无关并且 $V=$ 定值, 利用与式 (1) 和式 (3) 完全相同的方式我们得到

$$\beta = \frac{1}{kT} \tag{8}$$

虽然势函数 Φ 与空间坐标有关, 但这里的 k 是系统的一个常量, 与系统的空间坐标无关, 因此 T 与系统的空间坐标无关. 一个特例, 重力场中的处于平衡态的大气, 就属于这种情况 (在过去, 一些气象学家曾经怀疑过这一点).

另一方面, 系统的压强和密度却与空间坐标有关. 后者可以直接从 §29 方程 (10) 看出. 元胞 $\Delta\tau$ 中包括的粒子个数变成

$$n = \mathrm{e}^{-\alpha - \Phi/kT} \cdot \sum \mathrm{e}^{-\varepsilon_j/kT} \tag{9}$$

如果 ε_i 取式 (7) 所示的形式, 并且求和遍及除空间坐标外的所有相空间. 乘上分子的质量 m, 然后除以 $\Delta\tau$, 我们可以得到密度 ρ. 与势能参考点的密度 ρ_0 相比我们得到

$$\frac{\rho}{\rho_0} = \mathrm{e}^{-\Phi/kT} \tag{10}$$

这就是 §23 式 (16) 和式 (17) 中提到过的 Boltzmann 因子. 我们已经在多个场合应用过该因子.

D. Maxwell-Boltzmann 速度分布律

在不存在外力的情况下,我们可以用一种简单的方法导出单原子气体的 Maxwell 速度分布律. 考虑动量空间中的一个有限元胞 $\Delta\omega_i$ 和位形空间中的元胞 $\Delta\tau$ (在没有外力的情况下是任意的), 动量元胞可以写成以下形式:

$$p_x = m\xi, \quad p_y = m\eta, \quad p_z = m\zeta$$

与前面相同,这里 ξ, η 和 ζ 是速度的分量.

对于单原子分子气体,不存在内部自由度时,一个元胞对应于能量

$$\varepsilon = \frac{m}{2}\left(\xi^2 + \eta^2 + \zeta^2\right)$$

把普遍关系 $\beta = 1/kT$ 代入 §29 式 (10) 我们得到

$$n_i = e^{-\alpha}\exp\left\{-\frac{m}{2}(\xi^2 + \eta^2 + \zeta^2)/kT\right\} \tag{11}$$

对空间的所有元胞求和我们得到

$$n_j = \sum_i{}' n_i = \frac{V}{\Delta\tau}e^{-\alpha}\exp\left\{-\frac{m}{2}(\xi^2 + \eta^2 + \zeta^2)/kT\right\} \tag{11a}$$

除以 N 然后整理为

$$\frac{n_j}{N} = F_j \Delta\omega_j \tag{11b}$$

可以看出 $F_j \Delta\omega_j$ 表示从 N 个原子中选出一个原子,且该原子属于动量元胞 $\Delta\omega_j$ 的概率,换句话说,它的速度为 ξ, η 和 ζ.

因为 $N = \sum n_j$,由式 (11a) 和式 (11b) 得出

$$F = \frac{\exp\{\}_j}{\sum_i \exp\{\}_j \Delta\omega_j} \tag{12}$$

分母上求和中的每一项都乘以因子 $\Delta\omega_j$. (因为相空间中的元胞 $\Delta\Omega_j$ 是相等的,我们又假定式 (5a) 中的 $\Delta\tau$ 也相等,因此动量空间中的 $\Delta\omega_j$ 也相等.)

容易看出式 (12) 中分母与 §29 式 (15) 配分函数 Z_0 密切相关,为了求出它的值,我们考虑极限情况 $\Delta\omega_j \to 0$,则分母变为

$$m^3 \int_{-\infty}^{+\infty} e^{-m\xi^2/2kT} d\xi \cdot \int_{-\infty}^{+\infty} e^{-m\eta^2/2kT} d\eta \cdot \int_{-\infty}^{+\infty} e^{-m\zeta^2/2kT} d\zeta \tag{12a}$$

利用 §23 式 (5a) 中的积分我们得到

$$m^3 \left(\frac{2\pi kT}{m}\right)^{3/2} = (2\pi mkT)^{3/2} \tag{12b}$$

因此, 由式 (12) 我们得到

$$F = (2\pi mkT)^{-3/2} \exp\left\{-\frac{m}{2}(\xi^2 + \eta^2 + \zeta^2)/kT\right\} \tag{13}$$

这个表达式与 §23 式 (8) 相同, 形式的差别是由于上式中 F 属于动量空间中的元素, 而 §23 式 (8) 中的 F 则属于速度空间. 这正好解释了为什么 §23 式 (8) 中分子上出现了因子 $m^{3/2}$, 而在式 (13) 中该因子出现在了分母上.

于是我们得到以下结论: 以上导出 Maxwell 速度分布律的过程是最优雅的一个. Boltzmann 把它直接推广到了多原子分子的情况, 具体的结果出现在 §23 的最后部分. 事实上我们还可以不加改变地把它推广到多原子并且存在内部自由度和势场的情况, 因为附加的因子将同时出现在分子和分母上进而可以消去.

E. 混合气体

我们考虑一定体积 V 中存在两种气体的情况, 这两种气体共同拥有总能量 U; 两种气体的质量记为 m_1 和 m_2, 气体分子的个数为 N_1 和 N_2. 每种气体对应自己的相空间; 两种气体在每个相格中的分子个数分别记为 n_{i1} 和 n_{i2}.

根据 §29 式 (3), 我们得到排列

$$W_1 = \frac{N_1!}{\Pi n_{i1}!}, \quad W_2 = \frac{N_2!}{\Pi n_{j2}!}$$

因为两个分布相互独立, 混合气体的热力学概率为

$$W = W_1 \times W_2$$

应用 Sterling 公式, §29 式 (5) 变为

$$\log W = \text{const} - \left(\sum_i n_{i1} \log n_{i1} + \sum_j n_{j2} \log n_{j2}\right) \tag{14}$$

要计算 W 的最大值, 需要考虑下面三个条件:

$$\sum n_{i1} = N_1, \quad \sum n_{j2} = N_2, \quad \sum n_{i1}\varepsilon_{i1} + \sum n_{j2}\varepsilon_{j2} = U \tag{15}$$

为了满足这三个条件, 我们需要引入三个拉格朗日乘子 α_1, α_2, β. 由式 (14) 我们得到

$$\delta \log W = -\sum_i \delta n_{i1}(\log n_{i1} + \alpha_1 + \beta\varepsilon_{i1}) - \sum_j \delta n_{j2}(\log n_{j2} + \alpha_2 + \beta\varepsilon_{j2})$$

因而可以得到

$$\log n_{i1} = -\alpha_1 - \beta\varepsilon_{i1}, \quad \log n_{j2} = -\alpha_2 - \beta\varepsilon_{j2}$$

代入式 (14) 得到

$$\log W_{\max} = \text{const} - \alpha_1 \sum_i n_{i1} - \alpha_2 \sum_j n_{j2} - \beta\left(\sum_i n_{i1}\varepsilon_{i1} + \sum_j n_{j2}\varepsilon_{j2}\right)$$

考虑到式 (15) 我们得到

$$\log W_{\max} = \text{const} - \alpha_1 N_1 - \alpha_2 N_2 - \beta U \tag{16}$$

这是 Boltzmann 原理对混合气体熵的描述. 和前面一样, 我们又一次得到

$$\beta = \frac{1}{kT} \tag{17}$$

这意味着混合气体的温度是均匀的, 并且体积的变化满足混合气体的态方程, 形式为

$$p = p_1 + p_2, \quad p_1 = \frac{kN_1T}{V}, \quad p_2 = \frac{kN_2T}{V} \tag{18}$$

这里 p_1 和 p_2 分别表示相应气体组分的压强贡献. 与它们独自占据空间 V 时的压强相等.

速度分布像压强一样相互叠加, 每一个都独立地保持 Maxwell 形式.

§31. 比热和刚性分子的能量

尽管刚性原子的概念和力学中的刚体概念一样从物理的角度审视难于接受, 但是对刚性原子组成的气体的热力学特性进行细致的研究是有用的, 因为这样的研究将为我们提供一个经典统计力学适用的范围.

这样的研究的难度最早于 1884 年由 Lord Kelvin 在他的 Baktumore 讲义提及, 在附录 B 中, 他把它称为 "**19 世纪漂浮在热动力学理论大厦上空的乌云**"; 面对这些困难他不得不得出结论: 能量均分原理, 这个在那时最具革命性的观点, 应该被无情地抛弃. 在 §33 和 §35 中我们将看到, 20 世纪的物理学, 尤其是量子理论将会为统计力学暗淡的区域带来无限的光明.

A. 单原子分子气体

考虑到单原子分子没有结构, 我们可以方便地假定它们是刚性的. 在 §22 的方程 (6a) 和方程 (6b) 中我们已知单原子分子气体的摩尔内能和摩尔热容的表达式为

$$u = \frac{3}{2}RT, \quad c_v = \frac{3}{2}R, \quad \frac{c_p}{c_v} = \frac{5}{3} \tag{1}$$

§31. 比热和刚性分子的能量

下面我们只需要给出热力学中定义的熵如何和统计思想的表述相协调.

按照 Boltzmann 原理, §29 方程 (12) 变为

$$S = kN \log N + \alpha kN + \beta kU \tag{2}$$

方程右边的最后一项是一个定值, 等于 $\frac{3}{2}kN$ (因为 $k = 1/T$, $U = \frac{3}{2}NkT$); 可以把它与第一项合并, 因此式 (2) 简化为

$$S = kN\left(\frac{3}{2} + \alpha + \log N\right) \tag{2a}$$

对于单原子分子气体, α 的值可以由 §30D 中的方法导出. 我们的出发点是

$$N = \sum n_i = \mathrm{e}^{-\alpha} \frac{V}{\Delta \tau} \sum_j \exp\{\}_j \tag{3}$$

大括号中的项的意义与 §30 式 (12) 中的相同, 与前述一样, 只对动量空间中的元胞求和. 因子 $V/\Delta\tau$ 表示在体积 V 中空间元胞的数目, 它与每个 j 项的乘积并求和等同于原来对 i 的求和. 在方程 (3) 的两边同时乘以下式:

$$\Delta\Omega = \Delta\tau \cdot \Delta\omega$$

然后像在 §30 式 (12) 中的处理方式那样把 $\Delta\omega$ 放在求和里面作为一个因子, 我们得到

$$\mathrm{e}^\alpha = V \sum_j \exp\{\}_j \Delta\omega_j / N\Delta\Omega \tag{4}$$

上式中求和部分和 §30 式 (12) 中的分母项一样; 因此参照 §30 式 (12a、b), 它应该等于 $(2\pi mkT)^{3/2}$.

由式 (4) 我们得到结论

$$\alpha = \log V + \frac{3}{2}\log T + \frac{3}{2}\log(2\pi mk) - \log(N\Delta\Omega) \tag{4a}$$

把这个 α 代入式 (2a) 我们得到

$$S = kN\left(\log V + \frac{3}{2}\log T\right) + C \tag{5}$$

这就是热力学中的熵方程, 最早见于 §5 中的式 (10), 区别在于, 这里的熵对应的不是 1g 气体而是 N 个单原子气体分子.

应该明确的是, 这里的方法要远优越于热力学部分给出的方法, 因为在这里常量 C 有了明确的数值. 它等于 kN 乘以式 (4a) 中给出的常量, 考虑到式 (2a) 我们得到

$$C = \frac{3}{2}kN\left(1 + \log(2\pi mk) - \frac{2}{3}\log\Delta\Omega\right) \tag{5a}$$

按照 Boltzmann 理论，$\Delta\Omega$ 没有明确定义，但是在量子理论中我们知道 $\Delta\Omega = h^f$. 因此对于单原子分子气体我们取 $\Delta\Omega = h^3$，由式 (5a) 我们得到

$$C = kN \log \frac{(2\pi mk)^{3/2} \, e^{3/2}}{h^3} \tag{5b}$$

把这个值代入式 (5) 并化简后得到

$$S_{\text{transl}} = kN \log \left\{ V \left[(2\pi mkT)^{3/2} \, e^{3/2} \big/ h^3 \right] \right\} \tag{5c}$$

或者除以物质的量后

$$s_{\text{transl}} = R \log \left\{ v \left[(2\pi mkT)^{3/2} \, e^{3/2} \big/ h^3 \right] \right\} \tag{6}$$

s 的下标表示这个表达式不局限于单原子分子气体，它还包含了多原子分子平移运动对气体熵的贡献. 很明显我们不能把上式外推到 $T = 0$ 极限情况，因为 $T = 0$ 时理想气体不存在. 所以式 (6) 与能斯特的第三定律相协调.

式 (6) 最先是由 Sachur 导出 [1]，大约在同一时间，Tetrode [2] 也独立地给出了一个形式上略有差别的式子. 我们将在 §37 A 中回到这个著名的 Sackur-Tetrode 方程.

到目前为止，有两点需要注意. 第一，熵的表达式中的常量包含了元胞的有限体积. 就像 Boltzmann 那样，我们也不允许任意选取相格的大小，而式中的常量决定了元胞的大小. 不幸的是，这暗示着单个元胞包含大量分子的假设也是不满足的，因为作用的量值非常小 (参见 §29C).

第二，熵应该与分子的个数 N 成正比. 按照式 (5c) 我们需要减去一个 $N \log N$. 因为式 (5c) 对数函数中的体积正比于恒定温度下分子的个数，如果不减去 $N \log N$ 相，熵则不是仅仅正比于 N. 然而，这个困难只能依靠量子理论来解决. 在目前的状况下，我们可以参考 §37 A 中 Tetrode 方程的推导过程.

B. 气体组成和双原子分子

我们考虑一个哑铃状的刚性双原子模型：两个原子看做质点，中间由一个长度为 l 的轻质杆连接 [3]. 除了两个原子的质量为 m_1 和 m_2，该系统还有两个重要的量，即相对垂直于轻质杆两个方向的转轴的转动惯量，我们假定这两个转动惯量相等，而相对于轻质杆的转动惯量为零. 对于原子呈线性排列的其他原子体系，以上的假设都成立，如 CO_2.

---

[1] O. Sachur, Ann. d. Phys. 36, 958 (1911) ; 40, 67(1913).
[2] H. Tetrode, Ann. d. Phys. 38, 434 (1912) ; 40, 67(1913).
[3] 量子力学显示，我们这里可以忽略原子核和电子的尺度.

§31. 比热和刚性分子的能量

我们知道, 这样的体系的自由度数是 5, 即 3 个关于质心坐标系位置坐标 x, y, z 和 2 个描述轻质杆方向的角坐标 θ 和 ψ. 我们没有计及第三个角坐标 ϕ, 这是因为它描述体系绕着轻质杆转动, 而相应的转动惯量为零. 由第一卷 §35 中的式 (35) 可知, 转动动能为

$$\varepsilon_{\mathrm{rot}} = \frac{1}{2} I \left(\dot{\theta}^2 + \sin^2 \theta \times \dot{\psi}^2 \right) \tag{7}$$

这里 $C = 0, A = I$. I 表示体系的转动惯量, 而在第一卷中我们用 Θ 表示. 符号的变化是由于我们在 §33 中要用 Θ 来表示转子的特征温度.

动量坐标可以写为

$$p_\theta = \frac{\partial \varepsilon_{\mathrm{rot}}}{\partial \dot{\theta}} = I \dot{\theta}, \quad p_\psi = \frac{\partial \varepsilon_{\mathrm{rot}}}{\partial \dot{\psi}} = I \sin^2 \theta \times \dot{\psi} \tag{7a}$$

相空间有维度是 10. 相格可以表示为

$$\Delta \Omega = \Delta x \Delta y \Delta z \cdot m^3 \Delta \xi \Delta \eta \Delta \zeta \cdot \Delta \theta \Delta \psi \cdot \Delta p_\theta \Delta p_\psi \tag{7b}$$

由后面讨论可知, 把 $\varepsilon_{\mathrm{rot}}$ 转化成两个平方乘以恒定系数之和将给后面的讨论带来非常大的方便. 众所周知, 引入两个绕与轻质杆方向垂直的两转轴的角速度就可以达到这个目的:

$$\omega_1 = \dot{\theta} = p_\theta / I, \quad \omega_2 = \sin \theta \times \dot{\psi} = p_\psi / (I \sin \theta) \tag{7c}$$

这里 ω_1 和 ω_2 代表 "非完整" 速度, 见第一卷 §35.4 节; Boltzmann 把两个量 $I\omega_1$ 和 $I\omega_2$ 称作 "矩类的", 但是我们这里更愿意称之为 "冲量类的". 冲量空间与 p_θ 和 p_ψ 对应的动量空间之间由函数行列式联系:

$$\frac{\Delta p_\theta \Delta p_\psi}{\Delta (I\omega_1) \Delta (I\omega_2)} = \left| \begin{array}{cc} \dfrac{\partial p_\theta}{\partial (I\omega_1)}, & \dfrac{\partial p_\theta}{\partial (I\omega_2)} \\ \dfrac{\partial p_\psi}{\partial (I\omega_1)}, & \dfrac{\partial p_\theta}{\partial (I\omega_2)} \end{array} \right| = \left| \begin{array}{cc} 1 & 0 \\ 0 & \sin \theta \end{array} \right| = \sin \theta \tag{7d}$$

引入变换式 (7c) 后, 式 (7b) 变为

$$\Delta \Omega = \Delta x \Delta y \Delta z \cdot m^3 \Delta \xi \Delta \eta \Delta \zeta \cdot \sin \theta \Delta \theta \Delta \psi \cdot \Delta \omega_1 \Delta \omega_2 \tag{8}$$

式 (7) 变成力学中常见的形式, 即

$$\varepsilon_{\mathrm{rot}} = \frac{1}{2} I \left(\omega_1^2 + \omega_2^2 \right) \tag{8a}$$

把相空间从 6 维变成 10 维后, §29 中推导出的普遍结果仍然适用. $\beta = 1/kT$ 的意义, 状态方程, 以及 Boltzmann 因子都仍然有效. 然而新增加的自由度将引入相应

的能量,每一个自由度对应 $1/2RT$, 至少在经典力学框架下计算是这样的. 因此式 (1) 将变为

$$u = \frac{5}{2}RT, \quad c_v = \frac{5}{2}R, \quad \frac{c_p}{c_v} = 1 + \frac{2}{5} = \frac{7}{5} \tag{9}$$

为了证明这个结论,我们按照普遍公式 §29 式 (16) 把摩尔能量写成下面形式:

$$\frac{u}{L} = -\frac{\partial}{\partial \beta}\log\sum e^{-\beta\varepsilon_i} \tag{10}$$

我们把对 i 的求和 (遍及位形空间和动量空间) 变成对 j 的求和 (只涉及动量空间). 仿照式 (3), 每项都乘以位形空间的元胞个数. 它等于

$$\frac{v\cdot 4\pi}{\Delta\tau\cdot\Delta\sigma}\begin{cases}\Delta\tau = \Delta x\Delta y\Delta z, & \Delta\sigma = \sin\theta\Delta\theta\Delta\psi \\ 4\pi = \int\sin\theta\Delta\theta\Delta\psi\end{cases}$$

现在我们利用动量空间中的五维元胞 $\Delta\omega$ 把前面分数中的分子和分母展开,在分母中我们得到 $\Delta\Omega = \Delta\tau\Delta\sigma\Delta\omega = h^5$, 分子中的 $\Delta\omega$ 可以放到求和中变成 $\Delta\omega_j$. 因此式 (10) 的配分函数变成

$$Z_0 = \frac{4\pi v}{\Delta\Omega}\sum e^{-\beta\varepsilon_j}\Delta\omega_j \tag{11}$$

由能量的可加性, 配分函数中转动的贡献可以分解出来, 即 $Z_0 = Z_{\text{transl}} \times Z_{\text{rot}}$, 我们得到

$$\begin{aligned}Z_{\text{rot}} &= \frac{4\pi}{h^2}\sum_j \exp\left(-\frac{1}{2}\beta I\left(\omega_1^2 + \omega_2^2\right)\right)\Delta\omega_{j(\text{rot})} \\ &= \frac{4\pi I^2}{h^2}\int \exp\left(-\frac{1}{2}\beta I\left(\omega_1^2 + \omega_2^2\right)\right)d\omega_1 d\omega_2\end{aligned}$$

式中有两个拉普拉斯积分, 其值为 $\sqrt{\frac{2\pi}{\beta I}}$, 因此

$$Z_{\text{rot}} = \frac{8\pi^2 I}{h^2\beta} \tag{12}$$

按照 §26 式 (16), 转动对能量的贡献是

$$U_{\text{rot}} = -N\frac{\partial\log Z_{\text{rot}}}{\partial\beta} = \frac{N}{\beta} = NkT \tag{13}$$

因此摩尔能量, 包括平动的贡献是

$$u = \frac{5}{2}RT, \quad c_v = \frac{5}{2}R, \tag{13a}$$

证明完毕

§31. 比热和刚性分子的能量

同样地, 双原子分子系统的熵也应该作相应的变化. 由 §29 式 (12′) 的转动对摩尔能量的贡献为

$$s_{\rm rot} = R\log T + R\log\frac{8\pi^2 ekI}{h^2} \tag{14}$$

每摩尔的总熵为

$$s = R\log\nu + \frac{5}{2}R\log T + 常量 \tag{15}$$

与 §5 热力学方程 (10) 完全一致.

C. 多原子分子气体和 Kelvin 的乌云

对于一个具有一般结构的刚性多原子分子, 其原子不是排列在一条线上, 我们得考虑附加上一个新的自由度, 即须考虑三个角位移坐标 θ, ψ, ϕ, 三个角速度 $\omega_1, \omega_2, \omega_3$, 绕惯性椭球的主轴转动, 相应的转动惯量 I_1, I_2 和 I_3. 仿照式 (12) 的推导过程我们得到

$$\left(\frac{2\pi}{\beta m}\right)^{3/2} \left(\frac{2\pi}{\beta I_1}\right)^{1/2} \left(\frac{2\pi}{\beta I_2}\right)^{1/2} \left(\frac{2\pi}{\beta I_3}\right)^{1/2}$$

与式 (9) 稍有不同, 我们得到公式

$$u = \frac{6}{2}RT, \quad c_{\rm v} = 3R \approx 6\frac{\rm cal}{\rm deg\cdot mol} \frac{c_{\rm p}}{c_{\rm v}} = \frac{4}{3} \tag{16}$$

令人满意地, §4 中得到的简单规则, 即 $c_{\rm v} = \frac{5}{2}R$, 或者 $c_{\rm v} = 3R$ 变得可以理解了. 然而当我们做了更深一步的研究后, 发现这些规则过于简单而出现了些问题. 例如, 我们考察水分子的转动模型, 按照光谱学的结论, 连接氧原子和两个氢原子的键之间的夹角 $\gamma > \frac{1}{2}\pi$(水蒸气的带状谱). 三个转动惯量不相同且不等于零; 如果我们把水蒸气近似为理想气体, 则 $c_{\rm v}$ 等于 6cal/(deg· mol) 且与转动惯量和温度无关. 对于键间夹角更大的情况也是如此, 但是在极限情况 $\gamma = \pi$, 原子排列在同一条直线上, $c_{\rm v}$ 跳变到双原子的情况, 即 $\frac{5}{2}R = 5\text{cal/(deg·mol)}$. 3cal/(deg·mol), 5cal/(deg· mol), 6 cal/(deg· mol) 三个值之间的不连续性反映出单原子、双原子和多原子量中情况的自由度数分别是 3,5,6, 这就是笼罩在气体动理论大厦顶上的一小片乌云.

然而, 这里还有一片更大更黑的乌云. 受到 Nernst 的气体简并表象启发, Eucker 测量了温度降低时 H_2 的摩尔比热, 他发现其值由 5cal/(deg· mol) 连续减小, 到 80K 时变成 3 cal/(deg·mol). 转动自由度消失了, 如我们常说的那样, 它们被冻结了, H_2 变成了单原子分子. 1911 年, Schiller[①] 在 Karlsruhe 举行的大会上曾对这个现象有个评述, 这里转述如下: "自由度是加权计算出来的, 不是数出来的." 量子理论将会解释为什么会这样.

---

① Demetrius, 1st Act, end of Scene 1.

§32. 考虑分子振动的比热和固体的比热

我们放弃刚性分子这一在物理上不太合理的假设，考虑分子中的原子在其平衡位置振动的情况，此时分子不仅具有动能，同时还具有势能. 这种情况在固体大分子中普遍存在.

A. 双原子分子

这类分子中的两个原子之间的作用力是沿着其连线方向. 我们不考虑力的来源，也就是不管它是电极性或者无极性的. 用 r_1 和 r_2 表示两个原子相对其平衡位置的振幅. 考虑到作用力和反作用力大小相等的特点，两个振幅是耦合的. 简单起见，我们假定两原子之间是准弹性键，因此是一个简谐振动. 令 $r = r_1 + r_2$，计算出耦合系统的势能和动能：

$$E_{\text{pot}} = \frac{C}{2}r^2, \quad E_{\text{kin}} = \frac{M}{2}\dot{r}^2 \tag{1}$$

两原子的约化质量 (参见第四卷, 习题 3.1) 可以写成

$$M = \frac{m_1 m_2}{m_1 + m_2} \tag{1a}$$

我们把两原子之间连线方向的劲度系数记为 C. 实际情况转动与振动叠加到了一起. 准确地说，转动不能与振动完全独立，因为当两原子之间的距离变化时，系统的转动惯量也随之变化. 然而在一级近似下，我们可以忽略这种变化，因为振动振幅与两个原子之间的距离相比小得多 (当 $T = 2000K$ 时，H_2 分子中两者的比例是百分之十).

振动双原子分子的相空间将随之增大，对于刚性双原子分子，其相空间为 10 维，考虑振动以后，其相空间变成 12 维. §31 式 (8) 所示的相空间的元胞 $\Delta\Omega$ 需要再乘以 Δr 和 $M\Delta\dot{r}$ 两项. 尽管如此，由于附加的能量项 (1) 是平方项，空间的扩充不会给我们带来更大的困难. §31 式 (12) 前面的积分仅需要乘以下面的因子：

$$\int_{-\infty}^{+\infty} \exp\left(-\frac{1}{2}\beta C r^2\right) dr = \sqrt{\frac{2\pi}{\beta C}} \tag{2a}$$

$$\int_{-\infty}^{+\infty} \exp\left(-\frac{1}{2}M\dot{r}^2\right) d\dot{r} = \sqrt{\frac{2\pi}{\beta M}} \tag{2b}$$

如果忽略转动惯量的变化，因为我们只关心对 β 的依赖，则 §31 式 (13) 扩展后变成

$$u = \frac{7}{2}RT, \quad c_{\text{v}} = \frac{7}{2}R \approx 7\frac{\text{cal}}{\text{deg} \cdot \text{mol}}, \quad \frac{c_{\text{p}}}{c_{\text{v}}} = 1 + \frac{2}{7} = 1.29 \tag{3}$$

前述论证将导致一个重要的评述和一个更重要的问题:

(1) 式 (2a) 中的势能和式 (2b) 中的动能处于同等地位, 由式 (3) 知, 每一项为能量分布贡献 $\frac{1}{2}RT$ 的能量.

(2) 为什么在通常条件下空气以及其他的双原子分子的振动能量不被激发? 如果不是这样, 我们应该能够观测到 c_p/c_v 的值为小一点的 1.29, 而不是 1.4.

B. 多原子分子气体

这里我们首先要回顾一下振动理论中的一个命题 (参见第六卷 §25): 力学系统能够拥有的振动自由度数等于系统总自由度数减去系统的平动自由度数和转动自由度数. 考虑到每个这样的振动和前面双原子分子气体的振动一样, 每一个振动都给 c_v 贡献一个 RT, 因此对于复杂分子组成的系统, c_v 的增加将没有限制. 其结果是, c_p/c_v 将趋近于 1. 然而, 当我们测量有机分子的比热容比时, c_p/c_v 的平均值是 1.33(参见 §4C), 这是只考虑平动和转动自由度时的结果, 为什么呢?

C. 固体和 Dulong-Petit 规则

对于晶体结构的分析发现, 晶体的原子都排列在晶格上. 由于原子间的相互牵连, 在忽略整个晶体的平动以及转动时, 原子只在其平衡位置振动. 因为每个原子有三个自由度, 一个由 N 个原子组成的晶格具有 $3N$ 个自由度, 扣除整体的 6 个自由度, 我们得到 $3N-6$ 个振动自由度和相同数目的独立振子. 这里我们考虑到一定数量的耦合振子总是可以看做相同数目的独立的简正振动模式 ① (参见第六卷 §25), 这些模式的势能必须像 A 中那样加以考虑.

因此在热力学平衡时, 每个谐振子都对应一个平均能量 kT. 因此一个固体 (每个小块固体都可看做晶体) 的比热是 $c_v = 3R \approx 6\text{cal}/(\text{deg mol})$, 与温度无关. 这就是众所周知的杜隆-珀蒂规则. 然而, 这个规则与能斯特的第三定律有冲突 (参见 §12), 按照 Nernst 定律, 当 $T \to 0$ 时, $c_v \to 0$, 与低温时的实验不相符. 事实上, 对于硬质材料 (钻石、金刚砂) 的情况, 在室温下就可以观察到 c_p (同时 c_v) 的减小.

§33. 振动能量的量子化

Planck 发现的能量量子可以由 Planck 常量表示, 这也引导我们开始把相空间元胞 $\Delta \Omega$ 看做是常量, 同时定义相应的能量值 ε_i 为不连续的能量序列. 结果证明这对熵方程中的常量非常重要. 只有在两个能级之间的能量差与均分能量 kT 相比

---

① 当所有的原子同时按照相同的特征模式振动时发生简正模式. 两个共振的钟摆平行或者相对振动, 弦的本征振动都可以作为例子.

小得多时,才能够把它看成连续的. 也就是说, 当

$$\varepsilon_{i+1} - \varepsilon_i \ll kT \tag{1}$$

时, 配分函数由求和

$$Z_0 = \sum_i e^{-\varepsilon_i/kT} \tag{2}$$

变成积分 (参见如 §30 式 (12a))

$$\frac{1}{\Delta\omega} \int e^{-\varepsilon/kT} d\omega \tag{2a}$$

才合理.

A. 线性振子

下面我们将把下标 i 换成下标 n, 并且把振子的固有频率记为 ν. 按照 Planck 在 1900 年的假设, 我们有

$$\varepsilon_n = n \cdot h\nu \tag{3}$$

按照 Planck 在 1911 年给出的建议, 我们把它改写为

$$\varepsilon_n = \left(n + \frac{1}{2}\right) h\nu \tag{3a}$$

这个式子与量子力学的最后结果相一致. 在以上两个假设中, 条件 (1) 要求

$$h\nu \ll kT \tag{4}$$

引入特征温度

$$\Theta = \frac{h\nu}{k} \tag{4a}$$

我们发现式 (4) 简化为

$$\Theta \ll T \tag{5}$$

前面的计算中我们用积分取代了配分函数中的求和, 这只有在上述条件成立时才有效. 我们将证明在相反的情况即 $T \ll \Theta$, 比热将消失.

ν 的值, 进而 Θ 的值可以从光谱实验数据 (红外旋转谱) 中得到. 例如, 人们透彻地研究了 HCl 的光谱, 对于它相应的 $\Theta = 4000K$.

首先我们将继续利用假设 (3) 计算任意温度 $T >$ 或 $< \Theta$ 的情况, 由 §29 式 (16) 我们发现摩尔能量可以写成

$$u = -L \frac{\partial}{\partial \beta} \log \sum_{n=0}^{\infty} e^{-\beta n h\nu} \tag{6}$$

对于任意的 $\beta > 0$, 上式中的几何数列的和收敛, 其值为

$$1/(1 - e^{-\beta h\nu})$$

因此由式 (6) 我们得到

$$u = Lh\nu \frac{e^{-\beta h\nu}}{1 - e^{-\beta h\nu}} \tag{6a}$$

把 $\beta = 1/kT$ 和 $\Theta = h\nu/k$ 代入上式我们得到

$$u = \frac{R\Theta}{e^{\Theta/T} - 1} \tag{7}$$

$$c_v = \frac{du}{dT} = \frac{R\Theta^2/T^2}{(e^{\Theta/T} - 1)^2} e^{\Theta/T} \tag{8}$$

因此在对于两个极限的情况我们有

$$\begin{array}{c|c} T \gg \Theta & T \ll \Theta \\ \hline u = RT & u = R\Theta e^{-\Theta/T} \to 0 \\ c_v = R & c_v = \dfrac{R\Theta^2}{T^2} e^{-\Theta/T} \to 0 \end{array} \tag{9}$$

在第一个极限下, 均分能量中出现了完整的振动自由度的能量. 这个结果和 §32A 中相同. 在第二个极限中没有出现振动自由度. 在图 27 和图 27a 中我们给出了两种极限的转变; 例如, 当 $T = \Theta$ 时, 按照式 (6) 和式 (7) 我们得到

$$u = \frac{R\Theta}{e - 1} = 0.58R\Theta, \quad c_v = \frac{Re}{(e - 1)^2} = 0.92R$$

图 27 和图 27a 解决了 §32A 中我们提出的问题. 振动自由度不是像经典力学里面那样简单地数出来的, 而是由温度加权地计入的. 现在比较明确了, 在常温下, 当 Θ 为数千度时, 均分能量中不包括振动自由度.

然而, 我们有必要给出两个附加的评述:

(1) 如果我们用正确的量子力学公式 (3a) 代替式 (3), 则发现式 (7) 变成

$$u = \frac{1}{2}R\Theta + \frac{R\Theta}{e^{\Theta/T} - 1} \tag{10}$$

用 $n + 1/2$ 取代式 (6) 中的 n, 可以方便地得到上式. 容易看到, 式 (7) 增加了一个 "零点能" $\frac{1}{2}R\Theta$; 它的存在已经被很多低温实验所证实. 图 27 中代表 u 的曲线将向上平移一个距离 (对所有的温度都一样).

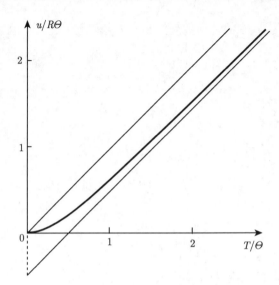

图 27　量子谐振子的摩尔能量随温度的变化

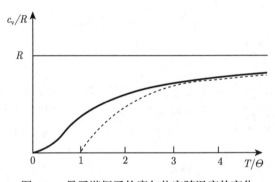

图 27a　量子谐振子的摩尔热容随温度的变化

(2) 我们自然会对诸如 H_2, N_2, O_2 等对称性分子感兴趣. 遗憾的是前面给出的公式不能严格地应用到这些分子气体上面, 但是我们要尽力克制去讨论其中的原因, 否则将会被深深地埋没在波动力学的细节中. 我们只满足于说, 当 $T \ll \Theta$ 时, 振动自由度被冻结这点还是成立的.

对于分子拥有更多振动模式的情况, 我们应当考虑整个频率序列 $\nu_1, \nu_2, \cdots$, 它们的影响互相叠加. 与图 27a 不同的是, 我们得到 c_v 的曲线呈台阶状, 相邻台阶之间的垂直距离为 R. 非常明确地, 在常温下, 只需要考虑第一个台阶.

B. 固体

如果我们认为固体中的每一个原子都是独立地振动并且需分别进行量子化, 则我们在 §32C 中提到的经典气体动理论与 Nernst 的第三定律不一致自然得到解决.

§33. 振动能量的量子化

因此, $T \to 0$ 时的摩尔热容可以用式 (9) 中的右列表示: *摩尔热容以指数方式趋向于零.*

这种把量子理论应用到固体比热的方法首次由爱因斯坦 (*Ann. der Physik*, Vol. 22) 在 1907 年给出. 然而 Nernst 研究所给出的实验显示, 摩尔热容以比指数弱的方式趋向于零. 其原因也容易找到: 固体中的原子不是独立地振动, 而是以群组方式进行, 群组的大小与温度有关 (参见 §32C 和 §35).

C. 推广到任意量子态

我们定义普适的分子配分函数:

$$Z_0 = \sum_{n=0}^{\infty} g_n e^{-\varepsilon_n k/T} \tag{11}$$

式 (11) 与前面定义不同的地方是其中的 "加权因子" g_n. 它的作用是把相同能量的量子态整合到同一项中. 对于两个不同原子的振动我们有 $g_n = 1$. 但是对于相同的原子每项的 g_n 都不同 (参见 A 中的评述 (2)).

用与式 (6) 相同的方式, 我们从 Z_0 中导出总能量 U, 不同的是, 我们不考虑 1 摩尔, 而是考虑一个包含任意个 (N) 原子的体系. 我们把对 β 的求导换成对 T 的求导, 得到

$$-\frac{d}{d\beta} = -\frac{dT}{d\beta}\frac{d}{dT} = kT^2 \frac{d}{dT}$$

式 (6) 变成

$$U = NkT^2 \frac{d \log Z_0}{dT} \tag{12}$$

从 §29 式 (12') 得到 S 的一个表达式

$$S = Nk \log Z_0 + \frac{U}{T} \tag{13}$$

为了用热力学理论来证明它, 我们保持体积 V 和其他参数不变而改变 T, 由式 (13) 可以得到

$$dS = Nk \frac{dZ_0}{Z_0} - \frac{U}{T^2} dT + \frac{dU}{T} \tag{13a}$$

等式右边第二项可以由式 (12) 给出:

$$-Nk \frac{d \log Z_0}{dT} dT = -Nk \frac{dZ_0}{Z_0}$$

可以看出, 它与式 (13a) 中右边第一项相消, 因此我们得到

$$dS = \frac{dU}{T}$$

这正是我们在等容过程中得到的结果. 因此除了一个常量外式 (13) 得证, 而那个附加的常量正好与 Nernst 定律相协调. 联合式 (12) 和式 (13) 我们得到

$$S = Nk\frac{\mathrm{d}\left(T\log Z_0\right)}{\mathrm{d}T} \tag{13b}$$

直接由式 (13) 可以得到自由能 $F = U - TS$ 的表达式, 形式非常简单:

$$F = -NkT\log Z_0 \tag{14}$$

§34. 转动能量的量子化

量子理论允许的转动能量的能级也是不连续的阶梯状的序列. 对于最简单的原子组成的转子系统 (双原子分子), §33 式 (3) 给出的线性谐振子的 Planck 能级应该由下式取代:

$$\varepsilon_n = n\left(n+1\right)\frac{\hbar^2}{2I}, \quad n = 0, 1, 2, \cdots; \quad \hbar = \frac{h}{2\pi} \tag{1}$$

波动力学中对式 (1) 的证明是基于球谐理论给出的, 其具体过程已经超出了本书范围, 不在这里给出.

我们将仿照 §33 式 (11) 的配分函数形式进行推导, 这里加权因子由下式给出:

$$g_n = 2n + 1 \tag{2}$$

这也是球谐理论的一个结果. 按照球谐理论, 除了球调和函数 (与 θ 有关), 还有 $2n$ 个球面调和函数 (与 θ 和 ϕ 有关). 这些转动状态在物理空间中彼此不同, 都与同一个能级 (1) 对应. 正如我们常说的式 (1) 的能级序列中的每一个能级都是 $(2n+1)$ 重简并. 因此上面的加权因子表示位形空间的求和, 在动量空间中我们也需要有同样的处理.

按照 §33 式 (11), 我们得到配分函数

$$Z_{\mathrm{rot}} = \sum_{n=0}^{\infty}(2n+1)\mathrm{e}^{-n(n+1)q} = 1 + 3\mathrm{e}^{-2q} + 5\mathrm{e}^{-6q} + \cdots \tag{3}$$

这里 q 的表达式是

$$q = \frac{\hbar^2}{2IkT} = \frac{\Theta}{T}, \quad \text{其中 } \Theta = \frac{\hbar^2}{2Ik} \tag{3a}$$

下面我们来计算 H_2 的 Θ, 它是一个非常有意思的实例. 由光谱数据 (多频光

§34. 转动能量的量子化

谱) 我们得到 ①

$$I = 0.46 \times 10^{-40} \text{g cm}^2$$

利用 §20 结尾得到的数值

$$\hbar = 1.06 \times 10^{-27} \text{erg s}, \quad k = 1.38 \times 10^{-16} \text{erg/deg}$$

和 Θ 的定义式 (3a), 我们计算得到

$$\Theta \approx 80 K \tag{4}$$

这个结果直接导致下面的结论: 当 $T \ll 80K$ 时, 级数 (3) 中的第二项呈指数衰减, 将远小于第一项. 因此

$$Z_{\text{rot}} \approx 1, \quad \log Z_{\text{rot}} \approx 0$$

按照 §33 式 (12), 这说明转动自由度对能量 U 和比热 c_v 的贡献消失. 比热约化成只有平动自由度的贡献

$$c_v = \frac{3}{2} R \tag{5}$$

氢气变成了 "单原子分子". 这和 Eucken 的发现尤其是 Θ 的数值一致. Eucken 的发现曾在 §31 的结尾部分提及, 曾是经典统计物理大厦上漂浮的最黑的乌云, 严重阻碍了经典统计物理的发展 ②.

然后我们考虑第二个极限情况, $T \gg \Theta$ 即 $q \ll 1$ 时, 由于式 (3) 中各项只有在 n 非常大的时候才减小到零, 级数 (3) 收敛很慢. 由其解析特性可以看出, 它属于 ϑ 函数群; 后者发生在椭圆函数和热传导问题中, 见第六卷 §15. 利用类似于 "ϑ 函数的变换公式", 对于这里的式 (3), 我们可以由第六卷中的 §15 式 (8) 得出一个在数值计算方面准确且更加便利的式子. 然而在这里, 当 $T \gg \Theta$ 时, 我们有充分的理由可以给出一个大概的估计, 而更加精确的计算在习题 IV.6 中给出.

因为 q 很小, 我们可以给出

$$p = n(n+1)q \tag{6}$$

当 n 增加时, 它几乎连续地从 0 变化到 ∞. 对所有的有限大小的 n,

$$\Delta p = p_n - p_{n-1} = n(n+1)q - n(n-1)q = 2nq \tag{6a}$$

---

① 利用方程 $I = 2m_H(a/2)^2$ 我们可以计算出两个氢原子之间的距离, 已知 $m_H = 1.67 \times 10^{-24}$g, 因此 $a = 0.74 \times 10^{-8}$cm=0.74Å, 即与氢原子截面的量级相同. 这个评述是为了从量级的角度来说明 I 貌似合理.

② 出于同样的原因, 电子以及原子核壳层的转动能量保持未激发状态. Θ 的值变得非常大($10^5 \sim 10^7$deg), 第一种情况是由于电子质量很小, 第二种情况是由于半径很小.

是一个小数, 式 (3) 中相应的项都有明显的贡献. 因此, 在后面的讨论中我们将把它记为 $\mathrm{d}p$. 这样, 我们可以利用式子 $2n+1 = \mathrm{d}p/q$ 而不至于出现明显的问题 [①].
因此

$$Z_{\text{rot}} = \frac{1}{q}\int_0^\infty e^{-p}\mathrm{d}p = \frac{1}{q} = \frac{T}{\Theta} \tag{7}$$

由 §33 式 (12) 式可以得到

$$U = NkT^2\frac{\mathrm{d}}{\mathrm{d}T}\log\frac{T}{\Theta} = NkT, \quad \text{进而有} \frac{\mathrm{d}U}{\mathrm{d}T} = Nk \tag{7a}$$

后面一个式子表明, 当 $T \gg \Theta$ 时转动对摩尔热容的贡献正好等于 R. 这个结果可以在图 28 和图 28a 中给出. 正如振动能量的情况, 上面的讨论揭示出当温度变化到 $T < \Theta$ 时, 转动自由度将被冻结. 只有当温度大于 $T = \Theta$ 时, $R = 2\text{cal/deg mol}$ 才能渐近地达到.

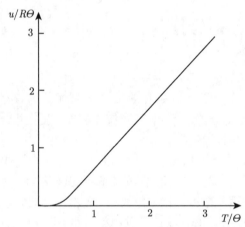

图 28　量子转子的摩尔能量随温度的变化

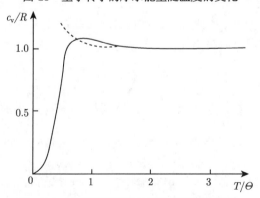

图 28a　量子转子的摩尔热容随温度的变化

---

① 误差的大小可以由欧拉求和公式给出.

在上面的讨论中，我们有意地针对 Eucken 的发现讨论了 "氢". 严格来讲，我们应该提及半重氢 HD(D 代表氘)，正如 §33A 的末尾部分评述 (2) 所说的那样，普通氢气 H_2(与重氢 D_2 一样) 比较复杂. 然而即使是在对于一个分子包含两个完全相同的原子的情况，转动比热 c_v 的普遍的定量方面的性质将不会有实质的变化.

我们尽量避免去讨论一般的多原子分子的转动能量的量子力学问题. 即使对于诸如 NH_3, CH_4 等特殊的对称分子，将出现一个新的自由度，即绕对称轴的转动自由度. 式 (1) 中的能量将增加一个新的项，这个项含有关于对称轴的转动惯量和一个新的求和坐标. 配分函数中的单重积分将变成双重积分.

在足够高的温度下，新的自由度使得摩尔热容增加一个 $\frac{1}{2}R$, 这个量将随着温度的降低而减小，减小的方式与新自由度对应的特征温度 $\varTheta'$ 有关. 随着温度的降低，多原子分子的摩尔热容 $c_v = 3R$ 将逐渐变化到双原子的摩尔热容 $c_v = \frac{5}{2}R$. 对于特征温度 $\varTheta'$ 比较大 (关于对称轴的转动惯量很小) 的多原子分子在常温下其行为和双原子分子相似.

§35. 关于辐射理论和固体的补充材料

我们在 §20 的式 (38) 中已经推导出了线性谐振子平均能量的表达式为下式：

$$U = \frac{h\nu}{e^{h\nu/kT} - 1} \tag{1}$$

这个能量表示温度为 T 的辐射腔的谐振与周围的黑体辐射处于平衡态时的能量. 当时我们指出利用统计方法可以更为方便地得到这个结论.

为了证明这个式子，我们回顾在 §33A 中考虑的线性谐振子. 后者并没有放在辐射腔中，但是也与周围环境处于平衡态，至于如何达到这个平衡不重要 (有可能是由辐射引起，也可能是由与周围气体分子的耦合引起)，按照普朗克假设 §33 式 (3), 我们可以直接利用 §33 式 (6) 推导平衡时的能量，因为我们考虑的是单个谐振子而不是 1 摩尔物质，这里可以自然地省略因子 L(Loschmidt-Avogadro 常量). 得到的结果和式 (1) 符合得很好.

A. 自然振动方法

使用统计方法处理问题的过程与所描述的对象无关，无论是实物物体还是态，是经济方面的数据还是实验数据等都可以. 利用统计方法处理腔 (平行六面体或立方体) 中的电磁振荡可以得到非常有意思的结果. 在第二卷 §44 中我们计算了弹性板自然振动的数目和排列，讨论了腔中仅存在电磁辐射时的简化处理方法. 在第二个问题中,利用三角函数关系可以得到严格满足边界条件 ($E_{\text{tang}} = 0$) 的结果; 在第一个问题中, 只能在适用所谓的 "混合" 边界条件时得到.

另外需要指出的是: 第二卷中的 §44 式 (16a) 适用于频率小于 ν 的弹性振动模个数为 Z. 为了把这个方程应用到电磁场的情况, 我们需要做一些调整, 令

$$c_{\text{trans}} = c = 光速; \quad c_{\text{long}} = \infty$$

正如在第二卷《变形介质力学》第 8 章 Debye 比热中提到的那样, 我们可以得到方程

$$\boldsymbol{Z} = \frac{8\pi}{3} \frac{V\nu^3}{c^3} \tag{2}$$

这个式子是由 Rayleigh 在 1900 年给出的. 这里 V 是平行六面体 (或者立方体) 的体积, 单位频率区间的振动模式数为

$$\mathrm{d}\boldsymbol{Z} = \frac{8\pi V}{c^3} \nu^2 \mathrm{d}\nu \tag{2a}$$

如果按照能量均分定理, 我们令每个模式的能量等于 kT(不是 $\frac{1}{2}kT$, 因为还需同时考虑势能), 发现单位频率区间的能量密度为

$$\boldsymbol{u}_\nu = \frac{kT}{V} \frac{\mathrm{d}\boldsymbol{Z}}{\mathrm{d}\nu} = \frac{8\pi}{c^3} \nu^2 kT \tag{3}$$

这就是众所周知的 Rayleigh-Jeans, 我们已经在 §20 式 (16) 中提到过该式子. 我们知道, 这个式子与实验有一定的出入, 因为按照这个式子, 当 $\nu \to \infty$ 时 $u \to \infty$.

然而, 如果我们采用 Debye 的建议 (Ann. d. Phys., Vol.33), 把每个频率模式都看做是量子化的谐振子 (参见 §33C) 并且用式 (1) 来描述它的能量, 则从式 (1) 和式 (2a) 我们可以得到的不是式 (3) 而是

$$\boldsymbol{u}_\nu = \frac{U}{V} \frac{\mathrm{d}\boldsymbol{Z}}{\mathrm{d}\nu} = \frac{8\pi\nu^2}{c^3} \cdot \frac{h\nu}{\mathrm{e}^{h\nu/kT} - 1} \tag{4}$$

这正好是已经在 §20 式 (39) 中给出的 Planck 辐射定律. Planck 在他 1921 年出版的第四版《辐射理论》中采用了这种推导方法, 并称之为辐射定律的最简洁的推导方法.

B. 固体比热的 Debye 理论

弹性固体和辐射腔的主要区别在于, 前者的自由度数受到晶格结构的限制, 而后者则没有 (正如我们现在所知道的那样). 因为固体简正模式的个数与自由度数相等, 容易发现简正模式的个数 Z 与其上限 Z_g 相等. 因此对于 1 摩尔固体我们有

$$\boldsymbol{Z}_g = 3L(L 为 \text{Loschmidt-Avogadro 常量}) \tag{5}$$

与这个上限相对应, 存在一个自然频率的上限 ν_g. 在第二卷中解释过, Debye 把自然振动的频率谱截取在 $\nu = \nu_g$. 固体的能量变为

$$u = \int_{\nu=0}^{\nu_g} U \mathrm{d} \boldsymbol{Z} \tag{6}$$

这里 U 是由式 (1) 给出的量子化能量. 频率上限 ν_g 定义了固体的特征温度 Θ:

$$\Theta = \frac{h\nu_g}{k} = \text{Debye 温度} \tag{7}$$

对式 (6) 积分我们得到

$$u = \frac{3\pi^4}{5}\frac{RT^4}{\Theta^8}, \quad c_v = \frac{12\pi^4}{5}R\left(\frac{T}{\Theta}\right)^3, \quad T \ll \Theta \tag{8a}$$

$$u = 3RT, \quad c_v = 3R \approx 6\frac{\text{cal}}{\text{deg}\cdot\text{mol}}, \quad T \gg \Theta \tag{8b}$$

在第二卷的 §44 中我们提到, 式 (8b) 给出的极限情况与 Dulong 和 Petit 提出的规则相协调; 式 (8a) 给出的极限情况下, u 的形式与 Stefan-Boltzmann 辐射定律一样; c_v 由 Debye 的固体比热的三次方律 (T^3-律) 给出. 它又证明了它本身是一个相当准确的规则, 并修正了 §33B 中给出的爱因斯坦假设. T^3-律与爱因斯坦的定律一样都与 Nernst 的第三定律相协调, 但是并非指数收敛, 而是按照三次方抛物线收敛到绝度零度. 其原因很明确: 爱因斯坦把固体的原子看做是各自独立的谐振子, 而 Debye 把分子分为同时振动 ① 的群组. 各群组的波长随着温度的降低而增加; 相似测量揭示出的分子间关联的增加使得爱因斯坦的独立假设显得越来越站不住脚. 第二卷中图 73 定性地给出了 u 和 c_v 在式 (8a) 和式 (8b) 两种极限下的不同.

以上讨论驱散了 §32 中 Kelvin 提到的最后一片乌云.②

§36. $\varGamma$-空间的配分函数

在 §29 中我们已经看到, Boltzmann 的组合方法不能直接用在真实的系统中. 把大量的元胞看做一个大的单元的做法的确可以得到正确的结果, 并且在近似的情况下也可以满足实际情况. 但是热力学关系普遍有效, 因此我们需要一个严格的理由. 我们将把这个问题与 $\varGamma$-空间的统计力学基本方程表示结合起来, 同时将用到 §37 中的一些结论.

---

① 它们可以看做是彼此独立的事实, 可由所有频率的声音的速度相同的境况推断出来.
② 详见 Sommerfeld 理论物理学第二卷《变形介质力学》§43, 中文译本已经出版. ——译者注

A. Gibbs 条件

下面我们给出 Gibbs[①]的讨论, 这将给 Boltzmann 的关于等元胞的概率相等的假设带来新的光明. 在比较了相空间中两个不同点的相元后, 我们发现, 在一个地方发现一个真实系统相点的概率与在另一个地方发现它的概率不同, 并且它们可随时间变化. 我们可以把这些概率写成如下普适形式:

$$\Delta w = f(p_1 \cdots p_F, q_1 \cdots q_F; t) \frac{\Delta \Omega}{h^F} \tag{1}$$

这里 $\Delta \Omega$ 表示相元, 与前面一样, h^F(这里 $F = Nf$) 是一个元胞的大小, 函数 $f(p,q,t)$ 给出概率在不同点的变化和随时间的变化, 它构成了单个元胞 h^F 的概率. Δw 的这个普适形式非常重要, 例如, 当我们探究一个力学系统初始状态的错误是如何随时间的演化而传递时.

当我们研究热力学统计的时候, 主要关注平衡态. 此时 $f(p,q)$ 就不再显含时间了, 下一个问题就是这个要求导致的结果是什么.

我们考虑两个相元 $\Delta \Omega$ 和 $\Delta \Omega'$, 其中一个是另一个由于运动而达到的. 它们之间的时间间隔记为 $\Delta t = t' - t$. 按照式 (1), 两个概率可以写为下式:

$$\Delta w = f(p, q, t) \frac{\Delta \Omega}{h^F} \quad \text{和} \quad \Delta w' = f(p', q', t + \Delta t) \frac{\Delta \Omega'}{h^F}$$

由于运动相元在任意时刻都包含相等相点, 两个概率应该相等, 即 $\Delta w = \Delta w'$.

按照 Liouville 定理, 我们有 $\Delta \Omega = \Delta \Omega'$; 又由于在平衡态时 f 不随时间变化, 考虑到 (p', q') 是 (p, q) 的动力学结果, 我们得到

$$f(p, q) = f(p', q') \tag{2}$$

这样我们就证明了以下假设: *在热力学平衡态时, 每个元胞的概率是一个运动积分.*

对于正则系统, 一定存在至少一个运动积分: 能量 $E = H(\dot{p}, q)$. 所有的能量的函数也是一个运动积分. 因而我们可以给出下式:

$$f = f(H) \tag{3}$$

除了能量之外, 刚才的讨论还可能包含其他的运动积分: 当系统是由许多独立的子系统组成时, 部分能量可能是运动积分; 当系统自由转动时, 角动量可能是运动积分等. 然而除了能量之外, 这些运动积分都是有一定条件的. 对系统的一个小的改变经常不会改变系统的总能量, 但是会严重影响平衡态的建立, 而且可能去掉一些

[①] J. W. Gibbs. Elementary Principles in Statistical Mechanics. Yale University Press, New Haven, 1902.

§36. Γ-空间的配分函数

运动积分. 我们可以想到理想气体的例子, 对于所有的目标和意图, 总是假定个体分子与其他分子相互独立, 但它们需要通过碰撞而和其他分子交换能量. 另一个例子是宇宙物质, 它的转动不受任何限制, 因此在应用统计处理时, 除了能量以外, 我们还必须考虑它的角动量. 尽管如此, 一般来说, 热力学统计由一个能量的函数决定.

式 (3) 的具体函数形式是什么呢? 回答这个问题需要用到 Gibbs 的假定来取代 Boltzmann 假设. Gibbs 的假设是这样的: **两个耦合的力学系统处于热力学平衡, 当它们之间的耦合消失甚至把它们分开时, 它们仍然处于热力学平衡**. 例如, 两个系统由于热接触而达到温度相同, 当我们再把它们分开时, 它们的温度仍然相同. 再说得精确一点, 当我们把它们分开时, 如果克服两者之间的凝聚力所做的功可以忽略 (物体的尺度在各个方向上都比较大), 则系统的温度不会有显著的变化.

我们用 H_1 和 H_2 来表示两个子系统的哈密顿量, 用 $H=H_1+H_2+\delta H(\delta H \to 0)$ 表示耦合系统的运动积分, δH 表示耦合能量. 由式 (3) 我们可以得到下面的分布函数:

$$f_1(H_1) \cdot f_2(H_2) \quad \text{和} \quad f(H) \approx f(H_1+H_2)$$

Gibbs 假设将导致下面的方程:

$$f_1(H_1) \cdot f_2(H_2) = f(H_1 + H_2) \tag{4}$$

原因是发现系统处于给定的态的概率在分开前后应该是相等的.

B. 与 Boltzmann 方法的关系

首先, 我们可以确认当 $\delta H \to 0$ 时式 (4) 的左右两边变成了运动积分, 因此 Gibbs 的假设会像前面陈述的 Boltzmann 假设那样导出仅与初始状态有关的结果. 另外对式 (4) 关于 H_1 和 H_2 求导我们得到

$$f_1'(H_1+H_2) = f_1'(H_1) \cdot f_2(H_2) = f_1(H_1) f_2'(H_2)$$

因而得到比率

$$\frac{f_1'(H_1)}{f_1(H_1)} = \frac{f_2'(H_2)}{f_2(H_2)} = -\beta$$

一定是一个常量, 如果不是这样, 具有不同变量的两个函数不能在形式上相同. 积分后我们得到 Boltzmann 分布函数

$$f(H) = \mathrm{e}^{-\alpha-\beta H} \tag{5}$$

这里我们已经把常量因子仿照 §29 式 (10) 写成了 $\mathrm{e}^{-\alpha}$ 的形式. 它的值可以利用条件 $\sum \Delta W = 1$ 得到, 因此

$$\mathrm{e}^{\alpha} = \int \mathrm{e}^{-\beta H} \frac{\mathrm{d}\Omega}{h^F} = Z \tag{6}$$

Z 是 Γ-空间中的配分函数，仍然以积分的形式出现. 因子 $1/h^F$ 暗示已经做了量子力学修正，这将在 C 部分介绍.

所有与平衡态有关的量都可以从配分函数 Z 中得到. 特别的，变分求导为

$$-\frac{1}{\beta}\frac{\delta \log Z}{\delta H(pq)} = \frac{\mathrm{e}^{-\beta H}}{\int \mathrm{e}^{-\beta H}\mathrm{d}\Omega} = f(p,q) \tag{7}$$

仿照 §29 式 (16) 我们得到平均能量的表达式

$$U = -\frac{\partial \log Z}{\partial \beta} \tag{8}$$

温度和熵可以由第二定律给出

$$T\delta S = \delta U - \int \delta H \cdot f(p,q)\frac{\mathrm{d}\Omega}{h^F}$$

第一项表示能量的变化，这是由第二定律要求的，因为变化 H 同时保持分子在相空间中的分布是常量，对应的积分则代表对系统所做的功. 利用式 (7) 我们可以得到

$$T\delta S = \delta U + \frac{1}{\beta}\int \delta H \frac{\delta \log Z}{\delta H(p,q)}\mathrm{d}\Omega = \delta U + \frac{1}{\beta}\delta \log Z - \frac{1}{\beta}\frac{\partial \log Z}{\partial \beta}\delta\beta$$

$\delta \log Z$ 包含 β 的变化和 H 的变化，前者的贡献已经第三项中被减掉，应用式 (8) 我们得到

$$T\delta S = \frac{1}{\beta}\delta(\beta U + \log Z)$$

比较微分符号的前后两个因子然后积分我们得到

$$T = \frac{1}{k\beta}, \quad S = k\left(\log Z + \frac{U}{kT}\right) \tag{9}$$

这里的因子 k 就是前面的 Boltzmann 常量.

把式 (9) 和前面的 Boltzmann 方程 §29 式 (1) 对比后可以得到这个结论. 首先从式 (6) 和式 (9) 可以看出

$$S = k(\alpha + \beta U) = k\overline{(\alpha + \beta H)} = -k\overline{\log f(p,q)}$$

式子上面的横线表示平均值，可以明确地写成

$$S = -k\int f \cdot \log f \cdot \frac{\mathrm{d}\Omega}{h^F} \tag{10}$$

直接和 §29 式 (5)、式 (5a) 相比可以得到

$$\log W = -N\sum_i \frac{n_i}{N}\log \frac{n_i}{N}$$

§36. Γ-空间的配分函数

进而得到方程

$$S = k \log W \tag{11}$$

此式与 §29 式 (1) 相同. 很明显, 在对应能量为 U 的所有可能分布函数 f 中, 式 (5) 给出的分布函数可以使得式 (11) 中的 $\log W$ 取极大值. 相关的计算与 §29 中的计算相同. 这说明 Gibbs 假设和 Boltzmann 假设等价.

如果一个系统包含 N 个等价的、相互独立的部分, 每个部分的自由度数为 f, 广义坐标和动量记为 $p'_1 \cdots q'_f$, $p''_1 \cdots q''_f$, $p_1^{(N)} \cdots q_f^{(N)}$, 则它的能量为

$$H = H_0(p', q') + H_0(p'', q'') + \cdots + H_0\left(p^{(N)}, q^{(N)}\right)$$

我们发现配分函数可以分为 N 项相乘:

$$Z = \int e^{-\beta H_0(p', q')} \frac{d\Omega'}{h^f} \times \cdots \times \int e^{-\beta H_0\left(p^{(N)}, q^{(N)}\right)} \frac{d\Omega^{(N)}}{h^f}$$

这些项唯一的区别是积分号里面所用的变量标示不同. 它们是完全等价的, 因此我们得到

$$Z = Z_0^N \tag{12}$$

和

$$Z_0 = \int e^{-\beta H_0(p, q)} \frac{d\Omega_0}{h^f} \tag{13}$$

是 μ-空间中的配分函数. 这与我们前面的论证有着直接的联系.

C. 量子效应引起的修正

我们应该意识到, 一般来讲我们应该利用 Γ-空间的配分函数来进行论证. 只有在非常特殊的假设下才能把 Z 分成 Z_0 乘积的形式, 当理想气体包含量子效应时, 这个假设不再有效. 我们将在 §37 中证明这个结论. 为了在我们的统计分析中加入量子修正, 我们需要按顺序进行以下几个步骤. 前两个步骤已经在 μ-空间中完成. 第三个步骤需要在 Γ-空间中进行, 我们将在 §37 中描述. 第四个步骤, 在量子力学的框架下给出配分函数, 这需要太多的量子力学知识来对经典配分函数进行一个简单的变换, 我们建议读者参考专业的文献 [1].

第一个步骤包括把积分形式的配分函数 (6) 换成求和形式

$$Z = \sum_{(n)} e^{-\beta E(n)} \tag{14}$$

这里的求和遍及 Γ-空间中所有的体积为 h^F 的相元胞. 对于所有的意图和目的, 由它得到的结论和由式 (6) 得到的结论一致. 这是因为在一个元胞中积分的变化无关

---

[1] M. Delbruck, G. Moliere: Proc. Prussian Ac. of Sci., Phys-Math. Class, 1936, No.1.

紧要. 元胞的尺度才是唯一重要的参量. 它的值会影响熵表达式中的常量的值 (参见 §31 式 (5c)). 然而需要明确的是, 这已经在式 (6) 中考虑到了, 我们已经假定 $d\Omega/h^F$ 是相元. 事实上, 从欧拉的求和方程的意义上说, 式 (6) 可以看做是量子求和式 (12) 近似为连续变化的结果.

我们现在给出式 (14) 的求和可以按照式 (12) 的方式拆分, 这个特点与式 (6) 一样. 把单个分子的相空间分成尺度为 h^f 的元胞, 我们发现式 (14) 中的能量 $E(n)$ 可以写成下式:

$$E(n) = \sum_i n_i \varepsilon_i \tag{15}$$

这里 n_i 表示 μ-空间给定元胞中的分子数目, ε_i 表示元胞中一个分子的能量, $\sum_i$ 表示遍及 μ-空间中所有元胞的求和. 式 (14) 中的 (n) 表示遍及每种分子排列的所有组分的求和.

$$N = \sum_i n_i \tag{16}$$

在式 (14) 中我们省略了 §33 式 (11) 中出现的权重因子 g. 按照惯例, 任意一个能量值如果重复出现了几次, 就应该计入相同的次数, 这与权重因子的功能相同. 在 Γ-空间中不同相元胞 $E(n)$ 相同可以由 μ-空间中 ε_i 相同的事实给出 (简并分子态). 这种简并导致了 §33 式 (11) 中的权重因子.

只要我们像在经典统计力学中做的那样假定不同分子个体可以区分, 我们就可以通过许多不同的方式得到能量 $E(n)$ 的确切值, 因为不同分子个体可以经由许多不同的方式分配在相元胞中. 这种分布可以这样描述, n_1 个分子在第一个元胞, n_2 个分子在第二个元胞, 等等. 可能情况的数目可以由 §29 式 (3) 的排列给出, 因此配分函数 (14) 必须加上一个权重因子:

$$Z = \sum_{(n)}{}' \frac{N!}{n_1! n_2! \cdots} e^{-\beta \sum_i n_i \varepsilon_i} \tag{17}$$

如果 N 个部分中的每一个只被写出一次, 我们用求和号上的撇表示, 令

$$e^{-\beta \varepsilon_i} = z_i \tag{18}$$

可以看到, 式 (17) 变为

$$Z = \sum_{(n)}{}' \frac{N!}{n_1! n_2! \cdots} z_1^{n_1} z_2^{n_2} \cdots \tag{17a}$$

显然, 排列变成了二项式系数. 求和中每个幂的乘积

$$z_1^{n_1} z_2^{n_2} \cdots$$

§36. Γ-空间的配分函数

发生的频率与计算 z_i 之和的 N 次方一样,因此我们有

$$Z = (z_1 + z_2 + \cdots)^N$$

或者

$$Z = Z_0^N, \quad Z_0 = \sum_i z_i - \sum_i e^{-\beta\varepsilon_i} \tag{19}$$

这与式 (12) 和式 (13) 一致. Z_0 是 μ-空间中的配分函数,这次它表示度所有的相元胞 h^f 的求和.

通向量子统计的第二个步骤发生在当我们不再把 ε_i 看做不同元胞的能量,而是看做不同量子态的能量时. 这样求和应该遍及所有的量子态而不是 μ-相空间中的所有元胞. 同时量子态有相等的概率的假设取代了 Boltzmann 的每个元胞都有相同的概率的假设. 这样变化的结果已经在 §33~§35 中研究过. 我们已经知道第一个步骤得到了熵常数的值; 第二个步骤修正了能量均分定理. 我们将回头讨论如何根除我们推导 Sackur 公式 (参见 §31 式 (5c)) 时出现的敏感误差, 这将在 §37 进行第三个步骤时完成; 这个步骤还会给我们带来气体简并. §37 中的结果与能斯特第三定律一致.

D. Gibbs 假设分析

现在我们回顾式 (5) 来研究 Γ-空间中对 H 依赖的重要意义. 当我们考虑一个与周围环境完全独立的真实系统时, 发现它的能量有确定的值, 因此这里没有分布 $f(H)$. 假定式 (5) 后我们不考虑完全孤立的系统, 由式 (4) 演绎到式 (5) 显示我们研究的系统是从一个大系统分离出来的. 因此式 (5) 中的正则分布可以应用到处于热库中的热力学系统.

为了考虑孤立系统, 我们必须直接回到式 (3), 有

$$f(H) = \begin{cases} U - \delta U < H < U + \delta U, & \text{在非常窄的区间内} \\ 0, & \text{在区间外} \end{cases} \tag{20}$$

这就是所谓的*微正则分布*. 它是由 Gibbs 假定 $H = U = $const 取代原来的平衡态而得到的. 在 Γ-空间中进行基于微正则分布的计算通常不是那么简单, 但是对于所有的意图和目标, 所得的结果与正则分布所得的结果往往是一致的. 这是因为能量平均值附近的涨落通常很小 (假定系统不是很小). 热库的扰动通常是相互作用能的量级, 这是可以忽略的 (见习题 IV.9).

对于 μ-空间的情况与上面讨论相同. 因为当我们变换到 μ-空间时, 这预示着每一个分子与它的环境的相互作用非常弱, 我们可以认为每一个分子与其他分子组成的热库相接触. 另一方面, 单个分子的平均行为由 μ-空间的正则分布决定, 这个正

则分布是 §29 式 (10) 给出的 Boltzmann 分布. 这与我们开始采用正则分布或是微正则分布无关.

§37. 量子统计基础 [①]

A. 全同粒子的量子统计

按照量子力学, 全同粒子彼此之间不可分辨. 人们很早就认识到原子和金属中的电子没有属性特征因而不可区分, 一般来讲光子和基本粒子也不可分辨, 甚至我们讨论的气体的原子和分子也是不可分辨的. 只有在它们拥有了特殊的性质 (电离、激发或者自旋的运动) 时才可以分辨. 因此我们不能像在 §20 中讨论的那样把它们从 N 个粒子中孤立出来并分配到相空间中的元胞 $\Delta\Omega_i$ 中. 我们只能区分系统的不同态, 即整个气体作为一个整体的态, 而不是单个粒子的态 ε_i. 前者的形式为

$$E(n) = \sum n_i \varepsilon_i \tag{1}$$

因此, 从量子统计的角度看, 讨论单个分子的配分函数 §29 式 (15)

$$Z_\mu = Z_0 = \sum e^{-\beta\varepsilon_i} \tag{2}$$

没有意义, 我们需要从 §36 式 (14)

$$Z_\Gamma = Z = {\sum_{(n)}}' e^{-\beta E(n)} \tag{2a}$$

给出的 "气体的配分函数" 入手.

由于粒子之间不可区分, 因此交换两个元胞中的量子粒子不会带来任何新的情况. §36 式 (16) 给出的分布只能统计一次. 所以我们需要用 1 来取代 §36 式 (17) 给出的排列. 换言之, 我们需要像 §36 式 (7) 中那样, 用求和 $\sum_n{}'$.

当我们用 1 来取代 §36 式 (17) 给出的排列后, 求和的计算变得困难起来. 首先, 我们不能直接从 μ-空间的配分函数来计算这个求和, 只有经典的理想气体才能够约化到 μ-空间. 在系统地计算式 (2a) 中的求和之前, 我们打算先考虑一个特殊的情况来帮助我们理解为什么 §36 式 (17) 给出的配分函数足以应付很多情况.

现在我们回忆一下前面给出的一个评论 (参见 §29), 它指出, 标准状况下理想气体中 30000 个元胞中只有大概一个元胞含有一个分子 [②]. 因此在这种情况下, 我

[①] 这部分的讨论是基于 Schroedinger 的短而有效的介绍, Statistical Thermodynamics, Cambridge University Press, 1948.

[②] 单个相元胞的平均分子数为 $e^{-\alpha-\beta\varepsilon}$, 因此其最大值为 $e^{-\alpha}$. 按照 §29 式 (14) 和式 (15), 单个粒子的平均相元胞 $e^\alpha = Z_0/N$, 因此对于单原子气体 $m = 1.67 \times 10^{-24}$g 的情况, $(V/N)(2\pi mkT)^{3/2}/h^3 \approx 30000$.

§37. 量子统计基础

们只需要考虑占有数 0 或 1. 因此排列的分母上的 $n_i!$ 项都等于 1. 这意味着 §36 式 (17) 和本节式 (2a) 的区别只在于因子 $N!$, 它又与 n_i 无关而可以拿到求和号的外边. 因此, 对于标况下的理想气体, 我们有

$$Z_{\text{class}} = Z_0^N \approx N! Z_{\text{quant}} = N! Z \tag{3}$$

所以新的配分函数可以写为

$$Z \approx \frac{Z_0^N}{N!}$$

和

$$\log Z \approx N \log Z_0 - N(\log N - 1) \tag{3a}$$

这里我们已经利用 Sterling 公式把 $N!$ 展开了.

除了一个附加的常量, 前部分的讨论在这里都适用. 然而这个常量足以修正 Sackur 方程. 事实上, 如果我们在 §31 式 (5c) 的熵中增加一项 $-N(\log N - 1)$, 就得到 Sackur 和 Tetrode 给出的公式

$$S = kN \log \frac{V}{N} (2\pi m k T)^{3/2} \mathrm{e}^{5/2} / h^3 \tag{4}$$

正如先验要求, 这个表达式与 N 成正比. 尽管如此, 这个方程不满足 Nernst 定理. 为了修正这个不足, 我们需要更为精确地计算那个求和, 这个也是可能的.

B. Darwin 和 Fowler 的方法 [1]

这个方法可以帮助我们考虑 §36 式 (16) 中包含的分布条件. 在标题中提到 Darwin 和 Fowler 时我们不得不有所保留. 从上文引用的文献的出版日期算起, 两位作者在 1922 年把这个方法用在了经典统计物理上, 这比量子统计公式要早. 如果他们使用了配分函数 Z, 他们指的是 §36 式 (17). 我们将看到非常详尽的细节显示这个方案可以得到 Z 和 Z_0 的经典关系. 这不是全新的发现. 事实上像从 §36 式 (17) 和式 (19) 看到的那样, 我们可以从一个非常基本的方法来考虑 §36 式 (16) 显示的分布条件.

两位作者为他们自己设定的目标在于演示一种在 n_i 很小时, 可以在 Boltzmann 统计中考虑能量条件

$$U = \sum n_i \varepsilon_i \tag{5}$$

的方法. 由于他们的方法依要求求和式 (5) 中的项都是整数, 他们不得不把"如此小的单元"中的能量以及总的能量近似为整数. 这里我们把这个单元记为 ε_0 (他们没有明确地引入它), 我们在这里引入它的原因在于, 这样可以把 ζ-面中的函数

---

[1] C.G. Darwin and R. H. Fowler, Phil.Mag.Vol. 44,450,823,(1922) 或者参见 Statistical Mechanics, R. H. Fowler, Cambridge University Press, 1929.

展开成 ζ 的整数幂次, 这与我们把 $Y(\zeta)$ 写成 ζ 的整数幂次之和从而可以应用柯西定理相对应 (见下文式 (8)). 应用这个方法我们不可避免地要用到极限 $\varepsilon_0 \to 0$, 这意味着能量规模被分为了无穷小量, 这又与相元胞的有限维度相违背. Pascual Jordan 在他的《统计力学》① 中提到了这点, 但是 "直接越过这个烦人的境况而没有做进一步的讨论". 在配分函数的形式中已经考虑到了能级条件 (5). 我们已经在 §36 中用另外一种方法得到了配分函数, 没有必要再使用 Darwin-Fowler 方法来联系式 (5). 在这个时候, 我们需要引入分布条件 §36 式 (16), 这在量子统计领域是有意义的. 我们可以在这里使用 Darwin-Fowler 方法 (参见 Schroedinger, L.c. Chap. VII ff). 事实上在这里应用 Darwin-Fowler 方法不会有太多问题, 因为 §36 式 (17) 中的项与式 (5) 中的项不同, 它们本身就是整数.

为了计算配分函数 (2a), 我们参照 §36 式 (18), 把式 (1) 的能量代入得到

$$Z = \sum_{(n)}{}' z_1^{n_1} z_2^{n_2} \cdots \qquad (6)$$

如果把求和扩展到所有的 n_i, 我们将引入一个大的不属于配分函数 (6) 的项. 这里我们可以采取一个小的策略: 用 ζz_i 取代 §36 式 (18) 中的 z_i, 因此

$$\Pi z_i^{n_i} \text{ 被 } \xi^\Sigma \prod_i z_i^{n_i} \text{ 取代} \qquad (7)$$

这里

$$\Sigma = \sum_i n_i$$

我们用符号 $Y(\zeta)$ 表示不限制 n_i 值时式 (6) 求和的结果. 把它展开成 ζ 的幂次然后关注那组具有乘子 ζ^N 的项. 由式 (7) 知这是我们的配分函数 (5a). 因此我们可以写出

$$Y(\zeta) = \cdots + \zeta^N Z + \cdots \qquad (8)$$

第二个策略是把含有 ζ^N 的项孤立出来, 按照达尔文和福勒的做法, 在留数上利用柯西定理, 可以得到

$$Z = \frac{1}{2\pi i} \oint Y(\zeta) \zeta^{-N-1} d\zeta \qquad (9)$$

这里 ζ 被看做是复变量; 积分沿着 ζ-平面的一个闭合路径, 这个路径包围了原点而不存在其他奇点. 这样就排除了序列 (8) 中 $\cdots$ 所代表的项, 我们只保留了留数 (有 ζ^{-1} 的项), 由它按照式 (9) 可以直接得到 Z.

---

① Vol.87 of the series 'Wissenschaft', 2.ed. 脚注 2, 第 33 页, Vieweg, 1944.

C. Bose-Einstein 和 Fermi-Dirac 分布

下面我们将继续对辅助函数 $Y(\zeta)$ 进行更为细致的分析. 在式 (6) 中用 ζz 取代 z 并且明显提高分布条件 §36 式 (16) 后,我们得到一个普适的表达式:

$$Y(\zeta) = \sum_{n_1=0}^{\infty} (\zeta z_1)^{n_1} \cdot \sum_{n_2=0}^{\infty} (\zeta z_2)^{n_2} \cdots \tag{10}$$

如果像在式 (9) 表明的那样 n_i 可以取所有的值

$$n_i = 0, 1, 2, \cdots$$

式 (10) 的积分将非常容易计算. 我们得到

$$Y(\zeta) = \prod_i \frac{1}{1 - \zeta z_i} \tag{11}$$

从波动力学的观点来看, 上面的结果意味着系统的本征函数是关于其分量坐标对称的函数. 这个情况最初与 1924 年由 S.N.Bose 针对光量子气体给出, 随后由爱因斯坦直接推广到物质气体.[①]

自然界中还存在另外一个情况, 与不对称的本征函数对应. 在这种情况下, 我们有

$$n_i = 1 \quad \text{或} \quad 0$$

后一种情况是由 Fermi 在 1926 年引入波动力学, Fermi 应用了 Pauli 不相容原理. Dirac 也独立地给出相同的结果. 这个统计的最重要的应用是在金属电子上面.

在这种情况下, 由式 (10) 直接得到

$$Y(\zeta) = \prod_i (1 + \zeta z_i) \tag{11a}$$

两种情况可以用一个方程来表示:

$$Y(\zeta) = \prod_i (1 \mp \zeta z_i)^{\mp 1} \tag{12}$$

(上面符号表示 Bose-Einstein 统计, 下面符号表示 Fermi-Dirac 统计.)

在两种情况下, 我们都有 $Y(0) = 1$ 和 $Y(\zeta)$ 可以在 $\zeta = 0$ 附近展开成 ζ 的整数次幂的序列. 我们已经在式 (8) 中做了这样的假设. 对于 Fermi-Dirac 分布, $Y(\zeta)$ 是一个全纯函数, 沿正半轴单调递增. 对于 Bose-Einstein 分布, $Y(\zeta)$ 是一个亚纯函数, 在满足下式的条件的点处有极点:

$$\zeta = \zeta_i = 1/z_i$$

[①] 这个结果与波动力学中的对称波函数和反对称波函数的关系超出了本书的范围.

按照 §36 式 (18) 的定义，所有的这些点存在于 ζ 的正实轴. 如果我们把能量标准化后，所有的 $\varepsilon_i \geqslant 0$ 和所有的极点都在 $\zeta = 1$ 的另一侧，随着 ζ 的增加，它们在无穷远处汇聚. 对于 $\zeta < (\zeta_i)_{\min}$ 的情况, Bose-Einstein 分布对应的 $Y(\zeta)$ 也单调递增.

下面我们考虑式 (9) 中积分的对数，令

$$F(\zeta) = \log Y(\zeta) - (N+1)\log \zeta \tag{13}$$

在 $\zeta = 0$ 时它的值为 $+\infty$（因为 $\log \zeta = -\infty$），当右边的第二式起主要作用时，它将快速减小. 然而在 ζ 达到 1 之前，第一项将变成起主导作用的项，这一项像 $Y(\zeta)$ 那样单调递增. 因此在正实轴存在一个点 ζ_0 使得

$$F'(\zeta_0) = 0 \tag{13a}$$

相应的 $F''(\zeta_0)$ 非常大且为正，因为 $F(\zeta)$ 从递减变成递增的速度非常快；事实上，当 N 值非常大时变化更快，我们将在后面讨论.

最后的评论可以作为下面讨论的基础. 在这部分的最后我们给出一个评论，是关于引入的两个"新"统计：统计本身不是新的，但是应用在了新的对象上. 新的研究对象包括不可分辨粒子，它们的量子态是对称和反对称的.

D. 鞍点方法

下面我们来计算式 (9) 的积分. 利用式 (13) 定义的积分的对数，我们可以把式 (9) 替换为

$$Z = \frac{1}{2\pi i}\oint e^{F(\zeta)} d\zeta \tag{14}$$

然后我们把 $F(\zeta)$ 在 $\zeta = \zeta_0$ 附近做泰勒展开

$$F(\zeta) = F(\zeta_0) + \frac{1}{2}F''(\zeta_0)(\zeta - \zeta_0)^2 + \cdots \tag{15}$$

其中的线性项为零, 这与式 (13a) 一致.

二维的势函数不存在实的极大值和极小值. 因为 $\nabla^2 \Phi = 0$，二阶导数 $\partial^2 \Phi/\partial x^2$ 和 $\partial^2 \Phi/\partial y^2$ 的符号必然相反. 这意味着 $u = $ 常量的面在一个方向上向上弯曲，在与之垂直的方向上向下弯曲. 因此 $\partial \Phi/\partial x = \partial \Phi/\partial y = 0$ 的点是鞍点. 对于任意的复函数 $F(\zeta)$，在满足 $F'(\zeta_0) = 0$ 的 $\zeta = \zeta_0$ 的点，其实部 u 和虚部 v 都有这个特点. 当在正实轴讨论函数 $F(\zeta)$ 时，它有一个明显的最小值. 考虑到具有鞍点状的表面的势函数的走势，我们发现它在同一点沿着穿过 ζ_0 过虚轴的线有一个明显的最大值.

§37. 量子统计基础

为了估计积分的值, 我们需要沿着把原点环起来的路径, 比如沿着一个圆, 让这个圆通过 ζ_0 我们发现在积分的过程中经历了一个陡峭的路径 (在一侧陡然下降, 而在另一侧陡然上升). 唯一对积分有重要贡献的是鞍点附近的部分. 在鞍点附近可以用圆的一部分切线来代替圆, 忽略掉圆的其余部分, 见图 29. 沿着切线部分我们有

$$\zeta = \zeta_0 + iy; \quad -y_0 < y < +y_0 \tag{16}$$

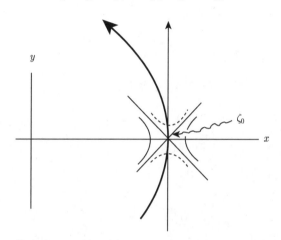

图 29 鞍点附近 ζ_0 的 ζ 面 ($\zeta = x + iy$) 带有定性的等高线表示

忽略掉高阶项, 从式 (14) 和式 (15) 可以得到

$$Z = \frac{1}{2\pi} e^{F(\zeta_0)} \int_{-y_0}^{+y_0} \exp\left\{-\frac{1}{2} F''(\zeta_0) y^2\right\} dy \tag{17}$$

引入新的变量

$$\eta = y\sqrt{\frac{1}{2} F''(\zeta_0)}$$

然后假定 $F''(\zeta_0)$ 足够大, 则

$$Z = \frac{1}{2\pi} \sqrt{\frac{2}{F''(\zeta_0)}} e^{F(\zeta_0)} \int_{-\infty}^{+\infty} e^{-\eta^2} d\eta = \frac{e^{F(\zeta_0)}}{\sqrt{2\pi F''(\zeta_0)}}$$

考虑到式 (13), 有

$$Z = \frac{Y(\zeta_0)}{\zeta_0^{N+1} \sqrt{2\pi F''(\zeta_0)}} \tag{18}$$

首先在经典情况下证明这个结论是非常有意义的, 虽然在这种情况下我们可以毫无困难地计算出求和的值, 并不需要使用 Darwin 和 Fowler 的技巧. 这里我们的

出发点不是式 (6) 定义的配分函数而是 §36 式 (17a). 如果我们现在像在式 (6) 中那样丢掉条件 §36 式 (16), 并把分母 $n_1!, n_2!, \cdots$ 写在相应的对 $n_1, n_2, \cdots$ 求和里面, 我们得到

$$Y_{\text{class}} = N! \prod_i \left(\sum_{nj} \frac{(\zeta z_i)^{n_i}}{n_i!} \right) = N! e^{\zeta(z_1 + z_2 + \cdots)} = N! e^{\zeta Z_0} \tag{19}$$

它代替了前面的函数 $Y(\zeta)$. 这种情况又一次显示配分函数 Z_0 在经典力学中具有合理的意义.

从式 (13) 和式 (19) 我们可以推出关系

$$F(\zeta) = \zeta Z_0 + \log N! - (N+1) \log \zeta \tag{20a}$$

$$F'(\zeta) = Z_0 - \frac{N+1}{\zeta} \tag{20b}$$

$$F''(\zeta) = (N+1)/\zeta^2 \tag{20c}$$

因此按照式 (13), 我们有

$$\zeta_0 = \frac{N+1}{Z_0}, \quad \sqrt{2\pi F''(\zeta_0)} = \left(\frac{2\pi}{N+1} \right)^{\frac{1}{2}} Z_0 \tag{20d}$$

式 (18) 变成

$$Z = \frac{N! e^{N+1} Z_0^N}{(N+1)^N \sqrt{2\pi(N+1)}} \to Z_0^N \tag{21}$$

利用 §29 Sterling 公式 (4a), 数值因子等于 1; 当 $N \gg 1$ 时我们有

$$\frac{N! e^{N+1}}{(N+1)^N \sqrt{2\pi(N+1)}} = \frac{e}{(1+1/N)^N} \cdot \frac{1}{\sqrt{1+1/N}} \approx 1 \tag{21a}$$

因此我们的式 (21) 没有导出新的东西, 它只是重新给出了我们已经熟知的 B 部分中提到的 §39 式 (16). 前面回到经典情况的讨论可以被看做在近似条件下对一个不太简单的解析结果的检验. 此外, 我们还可以把它看做当 N 很大时 $F''(\zeta_0)$ 很大的另外一个证明. 事实上在式 (17) 到式 (18) 的变换中我们已经假定在使用陡然下降 (鞍点方法) 时这是一个必要的假设. 我们可以从式 (20c) 中推断出这个假定在经典情况是满足的: 我们知道 ζ_0 是有限的, $\zeta_0 < 1$, 从式 (20c) 可以得到结论 $F''(\zeta_0)$ 正比于 N 增大到无穷大. 我们假定在量子统计中也是如此.

重新回到后者, 利用式 (12) 给出的 $Y(\zeta)$, 我们对式 (18) 给出的配分函数求对数后得到

$$\log Z = \mp \sum_i \log(1 \mp \zeta_0 z_i) - (N+1) \log \zeta_0 - \frac{1}{2} \log[2\pi F''(\zeta_0)]$$

在这个方程中相较于 N 我们可以忽略 1. 最后一项是 $\log N$ 的量级, 相对于 N 来说在 $N \to \infty$ 时可以忽略. 在 $N \to \infty$ 的极限下, 相对其他项它也是可以忽略的. 在这个条件下我们得到

$$\log Z = \mp \sum_i \log\left(1 \mp \zeta_0 z_i\right) - N \log \zeta_0 \tag{22}$$

这里 ζ_0 由式 (13) 和式 (13a) 决定, 因此

$$\frac{\mathrm{d}}{\mathrm{d}\zeta_0}\left[\log Y(\zeta_0)\right] = \frac{N}{\zeta_0} \tag{22'}$$

当我们相对 N 再一次忽略 1 以后, 我们得到

$$\sum_i \frac{\zeta_0 z_i}{1 \mp \zeta_0 z_i} = N \tag{23}$$

与式 (12) 一致.

把 §36 式 (18) 的表达式代入式 (22) 和式 (23), 令 $\zeta_0 = \mathrm{e}^{-\alpha}$, 我们得到

$$\log Z = \mp \sum_i \log\left(1 \mp \mathrm{e}^{-\alpha - \beta \varepsilon_i}\right) + N\alpha \tag{22a}$$

和

$$\sum_i \frac{1}{\mathrm{e}^{\alpha + \beta \varepsilon_i} \mp 1} = N \tag{23a}$$

由式 (23a), 当 α 很大时

$$\mathrm{e}^{-\alpha} Z_0 = N, \quad \alpha = \log Z_0 - \log N$$

由式 (22a) 可得

$$\log Z = N \log Z_0 - N(\log N - 1)$$

与式 (3a) 一致. 容易看出 $\alpha \gg 1$ 对应于普通气体的极限情况. 当 α 变小甚至变成负值时, 我们得到简并气体态. 金属中的传导电子是简并气体的一个极好的例子, 我们将在后面讨论 (§38 和 §39).

§38. 简并气体

A. Bose-Einstein 和 Fermi-Dirac 分布

由于全同粒子的不可分辨性, 我们在 §37 中的讨论都基于 Γ-空间的配分函数, 但是其结果则只包含对 μ-空间的求和, 这些结果在 §37 式 (22a) 和式 (23a) 中给出.

§37 式 (22a) 中的求和

$$\log Y = \mp \sum_i \log\left(1 \mp e^{-\alpha-\beta\varepsilon_i}\right) = \Phi(\alpha,\beta) \tag{1}$$

与配分函数的功能相似, 是一个热力学势. 由 §37 式 (22′) 得

$$N = -\frac{\partial \Phi}{\partial \alpha} \tag{2}$$

由 §36 式 (8) 得到内能

$$U = -\frac{\partial \Phi}{\partial \beta} \tag{3}$$

由 §36 式 (7) 得到粒子数为

$$\bar{n}_i = -\frac{1}{\beta}\frac{\partial \Phi}{\partial \varepsilon_i} = \frac{1}{e^{\alpha+\beta\varepsilon_i}\mp 1} \tag{4}$$

应用式 (4) 我们可以从式 (2) 和式 (3) 得到

$$N = \sum \bar{n}_i, \quad U = \sum \bar{n}_i\varepsilon_i \tag{5}$$

应用 §36 式 (9) 我们可以得到熵的表达式

$$S = k\left(\Phi + \alpha N + \beta U\right) \tag{6}$$

Φ 的微分为以下形式:

$$d\Phi = -Nd\alpha - Ud\beta - \beta\sum \bar{n}_i d\varepsilon_i \tag{7}$$

用热力学的语言说, 它是用独立变量 α、β 和 ε_i 表示的势.

从式 (7) 可以看出, 式 (1) 定义的 Φ 表示一种热力学势, 这个势与前面的势有所不同, 它不但把能量作为独立变量 (习题 II.1), 还把粒子数作为独立变量. 在系统与外部环境完全独立的情况下, 系统的能量是一个常量 ($U=$const) 相空间中所有的相点都在同一个表面上. 这个能量面和 $U+\Delta U$ 对应的面之间的任意一个等体积的相元的概率相等. 我们称之为微正则系综的微正则分布.

到目前为止我们的讨论涉及了正则系综. 后者发生在系统与环境有热接触的情况. 对于每一个温度我们得到一允许平均能量涨落的正则分布, 平均能量的涨落是由于系统和热库之间的能量涨落. 当系统的自由度数非常大时, 用微正则系综或正则系综计算的结果相差不明显, 原因是能量的涨落非常小.

态函数 Φ 适用于所谓的 "巨正则系综". 当 α 是常量并且不能消除时, 与下面的讨论不同, 分子数 N 也会有涨落. 这样就不仅仅是存在热接触了, 系统还可能与

§38. 简并气体

热库交换粒子,这将引起总粒子数的涨落. 同样的,当系统非常大时,粒子数的涨落非常小,不会对结果造成大的影响. 以上讨论到此为止,我们回到正则分布,利用式 (2) 消除 α(又见 §40).

在 α 很大的极限下,我们从式 (1) 得到

$$\log Y = \Phi = \mathrm{e}^{-\alpha} \sum \mathrm{e}^{-\beta \varepsilon_i} = \mathrm{e}^{-\alpha} Z_0 \tag{1'}$$

在式 (2) 和式 (4) 的帮助下我们可以导出

$$N = \mathrm{e}^{-\alpha} Z_0, \quad U = -\mathrm{e}^{-\alpha} \frac{\partial Z_0}{\partial \beta}, \quad \bar{n}_i = -\frac{\mathrm{e}^{-\alpha}}{\beta} \frac{\partial Z_0}{\partial \varepsilon_i}$$

或者消掉 α,得到

$$U = -N \frac{\partial \log Z_0}{\partial \beta}, \quad \bar{n}_i = -\frac{N}{\beta} \frac{\partial \log Z_0}{\partial \varepsilon_i} \tag{8}$$

这与 §29 式 (6) 一致. 这里 $\bar{n}_i$ 表示普通的 Boltzmann 分布函数.

当我们不假设 α 很大时,可以进行同样的推导,但是不太容易把 α 消除掉. 无论如何,我们可以在 μ-空间中进行计算. 容易发现在 Γ-空间中进行计算时我们总是得到分布函数 $\exp\{-\alpha - \beta E(n)\}$,唯一的变化是 $E(n)$ 的能阶的个数. 另一方面,按照式 (4),在 μ-空间,新的分布函数取代了 Boltzmann 分布函数 $\exp(-\alpha\beta\varepsilon_i)$. 对于Bose-Einstein情况:

$$\bar{n}_i = \frac{1}{\mathrm{e}^{\alpha + \beta \varepsilon_i} - 1} \tag{4a}$$

对于Fermi-Dirac情况:

$$\bar{n}_i = \frac{1}{\mathrm{e}^{\alpha + \beta \varepsilon_i} + 1} \tag{4b}$$

量子气体可以在 μ-空间中利用新的统计来描述. 通常情况下,式 (4a) 和式 (4b) 可以在 μ-空间中利用组合理论,考虑全同粒子的不可分辨性和 Pauli 不相容原理而导出. 然而我们不再在这里详述.

熵方程式 (6) 将导致一系列重要的结论. 由式 (4) 得

$$\mathrm{e}^{\alpha + \beta \varepsilon_i} = \frac{1 \pm \bar{n}_i}{\bar{n}_i}$$

把它代入式 (6) 我们得到

$$\frac{1}{k} S = \sum_i \left\{ \mp \log \left(1 \mp \frac{\bar{n}_i}{1 \pm \bar{n}_i} \right) + \bar{n}_i \log \frac{1 \pm \bar{n}_i}{\bar{n}_i} \right\}$$

或者重新整理以后得

$$\frac{1}{k} S = -\sum_i \left\{ \bar{n}_i \log \bar{n}_i \mp (1 \pm \bar{n}_i) \log (1 \pm \bar{n}_i) \right\} \tag{9}$$

第一项与 §36 式 (10) 中 Boltzmann 的 $\log W$ 相同, 整个式子是 $\log W$ 的量子形式. 这是由于分布式 (4a) 和式 (4b) 精确地得到

$$\log W^{\pm} = -\sum_i \{f_i \log f_i \mp (1 \pm f_i) \log(1 \pm f_i)\} \tag{10}$$

考虑到附加条件 $N = \sum f_i = \text{const}$ 和 $U = \sum f_i \varepsilon_i = \text{const}$ 并求极大值.

对 Fermi-Dirac 分布的情况, 这些热力学概率的变化很容易解释. 考虑到

$$f_i^0 = 1 - \bar{n}_i, \quad f_i' = \bar{n}_i \tag{11}$$

代表在第 i 个量子态上发现没有或者只有一个分子的概率, 从式 (10) 我们可以得到

$$\log W^- = -\sum_i \left(f_i^0 \log f_i^0 + f_i' \log f_i'\right) \tag{12}$$

这个表达式与 Boltzmann 的表达式只有一项之差, 这一项代表空位的 Boltzmann 热力学概率. 现在在条件

$$f_i^0 + f_i' = 1, \quad \sum_i f_i' = N, \quad \sum_i \varepsilon_i f_i' = U \tag{13}$$

的约束下我们可以确定 W^- 的最大值而得到 Fermi 分布.

对于 Bose-Einstein 分布的情况是一样的, 同样需要考虑 Boltzmann 真空空间的热力学概率. 令 $f_i^{(n)}$ 为在第 i 个量子态上找到 n 个分子的概率, 则热力学概率等于 Boltzmann 型的和:

$$\log W^+ = -\sum_i \left(f_i^0 \log f_i^0 + f_i' \log f_i' + f_i'' \log f_i'' + \cdots\right) \tag{14}$$

由这个表达式可以得到 Bose-Einstein 分布 (4a), 由式 (9) 计算式 (14) 的最大值并考虑附加条件

$$\sum_{n=0}^{\infty} f_i^{(n)} = 1, \quad \sum_{i,n} n f_i^{(n)} = N, \quad \sum_{i,n} n f_i^{(n)} \varepsilon_i = U \tag{15}$$

可以得到 $\log W^+$. 在习题 IV.7 中给出证明.

B. 气体简并度

在这个部分中我们考虑单原子组成的量子理想气体. 这种情况下, 利用连续近似和积分, 式 (1) 中的求和可以写成

$$\Phi = \mp \frac{4\pi V}{h^3} \int_0^{\infty} \log\left(1 \mp e^{-\alpha - \beta p^2/2m}\right) p^2 \mathrm{d}p \tag{16}$$

§38. 简并气体

另有
$$\Phi = \frac{V}{h^3}\left(\frac{2\pi m}{\beta}\right)^{3/2} \cdot \chi(\alpha) \tag{16a}$$

这里
$$\chi(\alpha) = \mp\frac{2}{\sqrt{\pi}}\int \log\left(1 \mp e^{-\alpha-t}\right)\sqrt{t}\,dt \tag{16b}$$

其中, $\beta p^2 = 2mt$. 对于这个方程的修正在后面的式 (26) 中给出. 在式 (2)～式 (4) 的帮助下, 可以通过式 (16a) 计算粒子数, 我们得到

$$N = -\frac{V}{h^3}(2\pi mkT)^{3/2}\chi'(\alpha) \tag{17}$$

类似地, 能量为

$$U = \frac{3}{2}\frac{V}{h^3}\left(\sqrt{2\pi mkT}\right)^3 \cdot kT \cdot \chi(\alpha) = \frac{3}{2}NkT \cdot [-\chi(\alpha)/\chi'(\alpha)] \tag{17a}$$

压强为

$$p = \frac{1}{\beta}\frac{\partial \Phi}{\partial V} = \frac{1}{h^3}\left(\sqrt{2\pi mkT}\right)^3 \cdot kT \cdot \chi(\alpha) \tag{17b}$$

(考虑到 $\Phi + N\alpha = -\beta F$, $dF = -SdT - pdV$.)

由最后的两个方程我们可以导出

$$pV = \frac{2}{3}U \tag{18}$$

这个关系与 $\chi(\alpha)$ 无关, 在量子力学中也有效.

由式 (17) 知 α 是比例

$$\rho = \frac{N}{V} \cdot \frac{h^3}{\left(\sqrt{2\pi mkT}\right)^3} \tag{19}$$

的函数. 这个比例是式 (17)、式 (17a) 和式 (17b) 与理想气体的态的偏差. 比例 ρ 被定义为气体简并度. 由式 (16a)、式 (17) 和式 (19) 可以得到

$$\rho = -\chi'(\alpha) = \frac{2}{\sqrt{\pi}}\int_0^\infty \frac{\sqrt{t}\,dt}{e^{\alpha+t} \mp 1} \tag{20}$$

可以看出当 α 很大时 ρ 非常小, ρ 很小意味着气体的行为是经典的. 我们在 §37 中估计过, 在标准状态下气体的 $\rho \approx 1/30000$. 图 30 给出了 ρ 对 Bose-Einstein 气体和 Fermi-Dirac 气体的影响. 它可以用来在式 (17) 和式 (17a) 中消除 α.

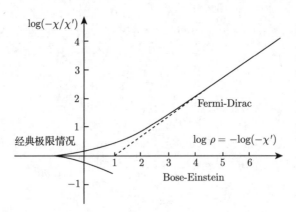

图 30 由 §38 式 (17a) 给出的能量因子 $U/U_{\text{Boltzm}} = -\chi/\chi'$ 的对数值随 §38 式 (20) 给出的简并度的对数值的变化曲线 (来自于 F. L. Bauer)

金属中的导电电子是一个典型的 ρ 值很大且高简并的例子. 我们将在 §39 中看到, 在一级近似下, 传导电子的行为非常像自由粒子. 换句话说, 电子在金属中移动就像气体分子在容器中运动一样, 但是电子气体是高简并的. 假定铜中每个原子有一个传导电子, 我们发现 $\rho \approx 5000$.

因为电子的行为遵从 Pauli 原理, 电子气满足 Fermi-Dirac 分布. 对于 ρ 比较小时, 所有类型 (如 Fermi-Dirac 和 Bose-Einstein 的气体的行为都一样, 但是当 ρ 非常大时, 它们的区别就非常明显, 我们需要分别讨论.

C. 高简并度的 Bose-Einstein 气体

直到最近, 除了光子外, Bose-Einstein 型的粒子中还没有发现简并度可观的例子. 超低温情况下液氦中的超流现象 [1]与气体简并有关. 不管怎么样, 只发生在同位素 He^4 中的超流满足 Bose-Einstein 统计是一个事实. He^3 满足 Fermi-Dirac 统计则没有超流现象.

由式 (17) 和式 (20) 我们得到 Bose-Einstein 气体的粒子数与下式成正比:

$$-\chi'(\alpha) = \frac{2}{\sqrt{\pi}} \int_0^\infty \frac{\sqrt{t}\,\mathrm{d}t}{\mathrm{e}^{\alpha+\beta t} - 1} \tag{21}$$

这个积分在 $\alpha = 0$ 时达到最大值. $\alpha < 0$ 应该去掉, 因为它使得 $-\chi'(\alpha)$ 发散. 积分只在 $\alpha = 0$ 时收敛的事实和假定 $\zeta(3/2) = 2.612$ ($\zeta =$Zeta 函数) 可以这样来解释, 按照式 (17), 在有限的体积内只能容纳有限数目的 Bose 粒子, 这个数目将随着温

---

[1] F. London. Superfluids. Vol. I Introduction, Sec. 4: structure of mater series, New York, London, 1950.

§38. 简并气体

度的降低以 $T^{3/2}$ 的速度减少, 在绝对零度时变成零. 这个结果看起来并不合理, 它与在 Bose-Einstein 统计的情况下, 每个量子态都可以容纳任意数目的粒子相抵触.

事实上, 这个结论是错误的. 它是在式 (1) 求和中进行连续近似的结果. 在低温下当 $\beta\varepsilon_i \gg 1$ 时不能够用积分代替求和. 如果能量标准化后最低值为 0, 我们把能量从小到大排列:

$$0 = \varepsilon_0 < \varepsilon_1 \leqslant \varepsilon_2 \leqslant \cdots$$

发现不同的能态上的平均分子数由式 (4) 给出, 它们是

$$\bar{n}_0 = \frac{1}{e^\alpha - 1}, \quad \bar{n}_i = \frac{g_i}{e^{\alpha + \beta\varepsilon_i} - 1} \quad (i = 1, 2, \cdots) \tag{22}$$

这里出现的因子 g_i 表示能量 ε_i 多次出现, 这与 §33 式 (11) 中的情况相同. 假定基态简单, 因为在极限 $\alpha \to 0$ 下, $\bar{n}_0$ 无限增大, 粒子的数目就没了限制.

式 (21) 在 $\alpha = 0$ 时有限的事实仅意味着激发态上粒子的数目 $\bar{n} = \sum_{i=1}^{\infty} \bar{n}_i$ 不能超过一个上限. 超过这个数目的原子只能对基态有贡献. 量子在基态上凝聚到一定的程度 (爱因斯坦凝聚). 数目 $\bar{n}$ 由积分 (21) 决定. 与前面式 (19) 一样定义简并度, 我们由式 (17) 得到 [①]

$$\bar{n} = -\frac{N}{\rho}\chi'(\alpha) \leqslant \frac{N}{\rho}\zeta\left(\frac{3}{2}\right) = N_0 \tag{23}$$

得到上式是由于 $\bar{n}$ 的定义中低能级的消失不会给实际带来变化. 可以估计出误差的量级为 $\delta\bar{n}/\bar{n} = (\rho/N)^{1/3}$, 甚至在简并比较大的时候都可以忽略.

现在我们直接考虑高简并度的情况. 按照式 (23) 我们有 $\bar{n} \ll N$, 实际情况是所有的粒子都在基态. 因此式 (20) 显示 α 非常小. 我们有 $N_0 \ll N$ 并且

$$\bar{n} = N_0, \quad \bar{n}_0 = N - N_0, \quad \alpha = \frac{1}{N - N_0} \tag{24}$$

作为一级近似, 激发态上的粒子数目为

$$\bar{n}_i \approx n_i^0 = \frac{g_i}{e^{\beta\varepsilon_i} - 1} \tag{25}$$

这里已经在式 (22) 中代入了 $\alpha \approx 0$. 现在我们可能会问什么时候代入式 (25) 定义的 n_i^0 的值来求 $\bar{n}_i$ 的值? 换句话说, 我们想知道在什么条件下可以得到

$$\frac{n_i^0 - \bar{n}_i}{\bar{n}_i} = \frac{(e^\alpha - 1)e^{\beta\varepsilon_i}}{e^{\beta\varepsilon_i} - 1} = \frac{e^{\beta\varepsilon_i}/\bar{n}_0}{e^{\beta\varepsilon_i} - 1} \ll 1$$

[①] 很明显不能应用式 (20), 因为它暗示 $\bar{n} = N$.

首先我们知道当 $\beta\varepsilon_i$ 很大时这个表达式非常小. 再者, 如果对于所有的激发态 ε_i 我们有

$$\beta\varepsilon_1 \gg \frac{1}{\bar{n}_0} \approx \frac{1}{N}$$

可以得到 $\beta\varepsilon_i \ll 1$. 最低的量子激发态 ε_1 的量级式

$$\varepsilon_1 \approx h^2/(2mV^{2/3})$$

这个与德布罗意波长对应, 其量级为体积的线性维度的大小. 因此当

$$\frac{h^2}{2mkT} \cdot V^{-2/3} \gg \frac{1}{\bar{n}_0}$$

时, 上面的不等式得到满足.

考虑到式 (19), 可以给出下面的条件, 它可以在 ρ 很大的极限下得到满足. 因为在那时, $\bar{n}_0 \approx N$.

$$\rho\pi^{3/2} \gg \frac{N}{\bar{n}_0^{3/2}} \tag{26}$$

高简并度 Bose-Einstein 气体激发态占据数由式 (25) 给出, 只与温度有关. 在一级近似下我们可以从前面处理光子的分布函数计算出来 (§20). 式 (22) 中更为精确的值可以由改进的势

$$\Phi = -\log\left(1 - e^{-\alpha}\right) - \frac{V}{h^3}(2\pi mkT)^{3/2} \cdot \frac{2}{\sqrt{\pi}} \int_0^\infty \log\left(1 - e^{-\alpha-t}\right) \sqrt{t}\,dt \tag{16'}$$

求出.

第一项包含对式 (16) 的最低量子态修正. 压强与修正项无关. 按照式 (17b) 我们有

$$p = \chi(\alpha)\left(\frac{2\pi m}{h^2}\right)^{3/2}(kT)^{5/2} \approx \chi(0)\left(\frac{2\pi m}{h^2}\right)^{3/2}(kT)^{5/2} \tag{27}$$

因此我们得到了一个蒸汽-压强曲线.

在结尾部分我们打算演示 Bose-Einstein 气体的简并与 Nernst 的第三定律相兼容. 考虑到式 (1)~式 (3), 我们从式 (6) 中可以推出

$$\frac{1}{k}S = \sum_i \left\{-\log\left(1 - e^{-\alpha-\beta\varepsilon_i}\right) + \frac{\alpha + \beta\varepsilon_i}{e^{\alpha+\beta\varepsilon_i} - 1}\right\}$$

方程中 α 的值可以从式 (2) 中导出

$$N = \sum \frac{1}{e^{\alpha+\beta\varepsilon_i} - 1}$$

然而在绝对零度附近所有的激发态都满足条件 $\beta\varepsilon_i \geqslant 1$，因此求和中所有 $i \neq 0$ 的项消失或者至少正比于 $e^{-\beta\varepsilon_i}$. 只有与温度无关的项保留下来：

$$\frac{1}{k}S_0 = -\log\left(1 - e^{-\alpha}\right) + \frac{\alpha}{e^\alpha - 1}, \quad N = \frac{1}{e^\alpha - 1}$$

这个方程显示 S 以 e 指数的速度变成一个常量

$$S_0 = k\left(\log N + 1\right)$$

除了那些量级为可以忽略的项外，绝对零度附近的比熵形式为

$$s_0 = \frac{S_0}{N} = k\frac{\log N + 1}{N} \approx 0 \tag{28}$$

到目前为止，我们假定最低的能量态为 $\varepsilon_0 = 0$，下面的问题是当 $\varepsilon_0 \neq 0$ 时，上面的讨论将做哪些改变。因为按照式 (2)，α 与温度有关，我们可以用 $\alpha' - \beta\varepsilon_0$ 代替 α，然后我们得到与式 (1) 相同的形式。方程 (2) 和方程 (4) 形式保持不变。方程 (3) 由下式取代：

$$U = -\left(\frac{\partial\Phi}{\partial\beta}\right)_{\alpha=\text{const}} = -\left(\frac{\partial\Phi}{\partial\beta}\right)_{\alpha'=\text{const}} - \left(\frac{\partial\Phi}{\partial\alpha'}\right)\frac{\partial\alpha'}{\partial\beta} = U' + N\varepsilon_0$$

由上式可得到

$$U' = U - N\varepsilon_0$$

因此，在求关于 β 的导数时，如果 α' 取代 α 保持不变，能量将下降一个零点能量值 $N\varepsilon_0$.

§39. 金属电子气

A. Drude 理论的评价性介绍

电子被发现以后，电流是由电子定向运动而形成的观点不再受到人们的质疑。金属中的电子的行为与分子气体的行为相似并参与热平衡的观点最早是由 Drude 提出来的。Drude 理论最伟大的成功之处在于导出了 Wiedemann-Franz 定律。这个定律告诉我们，热导率 κ 与电导率 σ 的比值由下面的方程给出：

$$\frac{\kappa}{\sigma} = 3\frac{k^2}{e^2}T \tag{1}$$

这里 $-e$ 表示电子的基本电荷。Drude 还能够导出至今仍然重要的电导的表达式

$$\sigma = \frac{e^2 l n}{m\bar{v}} \tag{2}$$

($l=$ 电子的平均自由程,$n=$ 自由电子数密度,$\bar{v}=$ 平均速率,$e=$ 基本电荷,$m=$ 电子质量) 许多热电子学和热磁现象如热电磁辐射和伏安电磁辐射、金属中的电子热激发等多可以在 Drude 假定的帮助下得到解释或者至少定性解释,它们的内部联系也可以被认知.

然而在物质的比热方面最基本的假设与实验不符. 按照 Drude 的假设,处于平衡态的自由电子的每个自由度对应 $\frac{1}{2}kT$ 的能量,电子的摩尔能量应该是 $3R/2 =$ 3cal/(mol·deg),这与 Dulong-Petit 规则矛盾. 当我们比较精确地考虑 Maxwell 的速度分布时,发现式 (1) 中的数值因子是 2 而不是 3,这与 Jager 和 Diesselhorst 的测量结果不一致. 只有我们假设一个特别的情况,即当自由电子的个数远小于原子的个数时,上面的及其他一些困难将消失.

前述困难完全破坏了 Drude 关于"电子气"存在的假定. 不成功的出现基本上可以理解为是由于金属中的电子不是在零场力中而是在由离子产生的周期性势场中运动,同时电子之间还存在相互作用.

然而按照波动力学,不受力的金属电子在一定程度上是可以存在的. 再者 A. Sommerfeld 在 1928 年复活了 Drude 存在自由电子的假设,并指出当电子气拥有高简并 Fermi-Dirac 气体 (参见 §38 式 (20)) 的特性时,前述的困难将随之消失. 我们接下来将讨论一下这个理论带来的结果,整个讨论是基于索末菲和 H. Bethe 合写的一篇论文.[1]

B. 完全简并 Fermi-Dirac 气体

现在我们回顾 §38 式 (1),要记得下面的符号与 Fermi-Dirac 情况对应. 容易发现在极限 $T \to 0$ 时,ζ 有限而 α 则不是,因此我们用 $\alpha = -\beta\zeta$ 来代替 α[2]. 这样我们得到

$$\Phi = \sum_i \log\left(1 - e^{-\beta(\varepsilon_i - \zeta)}\right) \tag{3}$$

上面式子中的 ζ 有一个简单的热力学解释. 利用 §38 式 (6) 和式 (17) 我们可以来估计 §7 式 (4) 中的自由焓

$$G = U - TS + pV$$

我们得到

$$G = U - \frac{1}{\beta}\Phi + \zeta N - U + \frac{V}{\beta}\frac{\partial \Phi}{\partial V}$$

---

[1] "Elektronentheorie der Metalle", in "Handbuch der Physik" edited by Geiger and K. Scheel, Vol.XIV 2 Chap.3. I pp. 333-368.

[2] 这不可能把这里的 ζ 与 §37 中的搞混.

§39. 金属电子气

上式中含有 U 的项与含有 Φ 的项两两相消. 在后者中, 由于 Φ 与 V 成正比, 则 $V\partial\Phi/\partial V = \Phi$. 因此我们得到

$$\zeta = -\frac{\alpha}{\beta} = \frac{G}{N} \tag{4}$$

ζ 表示单个电子的自由焓. 对应的方程可以从 Bose-Einstein 的情况导出.

与后者明显不同的是, α 可以设为负值, 则 ζ 变成正值. 按照 §38 式 (4), 粒子密度是

$$\bar{n}_i = \frac{1}{e^{\beta(\varepsilon_i - \zeta)} + 1} \tag{5}$$

在 $T \to 0 (\beta \to 0)$ 的极限下, 我们得到 0 或者 1, 决定于 $\varepsilon_i > \zeta$ 或者 $\varepsilon_i < \zeta$. 因此在完全简并的情况下我们得到

$$\bar{n}_i = \begin{cases} 1, & \varepsilon_i < \zeta_0 \\ 0, & \varepsilon_i > \zeta_0 \end{cases} \tag{6}$$

这里绝度零度时的量用下标 0 表示 (见图 31 中的曲线), ζ_0 扮演极限能量的角色. 所有低于 ζ_0 的能级都被占据, 所有高于 ζ_0 的能级空着. 因此可以看到在绝对零度最低能级被占据, 按照 Pauli 原理, 每个能级有两个电子, 对应于电子的两个可能的自旋方向.

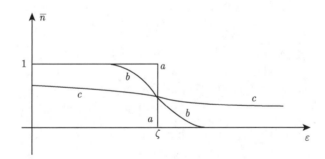

图 31　单个相元胞中的平均粒子数

a. 绝对零度; *b*. $\beta = 10/\zeta$; *c*. $\beta = 1/\zeta$ (ζ 是常量)

电子的总数目决定极限能量. 定义极限动量 P_0 如下:

$$\zeta_0 = \frac{P_0^2}{2m}, \quad P_0 = \sqrt{2m\zeta_0} \tag{7}$$

我们发现粒子个数为

$$N = 2\frac{V}{h^3} \cdot \frac{4\pi}{3} P_0^3 \tag{7a}$$

能量为

$$U = 2\frac{V}{h^3} \cdot \frac{4\pi}{5} \frac{P_0^5}{2m} \tag{7b}$$

数字因子 2 是由于按照量子力学, 每一个相元胞由于有两个自旋而包含两个量子态, 因而有两个电子. 则 P_0 为

$$P_0 = h\left(\frac{3}{8\pi}\cdot\frac{N}{V}\right)^{1/3} \tag{8}$$

因此, 由式 (7b) 和式 (7) 得到绝对零度时的能量和极限能量为

$$U_0 = \frac{3Nh^2}{10m}\left(\frac{3}{8\pi}\cdot\frac{N}{V}\right)^{2/3}, \quad \zeta_0 = \frac{h^2}{2m}\left(\frac{3}{8\pi}\frac{N}{V}\right)^{2/3} \tag{9}$$

因而压强 §38 式 (18) 变成

$$p_0 = \frac{8\pi h^2}{15m}\left(\frac{3}{8\pi}\cdot\frac{N}{V}\right)^{5/3} \tag{10}$$

对于铜的情况, 这个压强的值为 $p_0 \approx 3.8 \times 10^5$ atm. 这个超级大值来源于电子和离子之间的相互作用. 铜的极限能量为 $\zeta_{Cu} \approx 11.3 \times 10^{-12} \approx 7\text{eV}$, 这与氢原子的电离能 (13.54eV) 相差不大. 每摩尔的总能量为 $U_0 = \frac{3}{5}L\zeta_0$, 大约等于碳的燃烧能量. 再者, 作用在一个离子截面上的力与静电引力相等: $p_0 r^2 \approx e^2/(4\pi\varepsilon_0 r^2)$, 这里 $r \approx V/N$, 其量级为 7Å, 暂时先让 r 待定, 我们发现, 一般来讲, 不会达到平衡态. 再者

$$p_0 r^2 = \gamma e^2/(4\pi\varepsilon_0 r^2)$$

把式 (10) 代入上式得到

$$\gamma = \frac{4\pi\varepsilon_0 r^4}{e^2}\cdot\frac{1}{5}\left(\frac{3}{8\pi}\right)^{2/3}\frac{h^2}{mr^5}$$

或者, 设 $\varLambda = h/(mc)$(Compton 波长), $\alpha = e^2/(4\pi\varepsilon_0 hc)$(精细结构常数) 变成

$$\gamma = \frac{2\pi}{5}\left(\frac{3}{8\pi}\right)^{2/3}\frac{\varLambda}{\alpha r} \approx \frac{1\text{Å}}{r}$$

当 $\gamma < 1$(如 $r > 1$Å) 压强太小而无法与引力平衡时, 电子和相应的离子距离将被拉近, 当 $\gamma > 1(r < 1$Å) 压强变得太大时引起金属膨胀. 可以看出是传导电子的作用使金属凝聚在了一起.

前面的数值结果对应于绝对零度. 事实情况是, 压强、能量和极限能量与温度有关, 然而简并度是如此之大使得对温度的依赖变得非常微弱. 可以看到在简并特征温度

$$\varTheta = \frac{h^2}{2\pi mk}\left(\frac{N}{V}\right)^{2/3} = \frac{\zeta_0}{\pi k}\left(\frac{8\pi}{3}\right)^{2/3} \approx 100000\text{K}$$

时, 简并度 §38 式 (19) 变成了 1.

C. 近完全简并

当温度增加时，式 (6) 给出的阶梯函数开始变得平缓下来 (见图 31 中曲线 b 和 c)，但是从 $\bar{n}_i = 1$ 到 $\bar{n}_i = 0$ 之间的转换在绝对零度附近非常快，即只要 $T \ll \Theta \approx 100000 K$ 或者 $kT \ll \zeta_0$，也就是 $\beta\zeta_0 \gg 1$. 这给我们提供了一个比较精确估计积分 §38 式 (16) 以及由它导出的积分的可能.

就 §38 式 (17) 而言，我们令 $t + \alpha = t - \beta\zeta = x$，然后加上自旋因子 2，得到粒子数

$$N = \frac{4\pi V}{h^3}\left(\frac{2m}{\beta}\right)^{3/2}\int_{-\beta\zeta}^{\infty}\frac{(x+\beta\zeta)^{1/2}\,\mathrm{d}x}{\mathrm{e}^x+1} \tag{11}$$

相似地，利用部分积分，我们由 §38 式 (17a) 得到能量的表达式：

$$U = \frac{4\pi V}{2mh^3}\left(\frac{2m}{\beta}\right)^{5/2}\int_{-\beta\zeta}^{\infty}\frac{(x+\beta\zeta)^{3/2}\,\mathrm{d}x}{\mathrm{e}^x+1} \tag{12}$$

两个积分都可以利用部分积分来进一步变形. 由式 (11) 得到

$$N = \frac{8\pi V}{3h^3}\left(\frac{2m}{\beta}\right)^{3/2}\int_{-\beta\zeta}^{\infty}\frac{\mathrm{e}^x}{(\mathrm{e}^x+1)^2}(x+\beta\zeta)^{3/2}\,\mathrm{d}x$$

积分里面第一个因子是关于 x 的对称函数. 当 $\beta\zeta$ 非常大时，积分里面的第二个因子变化很慢，而 $\mathrm{e}^x/(\mathrm{e}^x+1)^2$ 明显不为零. 这样我们就可以把根展开成 x 的幂次形式. 再者，因为积分在两端都指数衰减，我们可以把积分的下限拓展到 $-\infty$. 处理之后我们得到

$$N = \frac{8\pi V}{3h^3}(2m\zeta)^{3/2}\int_{-\infty}^{+\infty}\frac{\mathrm{e}^x}{(\mathrm{e}^x+1)^2}\left(1+\frac{3x}{2\beta\zeta}+\frac{3x^2}{8\beta^2\zeta^2}+\cdots\right)\mathrm{d}x \tag{11a}$$

积分中间的项由于是奇函数而为零，可以看出第一项为 1，最后一项积分与下式成比例：

$$\int_{-\infty}^{+\infty}\frac{x^2\mathrm{e}^x}{(\mathrm{e}^x+1)^2}\mathrm{d}x = 2\int_{0}^{\infty}x^2\left(\mathrm{e}^{-x}-2\mathrm{e}^{-2x}+3\mathrm{e}^{-3x}-+\cdots\right)\mathrm{d}x$$

$$= 2\times 2!\left(1-\frac{1}{2^2}+\frac{1}{3^2}-+\cdots\right) = \frac{\pi^2}{3}$$

把上式的积分值代入式 (11a)，我们有

$$N = \frac{8\pi V}{3h^3}\left(\sqrt{2m\zeta}\right)^3\left(1+\frac{\pi^2}{8}\frac{k^2T^2}{\zeta^2}+\cdots\right) \tag{11b}$$

与极限情况下的完全简并的差别的量级为 $(T/\Theta)^2$，相应地估计式 (12) 得到

$$U = \frac{4\pi V}{5mh^3}\left(\sqrt{2m\zeta}\right)^5\left(1 + \frac{5\pi^2}{8}\frac{k^2T^2}{\zeta^2} + \cdots\right) \tag{12a}$$

式 (11b) 和式 (11a) 中的第一项自然与式 (7a) 和式 (7b) 分别相等.

记 ζ_0 为 ζ 在绝对零度时的值，像前面一样 (Fermi 的极限能量)，然后让 $T = 0$ 时的 N 值与 $T \neq 0$ 时的 N 值相等，由式 (11b) 我们得到

$$\left(\sqrt{\frac{\zeta}{\zeta_0}}\right)^3 \cdot \left(1 + \frac{\pi^2}{8}\frac{k^2T^2}{\zeta^2} + \cdots\right) = 1$$

或者

$$\zeta = \zeta_0\left(1 - \frac{\pi^2}{12}\frac{k^2T^2}{\zeta_0^2} + \cdots\right) \tag{13}$$

由式 (12a) 得

$$U = U_0\left(1 + \frac{5\pi^2}{12}\frac{k^2T^2}{\zeta_0^2} + \cdots\right) \tag{14}$$

因此由 §38 式 (18) 我们有

$$p = p_0\left(1 + \frac{5\pi^2}{12}\frac{k^2T^2}{\zeta_0^2} + \cdots\right) \tag{15}$$

D. 特殊问题

对温度的依赖是由于一些电子超出了 Fermi 极限而不是像绝对零度时那样所有的电子都在 Fermi 极限以下. 按照式 (11) 和式 (7a) 它们的数目由下式给出：

$$\delta N/N = \frac{3}{2}\left(\sqrt{\frac{\zeta}{\zeta_0}}\right)^3 \frac{1}{\beta\zeta}\int_{\beta(\zeta_0-\zeta)}^{\infty}\frac{(1+x/\beta\zeta)^{1/2}\,\mathrm{d}x}{\mathrm{e}^x+1}$$

除了量级为 T/Θ 的修正项外，它等于 $\zeta = \zeta_0$ 时的表达式

$$\frac{\delta N}{N} = \frac{3}{2}\frac{1}{\beta\zeta_0}\int_0^{\infty}\frac{\mathrm{d}x}{\mathrm{e}^x+1} = \frac{3}{2}\log 2 \cdot \frac{kT}{\zeta_0} \tag{16}$$

如果我们认为只有那些超出 Fermi 极限的电子的热力学行为像 §38 式 (12) 给出的那样在自由空间的行为，我们就可以得到这样的结论，即只有一小部分 δN 个而不是所有 N 个自由电子对 Drude 的假设有贡献. 因此理论告诉我们应该自然地减少有效电子的个数.

看起来电子的比热是如此之小，以至于对 Dulong-Petit 规律没有影响. 我们可以从式 (14) 中计算出热容量

$$C = \frac{dU}{dT} = U_0 \cdot \frac{5\pi^2}{6}\frac{k^2 T}{\zeta_0^2} = \frac{4\pi^3}{3}\frac{V}{h^3}\left(\sqrt{2m\zeta_0}\right)^3 \frac{kT}{\zeta_0}\cdot k$$

上式变换用到了式 (7b) 和式 (9), 我们由式 (7a) 可以得到

$$C = \frac{\pi^2}{2}\frac{kT}{\zeta_0}\cdot Nk$$

变成每摩尔的情况 ($N = L$ = Loschmidt-Avogadro 常量)

$$c_{\text{electr}} = \frac{\pi^2}{2}\frac{kT}{\zeta_0}\cdot R = \frac{\pi^2}{6}\frac{kT}{\zeta_0}\cdot c_{\text{Dulong-Petit}} \tag{17}$$

由式 (16) 知分式 $c_{\text{electr}}/c_{\text{Dulong-Petit}}$ 的量级为 $\delta N/N$. 给一个具体的例子, 对于铜我们得到 $T/54000$, 因此当 $T\approx 300K$ 时其值为 $1/800$. 电子的贡献为 1%.

下面我们将利用式 (5) 或者 §38 式 (8b) 来计算 Richardson 效应, 即热阴极的电子辐射. 我们假定电子在运动时它们之间没有相互作用力, 这意味着在金属内部存在一个常势, 见图 32. 另一方面, 在边缘部分存在强力与电子压平衡, 因此在外部势能将很快从负值增加到零. 量 $W - \zeta_0$ 表示一个外部电子在内部达到费米极限时得到的能量; W 表示电子处于内部和处于外部时的能量差. 势能真实的变化自然与图 32 不同. 在内部有周期性变化, 在边缘是连续变化而不是突变, 尽管变化很快. 图 32 中的简化并没有破坏 Richardson 效应的特点.

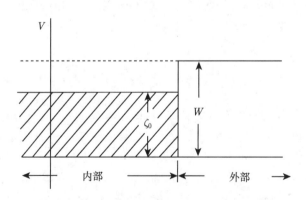

图 32　图解 Richardson 效应

当金属中电子的能量变得足够大时, 电子就有了克服临界值而逃出金属的能力. 发生这种情况的条件是电子的动能在垂直于金属表面的分量大于 W. 假定 z 轴垂直于边界, 我们可以写出

$$p_z^2/2m > W$$

电子离开金属而形成的电流密度可以由下面积分表示:

$$I_z = 2\frac{e}{m} \cdot \frac{1}{h^3} \int_0^\infty \frac{p_z \mathrm{d}p_x \mathrm{d}p_y \mathrm{d}p_z}{1+\exp\left[(\beta \boldsymbol{p}^2/2m)-\beta\zeta\right]}$$

积分的下限是 $p_x, p_y = -\infty$, 并且 $p_z = \sqrt{2mW}$. 另外, 由 $\beta/2m(p_x^2+p_y^2) = t$, $(\beta p_z^2/2m) - \beta W = s$ 和 $\zeta = \zeta_0$, 我们得到

$$I_z = \frac{\pi e}{mh^3}\left(\frac{2m}{\beta}\right)^2 \int_0^\infty \frac{\mathrm{d}s\mathrm{d}t}{1+\exp\left[\beta\left(W-\zeta_0\right)+s+t\right]}$$

因为 $W > \zeta_0$, 同时一般情况下 $\beta(W-\zeta_0) \gg 1$, 我们可以忽略分母中的 1, 因为与 e 指数函数相比很小, 我们可以得到 Richardson 公式

$$I_z = \frac{4\pi em}{h^3}k^2 T^2 \exp\left(-\frac{W-\zeta_0}{kT}\right) \tag{18}$$

如果我们利用 Boltzmann 分布来作上面的计算而不是利用 Fermi-Dirac 分布, 将得到

$$I_z = \frac{eN_0/V}{\sqrt{2\pi m}}\sqrt{kT}\exp\left(-W/kT\right) \tag{18'}$$

我们立刻发现指数的量子值不是 W/kT 而应该是 $(W-\zeta_0)/kT$, 因为它应该等于克服 Fermi 界面需要的能量差值. 在经典公式中 N_0 表示自由电子数, 令式 (18) 和式 (18′) 的因子相等, 我们得到

$$N_0 = \frac{2V}{h^3}\left(\sqrt{2\pi mkT}\right)^3 = \frac{3}{4}\sqrt{\pi}\cdot N \cdot \left(\sqrt{\frac{kT}{\zeta_0}}\right)^3 \tag{19}$$

这又一次显示比自由电子的数小很多, 但是比率与式 (16) 和式 (17) 给出的不同. 这样我们清楚地看到仅减少自由电子数目不能够修正 Drude 理论进而得到现代电子理论.

现在还不是讨论导电性或者推导 Franz-Wiedemann 定律的时候, 我们计划把它推迟到第 5 章. 在结论部分我们将展示电子气遵循 Nernst 第三定律. 按照 §38 式 (16), 自旋电子的势的方程是

$$\Phi = \frac{4\pi V}{h^3}\left(\sqrt{\frac{2m}{\beta}}\right)^3 \int_0^\infty \log\left(1+\mathrm{e}^{\beta\zeta-t}\right)\sqrt{t}\mathrm{d}t$$

部分积分得

$$\Phi = \frac{8\pi V}{3h^3}\left(\frac{2m}{\beta}\right)^{3/2}\int_0^\infty \frac{i^{3/2}\mathrm{d}t}{e^{t-\beta\zeta_0}+1}$$

或者考虑到式 (12)

$$\Phi = \frac{2}{3}\beta U \tag{20}$$

按照 §38 式 (6), 熵可以由下式给出:

$$S = k\beta\left(\frac{5}{3}U - \zeta N\right) \tag{21}$$

再进一步, 按照式 (7a), 式 (7b) 和式 (14), 我们有

$$U_0 = \frac{3}{5}\zeta_0 N, \quad U = \frac{3}{5}\zeta_0 N\left(1 + \frac{5\pi^2}{12}\frac{1}{\beta^2\zeta_0^2}\right) \tag{21a}$$

把这些值以及 ζ 值代入式 (21), 我们得到

$$S = Nk\beta\zeta_0\left(1 + \frac{5\pi^2}{12}\frac{1}{\beta^2\zeta_0^2} - 1 + \frac{\pi^2}{12}\frac{1}{\beta^2\zeta_0^2}\right)$$

或者

$$S = \frac{\pi^2}{2}Nk\cdot\frac{kT}{\zeta_0}\ (= C_{\text{electr}},\text{当}kT\ll\zeta_0\text{时}) \tag{22}$$

可以看出在极限 $T \to 0$ 时熵将变为零; 并与 T 正比增大. 从式 (16) 可以看出其量级为 $k\delta N$.

§40. 方均涨落

到现在为止我们处理了平均值或者与最大概率相关的量值, 这意味着它们与宏观尺度上的测量等同. 这样一种看法的合理性由以下事实支持, 即关于平均值的定律与热力学定理等同, 同时在热力学方面物质的特性可以在合适的分子模型的辅助下计算出来.

没有充分的证据证明必须这样. 平均值的概念允许有或大或小的偏差, 单次测量的结果与均值相比总有或大或小的涨落. 统计平均与大型实验数据很好地符合可以解释为热力学中的统计处理中出现的涨落非常小, 这是*大数定律*的一个结果.

为了证明这个假设, 我们需要给出涨落的一个度量. 涨落的平均值当然为零, 原因是一个量的平均值的定义要求在每个方向上出现偏差的概率是一样的. 一个可能的度量就是利用涨落平方的平均值: 简称为*方均*.

用横杠表示平均值, 我们之前曾经偶尔用过. 从 §36 式 (14) 我们得到 Γ-空间中系统能量的平均值由下式给出:

$$\bar{E} = \frac{\sum\limits_{n} E(n) \mathrm{e}^{-\beta E(n)}}{\sum\limits_{n} \mathrm{e}^{-\beta E(n)}} = -\frac{\partial \log Z}{\partial \beta} \tag{1}$$

涨落等于测量值 $E(n)$ 与平均值 $\bar{E}$ 之差

$$\Delta E(n) = E(n) - \bar{E}$$

因此能量涨落平方的平均值为

$$(\Delta E)^2 = \overline{(\Delta E(n))^2} = \overline{(E(n) - \bar{E})^2} \tag{2}$$

这里 ΔE 是涨落的方均根, 有时简称为平均涨落. 式 (2) 写成显式为

$$(\Delta E)^2 = \frac{\sum\limits_{n} [E(n) - \bar{E}]^2 \mathrm{e}^{-\beta E(n)}}{\sum\limits_{n} \mathrm{e}^{-\beta E(n)}} \tag{3}$$

因为平均的公式是一个线性过程 (又因为对一个平均值再求平均时值不变: $\bar{\bar{E}} = \bar{E}$), 我们从式 (2) 或式 (3) 得到

$$(\Delta E)^2 = \overline{E^2} - 2\overline{E\bar{E}} + \bar{E}^2 = \overline{E^2} - \overline{E}^2 \tag{4}$$

一个涨落量的方均涨落等于这个量的平方的平均值减去这个量平均值的平方. 顺便说一下, 这个差值永远为正值.

我们现在利用式 (4) 来计算能量涨落平方的平均值. 因为

$$\overline{E^2} = \frac{\sum\limits_{n} E(n)^2 \mathrm{e}^{-\beta E(n)}}{\sum\limits_{n} \mathrm{e}^{-\beta E(n)}}$$

我们可以看到, 分母对 β 求两次导, 可以得到分子, 因此我们得到

$$\overline{E^2} = \frac{1}{Z} \frac{\partial^2 Z}{\partial \beta^2} \tag{5}$$

把平均值式 (1) 和式 (5) 代入式 (4) 我们得到

$$(\Delta E)^2 = \frac{1}{Z} \frac{\partial^2 Z}{\partial \beta^2} - \frac{1}{Z^2} \left(\frac{\partial Z}{\partial \beta}\right)^2$$

§40. 方均涨落

这正好是商 Z'/Z 的导数,我们可以写出最终式为

$$(\Delta E)^2 = \overline{(E - \bar{E})^2} = \frac{\partial^2 \log Z}{\partial \beta^2} \tag{6}$$

考虑到式 (1) 和 β 的定义我们还可以写为

$$(\Delta E)^2 = -\frac{\partial \bar{E}}{\partial \beta} = kT^2 \frac{\partial U}{\partial T} = kT^2 C \tag{7}$$

可以看出能量涨落的方均值仅由热力学量决定. 它与热容 C 成正比.

对于单原子理想气体我们有 $U = \frac{3}{2}NkT$,见 §22 式 (6a),以及

$$(\Delta E)^2 = \frac{3}{2}Nk^2T^2, \quad \frac{\Delta E}{U} = \sqrt{\frac{2}{3N}} \tag{8}$$

对于 1 摩尔气体 ($N = L$),平均涨落等于平均能量的 10^{12} 分之一,完全测不出来. 当 $N = 150$ 时我们会有 $\Delta E/U = 6.7\%$.

上面的例子显示了大数的作用,它告诉我们气体的量很大时涨落无关紧要. 但是在小范围内,其作用很明显. 室温下,量级为 6.7% 的能量涨落意味着温度的涨落为 $\pm 20°C$. 小范围内涨落的重要性在我们讨论布朗运动 (参见 §24) 时已经讨论过.

方程 (7) 普遍成立,对于一系列量子谐振子的情况,由 §33 式 (8) 得到

$$(\Delta E)^2 = \frac{N(k\Theta)^2}{\left(e^{\Theta/T} - 1\right)^2} e^{\Theta/T} \tag{9}$$

或者与式 (8) 相似得到

$$\Delta E/U = 1/\sqrt{N} \tag{9a}$$

对于固体的情况由 §35 式 (8a) 和式 (8b) 得到

$$\frac{\Delta E}{U} = \begin{cases} \frac{2}{\pi^2}\sqrt{\frac{5}{3}}(\Theta/T)^{3/2}\frac{1}{\sqrt{N}}, & T \ll \Theta \\ \frac{1}{\sqrt{3N}}, & T \gg \Theta \end{cases} \tag{10}$$

可以看出在绝对零度时涨落消失,但是与热能量 U 的比例仍然存在. ΔE 在 $T \to 0$ 时趋于零是能斯特第三定律的一个结论 (参见 §12),这是因为式 (7) 中的 $C = \partial U/\partial T$ 与比热成正比. 在电子气的情况下,由 §39 式 (21a) 得

$$\frac{\Delta E}{U} = \frac{5\pi}{3\sqrt{2}} \left(\frac{kT}{\zeta_0}\right)^{3/2} \frac{1}{\sqrt{N}} \tag{11}$$

这与式 (10) 的第一式相似.

我们可以很容易地计算出占据数 n_i 涨落的方均值,与 §38 式 (4) 相似,我们有

$$(\Delta n_i)^2 = \overline{(n_i - \bar{n}_i)^2} = \frac{1}{\beta^2}\left(\frac{\partial^2 \log Z}{\partial \varepsilon_i^2}\right)_{\alpha,\beta} = -\frac{1}{\beta}\left(\frac{\partial \bar{n}_i}{\partial \varepsilon_i}\right)_{\alpha,\beta} \tag{12}$$

也就是说,对于 Bose-Einstein 情况和 Fermi-Dirac 情况分别有

$$(\Delta n_i)^2 = \frac{e^{\alpha+\beta\varepsilon_i}}{\left(e^{\alpha+\beta\varepsilon_i} \mp 1\right)^2} \tag{13}$$

和

$$\Delta n_i = \sqrt{\bar{n}_i\left(1 \pm \bar{n}_i\right)} \tag{14}$$

对于 Fermi-Dirac 情况,上面的表达式显示其值只在 Fermi 边界明显不是零. 直接地,当 $\varepsilon_i = \zeta > \zeta_0$ (参见 §39 式 (5)) 时,Δn_i 达到其最大值 $\Delta n_i = 1/2$. 对于高简并 Bose-Einstein 气体的激发态我们有 $\bar{n}_i \ll 1$,因此 $\Delta n_i = \sqrt{\bar{n}_i}$,这个方程适用于经典极限的情况. Bose-Einstein 气体的基态尤其有意思;因为 $1 \ll \bar{n}_i(\approx N)$ 我们有

$$\Delta n_0 \approx \bar{n}_0$$

即涨落与平均值等量级,因此用数值表示非常大.

在这个关系中我们需要说明的是式 (14) 只对巨正则系综成立,这是因为导出式 (12) 的过程中我们让 α 而不是分子数目 N 为常量. 再者,巨正则系综的子系不断地与热库交换粒子,这正好解释了大涨落的起源.

从实际情况来看,相元胞群中发生的涨落比单个元胞中发生的涨落更重要. 用 $\sum_i{}'$ 表示对一个定义好的相元胞群求和;由 §38 式 (4) 可以看出其中的平均粒子数由下式给出:

$$\bar{n}_j = \sum_i{}'\bar{n}_i = -\frac{1}{\beta}\sum_i{}'\frac{\partial \log Z}{\partial \varepsilon_i}$$

然后涨落的方均值变成

$$(\Delta n_j)^2 = \overline{(n_j - \bar{n}_j)^2} = \frac{1}{\beta^2}\sum_{i_1,i_2}\frac{\partial^2 \log Z}{\partial \varepsilon_{i_1}\varepsilon_{i_2}} \tag{15}$$

因为在 §38 式 (4) 中 $\bar{n}_i$ 只与 ε_i 有关,双重求和中的混合项消失,结果我们得到

$$(\Delta n_j)^2 = -\frac{1}{\beta}\sum_i{}'\frac{\partial \bar{n}_i}{\partial \varepsilon_i} = \sum_i{}'\bar{n}_i\left(1 \pm \bar{n}_i\right) \tag{16}$$

§40. 方均涨落

例如, 式 (16) 给出的体积元 ΔV 中的涨落变成

$$(\Delta n)^2 = \frac{4\pi \Delta V}{h^3} \int_0^\infty \frac{e^{\alpha+\beta p^2/2m}}{\left(e^{\alpha+\beta p^2/2m} \mp 1\right)^2} p^2 dp \tag{17}$$

(这里省略了自旋因子 2). 因此在 Boltzmann 统计近似下, 我们有

$$(\Delta n)^2 = \frac{4\pi \Delta V}{h^3} e^{-\alpha} \left(\sqrt{\frac{2m}{\beta}}\right)^3 \frac{\sqrt{\pi}}{4}$$

把 §32 式 (4) 中的 e^α 的表达式代入上式得到

$$(\Delta n)^2 = \frac{N\Delta V}{V} \tag{18}$$

或者由 $\bar{n} = N\Delta V/V$ 引入 ΔV 中的平均分子数

$$\frac{\Delta n}{\bar{n}} = \sqrt{\frac{V}{N\Delta V}} \tag{18a}$$

由于这种密度上的涨落会导致光的散射, 因而它是可以观测的. 天空的蓝颜色正是由于大气密度的涨落而引起太阳光的散射.

自然地, 如果直接利用组合方法, 可以从平均密度是常量的事实来导出式 (18a). 这个方法当然会更加简单. 另一方面, 前面的讨论允许我们来展示它与统计力学基本方程的关系, 没有前述讨论我们将无法看到这个关系. 直接推导的方法将在习题 IV.8 中讨论.

在电子气的情况, 式 (17) 给出

$$(\Delta n)^2 = 8\pi \frac{\Delta V}{h^3} \left(\sqrt{\frac{2m}{\beta}}\right)^3 \int_{-\beta\zeta_0}^\infty \frac{e^x}{(e^x+1)^2} \sqrt{x+\beta\zeta} \frac{dx}{2}$$

(现在考虑了自旋因子 2). 它的值与 §39 中给出的值一样, 在完全简并的情况下, 积分给出

$$(\Delta n)^2 = 8\pi \frac{\Delta V}{h^3} \left(\sqrt{2m\zeta_0}\right)^3 \frac{1}{2\beta\zeta_0}$$

或者, 按照 §39 式 (7) 和式 (7a)

$$(\Delta n)^2 = \frac{3}{2} \frac{N\Delta V}{V} \frac{1}{\beta\zeta_0}$$

因此, 利用 $\bar{n} = N\Delta V/V$ 我们有

$$\frac{\Delta n}{n} = \sqrt{\frac{V}{N\Delta V}} \cdot \sqrt{\frac{3kT}{2\zeta_0}} \tag{19}$$

可以看出 Fermi 气体密度的涨落在绝对零度时消失.

在结尾部分我们请大家注意, 涨落的高阶次幂也可以从配分函数中导出. 例如, 我们有

$$\overline{(E(n)-\bar{E})^3} = -\frac{\partial^3 \log Z}{\partial \beta^3} \tag{20}$$

因为

$$-\frac{\partial^3 \log Z}{\partial \beta^3} = -\left(\frac{Z'}{Z}\right)'' = \left(\frac{Z''}{Z} - \frac{Z'^2}{Z^2}\right)' = -\left(\frac{Z'''}{Z} - \frac{3Z''Z'}{Z^2} + \frac{2Z'^3}{Z^3}\right)$$
$$= \overline{E^3} - 3\overline{E^2\bar{E}} + 2\overline{E^3} = \overline{(E-\bar{E})^3}$$

在理想气体的情况, 我们有 $\log Z = -\frac{3}{2}N\log\beta + \cdots$, 然后导出

$$\overline{(E-\bar{E})^3}\Big/\overline{E^3} = \frac{8}{9}\frac{1}{N^2}, \quad \left\{\overline{\left(\frac{E-\bar{E}}{\bar{E}}\right)^3}\right\}^{1/3} = \sqrt[3]{\frac{8}{9}} N^{-2/3}.$$

第 5 章 精确的气体动理学的概述

在第 4 章对统计力学的研究中，我们成功地为热力学也就是热平衡理论提供了一个基于原子的合理基础. 我们演示了许多热力学函数，如 §29 式 (12′) 中的自由能，尤其是 §29 式 (15) 中的配分函数，都可以由原子数据推导出来，这使得热力学的原子基础更加牢固.

从原子的角度描述非平衡过程就不那么简单了. 在 §21 中我们给出了一些唯象命题. 在本章中我们按照历史发展过程仅限于讨论理想气体分子的行为. 这样的话本章的目标是试图给第 3 章中的气体动理学提供一些精确的公式. 凝聚态物质的动理论在近阶段有了很大的发展，但是这些讨论将超出本书的范围. 在本章中我们不得不给读者推荐一些专业的参考文献. 这个在即将导出的碰撞方程[1] 的求解方法中表现得尤为明显.

本章全面性的缺失不仅仅是因为所讨论内容的限制，还因为其能够精确计算的模型非常粗糙. 尤其是需要考虑原子的量子特性时精确求解更是不易. 这个领域的一个非常重要的发展是金属中导电电子理论的提出，尤其是索末菲成功地导出了 Wiedemann-Franz 定律，这个将在本章的最后给出.

§41. Maxwell-Boltzmann 碰撞理论

A. 气体动理学中态的描述

理想气体的一个重要特点是任意一个分子的态除了碰撞瞬间外与其他气体分子无关. 我们可以用任意瞬间每一个分子的位置和速度来完全描述它的状态. 我们仅限于讨论单原子分子，并假定它们为刚性球. 我们用空间坐标 $r = (x_1, x_2, x_3)$ 来表示其位置，用 $v = (\xi_1, \xi_2, \xi_3)$ 来表示其速度[2].

位形空间和速度空间中的体积元为

$$dx = dx_1 dx_2 dx_3, \quad d\xi = d\xi_1 d\xi_2 d\xi_3 \tag{1}$$

与第 4 章不同，本章中除 §45 外我们忽略体积元的量子本性. 我们假定体积元微观上非常大，可以容纳足够数目的原子，而同时在宏观上足够小以至于在同一个

---

[1] 见 M. Born, "Cause and Chance", p. 203 脚注.
[2] 量子力学可以说明我们把分子看做刚性球和只考虑平动的合理性. 参见这里和 §34 考虑电子的转动能量的脚注.

体积元中的密度不变. 在数学上这意味着式 (1) 中的 $\mathrm{d}x$ 和 $\mathrm{d}\xi$ 可以被看做微元. 定义的变化是为了使得式 (1) 的表示与前述不同变得合理.

现在我们将继续来确定 μ-空间的相元 $(\boldsymbol{r},\boldsymbol{v})$ 点附近的分子数目 $\mathrm{d}v$. 我们用速度代替相空间中的动量. 因此后者变成 $\mathrm{d}x\mathrm{d}\xi$, 我们有

$$\mathrm{d}v = f(\boldsymbol{r},\boldsymbol{v},t)\,\mathrm{d}x\mathrm{d}\xi \tag{2}$$

因此总的粒子数可以由下面积分给出:

$$N = \int f(\boldsymbol{r},\boldsymbol{v},t)\,\mathrm{d}x\mathrm{d}\xi \tag{3}$$

积分遍及整个位形空间 (或者遍及整个容器) 和速度空间. 因此, 任意函数 $g(\boldsymbol{r},\boldsymbol{v})$ 的整体平均值为

$$\overline{g} = \frac{1}{N}\int g(\boldsymbol{r},\boldsymbol{v})f(\boldsymbol{r},\boldsymbol{v},t)\,\mathrm{d}x\mathrm{d}\xi \tag{4}$$

然而在气动理论中, 局域平均值更为重要, 它们是在速度空间的平均值, 一般来说, 不同位形空间的局域平均值不一样. 如果用 $\phi(\boldsymbol{v})$ 来表示任意的速度函数, 则 ϕ 的局域平均值由下面积分给出:

$$\overline{\phi(\boldsymbol{r})} = \frac{1}{n}\int \phi(\boldsymbol{v})f(\boldsymbol{r},\boldsymbol{v})\,\mathrm{d}\xi \tag{5}$$

这里 n 表示局域粒子数密度

$$n = \int f(\boldsymbol{r},\boldsymbol{v})\,\mathrm{d}\xi \tag{5a}$$

因此 $n\mathrm{d}x$ 表示体积元 $\mathrm{d}x$ 中的粒子个数, 不考虑其速度. 例如, 速度平均值为

$$\boldsymbol{u} = \frac{1}{n}\int \boldsymbol{v}f(\boldsymbol{r},\boldsymbol{v})\,\mathrm{d}\xi \tag{6}$$

或者表示成分量形式为三重积分

$$u_i(x_1,x_2,x_3) = \frac{1}{n}\iiint \varepsilon_i f(x_1,x_2,x_3;\xi_1,\xi_2,\xi_3)\mathrm{d}\xi_1\mathrm{d}\xi_2\mathrm{d}\xi_3 \tag{6a}$$

我们假定除了分子间作用力 (将在后面详述) 外, 还存在一个外力的作用, 这个外力是空间坐标的函数

$$\boldsymbol{F} = \boldsymbol{F}(\boldsymbol{r}) = [X_1(\boldsymbol{r}),X_2(\boldsymbol{r}),X_3(\boldsymbol{r})] \tag{7}$$

我们不考虑像磁场中的带电粒子所受到的与速度有关的力.

这些假设已经足够说明运动气体的热力学的合理性. Clausius 和 Waldmann 发现的热渗透效应给这个理论提供了一个优美且意义重大的例子. 这个效应发生在

§41. Maxwell-Boltzmann 碰撞理论

求解多种分子气体碰撞方程的高阶近似解的过程中. 从热力学中我们知道对于理想气体, 混合后不改变气体的温度. 然而气体混合的过程中伴随着热效应, 这最早由 Chapman[①]和 Enskog[②]的计算中揭示出. 但是它们在实验科学上的重要性则首先由克劳修斯和沃达迈首次认识到, 也由他们首次观测到. 它们与热扩散的关系参考 §21(倒数关系).

B. f 随时间的变化

Maxwell-Boltzmann 碰撞方程是在研究 f 随时间变化时得到的. 我们假定 f 连续且充分可微, 因为我们定义 $\mathrm{d}x$ 和 $\mathrm{d}\xi$ 时考虑到了这一点. μ-空间中的相密度 $f(\boldsymbol{r},\boldsymbol{v},t)$ 由于粒子的运动以及碰撞而变化. 现在我们考虑时间段 Δt, 它一方面比碰撞时间 τ_s 大, 大量的发生在 Δt 时间内的碰撞都能完成. 另一方面我们还要保证 Δt 比平均碰撞时间间隔 τ 小, τ 表示两次碰撞之间的时间间隔. 因此, 一般来讲一个分子在 Δt 时间内最多只能与其他分子碰撞一次. 这就意味着分子之间力的作用半径比分子之间的距离小得多, 更别提平均自由程 (§27) 了.

如果在 Δt 时间内没有碰撞, 我们可以进行以下变换:

$$\boldsymbol{r} \to \boldsymbol{r}' = \boldsymbol{r} + \boldsymbol{v}\Delta t \text{ 和 } \boldsymbol{v} \to \boldsymbol{v}' = \boldsymbol{v} + \frac{1}{m}\boldsymbol{F}\Delta t$$

因此

$$\begin{aligned}
f(\boldsymbol{r},\boldsymbol{v},t)\,\mathrm{d}x\mathrm{d}\xi &\to f\left(\boldsymbol{r}+\boldsymbol{v}\Delta t, \boldsymbol{v}+\frac{1}{m}\boldsymbol{F}\Delta t, t+\Delta t\right)\mathrm{d}x'\mathrm{d}\xi' \\
&= \left[f(\boldsymbol{r},\boldsymbol{v},t) + \Delta t\left\{\boldsymbol{v}\frac{\partial f}{\partial \boldsymbol{r}} + \frac{1}{m}\boldsymbol{F}\frac{\partial f}{\partial \boldsymbol{v}} + \frac{\partial f}{\partial t}\right\} + \cdots\right]\mathrm{d}x'\mathrm{d}\xi'
\end{aligned} \tag{8}$$

最后一个方程适用于可以忽略高阶项的情况, 即 f 在 Δt 时间内变化不显著的情况. 需要指出的是这个假设与在一个平均自由程中有显著变化的情况相容, 这是因为 $\Delta t \ll \tau$. 再者, 按照 Liouville 定理 (§28), 对于前述运动, 在没有被碰撞打断之前我们可以写出

$$\mathrm{d}x'\mathrm{d}\xi' = \mathrm{d}x\mathrm{d}\xi \tag{8a}$$

因此式 (8) 两边的微分因子可以相消.

分子之间的碰撞可以使得一些分子离开 $\mathrm{d}x\mathrm{d}\xi$, 也可以使得一些分子经由 $\mathrm{d}x_1\mathrm{d}\xi_1$ 到达 $\mathrm{d}x\mathrm{d}\xi$. 或者我们说它们是 $\mathrm{d}x\mathrm{d}\xi$ 由于碰撞而形成的损失和增益. 因此按照式 (8) 并考虑到流, 粒子的平衡方程可以叙述为粒子数的变化应该等于在碰撞过程中粒子数增益 (J_{gain}) 和损失 (J_{loss}) 之差. 因此我们得到单位时间单位相元中有

$$\frac{\partial f}{\partial t} + \boldsymbol{v}\frac{\partial f}{\partial \boldsymbol{r}} + \frac{1}{m}\boldsymbol{F}\frac{\partial f}{\partial \boldsymbol{v}} = J_{\text{gain}} - J_{\text{loss}} \tag{9}$$

[①] Chapman, Phil. Trans. 211 (1911) 433, 216 (1916) 279, 217 (1916) 115.
[②] D. Enskog, Kinetic energy of processes in moderatley dense gases, Inaugural dissertation(Uppsala 1917), Ark. For Matem. 16, Kungl. Senska Akad.63(1922)4.

这就是 Maxwell-Boltzmann 碰撞方程. 物理量 J_{gain} 和 J_{loss} 应该按照弹性碰撞定律来计算. 在式 (8) 和式 (9) 中为了简化表达式, 我们用 $\partial f/\partial r$ 表示在位形空间中 f 的梯度, 而用 $\partial f/\partial v$ 来表示速度空间中 f 的梯度.

C. 弹性碰撞定律

上述讨论与分子之间的相互作用力的本性有关. 在前述章节中我们只保证力的作用半径很小. 因此按规律 $F \sim 1/r^n$ 作用的力在 n 足够大时就可与假定相容, 通常讨论的都是这种情况. 当 $n = 5$ 时会导致一个极其简单的结果, 而当 $n = \infty$ 时对应于刚性分子. 我们将只讨论后一种情况. 这种分子球的直径记为 s. 它是两子球状原子中心之间的最短距离. 很明显, 真实的分子与我们这里假设的相去甚远. 适度温度下的单原子分子与这个模型最接近.① 当两个分子发生碰撞时, 它们的总能量和总动量守恒. 把碰撞前两分子的速度记为 v 和 v_1, 碰撞后变成 v' 和 v'_1. 碰撞结束以后, 我们有

$$v + v_1 = v' + v'_1 \tag{10}$$

$$v^2 + v_1^2 = v'^2 + v'^2_1$$

如果我们进一步用 V 表示碰撞前的相对速度, 即

$$V = v_1 - v \tag{11}$$

可以给出式 (10) 的解

$$v' = v + (Ve)\,e, \quad v'_1 = v_1 - (Ve)\,e \tag{12}$$

这里 e 表示任意单位矢量. 碰撞后的相对速度为

$$V' = v'_1 - v' = V - 2(Ve)\,e \tag{12a}$$

因此

$$(V'e) = -(Ve) \tag{12b}$$

从式 (11) 中解出 v 和 v_1

$$v = v' + (V'e)\,e, \quad v_1 = v'_1 - (V'e)\,e \tag{13}$$

这个方程与式 (12) 在形式上相同, 这表明速度变换中前后速度可以交换.

全同粒子的碰撞方程 (11) 可以用一个简单的图从几何上表示出来; 我们在后面还会用到这种几何架构. 图 33 中 v 和 v_1 点表示矢量 v 和 v_1 的末端. 从 v 到 v_1

---

① 在常温下原子不会被激发到高能态, 因此吸引定律由原子的极化决定.

§41. Maxwell-Boltzmann 碰撞理论

所画的矢量表示相对速度 V. 我们现在从 v 沿 $+e$ 方向画一个射线,从 v_1 沿 $-e$ 方向画另一个射线,然后由式 (11) 把 V 投影到两个平行射线上得到矢量 $\pm(Ve)e$. 这些投影决定了点 v' 和 v_1'. 可以看出,无论 e 的方向如何,四个点 (v, v_1, v', v_1') 刚好在一个正方形上. 它们也刚好在以 V 为直径,以 V 中心为圆心的圆上. (v, v_1) 和 (v', v_1') 刚好处于同一直径的两端. 见图 33.

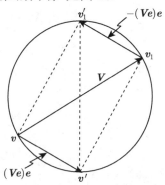

图 33 两个等球体的弹性碰撞的速度矢量图

下面我们需要说明 e 在刚性球碰撞中的含义. 按照式 (12) 我们可以写出

$$V - V' = 2(Ve)e \tag{14}$$

在碰撞过程存在动量转移. 一方面,它应该垂直于冲击点处与两个圆相切的平面,即在两刚性球中心连线方向也就是所谓的**中心轴**上. 另一方面,转移动量的大小等于其中一球动量的改变,或者等于

$$v' - v = v_1 - v_1' = (Ve)e \tag{14a}$$

这表示,矢量 e 沿着中心轴方向. 再者,因为 V 和 V' 大小相等,见式 (12a) 和图 33,中心轴平分 V 和 V' 所形成的角. 图 34 给出了当一个观测者随两球之一运动时矢量的方向和中心轴的方向,碰撞前这个球的速度为 v.

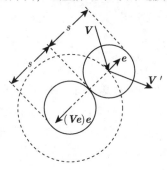

图 34 弹性碰撞的运动学

D. Boltzmann 的碰撞积分

前面的几何图形给出了一个计算式 (9) 右端的出发点. 如果用半径 s 表示碰撞球中心相对于被碰球中心的运动将会比较方便, 如图 35 点线所示. 用 $\mathrm{d}\omega$ 表示立体角微元, 则在 Δt 时间内冲进区域 $s^2\mathrm{d}\omega$ 的分子数目为

$$s^2\mathrm{d}\omega |Ve| \Delta t \cdot f(r,v_1,t)\,\mathrm{d}\xi_1$$

第一项 $s^2\mathrm{d}\omega |Ve| \Delta t$ 表示斜柱体的体积, 该柱体内部的在给定方向上以给定速度运动的粒子在 Δt 时间内到达碰撞区域. 第二项表示这些粒子的密度.

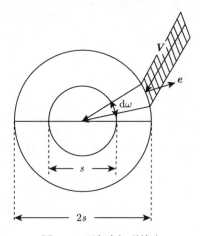

图 35　干涉球与碰撞率

现在, 气体中有 $f(r,v,t)\mathrm{d}x\mathrm{d}\xi$ 个速度为 v 的分子. 因此中心轴矢量为 e[①], 且速度分别为 v 和 v_1 的两种分子碰撞的总次数为

$$s^2\mathrm{d}\omega |Ve| \Delta t \cdot f(r,v_1,t) \cdot f(r,v,t)\,\mathrm{d}x\mathrm{d}\xi\mathrm{d}\xi_1 \tag{15}$$

对所有的速度 v_1 和所有的方向 e 积分后我们得到使得速度为 v 的粒子偏离其路径的碰撞的次数. 单位时间单位体积元 $\mathrm{d}x\mathrm{d}\xi$ 中的碰撞次数正好出现在式 (9) 中, 因此

$$J_{\text{loss}} = \frac{s^2}{2}\int |Ve| f(r,v_1,t) f(r,v,t)\,\mathrm{d}\omega\mathrm{d}\xi_1 \tag{16}$$

这里的因子 $1/2$ 是因为在计算的时候积分遍及整个球体, 而在物理上要求只有半个球体有贡献. 因为, 很显然 e 随 v 的变化方向与其自身的方向相同.

对 J_{gain} 的计算过程非常相似. 我们需把它整理成碰撞后的速度为 v 和 v_1 的方式. 这是因为 J_{gain} 与由于碰撞而以速度 v 运动的粒子的数目相对应. 令撞击前相应

---

① 我们这里用的简短表达, 暗示矢量在元 $\mathrm{d}\omega$ 和 $\mathrm{d}x\mathrm{d}\xi$ 中值相同.

的速度为 v' 和 v_1'. 冲进作用球的面积元 $s^2\mathrm{d}\omega$ 上的粒子数目与式 (15) 相似, 为

$$s^2\mathrm{d}\omega\,|V'e|\,\Delta t\cdot f(r,v',t)\cdot f(r,v_1',t)\,\mathrm{d}x\mathrm{d}\xi'\mathrm{d}\xi_1' \tag{15a}$$

按照式 (12b) 我们有 $|V'e| = |Ve|$, 按照式 (13)(以及 §28 中给出的 Liouville 定理) 我们有 $\mathrm{d}\xi'\mathrm{d}\xi_1' = \mathrm{d}\xi\mathrm{d}\xi_1$. 再者, 由式 (13) 的 Jacobian 行列式

$$\frac{\partial(v,v_1)}{\partial(v',v_1')} = \begin{vmatrix} 1 & . & . & 0 & . & . \\ . & 1 & . & . & 0 & . \\ . & . & 0 & . & . & 1 \\ \hdashline 0 & . & . & 1 & . & . \\ . & 0 & . & . & 1 & . \\ . & . & 1 & . & . & 0 \end{vmatrix} = -1 \tag{16a}$$

可以得到相同的结果. 这里我们普适地[①]假定 $e = (0,0,1)$. 因此动量的增益是 (又一次在 $\Delta t = 1$ 和 $\mathrm{d}x\mathrm{d}\xi = 1$ 时)

$$J_{\text{gain}} = \frac{s^2}{2}\int |Ve|\,f(r,v+(Ve)e,t)\,f(r,v_1-(Ve)e,t)\cdot\mathrm{d}\omega\mathrm{d}\xi_1 \tag{16b}$$

方程 (16) 和方程 (16b) 就是著名的 Boltzmann 碰撞积分. 把它们代入式 (9) 并引入常用的缩写

$$\begin{aligned}f &= f(r,v,t), \quad f_1 = f(r,v_1,t)\\ f' &= f(r,v',t) = f(r,v+(Ve)e,t)\\ f_1' &= f(r,v_1',t) = f(r,v_1-(Ve)e,t)\end{aligned} \tag{17}$$

我们得到Maxwell-Boltzmann 碰撞方程

$$\frac{\partial f}{\partial t} + v\frac{\partial f}{\partial r} + \frac{1}{m}F\frac{\partial f}{\partial v} = \frac{s^2}{2}\int |Ve|\,(f'f_1' - ff_1)\,\mathrm{d}\omega\mathrm{d}\xi_1 \tag{18}$$

精确的气体动力学理论的数学问题主要是求解这个非线性的积分–微分方程.

E. Boltzmann 关于分子混沌的假设

在继续研究方程特性之前, 我们需要讨论前述论证中暗示的一个重要假定. 在导出碰撞积分的表达式时我们需要知道 $W(r,v;r_1,v_1)$, 它表示找到处于相点 (r,v) 的分子与处于相点 (r_1,v_1) 的分子碰撞的概率. 然而我们最初只知道一个分子处于

[①] Jacobian 行列式中的符号改变由因式 $V'e$ 中符号的改变来补偿. 需要记得 $\frac{1}{2}|V''e|\,\mathrm{d}\xi'\mathrm{d}\xi_1'$ 源于 $V'e\mathrm{d}\xi\mathrm{d}\xi'$, 这里 $(V'e) > 0$.

相点 (r,v) 的概率 $W(r,v)$ 和一个分子处于相点 (r_1,v_1) 的概率 $W(r_1,v_1)$. 后者可以利用 $f(r,v)$ 算出，因为按照式 (3) 我们可以给出相空间中单位体积的概率为

$$W(r,v) = \frac{1}{N}f(r,v)$$

式 (15) 中的两个 f 函数相乘表明当 $r \neq r_1$ 时 $W(r,v;r_1,v_1) = 0$，当 $r = r_1$ 时我们有

$$W(r,v;r,v_1) = W(r,v) \cdot W(r,v_1)$$

即第一个函数是其余两个函数简单的相乘. 这意味着一个粒子的速度为某个可能值的概率与另一个粒子的速度无关.

这里还有一附加的假设，可以从函数 $W(v,v_1)$ 得到. 函数 $W(v,v_1)$ 对 v 和 v_1 来说是对称函数，这是因为没有哪个分子比其他分子更优越. 积分后我们得到

$$\int W(v,v_1)\,\mathrm{d}\xi_1 = \int W(v_1,v)\,\mathrm{d}\xi_1 = W(v)$$

很明显，由于其对称性，任意一种情况都可以得到同一个函数 $W(v)$. 当然，这并不意味着可以得到结论 $W(v,v_1) = W(v) \times W(v_1)$. 一般情况下这个结论不对.

W 被拆成乘积的形式是 Boltzmann 关于完全分子混沌的假说的一个直接结果. 这与 §23 中给出的 Maxwell 假定、§28 中的等概率假定或者 §36 中的 Gibbs 的假定相对应. 这个假定本质上证明了 §42 中的式 (18) 的熵定理的有效性. Born[①] 及合作者近期给出了对该假设的一个详细分析.

§42. H-定理和 Maxwell 分布

A. H-定理

现在我们来讨论熵定理. 熵的表达式由 §36 式 (10) 给出，即[②]

$$\overline{H} = -k \int \log f \cdot f \mathrm{d}x\mathrm{d}\xi \tag{1}$$

应当指出，这个方程对应于 μ-空间，而最初是针对 Γ-空间写出了的. 我们现在不想赋予相元胞量子特性. 与 Boltzmann 气体对应的 §29 式 (5)、与 Fermi-Dirac 气体对应的 §38 式 (12) 和与 Bose-Einstein 气体对应的 §38 式 (14) 都是指 μ-空间. 在第 4 章中我们处理热力学平衡时，集中于讨论使得积分式 (1) 达到最大值的情况. 在这里我们来研究 H 随时间的变化. 我们期望 $\overline{H}$ 在热力学允许的条件下永不减少.

---

① 参见 'Cause and chance', 上述引文第 223 页脚注 1.
② 与 Boltzmann 一样，我们用 H 取代 S.

§42. H-定理和 Maxwell 分布

当我们讨论非平衡态过程时发现局域熵比整体熵更有用. 因此, 我们将研究

$$H = -k \int \log f \cdot f \mathrm{d}\xi \tag{2}$$

随时间的变化而不用式 (1). 我们得到

$$\frac{\partial H}{\partial t} = -k \int (1 + \log f) \frac{\partial f}{\partial t} \mathrm{d}\xi$$

或者按照 §41 式 (18)

$$\frac{\partial H}{\partial t} = k \int (1 + \log f) \left(\boldsymbol{v} \frac{\partial f}{\partial \boldsymbol{r}} + \frac{1}{m} \boldsymbol{F} \frac{\partial f}{\partial \boldsymbol{v}} - J_f \right) \mathrm{d}\xi \tag{3}$$

这里 J_f 表示 §41 式 (18) 右端出现的碰撞积分, 即

$$J_f = \frac{s^2}{2} \int |\boldsymbol{V}\boldsymbol{e}| (f'f_1' - ff_1) \mathrm{d}\omega \mathrm{d}\xi_1 \tag{4}$$

式 (3) 右端第一项可以变换为

$$\int (1 + \log f) \boldsymbol{v} \frac{\partial f}{\partial \boldsymbol{r}} \mathrm{d}\xi - \mathrm{div} \int \boldsymbol{v} \log f \cdot f \mathrm{d}\xi$$

积分

$$\boldsymbol{S} = -k \int \boldsymbol{v} \log f \cdot f \mathrm{d}\xi \tag{5}$$

表示与式 (2) 定义的 H 的流矢量. 因此式 (3) 变成下式:

$$\frac{\partial H}{\partial t} + \mathrm{div}\, \boldsymbol{S} = -k \int (1 + \log f) J_f \mathrm{d}\xi \tag{6}$$

这里已经考虑到式 (3) 右端的第二项为零. 事实上因为 $\boldsymbol{F}$ 只与空间坐标有关, 第二项可以写成

$$\frac{k}{m} \boldsymbol{F} \int (1 + \log f) \frac{\partial f}{\partial \boldsymbol{v}} \mathrm{d}\xi = \frac{k}{m} \boldsymbol{F} \int \frac{\partial}{\partial \boldsymbol{v}} (f \log f) \mathrm{d}\xi$$

这个积分可以表示成速度空间中无穷球表面积分的形式. 由于能量是有限的, f 消失, 我们得到

$$\frac{k}{m} \boldsymbol{F} \int (1 + \log f) \frac{\partial f}{\partial \boldsymbol{v}} \mathrm{d}\xi = 0 \tag{7}$$

这样, 只有式 (6) 右端的积分保留下来, 用式 (4) 代替 J_f 我们得到

$$-\frac{ks^2}{2} \int |\boldsymbol{V}\boldsymbol{e}| (1 + \log f)(f'f_1' - ff_1) \mathrm{d}\omega \mathrm{d}\xi \mathrm{d}\xi_1 \tag{8}$$

交换积分的两个三维变量 v 和 v_1 不会对积分造成影响. 因此我们还可以写成

$$-\frac{ks^2}{2}\int |\boldsymbol{V}\boldsymbol{e}|\,(1+\log f_1)\,(f'f_1' - ff_1)\,\mathrm{d}\omega\mathrm{d}\xi\mathrm{d}\xi_1$$

还要指出可以进行下面的变换. 首先是 $\boldsymbol{V} \to -\boldsymbol{V}$ 和

$$\boldsymbol{v}' = \boldsymbol{v} + (\boldsymbol{V}\boldsymbol{e})\,\boldsymbol{e} \to \boldsymbol{v}_1 - (\boldsymbol{V}\boldsymbol{e})\,\boldsymbol{e} = \boldsymbol{v}_1'$$

$$\boldsymbol{v}_1' = \boldsymbol{v}_1 - (\boldsymbol{V}\boldsymbol{e})\,\boldsymbol{e} \to \boldsymbol{v} + (\boldsymbol{V}\boldsymbol{e})\,\boldsymbol{e} = \boldsymbol{v}'$$

这样我们可以把式 (6) 的右侧写成下面非常对称的形式:

$$-\frac{ks^2}{4}\int |\boldsymbol{V}\boldsymbol{e}|\,(2+\log f+\log f_1)\,(f'f_1' - ff_1)\,\mathrm{d}\omega\mathrm{d}\xi\mathrm{d}\xi_1 \tag{9}$$

我们也可以不对 v 和 v_1 积分转而对 v' 和 v_1' 积分. 因此, 按照 §41 式 (8a), 式 (9) 变为

$$-\frac{ks^2}{4}\int |\boldsymbol{V}\boldsymbol{e}|\,(2+\log f+\log f_1)\,(f'f_1' - ff_1)\,\mathrm{d}\omega\mathrm{d}\xi'\mathrm{d}\xi_1'$$

现在需要假定在 §41 式 (13) 的帮助下消除了 v 和 v_1, 而 v' 和 v_1' 则保留了下来. 这样做了以后我们可以变换一下符号表示, 即用 v 和 v_1 分别表示 v' 和 v_1'. 由于方程中已经没有 v 和 v_1, 因此不会引起误解. 变换符号以后我们可以方便地在 §41 式 (11) 的帮助下定义新的 v' 和 v_1'. 我们用 G 表示式 (8) 右端的积分, 它变成

$$G\,(\boldsymbol{r},t) = -\frac{ks^2}{4}\int |\boldsymbol{V}\boldsymbol{e}|\,(2+\log f'+\log f_1')\,(ff_1 - f'f_1')\,\mathrm{d}\omega\mathrm{d}\xi\mathrm{d}\xi_1 \tag{10}$$

容易看出, 积分中的 $|\boldsymbol{V}\boldsymbol{e}|$ 保持不变. 结果将是 $G \equiv \theta$, 参见 §21 式 (8).

如果我们用式 (8) 和式 (10) 之和的一半来表示这个积分, 其形式将更加对称. 这样做的时候需要注意最后一个括号中项的符号的变化. 因此我们得到

$$G\,(\boldsymbol{r},t) = -k\int (1+\log f)\cdot J_f\,\mathrm{d}\xi$$

$$= -\frac{ks^2}{8}\int |\boldsymbol{V}\boldsymbol{e}|\,(\log f+\log f_1 - \log f' - \log f_1')\,(f'f_1' - ff_1)\,\mathrm{d}\omega\mathrm{d}\xi\mathrm{d}\xi_1 \tag{11}$$

或者, 简单整理一下得

$$G\,(\boldsymbol{r},t) = \frac{ks^2}{8}\int |\boldsymbol{V}\boldsymbol{e}|\left(\log\frac{f'f_1'}{ff_1}\right)(f'f_1' - ff_1)\,\mathrm{d}\omega\mathrm{d}\xi\mathrm{d}\xi_1 \tag{12}$$

此时可能引起读者注意的是遇到了一个与式 (8) 相似的积分. 只要用一个任意函数

§42. H-定理和 Maxwell 分布

$\psi(\boldsymbol{v})$ 来代替式子 $1 + \log f$. 我们得到

$$\int |\boldsymbol{V}e| \psi(\boldsymbol{v}) (f'f_1' - ff_1) \, d\omega d\xi d\xi_1$$
$$= \frac{1}{4} \int |\boldsymbol{V}e| (\psi + \psi_1 - \psi' - \psi_1') (f'f_1' - ff_1) \, d\omega d\xi d\xi_1 \quad (13)$$

与前面的情况完全相似. 式 (13) 中不同的 ψ 函数与 §41 式 (17) 中的 f 函数的定义方式相同.

首先我们注意式 (12) 中的被积函数不能为负值, 这是因为 $\log(f'f_1'/ff_1)$ 与 $f'f_1' - ff_1$ 总是同号, 因此

$$\dot{H} + \text{div } \boldsymbol{S} = G \geqslant 0 \quad (14)$$

这个方程以及 §21 式 (10) 的关系我们随后再讨论. 对一个有限体积积分我们得到

$$\frac{d}{dt} \int H dx + \int S_n d\sigma = \int G dx \geqslant 0 \quad (15)$$

这里第二项中的体积积分已经按照高斯定理[①] 变换成了面积分. 积分 $\int H dx$ 的改变有两个因素: 首先, 在表面上存在熵流; 其次, 体积内存在大于零的源. 如果系统与外界环境孤立, 不存在熵流, 因而我们得到

$$\frac{d}{dt} \int H dx = \int G dx \geqslant 0 \quad (16)$$

孤立系统的熵不减少. 我们应该看到式 (14) 的范围超出了热力学中的熵增加原理. 它决定了 H 中的不可逆变化的大小. 再者式 (5) 定义了熵流.

B. Maxwell 分布

当 $G = 0$ 时熵的改变完全取决于熵流. 由于式 (12) 中的积分不能为负值, 这只能发生在

$$f'f_1' = ff_1 \quad (17)$$

的时候. 令

$$\log f = \psi \quad (17a)$$

我们发现式 (17) 等价于

$$\psi' + \psi_1' = \psi + \psi_1 \quad (17b)$$

求和 $\psi + \psi_1$ 在碰撞中保持不变. 这是碰撞过程中的又一个不变量.

[①] $d\sigma$ 表示表面的一个表面元, S_n 是矢量 $\boldsymbol{S}$ 在法线方向的分量.

我们可以写出五个满足式 (17b) 的函数, 即一个常量, 动量和能量的表达式

$$\psi_0 = 1, \quad \psi_1 = \xi_1, \quad \psi_2 = \xi_2, \quad \psi_3 = \xi_3, \quad \psi_4 = \frac{1}{2}v^2 \tag{18}$$

事实上, 它们是附加的碰撞不变量.

为了证明这个假定, 我们回顾 §41 中的图 33. 我们称 $\psi(v)$ 为映函数, 当对映点 v 和 v_1 处于速度空间的任意球面上时, 我们有

$$\psi(v) + \psi(v_1) = \text{const}$$

对于不同的球面, 这个常量也不同. 因为碰撞时 v 和 v_1 变成同一个球面上的对映点. 可以看出条件 (17b) 得到满足. 映函数与碰撞附加不变量等价.

容易展示[①] 如果连续映函数在下面五个点处为零:

$$v = (0,0,0); (1,0,0); (0,1,0); (0,0,1); (-1,0,0) \tag{19}$$

则映函数也为零.

利用线性叠加方法我们总是可以由五个函数构造出一个函数, 它的值满足特征点式 (19) 规定的值, 即我们可以让它们在那些点具有与任意映函数一样的值. 因为给定的值与构造的映函数的差仍然是映函数, 即那些在式 (19) 给出的五点为零的函数都为零. 换句话说, 唯一的映函数, 即唯一的附加碰撞不变量是

$$\psi = a_0 + \boldsymbol{a}v + a_4 v^2 \tag{20}$$

按照式 (17a) 我们也可以给出

$$\log f = \alpha - \gamma (v - u)^2 \tag{20a}$$

对应不同的常量集合. 令 $a = e^\alpha$ 我们得到 Maxwell 分布律

$$f = f_0(v) = a e^{-\gamma(v-u)^2} \tag{21}$$

不同的是, a, γ 和 u 可以仍然是 r 和 t 的函数. 我们称之为局域 Maxwell 分布.

现在我们来证明 Grad 的引理. 首先从 ξ_x, ξ_y-面开始, 见图 36(a). 式 (19) 中的第一类点在平面中用 $\otimes$ 表示, 我们记为 A, B, C 和 D. 在这些点按照定义我们有 $\psi = 0$. 对于图 36a 中的二次格中的其他节点也一样, 这是由于我们总是可以找到成对的映点, 如果其中三个点处 $\psi = 0$ 则第四个点也一样. 例如, $(A, D; B, 1)$, $(C, D; B, 2)$, $(A, C; D, 7)$ 等.

[①] 在文献 Harold Grad, Comm. pure appl. Maths.,2 (1949) 311. 中给出证明.

§42. H-定理和 Maxwell 分布

利用同样的构造方法我们可以找到使得 $\psi = 0$ 的附加点. 图 36(a) 给出的节点在图 36(b) 中用符号 + 来表示. 可以看出在由 • 标出的中间点处 ψ 也应该为零, 这可以从以下的映点对看出: $(a,b;2,5)$, $(b,d;5,6)$, $(c,d;5,8)$, $(a,c;4,5)$, $(a,d;b,c)$, 这是因为

$$\psi(a) + \psi(b) = \psi(2) + \psi(5) = 0, \quad \psi(b) + \psi(d) = \psi(5) + \psi(6) = 0$$
$$\psi(c) + \psi(d) = \psi(5) + \psi(8) = 0, \quad \psi(a) + \psi(c) = \psi(4) + \psi(5) = 0$$
$$\psi(a) + \psi(d) = \psi(b) + \psi(c)$$

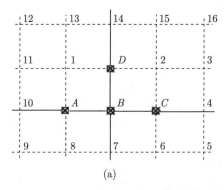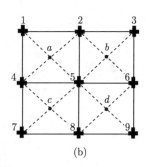

图 36 图解局域 Maxwell 分布的导出

我们还可以得到

$$\psi(a) = \psi(b) = \psi(c) = \psi(d) = 0$$

由这个过程可以得到另一个小的斜二次格, 这样一直下去. 以这种方式可以得到我们希望的密集格点, 使得在这些点处的 ψ 为零. 假定这是连续的, 我们有 $\psi(\boldsymbol{v}) = 0$. 证明完毕

利用式 (19) 给出的点我们可以容易地把刚才的构造过程和证明推广到三维.

C. 平衡态分布

式 (21) 包含所有与熵只随流变化的那些分布. 然而我们应该认识到如果要与 Maxwell-Boltzmann 方程相容, 式 (21) 中的 a, γ 和 u 可以作为 $\boldsymbol{r}$ 和 t 的函数不能是任意的. 再者, 由 §41 式 (18) 我们有

$$\frac{\partial f}{\partial t} + \boldsymbol{v}\frac{\partial f}{\partial \boldsymbol{r}} + \frac{1}{m}\boldsymbol{F}\frac{\partial f}{\partial \boldsymbol{v}} = 0 \tag{22}$$

引入式 (20a) 我们可以从式 (22) 中导出以下方程:

$$\text{grad } \gamma = 0, \quad \frac{\partial u_i}{\partial k} + \frac{\partial u_k}{\partial i} = \frac{\dot{\gamma}}{\gamma}\delta_{ik}$$

$$\dot{\boldsymbol{\alpha}} = -(\boldsymbol{u}\nabla)(\boldsymbol{\alpha} - \gamma \boldsymbol{u}^2) - \dot{\gamma}\boldsymbol{u}^2 \tag{23}$$

$$\boldsymbol{F} = m\left\{\frac{\partial \boldsymbol{u}}{\partial t} + \frac{1}{2\gamma}\operatorname{grad}(\boldsymbol{\alpha} - \gamma \boldsymbol{u}^2) + \frac{\dot{\gamma}}{\gamma}\boldsymbol{u}\right\}$$

这里 i, k 表示 x, y 或者 z.

前两个可以导出下面的形式：

$$\gamma = \gamma(t), \quad \boldsymbol{u} = \frac{\dot{\gamma}}{2\gamma}\boldsymbol{r} + \boldsymbol{a}(t) \times \boldsymbol{r} + \boldsymbol{b}(t) \tag{24}$$

由于 $\boldsymbol{u}$ 表示平均局域速度, 式 (24) 可以表示成平移、转动和径向膨胀的一个特殊的叠加. 整个运动保持各向同性, 因为经历时间 δt 后, $\boldsymbol{r}$ 变换成 $\boldsymbol{r} + \boldsymbol{u}\delta t$, 同时 $\mathrm{d}\boldsymbol{r} \to \mathrm{d}\boldsymbol{r} + \mathrm{d}\boldsymbol{u}\delta t$, 因此

$$\mathrm{d}\boldsymbol{r}^2 \to \mathrm{d}\boldsymbol{r}^2 + 2(\mathrm{d}\boldsymbol{r}\mathrm{d}\boldsymbol{u})\delta t$$

舍去了含有 δt^2 的项. 按照式 (24) 我们有

$$\mathrm{d}\boldsymbol{u} = \frac{\dot{\gamma}}{2\gamma}\mathrm{d}\boldsymbol{r} + \boldsymbol{a} \times \mathrm{d}\boldsymbol{r}$$

和

$$\mathrm{d}\boldsymbol{r}^2 \to \left(1 + \frac{\dot{\gamma}}{\gamma}\delta t\right)\mathrm{d}\boldsymbol{r}^2 \tag{25}$$

因此所有的距离都按同一比例变化.

式 (23) 的最后一项决定局域 Maxwell 分布可能发生的力场. 特别地, 当 $\boldsymbol{u} = 0$ 时, 由式 (23) 和式 (24) 可以导出

$$\boldsymbol{\alpha} = \boldsymbol{\alpha}(\boldsymbol{r}), \quad \gamma = \mathrm{const}, \quad \boldsymbol{b} = 0, \quad \boldsymbol{a} = 0 \tag{26}$$

特别地

$$\boldsymbol{F} = +\frac{m}{2\gamma}\operatorname{grad}\boldsymbol{\alpha} \tag{27}$$

因此, 当流的局域速度不存在时, 热平衡只有在势场不随时间变化时发生 (参考压强公式).

§43. 流体动力学的基本公式

A. 分布函数的级数展开

为了求碰撞积分 §41 式 (18) 的值, 我们应该知道分布函数 f, 它应该从碰撞方程的求解中得到, 它的形式与局域 Maxwell 分布 §42 式 (21) 也应该不一样, 这是因

§43. 流体动力学的基本公式

为我们处理的不是平衡态. 然而一般来讲与平衡态的偏离很小. 出于这个原因, 从局域 Maxwell 分布出发来构建 f 是有用的. 一般我们有

$$f = \left(1 + a_k \frac{\partial}{\partial \xi_k} + a_{kl} \frac{\partial^2}{\partial \xi_k \partial \xi_l} + a_{klm} \frac{\partial^3}{\partial \xi_k \partial \xi_l \partial \xi_m} + \cdots\right) f_0 \tag{1}$$

因为本质上 f/f_0 是三个变量的厄米多项式的展开, 即是一个完全系统 (参见第六卷), 当偏离很小时, 我们可以期望展开系数快速衰减.

式 (1) 中的下标 $k, l, m, \cdots$ 表示坐标 x, y, z. 相同下标表示求和, 因此, 第二项表示求和

$$a_x \frac{\partial f_0}{\partial \xi_x} + a_y \frac{\partial f_0}{\partial \xi_y} + a_z \frac{\partial f_0}{\partial \xi_z}$$

这个方便用法对于高阶项同样适用. 一般来讲, 系数 $a_k, a_{kl}, a_{klm}, \cdots$ 与 r 和 t 有关, 但是由定义知它们与 v 无关. 它们形成了一阶、二阶和高阶张量, 并且假定对所有的下标对称.

在与速度相关的系数 a, α, γ 和 u 的定义是在局域 Maxwell 分布帮助下完成的情况下, 式 (1) 中 f 的展开式是唯一的

$$f_0 = e^{\alpha - \gamma(v-u)^2} = a e^{-\gamma(v-u)^2} \tag{2}$$

上式是由于我们要求可以仅从 f_0 来求特殊积分的值. 因此粒子的密度为

$$n = \int f \mathrm{d}\xi = \int f_0 \mathrm{d}\xi = a \left(\pi/\gamma\right)^{3/2} \tag{3a}$$

平均速度为

$$\overline{v} = \frac{1}{n} \int v f \mathrm{d}\xi = \frac{1}{n} \int v f_0 \mathrm{d}\xi = u \tag{3b}$$

由 §22 式 (3a) 给出的平均、各向同性, 热动力学压强变成

$$p = \frac{m}{3} \int (v - \overline{v})^2 f \mathrm{d}\xi = \frac{m}{3} \int (v - \overline{v})^2 f_0 \mathrm{d}\xi = \frac{n}{2} \frac{m}{\gamma} \tag{3c}$$

它表示作用于以平均速度运动的一个小体积壁上的压强.

式 (3a) 决定式 (2) 中的因子 a. 如果我们定义温度 T 时令

$$\gamma = m/(2kT) \tag{4}$$

同时如果我们利用 $\rho = nm$ 表示质量密度, 得到

$$a = \frac{\rho}{m} \left(\frac{m}{2\pi kT}\right)^{3/2} \tag{4a}$$

剩余的两个方程可以得到展开式 (1) 中的系数的条件. 式 (3b) 中的第 i 个分量给出

$$\int \xi_i \left(1 + a_k \frac{\partial}{\partial \xi_k} + \cdots \right) f_0 \mathrm{d}\xi = \int \xi_i f_0 \mathrm{d}\xi$$

因为 f_0 以及由它得到的其他量在速度空间的无穷大球上为零. 如果我们愿意, 可以进行任意次分步积分, 而避免进行表面积分. 因此我们有

$$\int \xi_i f_0 \mathrm{d}\xi - a_i \int f_0 \mathrm{d}\xi = \int \xi_i f_0 \mathrm{d}\xi$$

式子的左侧有两项. 因为第一项与等式的右侧相等, 我们有

$$a_i = 0 \tag{5}$$

按照同样的方式, 把式 (1) 代入后分步积分, 我们得到

$$\int (\xi_i - \overline{\xi_i})^2 f_0 \mathrm{d}\xi - 2a_i \int (\xi - \overline{\xi_i}) f_0 \mathrm{d}\xi + a_{ik}\delta_{ik} \int f_0 \mathrm{d}\xi = \int (\xi - \overline{\xi_i})^2 f_0 \mathrm{d}\xi$$

第一项与等式右边相消, 按照式 (3a) 和式 (5) 第二项等于 0. 第三项给出 $a_{ik}\delta_{ik} = 0$, 这里

$$\delta_{ik} = \begin{cases} 1, & i = k \\ 0, & i \neq k \end{cases}$$

是 Kronecker 符号. 因此 a_{ik} 的对角元之和为零, 即

$$a_{jj} = 0 \tag{6}$$

在下文中, 我们由下式代替式 (1):

$$f = \left(1 + \frac{1}{2\rho}\sigma_{kl}\frac{\partial^2}{\partial \xi_k \partial \xi_l} - \frac{1}{6\rho}Q_{klm}\frac{\partial^3}{\partial \xi_k \partial \xi_l \partial \xi_m} + \frac{1}{24\rho}R_{klmn}\frac{\partial^4}{\partial \xi_k \partial \xi_l \partial \xi_m \partial \xi_n} + \cdots \right)f_0 \tag{7}$$

展开式中的系数用符号表示, 后面会看到这种表示非常方便. 张量 σ_{kl} 的迹为零, 或者

$$\sigma_{jj} = 0 \tag{7'}$$

B. Maxwell 的输运方程

这里我们定义矩为速度幂次的局域平均值, 可以按照 §41 式 (5) 计算, 例如

$$\overline{\xi_i \xi_k} = \frac{1}{n}\int \xi_i \xi_k f \mathrm{d}\xi$$

§43. 流体动力学的基本公式

在后文中, 局域相对速度的矩比前者重要

$$\boldsymbol{c} = \boldsymbol{v} - \overline{\boldsymbol{v}} = \boldsymbol{v} - \boldsymbol{u}, \quad c_i = \xi_i - \overline{\xi_i} = \overline{\xi_i} - u_i \tag{8}$$

令 $\mathrm{d}c = \mathrm{d}\xi$, 我们可以把二阶矩写成下式:

$$\overline{c_i c_k} = \frac{1}{n} \int c_i c_k f \mathrm{d}c$$

按照式 (8), 一阶矩, 即平均值可以写成

$$\overline{c_i} = \int \left(\xi_i - \overline{\xi_i}\right) f \mathrm{d}c = 0 \tag{9}$$

展开式 (1) 和 (7) 的一个优势是只要有限个展开系数往往就足够用来计算矩, 对于 n 阶矩需要的系数的个数为 n.

在 Maxwell 分布的帮助下, 所有的矩都可以简化到那样的计算. 对于任意的速度函数 $\phi(\boldsymbol{c})$ 我们可以利用 §41 式 (5)

$$\overline{\phi} = \frac{1}{n} \int f \phi \mathrm{d}\xi, \quad \text{同时有} \quad \overline{\phi}^0 = \frac{1}{n} f_0 \phi \mathrm{d}\xi \tag{10}$$

分步积分后我们得到①

$$\overline{\phi(c)} = \overline{\phi}^0 + \frac{1}{2\rho} \sigma_{kl} \overline{\frac{\partial^2 \phi}{\partial c_k \partial c_l}}^0 + \frac{1}{6\rho} Q_{klm} \overline{\frac{\partial^3 \phi}{\partial c_k \partial c_l \partial c_m}}^0 + \cdots \tag{9a}$$

利用 Maxwell 分布计算后, 所有的奇数阶矩都为零. 原因是它关于原点对称 ($\boldsymbol{c} \to -\boldsymbol{c}$). 再者, 由于 Maxwell 分布做镜面反射或者转动时不变, 除了数值因子外我们有

$$\overline{c_i c_k}^0 = \frac{p}{\rho} \delta_{ik}, \quad \overline{c_i c_j c_k c_l}^0 = \frac{p^2}{\rho^2} \left(\delta_{il} \delta_{jk} + \delta_{jl} \delta_{ki} + \delta_{kl} \delta_{ij}\right) \tag{10a}$$

这些可以从下面的特别积分中算出来:

$$\overline{c_z^2}^0 = \sqrt{\left(\frac{\gamma}{\pi}\right)^3} \int c^2 \zeta^2 \mathrm{e}^{-\gamma c^2} c^2 \mathrm{d}c \mathrm{d}\xi \mathrm{d}\phi = \frac{1}{2\gamma} = \frac{p}{\rho}$$

$$\overline{c_x^2 c_y^2}^0 = \overline{c_x^2}^0 \cdot \overline{c_y^2}^0 = \left(\overline{c_z^2}^0\right)^2 = \frac{p^2}{\rho^2}$$

按照式 (9a), 平均矩为

$$\overline{c_i c_k} = \frac{p}{\rho} \delta_{ik} + \frac{1}{\rho} \sigma_{ik}, \quad \overline{c_i c_k c_l} = \frac{1}{\rho} Q_{ikl} \tag{9b}$$

---

① 如果 $c = \sqrt{c_i^2}$, 这个变换可能在高阶项中引起困难, 因为积分将发散, 尽管积分 (10) 是收敛的. 在这个情况下, 我们需要丢弃部分积分或者只用 "有限部分" 的积分. (参见 Laurent Schwartz, Theorie des distributions', Hermann & cie., Paris, 1950.)

$$\overline{c_i c_j c_k c_l} = \frac{p^2}{\rho^2}\left(\delta_{il}\delta_{jk} + \delta_{jl}\delta_{ki} + \delta_{kl}\delta_{ij}\right) + \frac{p}{\rho^2}\left[(\sigma_{il}\delta_{jk} + +) + (\sigma_{jk}\delta_{il} + +)\right] + \frac{1}{\rho}R_{ijkl}$$

轮换后可以得到其余的项.

一般来讲, 矩随时间和位置变化. 它们满足由碰撞方程 §41 式 (18) 得到的特征方程. 这两边乘以 $\phi(\boldsymbol{v})$ 后并对速度空间积分我们得到物理量 $\phi(\boldsymbol{v})$ 输运方程

$$\frac{\partial}{\partial t}\left(\rho\overline{\phi}\right) + \operatorname{div}\left(\rho\overline{\phi \boldsymbol{v}}\right) - \boldsymbol{f}\left(\overline{\frac{\partial \phi}{\partial \boldsymbol{v}}}\right) = J(\phi) \tag{11}$$

这里

$$\rho = mn, \quad \boldsymbol{f} = \frac{\rho}{m}\boldsymbol{F} = n\boldsymbol{F} \tag{12}$$

分别表示质量密度和力密度; $\rho\overline{\phi}$ 和 $\rho\overline{\phi \boldsymbol{v}}$ 分别表示物理量 ϕ 的密度和流; $J(\phi)$ 代表积分

$$J(\phi) = \frac{ms^2}{2}\int \phi(\boldsymbol{v})\left(f'f_1' - ff_1\right)\cdot|\boldsymbol{V}\boldsymbol{e}|\,\mathrm{d}\omega\mathrm{d}\xi\mathrm{d}\xi_1 \tag{12a}$$

按照 §42 式 (13) 它可以变形为

$$J(\phi) = \frac{ms^2}{8}\int \left(\phi + \phi_1 - \phi' - \phi_1'\right)\left(f'f_1' - ff_1\right)|\boldsymbol{V}\boldsymbol{e}|\,\mathrm{d}\omega\mathrm{d}\xi\mathrm{d}\xi_1 \tag{13}$$

我们称之为物理量 $\phi(\boldsymbol{v})$ 的碰撞矩.

把 §42 式 (18) 中的碰撞附加不变量代入式 (11), 我们发现右端消失. 所有的碰撞附加不变量都在 §42 式 (18) 中给出. 相应地, 我们得到五个方程与五个守恒定律相对应: 质量守恒、能量守恒和三个动量分量守恒. 这五个方程为

$$\frac{\partial}{\partial t}\left(\rho\overline{\psi}\right) + \operatorname{div}\left(\rho\overline{\psi \boldsymbol{v}}\right) = n\boldsymbol{F}\left(\overline{\frac{\partial \psi}{\partial \boldsymbol{v}}}\right) \tag{14}$$

$J(\psi) = 0$ 意味着质量、能量和动量在碰撞中不变. 动量不要求是绝对常量, 因为我们允许外加力场.

C. 质量守恒

上面的讨论是基于 $\psi = \psi_0 = 1$. 把它代入式 (14) 并考虑到式 (3b) 我们得到

$$\frac{\partial \rho}{\partial t} + \operatorname{div}\left(\rho\boldsymbol{u}\right) = 0 \tag{15}$$

这是我们熟悉的流体动力学中的连续性方程. 它的普遍性要大得多, 不像在推导 Boltzmann 方程时需要很多假定所受的限制那样.

当我们针对任意一个有限体积 V 积分后, 它的物理意义就非常明显了, 其表达式为

$$\int \rho\,\mathrm{d}x = M$$

给出了体积 V 中所包围的总质量, 所以式 (15) 中的第一项给出 $\mathrm{d}M/\mathrm{d}t$. 对第二项的积分可以利用 Stokes 定理化简为

$$\int \mathrm{div}\,(\rho\boldsymbol{u})\,\mathrm{d}x = \int \rho u_n \mathrm{d}\sigma$$

这里 $\mathrm{d}\sigma$ 表示体积 V 表面 O 上的面元; u_n 是平均速度在面元外法线方向的分量, 外法线的正方向指向外部, $\rho u_n \mathrm{d}\sigma$ 给出了通过面元 $\mathrm{d}\sigma$ 的质量流. 当流向外部时为正, 当流向相反的方向时为负. 积分应该遍及整个表面 O.

因此, 由式 (15) 我们得到

$$-\frac{\mathrm{d}M}{\mathrm{d}t} = -\frac{\mathrm{d}}{\mathrm{d}t}\int \rho \mathrm{d}x = \int \rho u_n \mathrm{d}\sigma \tag{15a}$$

V 中质量的减少等于流向外部的质量. 质量流密度 (通量) 为

$$\boldsymbol{s} = \rho \boldsymbol{u} \tag{15b}$$

它是由质量-平均速度 $\boldsymbol{u}$ 传输决定的.

D. 动量守恒

为了导出动量方程, 我们需要把式 (14) 写成分量形式

$$\frac{\partial}{\partial t}\left(\rho\overline{\psi}\right) + \frac{\partial}{\partial k}\left(\rho\overline{\psi\xi_k}\right) = f_k\left(\overline{\frac{\partial\psi}{\partial\xi_k}}\right) \tag{14a}$$

按照 §42 式 (18) 代入 $\psi = \psi_i = \xi_i$ 我们得到

$$\frac{\partial}{\partial t}\left(\rho u_i\right) + \frac{\partial}{\partial k}\left(\rho\overline{\xi_i\xi_k}\right) = f_i \tag{16}$$

利用连续方程可以把第一项变换成下式:

$$\frac{\partial}{\partial t}\left(\rho u_i\right) = \rho\frac{\partial u_i}{\partial t} + u_i\frac{\partial \rho}{\partial t} = \rho \dot{u}_i - u_i\frac{\partial}{\partial k}\left(\rho u_k\right)$$
$$= \rho\left(\frac{\partial}{\partial t} + u_k\frac{\partial}{\partial k}\right)u_i - \frac{\partial}{\partial k}\left(\rho u_i u_k\right)$$

因此式 (16) 变成下式:

$$\rho\frac{\mathrm{d}u_i}{\mathrm{d}t} \equiv \rho\left(\frac{\partial}{\partial t} + u_k\frac{\partial}{\partial k}\right)u_i = -\frac{\partial}{\partial k}\left[\rho\left(\overline{\xi_i\xi_k} - u_i u_k\right)\right] + f_i \tag{17}$$

这里 $\mathrm{d}/\mathrm{d}t = (\partial/\partial t + u_k\partial/\partial_k)$ 是全微分, 参照系为一个体积以平均速度移动 (第二卷, §11 式 (3)).

按照式 (9b), 方括号中的式子变成

$$\rho\left(\overline{\xi_i \xi_k} - u_i u_k\right) = \overline{\rho(\xi_i - u_i)(\xi_k - u_k)} = \rho\overline{c_i c_k} = p\delta_{ik} + \sigma_{ik}$$

回到矢量表示我们发现式 (17) 给出严格形式

$$\rho \frac{d\boldsymbol{u}}{dt} \equiv \rho\left(\frac{\partial}{\partial t} + \boldsymbol{u}\nabla\right)\boldsymbol{u} = -\mathrm{grad}\, p - \mathrm{Div}\, \sigma + \boldsymbol{f} \tag{18}$$

张量散度 Divσ 是一个矢量, 其分量为

$$(\mathrm{Div}\,\sigma)_i = \partial \sigma_{ik}/\partial k \tag{18a}$$

方程 (18) 与流体动力学的运动方程相同. 因为 $\sigma_{jj} = 0$, σ_{ik} 表示应变张量, 它仅仅会导致剪切应力 (第二卷, §10), 假定

$$\sigma_{ik} = 0 \tag{19a}$$

将导出 Euler 方程. 令

$$\sigma_{ik} = -\eta\left(\frac{\partial u_i}{\partial k} + \frac{\partial u_k}{\partial i} - \frac{2}{3}\frac{\partial u_j}{\partial j}\delta_{ik}\right) \tag{19b}$$

我们得到 Navier-Stokes 方程. 我们将从碰撞方程 (见 §44) 近似导出这个形式的 σ_{ik}.

在切向流的情况 (Couette 流, §27), 此时 $\boldsymbol{u} = (u(y), 0, 0)$, 我们得到 §27 式 (4), 即

$$\sigma_{xy} = -\eta\frac{\partial u}{\partial y} = \sigma_{yx}$$

当我们考虑到绕坐标系转动的变化特点时, 式 (19b) 和 §27 式 (4) 可以互相导出.

当我们对一个很小的一平均速度运动的体积积分时, 我们得到与式 (15a) 相似的下式:

$$\frac{d}{dt}\int \rho u_i dx = -\int (pn_i + \sigma_{in}) d\sigma + \int f_i dx \tag{20}$$

这里 n_i 表示外法线方向上单位矢量 $\boldsymbol{n}$ 第 i 个分量, $\sigma_{ik} = \sigma_{ik}n_k$. 单位时间内动量的增量式由表面的动量流 (由外向里, 因为有一个负号) 和作用在体积上的合力两部分组成, 这里的合力是力密度 $\boldsymbol{f}$ 导致的.

E. 能量守恒

令 $\psi = \frac{1}{2}\psi_4 = \frac{1}{2}\boldsymbol{v}^2$ 我们得到能量方程. 这种情况下式 (14) 变成

$$\frac{\partial}{\partial t}\left(\frac{1}{2}\rho\overline{\boldsymbol{v}^2}\right) + \mathrm{div}\left(\frac{1}{2}\rho\overline{\boldsymbol{v}^2 \cdot \boldsymbol{v}}\right) = f\overline{\boldsymbol{v}} \tag{21}$$

§43. 流体动力学的基本公式

按照式 (8) 和式 (10)

$$\overline{v^2} = \overline{(c+u)^2} = \overline{c^2} + u^2 = \frac{3p}{\rho} + u^2$$

因此式 (21) 中的第一项变成

$$\frac{\partial}{\partial t}\left(\frac{3}{2}p + \frac{\rho}{2}u^2\right) = \frac{3}{2}\dot{p} + \frac{\dot{\rho}}{2}u^2 + \rho u \frac{\partial u}{\partial t}$$

利用连续方程 (15) 和动量方程 (18) 进行变形后我们得到

$$\frac{3}{2}\dot{p} - \frac{1}{2}u^2 \mathrm{div}\,(\rho u) - u[\rho(u\nabla)u + \mathrm{grad}\,p - \mathrm{Div}\,\sigma - f]$$

或者

$$\frac{\partial}{\partial t}\left(\frac{\rho}{2}\overline{v^2}\right) = \frac{3}{2}\dot{p} - (u\nabla)p - \mathrm{div}\left(\frac{\rho}{2}u^2 \cdot u + \sigma \times u\right) + \sigma\varepsilon + uf \tag{22}$$

这里乘积 $\sigma \times u$ 是一个矢量, 它的分量为

$$(\sigma \times u)_i = \sigma_{ik} u_k \tag{22a}$$

ε 代表流的部分应变张量 (第二卷, §1), 与剪切应变的关系为

$$\varepsilon = \varepsilon_{kl} = \frac{1}{2}\left(\frac{\partial u_l}{\partial k} + \frac{\partial u_k}{\partial l} - \frac{2}{3}\frac{\partial u_j}{\partial j}\delta_{kl}\right) \tag{22b}$$

$\sigma\varepsilon$ 是两个张量 σ 和 ε 的标量积, 定义为

$$\sigma\varepsilon = \sigma_{kl}\varepsilon_{kl} = \sigma_{kl}\frac{\partial u_l}{\partial k} \tag{22c}$$

后两个表达式等价是因为对称性 $\sigma_{lk} = \sigma_{kl}$ 和 $\sigma_{jj} = 0$.

相应地, 我们可以变换式 (21) 中第二项中的平均值, 我们得到

$$\overline{v^2 \cdot v} = \overline{(c+u)^2 \cdot (c+u)} = \overline{c^2 \cdot c} + \overline{c^2} \cdot u + 2\overline{(c|\ c)} \times u + u^2 \cdot u \tag{23}$$

按照式 (9b) 把这项的分量写出来, 我们得到

$$\overline{c_j^2 c_i} = \frac{1}{\rho} Q_{jji}$$

引入矢量 Q, 其分量为

$$Q_i = \frac{1}{2} Q_{jji} \tag{24}$$

我们有

$$\overline{c^2 \cdot c} = \frac{2}{\rho} Q \tag{24a}$$

由式 (9b), 第二项变成

$$c^2 \cdot u = \frac{3p}{\rho} u \tag{24b}$$

在第三项中记张量 $\overline{c_i c_k}$, 因此式 (9b) 给出

$$2\overline{(c|\ c)} \times u = \frac{2p}{\rho} u + \frac{2}{\rho} \sigma \times u \tag{24c}$$

第四项需要转换.

把式 (22) 和式 (23) 代入式 (21), 然后利用式 (24)~式 (24c) 我们得到

$$\frac{3}{2}\dot{p} - (u\nabla)p + \operatorname{div}\left[Q + \frac{5}{2}pu\right] + \sigma\varepsilon + fu = fu$$

一个基本变换给出

$$\frac{3}{2}\frac{\mathrm{d}p}{\mathrm{d}t} = \frac{3}{2}\left(\frac{\partial}{\partial t} + u\nabla\right)p = -\operatorname{div} Q - \sigma\varepsilon - \frac{5}{2}p\operatorname{div} u \tag{25}$$

我们把式 (24a) 中定义的 Q 解释为热通量(移动元中的热流), 引入内能密度(移动坐标系中的动能)

$$Q = \frac{1}{2}\rho c^2 = \frac{3}{2}p \tag{24d}$$

我们整理式 (25) 后得到

$$\frac{\mathrm{d}Q}{\mathrm{d}t} + \operatorname{div} Q = \left(\frac{\partial}{\partial t} + u\nabla\right)Q + \operatorname{div} Q = -Q\operatorname{div} u - p\operatorname{div} u - \sigma\varepsilon \tag{26}$$

这个方程可以以两种方式变换. 把右手边第一项移到左手边我们得到①

$$\frac{\partial Q}{\partial t} + \operatorname{div}(Q + Qu) = -p\operatorname{div} u - \sigma\varepsilon \tag{27}$$

等式右边包含压缩功和切向力的功 (由于摩擦而产生的能量耗散). 等式左边的散度算符作用在两项上, 其中一项表示由热传导 Q 引起的局域变化 Q, 以及对流 Qu.

如果我们现在引入单位质量的能量 q 来取代能量密度, 有 $Q = \rho q$, 因此

$$\frac{\partial Q}{\partial t} = \rho\frac{\partial q}{\partial t} + q\frac{\partial \rho}{\partial t} = \rho\frac{\partial q}{\partial t} - q\operatorname{div}(\rho u) = \rho\frac{\partial q}{\partial t} - \operatorname{div}(\rho q u)$$

由式 (27) 我们有

$$\rho\frac{\mathrm{d}q}{\mathrm{d}t} + \operatorname{div} Q = \rho\left(\frac{\partial}{\partial t} + u\nabla\right)q + \operatorname{div} Q = -\rho\operatorname{div} u - \sigma\varepsilon \tag{28}$$

等式的右边与前面的意义相同. 左边现在包含了由于传导而产生的热流, 因为从宏观观点看我们现在关心的是一个确定的质量元, 并在它移动时观测它.

---

① 原文为从左边移到右边, 原文错误. —— 译者注

F. 熵定理

下面我们回忆一下 §42 式 (1) 和式 (5) 中熵和熵通量的定义, 以及 §42 式 (14) 中给出的熵源的分布, G 的定义式 §42 式 (12) 总为正值. 令 η 为单位质量的熵[1], 因此

$$H = \rho\eta.$$

考虑到连续性方程 (15) 我们从 §42 式 (14) 中得到

$$\dot{H} = \dot{\rho}\eta + \rho\dot{\eta} = \rho\dot{\eta} - \eta\,\mathrm{div}\,(\rho\boldsymbol{u})$$
$$= \rho\left(\frac{\partial}{\partial t} + \boldsymbol{u}\nabla\right)\eta - \mathrm{div}\,(\rho\eta\boldsymbol{u})$$

因此 §42 式 (14) 可以写成下面的形式:

$$\rho\frac{\mathrm{d}\eta}{\mathrm{d}t} = \rho\left(\frac{\partial}{\partial t} + u\nabla\right)\eta = -\mathrm{div}\,(\boldsymbol{S} - \rho\eta\boldsymbol{u}) + G \tag{29}$$

这种情况下因对流而转移的熵的量 $H \cdot \boldsymbol{u}$ 应该从 $\boldsymbol{S}$ 中减去, 按照 §42 式 (1) 和式 (5) 我们有

$$\boldsymbol{S} - H\boldsymbol{u} = -k\int \boldsymbol{c}\log f \cdot f\,\mathrm{d}\xi \tag{29a}$$

下面我们近似地计算 $S - H\boldsymbol{u}$ 和 H. 我们假定 f 与 f_0 的差别很小, 因此可以令

$$\log f \approx \log f_0$$

考虑到 §42 式 (21) 我们有

$$\log f \approx \log a - \gamma c^2$$

因而, 利用 §42 式 (1) 我们得到 H 的表达式如下:

$$H = -kn\log a + k\gamma\int c^2 f\,\mathrm{d}\xi$$

或者, 按照式 (3c) 和式 (4a)

$$H = -\frac{k}{m}\rho\log\rho + \frac{3}{2}\frac{k}{m}\rho\log T + \mathrm{const} \times \rho$$

我们就可以给出单位质量的熵 (见 §5 式 (10)) 写作下式:

$$\eta = -\frac{k}{m}\left(\log\rho - \frac{3}{2}\log T\right) + \mathrm{const} \tag{30}$$

---

[1] 这部分用的符号 η 不要与本章其他地方用的黏滞系数 η 混淆了.

或者，全微分后得

$$\frac{\mathrm{d}\eta}{\mathrm{d}t} = -\frac{k}{m}\left(\frac{1}{\rho}\frac{\mathrm{d}\rho}{\mathrm{d}t} - \frac{3}{2}\frac{1}{T}\frac{\mathrm{d}T}{\mathrm{d}t}\right) \tag{30a}$$

两边乘以 T 我们得到

$$T\frac{\mathrm{d}\eta}{\mathrm{d}t} = \frac{\mathrm{d}q}{\mathrm{d}t} - \frac{nkT}{\rho^2}\frac{\mathrm{d}\rho}{\mathrm{d}t}$$

因为 $q = (3/2)nkT/\rho = (3/2)(k/m)T$，写成微分形式并考虑 $p = nkT$，我们发现最后一个方程变成

$$T\mathrm{d}\eta = \mathrm{d}q + p\mathrm{d}\left(\frac{1}{\rho}\right) \tag{31}$$

这就是热力学第二定律，$\mathrm{d}q$ 表示内能的微分。式 (31) 与假定 $\log f \approx \log f_0$ 密切相关，换句话说，流还没有远离平衡态分布.

最后一个要求听起来好像是可逆系统的定义. 但是，事实上，它没有那么严格，允许式 (29) 中的 G 不等于零. 这是基于我们只假设 $\log f$ 与 $\log f_0$ 相等的事实，它们两个在变量大时确实变化缓慢. §21 中我们已经讨论了这个要求的回旋余地，我们可以基于 Maxwell-Boltzmann 碰撞方程的一个更精确的解来论证它的合理性. 我们将克制不去做这件事情，大家可以参考文章①.

G 的值可以从式 (29) 中计算出来. 把 Maxwell 关于 $\log f$ 的表达式代入式 (29a) 我们得到

$$\boldsymbol{S} - H\boldsymbol{u} = k\gamma \int \boldsymbol{c}^2 \cdot \boldsymbol{c} f \mathrm{d}\xi$$

或者考虑到式 (24a)

$$nk\gamma \cdot \frac{2}{\rho}\boldsymbol{Q} = \frac{\boldsymbol{Q}}{T}$$

我们因而得到热力学上合理的结果：

$$\boldsymbol{S} - H\boldsymbol{u} = \frac{\boldsymbol{Q}}{T} \tag{32}$$

把这个表达式以及式 (31) 代入式 (21) 我们得到

$$G = -\frac{k}{m}\frac{\mathrm{d}\rho}{\mathrm{d}t} + \frac{1}{T}\left(\rho\frac{\mathrm{d}q}{\mathrm{d}t} + \mathrm{div}\,\boldsymbol{Q}\right) - \frac{1}{T^2}(\boldsymbol{Q}\nabla)T$$

利用能量方程 (28) 可以把中间项变形，因为 $p/T = nk = (k/m)\rho$，我们有

$$G = -\frac{1}{T^2}(\boldsymbol{Q}\cdot\mathrm{grad}\,T) - \frac{1}{T}(\Pi\sigma) - \frac{k}{m}\left(\frac{\mathrm{d}\rho}{\mathrm{d}t} + \rho\,\mathrm{div}\,\boldsymbol{u}\right)$$

---

① Enskog, Phys.Z.12 (1911) 533: J. Meixner, Z. Phys. Chemie 53 (1943) 235.

最后一项为零 (连续性方程), 因此

$$G = -\frac{1}{T^2}(\boldsymbol{Q} \cdot \operatorname{grad} T) - \frac{1}{T}(\sigma\varepsilon) \tag{33}$$

这是关于不可逆热力学的一个基本关系, 可以参考 §21 对这个关系的讨论. 利用式 (19) 以及傅里叶对热传导的假设 §21 式 (3) 我们得到

$$\boldsymbol{Q} = -\kappa \operatorname{grad} T \tag{33a}$$

与式 (19c) 相似, 这个式子可以从动力学理论来论证其合理性. 在 §44 中我们把它代入式 (33) 中得到

$$G = +\frac{\kappa}{T^2}(\operatorname{grad} T)^2 + \frac{\eta}{T}\varepsilon^2 \geqslant 0 \tag{33b}$$

这里可以看得出来 G 自然为正值.

§44. 关于碰撞方程的积分

A. 利用矩方程积分

为了求解 Maxwell-Boltzmann 碰撞方程 §41 式 (18), 人们发展了许多近似的积分方法. 关心积分理论细节的读者可以参阅 K. F. Herzfeld[①]的综述文章以及 H. Grad 的论文[②], 我们已经在前面引用过后者. 在这些近似方法中我们将采用那些与用 Maxwell 分布微分展开的 §43 式 (1) 一致的方法. 再者, 我们讨论的深度仅能够展示方法的系统特点, 同时能够支持关系式 §43 式 (19b) 和式 (33a) 的合理性, 正是这些式子导出了 Navier-Stokes 方程和热传导方程. 在这个过程中我们给出矩方法 (见 H. Grad[③]).

利用 Maxwell 分布的导数我们可以发展出一大类函数 $g(\boldsymbol{v})$, 如果我们令

$$g(\boldsymbol{v}) = \left(A_0 + A_k\frac{\partial}{\partial \xi_k} + A_{kl}\frac{\partial^2}{\partial \xi_k \partial \xi_l} + \cdots\right)f_0 \tag{1}$$

可以通过计算矩来得到式中的系数

$$\begin{aligned}
nG_0 &= \int g(\boldsymbol{v})\,\mathrm{d}\xi = nA_0 \\
nG_k &= \int \xi_k g(\boldsymbol{v})\,\mathrm{d}\xi = n\left(A_0\overline{\xi_k}^0 - A_k\right) \\
nG_{kl} &= \int \xi_k \xi_l g(\boldsymbol{v})\,\mathrm{d}\xi = n\left(A_0\overline{\xi_k\xi_l}^0 - A_k\overline{\xi_l}^0 - A_l\overline{\xi_k}^0 + A_{kl}\right)
\end{aligned} \tag{2}$$

[①] "Freie Weglänge und Transporterscheinumgen in Gasen", Hand- u. Jahrbuch d. Chem. Physik, Vol.III 2, Sec IV, Leipzig, 1939.
[②] 上述引文 p.288.
[③] 上述引文 p.288.

等等，§43 式 (10) 中已经定义了平均值 $\overline{\xi_k}^0, \overline{\xi_k\xi_l}^0, \cdots$. 式 (2) 中包含了展开系数的递推公式. 它们给出下面的关系：

$$\begin{aligned}
A_0 &= G_0 \\
A_k &= G_0\overline{\xi_k}^0 - G_k \\
A_{kl} &= G_0\overline{\xi_k\xi_l}^0 - G_k\overline{\xi_l}^0 - G_{el}\overline{\xi_k}^0 + G_{kl}, 等等
\end{aligned} \quad (3)$$

由这些系数方程可知，当两个函数的矩相等时，它们的展开系数相等. 我们将把这个逻辑用到碰撞方程上，当所有的矩方程 §43 式 (11) 满足时，这是有效的. 我们可以用积分所有的矩方程来取代求解碰撞方程. 矩方程是前述近似理论的一个非常合适的出发点.

在 §43 中我们已经考虑过矩方程的第一个，对于它碰撞积分的贡献为零. 下面我们将继续考虑 $\phi = \xi_i\xi_k$ 和 $\phi = \xi_i\xi_j\xi_k$ 时的矩方程. 由 §43 式 (11) 我们有

$$\frac{\partial}{\partial t}\left(\rho\overline{\xi_i\xi_k}\right) + \frac{\partial}{\partial t}\left(\rho\overline{\xi_i\xi_k\xi_l}\right) - \left(\overline{\xi_i f_k} + \overline{\xi_k f_i}\right) = J_{ik} \quad (4)$$

和

$$\frac{\partial}{\partial t}\left(\rho\overline{\xi_i\xi_j\xi_k}\right) + \frac{\partial}{\partial l}\left(\rho\overline{\xi_i\xi_j\xi_k\xi_l}\right) - \left(\overline{\xi_j\xi_k}f_i + \overline{\xi_k\xi_i}f_j + \overline{\xi_i\xi_j}f_k\right) = J_{ijk} \quad (5)$$

式子的右边包含碰撞矩

$$J_{ik} = \frac{1}{2}ms^2\int \xi_i\xi_k\left(f'f_1' - ff_1\right)|\boldsymbol{Ve}|\mathrm{d}\omega\mathrm{d}\xi\mathrm{d}\xi_1 \quad (4a)$$

和

$$J_{ijk} = \frac{1}{2}ms^2\int \xi_i\xi_j\xi_k\left(f'f_1' - ff_1\right)|\boldsymbol{Ve}|\mathrm{d}\omega\mathrm{d}\xi\mathrm{d}\xi_1 \quad (5a)$$

B. 矩方程的变换

当计算平均值及式 (4) 和式 (5) 的碰撞矩时，我们需要在分布函数 f 中插入合适的近似. 一个简单且有意义的近似是我们只考虑方程两边最高阶的不为零的项. 这意味着在我们的近似中在方程左边利用 Maxwell 分布是充分的.

部分参照前面的计算，我们用下面的表达式来代替 ξ 幂次的平均值：

$$\begin{gathered}
\rho\overline{\xi_i} = \rho u_i, \quad \rho\overline{\xi_i\xi_k} \approx \rho\overline{\xi_i\xi_k}^0 = p\delta_{ik} + \rho u_i u_k \\
\rho\overline{\xi_i\xi_j\xi_k} \approx \rho\overline{\xi_i\xi_j\xi_k}^0 = p\left(u_i\delta_{jk} + u_j\delta_{kj} + u_k\delta_{ij}\right) + \rho u_i u_j u_k \\
\rho\overline{\xi_i\xi_j\xi_k\xi_l} \approx \rho\overline{\xi_i\xi_j\xi_k\xi_l}^0 = \frac{p^2}{\rho}\left(\delta_{jk}\delta_{il} + +\right) + p\left[\left(\delta_{jk}u_iu_k + +\right) + \left(\delta_{il}u_ju_l + +\right)\right] + \rho u_iu_ju_ku_l
\end{gathered} \quad (6)$$

因此方程 (4) 变成

$$\frac{\partial}{\partial t}\left(p\delta_{ik} + \rho u_i u_k\right) + \frac{\partial}{\partial l}\left[p\left(u_i\delta_{kl} + +\right) + \rho u_i u_k u_l\right] - \left[u_i f_k + u_k f_i\right] = J_{ik}$$

§44. 关于碰撞方程的积分

或者，简单整理以后有

$$J_{ik} = \left(\frac{dp}{dt} + \frac{5}{3}p\, \text{div}\, \boldsymbol{u}\right)\delta_{ik} + p\left(\frac{\partial u_i}{\partial k} + \frac{\partial u_k}{\partial i} - \frac{2}{3}\frac{\partial u_l}{\partial l}\delta_{ik}\right)$$
$$+ [\dot{\rho} + \text{div}(\rho\boldsymbol{u})]u_i u_k + u_i\left(\rho\frac{du_k}{dt} + \frac{\partial p}{\partial k} - f_k\right) + u_k\left(\rho\frac{dv_i}{dt} + \frac{\partial p}{\partial i} - f_i\right)$$

按照 §43 式 (15)、式 (18) 和式 (25)，如果我们考虑到在现在的近似中 $\sigma_{ik} = 0$ 和 $Q_l = 0$ 右边除了第二项外所有的项都消失。引入应变张量 ε_{ik} 后由 §43 式 (22b) 我们得到

$$J_{ik} = 2p\varepsilon_{ik} \tag{7}$$

方程 (5) 可以用同样的方法做变换。引入平均值 (6) 以后，我们得到第一个简化符号

$$J_{ijk} = \frac{\partial}{\partial t}\left[p\left(u_i\delta_{jk} + +\right) + \rho u_i u_j u_k\right] + \frac{\partial}{\partial l}\left[\frac{p^2}{\rho}\left(\delta_{il}\delta_{jk} + +\right) + p\left(\delta_{jk}u_i u_l + +\right)\right.$$
$$\left. + p\left(\delta_{il}u_j u_k + +\right) + \rho u_i u_j u_k u_l\right] - \frac{p}{\rho}\left(f_i\delta_{jk} + +\right) - \left(f_i u_j u_k + +\right)$$

可以方便地重新整理其中的项，从而得到下面更为明晰的形式：

$$J_{ijk} = \left(\frac{dp}{dt} + p\, \text{div}\, \boldsymbol{u}\right)\left(u_i\delta_{jk} + +\right) + \frac{p}{\rho}\left[\delta_{jk}\left(\rho\frac{du_i}{dt} - f_i + \frac{\partial p}{\partial i}\right) + +\right]$$
$$+ p\left[\delta_{jk}\frac{\partial}{\partial i}\left(\frac{p}{\rho}\right) + +\right] + [\dot{\rho} + \text{div}(\rho\boldsymbol{u})]u_i u_j u_k$$
$$+ \left[u_j u_k\left(\rho\frac{du_i}{dt} - f_i + \frac{\partial p}{\partial i}\right) + +\right] + p\left[\left(\frac{\partial u_j}{\partial i}u_k + \frac{\partial u_k}{\partial i}u_j\right) + +\right]$$

考虑到 §43 式 (15)、式 (18) 和式 (25) 以及 $\sigma_{ik} = 0$, $Q_l = 0$ 和 $p/\rho = (k/m)T$，我们发现

$$J_{ijk} = \frac{kp}{m}\left(\frac{\partial T}{\partial i}\delta_{jk} + +\right) + p\left[u_i\left(\frac{\partial u_k}{\partial j} + \frac{\partial u_j}{\partial k} - \frac{2}{3}\frac{\partial u_l}{\partial l}\delta_{jk}\right) + +\right]$$

或者按照式 (4) 有

$$J_{ijk} = \frac{kp}{m}\left(\frac{\partial T}{\partial i}\delta_{jk} + +\right) + (u_i J_{jk} + +) \tag{8}$$

在后面我们将看到，J_{ik} 和 σ_{ik} 成比例。因为在式 (4) 和式 (5) 的左边我们假定 $\sigma_{ik} = 0$，为了前后一致我们必须丢掉式 (8) 中的 J_{ik}。因此最后得到

$$J_{ijk} = \frac{kp}{m}\left(\frac{\partial T}{\partial i}\delta_{jk} + \frac{\partial T}{\partial j}\delta_{ki} + \frac{\partial T}{\partial k}\delta_{ij}\right) \tag{9}$$

求解后得到
$$J_{jjk} = \frac{5kp}{m}\frac{\partial T}{\partial k} \tag{10}$$

C. 碰撞矩的评估

它们由 §43 式 (12a) 或者式 (13) 给出，当用 Maxwell 分布代替 f 时为零. 因此在这种情况下需要考虑修正项. ff_1 展开项中的最低阶为

$$ff_1 = f_0 f_{01} + \frac{1}{2\rho}\sigma_{rs}\left(f_0\frac{\partial^2 f_{01}}{\partial \xi_{1r}\partial \xi_{1s}} + f_{01}\frac{\partial^2 f_0}{\partial \xi_r \partial \xi_s}\right) \\ -\frac{1}{6\rho}Q_{mrs}\left(f_0\frac{\partial^3 f_{01}}{\partial \xi_{1m}\partial \xi_{1r}\partial \xi_{1s}} + f_{01}\frac{\partial^3 f_0}{\partial \xi_m \partial \xi_r \partial \xi_s}\right) + \cdots \tag{11}$$

这可以从 §43 式 (7) 中看出. 碰撞矩是齐次的且对 σ_{rs} 和 Q_{mrs} 为线性，这是因为第一项对碰撞矩没有贡献，σ_{sr} 和 Q_{mrs} 的二次项发生在第四阶中，我们不予考虑.

与 σ_{ik} 和 Q_{ijk} 一样，式 (4a) 和式 (5a) 中的矩是对称张量. 由于除了 σ_{ik}、Q_{ijk} 和单位张量 δ_{ik} 外没有其他张量起作用，我们可以写出碰撞矩的形式. 我们有

$$J_{ik} = a\sigma_{ik} \tag{12}$$
$$J_{ijk} = bQ_{ijk} + c\left(Q_{rrj}\delta_{jk} + Q_{rrj}\delta_{ki} + Q_{rrk}\delta_{ij}\right)$$

式 (12) 的第一个方程中，我们略去了与 δ_{ik} 成正比的项，这是由于 $\sigma_{jj} = 0$.

利用式 (7)、式 (9) 和式 (12)，我们可以计算出展开项中的系数 σ_{ik} 和 Q_{ijk}. 它们与 ε_{ik} 和 $\left(\frac{\partial T}{\partial i}\delta_{jk} + \frac{\partial T}{\partial j}\delta_{ki} + \frac{\partial T}{\partial k}\delta_{ij}\right)$ 成正比. 为了与 §43 式 (19b) 和式 (33a) 一致，我们把比例系数记为

$$\sigma_{ik} = -2\eta\varepsilon_{ik}, \quad Q_l = -\kappa\frac{\partial T}{\partial l} \tag{13}$$

最后一个方程，像 §43 式 (24) 看到的那样，是从下面的张量中导出来的：

$$Q_{ijk} = -\frac{2\kappa}{5}\left(\frac{\partial T}{\partial i}\delta_{jk} + \frac{\partial T}{\partial j}\delta_{ki} + \frac{\partial T}{\partial k}\delta_{ij}\right) \tag{13a}$$

黏滞系数 η 和热传导系数 κ 都可以从式 (12) 中导出. 把式 (13) 和式 (13a) 代入我们得到两个方程，它们分别与式 (7) 和式 (9) 相同

$$J_{ik} = -2\eta a\varepsilon_{ik} = 2p\varepsilon_{ik}$$

$$J_{ijk} = -\frac{2\kappa(b+5c)}{5}\left(\frac{\partial T}{\partial i}\delta_{jk} + +\right) = \frac{kp}{m}\left(\frac{\partial T}{\partial i}\delta_{jk} + +\right)$$

§44. 关于碰撞方程的积分

于是出现了下面的结果：

$$\eta = -\frac{p}{a}, \quad \kappa = -\frac{5kp}{2m(b+5c)} = +\frac{5}{2}\frac{a}{b+5c}\frac{k}{m}\eta \tag{14}$$

把式 (13) 和式 (13a) 的表达式代入 §43 式 (7) 我们得到分布函数

$$f = f_0 - \frac{\eta}{\rho}\varepsilon_{ik}\frac{\partial^2 f_0}{\partial \xi_i \partial \xi_k} + \frac{\kappa}{5\rho}\left(\frac{\partial T}{\partial i}\frac{\partial}{\partial \xi_i}\right)\frac{\partial^2 f_0}{\partial \xi_j^2} \tag{15}$$

方程 (13) 和方程 (13a) 分别与 §43 式 (19b) 和式 (33a) 一致，它们为 Navier-Stokes 方程和热传导方程提供了一个合理的证据。当 κ 和 η 为正时 (参见 D 部分)，熵的源密度 §43 式 (33) 变成本质上是正的，这个结论我们已经在 §43 式 (33) 中演示过。

D. 黏度和导热系数*

现在我们从 §43 式 (13) 开始来求积分式 (4a) 和式 (5a) 的值，可以对 §43 式 (13) 中含有 $f'f_1'$ 的项进行变换. 我们用变量 v 和 v_1 来代替 v' 和 v_1', 注意到按照 §41 式 (12b) 和式 (16a), $\mathrm{d}\xi\mathrm{d}\xi_i$ 和 $|Ve|$ 保持不变; 第一项因子改变符号. 这样 §43 式 (13) 可以由下式取代:

$$J_\phi = +\frac{1}{4}ms^2 \int (\phi' + \phi_1' - \phi + \phi_1) f f_1 |Ve| \mathrm{d}\omega \mathrm{d}\xi \mathrm{d}\xi_1 \tag{17}$$

然后积分可以由后面的两个步骤计算出来.

因为分布函数 f 和 f_1 与单位矢量 e 无关，我们可以把关于 e 的积分分离出来.

$$I_\phi = I_\phi(v, v_1) = \frac{1}{4}ms^2 \int (\phi' + \phi_1' - \phi - \phi_1) \cdot |Ve| \mathrm{d}\omega \tag{18}$$

现在我们考虑当 $\phi = \xi_i \xi_k$ 和 $\phi = \xi_i \xi_j \xi_k$ 时 I_ϕ 的特殊值，所以

$$I_{ik} = +\frac{1}{4}ms^2 \int (\xi_i'\xi_k' + \xi_{1i}'\xi_{1k}' - \xi_i\xi_k - \xi_{1i}\xi_{1k})|Ve|\mathrm{d}\omega \tag{18a}$$

和

$$I_{ijk} = +\frac{1}{4}ms^2 \int \left(\xi_i'\xi_j'\xi_k' + \xi_{1i}'\xi_{1j}'\xi_{1k}' - \xi_i\xi_j\xi_k - \xi_{1i}\xi_{1j}\xi_{1k}\right)|Ve|\mathrm{d}\omega \tag{18b}$$

在上面的方程中 V 表示相对速度. 引入平均速度 $U = 1/2(v + v_1)$ 我们有

$$v = U - \frac{1}{2}V, \quad v_1 = U + \frac{1}{2}V \tag{19a}$$

---

* 这一节缺公式记号 (16), 内容不缺, 因为德文版即如此, 译者不能修改. —— 译者注

由 §41 式 (12) 可得到

$$v' = U - \frac{1}{2}V', \quad v'_1 = U + \frac{1}{2}V' \tag{19b}$$

其中

$$V' = V - 2(Ve)e \tag{19}$$

经过一个基本的重新整理, 我们发现

$$\xi'_i\xi'_k + \xi'_{1i}\xi'_{1k} - \xi_i\xi_k - \xi_{1i}\xi_{1k} = 2(Ve)^2 e_i e_k - (Ve)(V_i e_k + V_k e_i) = V_{ik} \tag{20a}$$

和

$$\xi'_i\xi'_j\xi'_k + \xi'_{1i}\xi'_{1j}\xi'_{1k} - \xi_i\xi_j\xi_k - \xi_{1i}\xi_{1j}\xi_{1k} = (U_i V_{jk} + U_j V_{ki} + U_k V_{ij}) \tag{20b}$$

由式 (20a) 可以看出, 积分 (18a) 只和矢量 V 有关. 因为结果必须是对称张量, 其迹为 0, 我们有

$$I_{ik} = \frac{\gamma m s^2}{4} V \left(V_i V_k - \frac{1}{3}V^2 \delta_{jk}\right) \tag{20}$$

此外, 由式 (18b) 可以得到

$$I_{ijk} = (U_i I_{jk} + U_j I_{ki} + U_k I_{ij}) \tag{21}$$

常量 γ 可以从下面的特殊积分计算出来:

$$I_{ik}V_i V_k = \frac{\gamma m s^2}{6} V^5 = \frac{m s^2}{2} \int \left[(Ve)^4 - V^2(Ve)^2\right]|Ve|\,\mathrm{d}\omega$$

$$= 2\pi m s^2 \cdot V^5 \int_0^1 (\zeta^5 - \zeta^3)\,\mathrm{d}\zeta = -\frac{\pi m s^2}{6}V^5$$

所以 $\gamma = -\pi$ 且

$$I_{ik} = -\frac{\pi m s^2}{4} V \left(V_i V_k - \frac{1}{3}V^2 \delta_{ik}\right) \tag{22}$$

按照式 (17) 和式 (18), 碰撞矩由下面式子决定:

$$J_\phi = \int I_\phi f f_1 \mathrm{d}\xi \mathrm{d}\xi_1$$

这里 ff_1 由式 (11) 给出. 第一项没有贡献, 后面紧跟的两对可以缩写, 因为式 (21) 和式 (22) 对 v 和 v_1 对称, 所以

$$J_\phi = \frac{1}{\rho} \int I_\phi \left(\sigma_{rs}\frac{\partial^2 f_0}{\partial \xi_r \partial \xi_s} - \frac{1}{3}Q_{mrs}\frac{\partial^3 f_0}{\partial \xi_m \partial \xi_r \partial \xi_s}\right) f_{01} \mathrm{d}\xi \mathrm{d}\xi_1 \tag{23}$$

§44. 关于碰撞方程的积分

利用分步积分可以把导数变成 I_ϕ, 乘积 ff_1 由下面的函数代替:

$$f_0 f_{01} = n^2 \frac{\gamma^3}{\pi^3} e^{-2\gamma(U-u)^2 - \frac{1}{2}\gamma V^2} \tag{24}$$

于是, 考虑到式 (22) 和式 (21) 对 $V/|V|$ 的奇数多项式将消失, 式 (23) 可以导出

$$J_{ik} = \frac{\sigma_{rs}}{\rho} \int \frac{\partial^2 I_{ik}}{\partial V_r \partial V_s} f_0 f_{01} d\xi d\xi_1 \tag{25a}$$

和

$$J_{ijk} = \frac{1}{2\rho} \left(Q_{irs} \int \frac{\partial^2 I_{jk}}{\partial V_r \partial V_s} f_0 f_{01} d\xi d\xi_1 + + \right) \tag{25b}$$

求和对 ijk 轮换.

式 (25a) 中的积分关于 ik 和 rs 对称, 并且对 $i = k$ 的求迹为零, 于是得到

$$\int \frac{\partial^2 I_{ik}}{\partial V_r \partial V_s} f_0 f_{01} d\xi d\xi_1 = I \left(\delta_{ir}\delta_{ks} + \delta_{is}\delta_{kr} - \frac{2}{3}\delta_{ik}\delta_{rs} \right) \tag{25}$$

数值因子是由特殊的下标值给出的, 如 $i = r = x, k = s = z$, 因而

$$I = -\frac{\pi m s^2}{4} \int \frac{\partial^2 V V_x V_z}{\partial V_x \partial V_z} f_0 f_{01} d\xi d\xi_1$$

$$= -\frac{\pi m s^2}{4} \int V \left(1 + \frac{V_x^2 + V_z^2}{V^2} - \frac{V_x^2 V_z^2}{V^4} \right) f_0 f_{01} d\xi d\xi_1$$

可以看出, 把式 (24) 中的表达式代入后, 对于 U 的积分和在 V 方向的积分可以立刻计算出来. 因此

$$I = -\frac{\pi m s^2}{4} n^2 \frac{\gamma^3}{\pi^3} \left(\frac{\pi}{2\gamma} \right)^{3/2} \cdot 2\pi \cdot \frac{16}{5} \int_0^\infty V^3 e^{-\frac{1}{2}\gamma V^2} dV$$

或

$$I = -\frac{4}{5} m n^2 s^2 \left(\frac{2\pi}{\gamma} \right)^{1/2} = -\frac{8}{5} n^2 s^2 (\pi m k T)^{1/2} \tag{26}$$

把式 (25) 代入式 (25a) 和式 (25b) 我们得到

$$J_{ik} = \frac{2}{\rho} I \sigma_{ik}$$

$$J_{ijk} = \frac{3}{\rho} I Q_{ijk} - \frac{1}{3\rho} I \left(Q_{irr}\delta_{jk} + + \right) \tag{27}$$

与式 (12) 一致. 与后者的比较可以得到

$$a = 2\frac{I}{\rho}, b = 3\frac{I}{\rho}, c = -\frac{1}{3}\frac{I}{\rho} \tag{27'}$$

考虑到式 (26)，我们可以从式 (14) 中推出

$$\eta = \frac{p}{2}\frac{\rho}{I} = \frac{5/16}{\pi s^2}(\pi m k T)^{1/2} \tag{28}$$

和

$$\frac{\kappa}{\eta} = \frac{5}{2}\frac{a}{b+5c}\frac{k}{m} = \frac{15}{4}\frac{k}{m} \tag{28a}$$

对单原子气体测量后得到下面的结果：

气体	He	Ne	A	Kr	X
$\frac{4m\kappa}{15k\eta}$	0.98	1.00	0.98	1.02	1.03

测量结果与理论结果惊人地一致，主要原因是它们都可以看做刚性原子，这个假设好像有问题，且只能定性地有用.

当我们假定 $\boldsymbol{u} = (0, u_y(x), 0)$ 并把左边的方程应用到剪切流 (Couette 流，第二卷) 式 (13) 的两个方程的一个明显的对照. 在这种情况下

$$\sigma_{xy} = -\eta\frac{\partial u_y}{\partial x} = -\frac{\eta}{m}\frac{\partial p_y}{\partial x} \tag{29}$$

这里 p_y 表示分子在 y 方向上的平均动量，σ_{xx} 是垂直于 x 方向单位面元的动量流. 把式 (28) 代入式 (13) 的右边热流，然后引入局域热能 $Q = \frac{3}{2}kT$，我们得到

$$Q_x = -\frac{5}{2}\frac{\eta}{m}\frac{\partial Q}{\partial x} \tag{29a}$$

这个方程显示热的传递比动量的传递更为有效. 这个结果可以这样定性地理解：在给定方向上具有高速度的分子将会增大这个方向的传输. 速度的改变不会影响动量的传输，因为在有摩擦力的情况下我们关心的那个方向的动量分量的传输与动量流垂直. 对于能量的传输情况就不同了，因为速度的每一个分量都对能量有贡献. 其结果是大的能量在输运过程中更受青睐. 就全体而论，热接触比动量接触更方便.

最后一个评论对转动能量不适用，出于这个原因，对于刚性多原子分子的情况，在式 (29a) 中 Eucken 用下式来代替 $\frac{5}{2}Q$：

$$\frac{5}{2}Q_{\text{transl}} + Q_{\text{rot}} = \left(\frac{5}{2}\cdot\frac{3}{2} + \frac{f-3}{2}\right)kT = \left(\frac{f}{2} + \frac{9}{4}\right)kT$$

这导出了方程

$$Q_x = -\left(1 + \frac{9}{2f}\right)\frac{\eta}{m}\frac{\partial Q}{\partial x} \tag{29b}$$

这里 $Q = 1/2fkT$ 表示分子的平均能量，f 是自由度数. 因此我们得到

$$f = 3, 5, 6$$

$$1 + \frac{9}{2f} = 2.5, 1.9, 1.75$$

实验测量的结果是

	H_2	O_2	CO	空气	
$1 + \dfrac{9}{2f} =$	2.00	1.92	1.81	1.96	而不是 1.9

对于

	CH_4	CO_2	C_3H_8	
$1 + \dfrac{9}{2f} =$	1.74	1.64	1.66	而不是 1.75

式 (28) 中的 $\sqrt{T}$ 这一项与平均速度成比例. 容易证明

$$\bar{c} \approx \bar{c}^0 = \frac{2\sqrt{2}}{\pi m}(\pi k T m)^{1/2}$$

因此

$$\eta = \frac{5\pi}{32\sqrt{2}} \frac{m\bar{c}}{\pi s^2} \tag{30}$$

用 §27 式 (11) 中的 $l = \dfrac{1}{\sqrt{2}n\pi s^2}$ 取代平均自由程的大小量级, 我们得到

$$\eta = \frac{5}{32}\rho l \bar{c} = \frac{\rho l \bar{c}}{2.04} \tag{30a}$$

§45. 电导率和 Wiedemann-Franz 定律

A. 金属中电子的碰撞和传输方程

金属电子的碰撞方程和 Boltzmann 碰撞方程 §41 式 (18) 不同的地方是: 在金属中我们只需要考虑传导电子与晶格的离子的碰撞, 与电子相比晶格离子要重得多. 结果, 在冲击的过程中存在动量的交换, 但是, 实际来讲, 没有能量的交换. 显然这个说法不是严格地正确, 因为在 §39 中可以看到电子参与热平衡. 尽管如此, 在一级近似下, 相对动量输运来说我们可以忽略能量输运. 我们用 v 来表示一个电子在与晶格离子碰撞前的速度, 开始我们认为晶格离子是一个刚性球 (图 37), 因此碰撞后的速度 v' 为

$$v' = v - 2(ve)e \tag{1}$$

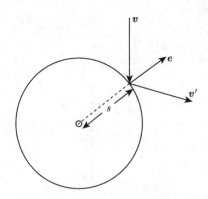

图 37　图解传导电子与晶格离子的碰撞

这里的 e 与前面一样表示中心轴方向上的单位矢量, 动量的变化是

$$\Delta \boldsymbol{p} = m(\boldsymbol{v}' - \boldsymbol{v}) = -2m(\boldsymbol{v}\boldsymbol{e})\boldsymbol{e} \tag{2}$$

这里能量的变化可以忽略

$$E = \frac{m}{2}\left(\boldsymbol{v}'^2 - \boldsymbol{v}^2\right) = 0 \tag{3}$$

如果用 f 表示电子的分布函数, 可以看出 §41 碰撞方程 (18) 的左边不变, 但是碰撞积分则不同. 积分将只包含一个 f 因子, 第二个变成了撞击离子球的概率, 它是由晶格离子的密度 n_0 决定的. 用 s 来表示离子的半径, 我们得到

$$J_{\text{loss}} = \frac{1}{2}n_0 s^2 \int |\boldsymbol{v}\boldsymbol{e}| f(\boldsymbol{r}, \boldsymbol{v}, t)\mathrm{d}\omega \tag{4}$$

$$J_{\text{gain}} = \frac{1}{2}n_0 s^2 \int |\boldsymbol{v}\boldsymbol{e}| f(\boldsymbol{r}, \boldsymbol{v} - 2(\boldsymbol{v}\boldsymbol{e})\boldsymbol{e}, t)\mathrm{d}\omega$$

导出方法与 §41D 相同.

引入平均自由程 $l = 1/(n_0 \pi s^2)$, 我们可以把碰撞方程写成下式:

$$\frac{\partial f}{\partial t} + \boldsymbol{v}\frac{\partial f}{\partial \boldsymbol{r}} + \frac{1}{m}\boldsymbol{F}\frac{\partial f}{\partial \boldsymbol{v}} = \frac{1}{2\pi l}\int |\boldsymbol{v}\boldsymbol{e}|(f' - f)\mathrm{d}\omega \tag{5}$$

函数 f' 依赖于式 (1) 中的宗量 $\boldsymbol{v}'$, 它们之间的关系与 f 和 $\boldsymbol{v}$ 的关系相同. 按照我们的模型, 平均自由程应该是一个常量, 但是这个模型当然很粗糙. 我们要尽量地把它调整到与真实情况相符, 所以假定 l 是电子的速度和晶格的特点比如尤其是它的速度的函数. 为了找到一个更为精确的表达式, 我们需要借助于波动力学, 但是这里我们不打算这样做.

函数 $\phi(v)$ 的输运方程可以通过与 §43 式 (11) 同样的方式得到. 用 $\phi(v)$ 乘以式 (5) 的两端, 然后对 v 积分后得到

$$\frac{\partial}{\partial t}\left(\rho\overline{\phi}\right) + \mathrm{div}\left(\rho\overline{\phi v}\right) - n\boldsymbol{F}\left(\overline{\frac{\partial\phi}{\partial v}}\right) = J(\phi) \tag{6}$$

这里 $J(\phi)$ 表示函数 ϕ 的碰撞矩

$$J(\phi) = \frac{m}{2\pi}\int\frac{\phi}{l}(f'-f)|\boldsymbol{v e}|\mathrm{d}\omega\mathrm{d}\xi = \frac{m}{2\pi}\int\frac{f}{l}\mathrm{d}\xi\int(\phi'-\phi)|\boldsymbol{V e}|\mathrm{d}\omega \tag{5a}$$

因为当 $\phi = 1$ 或 $\phi = \frac{1}{2}\boldsymbol{v}^2$ 时 $\phi'-\phi = 0$, 可以看出质量和能量的方程保持有效, 这与前面一样. 动量方程则由下面的方程替代:

$$\frac{\partial}{\partial t}(\rho\overline{\boldsymbol{v}}) + \mathrm{Div}\left[\rho\overline{(\boldsymbol{v}|\,\boldsymbol{v})}\right] - n\boldsymbol{F} = \frac{m}{2\pi}\int\frac{f}{l}\mathrm{d}\xi\int(\boldsymbol{v}'-\boldsymbol{v})|\boldsymbol{v e}|\mathrm{d}\omega \tag{7}$$

按照式 (1), 对 $\mathrm{d}\omega$ 的积分变成

$$\int(\boldsymbol{v}'-\boldsymbol{v})|\boldsymbol{v e}|\mathrm{d}\omega = -2\int|\boldsymbol{v e}|(\boldsymbol{v e})\boldsymbol{e}\mathrm{d}\omega = -2\pi v\boldsymbol{v} \tag{8}$$

其形式是由于积分是一个矢量且是 $\boldsymbol{v}$ 的 2 度函数. 数字因子是用式 (8) 与 $\boldsymbol{v}$ 的标量积除以 v^3 得到, 因此

$$\frac{\boldsymbol{v}}{v^3}\int(\boldsymbol{v}'-\boldsymbol{v})|\boldsymbol{v e}|\mathrm{d}\omega = -2\int|\zeta^3|\mathrm{d}\zeta\mathrm{d}\phi = -2\pi$$

结果式 (7) 变成

$$\frac{\partial}{\partial t}(\rho\overline{\boldsymbol{v}}) + \mathrm{Div}\left[\rho\overline{(\boldsymbol{v}|\,\boldsymbol{v})}\right] - n\boldsymbol{F} = -\rho\left(\overline{\frac{v\boldsymbol{v}}{l}}\right) \tag{9}$$

B. 碰撞方程的近似解

我们打算在平衡态 f_0 附近讨论式 (5) 的解. 像 §42 中那样以熵原理为出发点. 用熵密度方程 §38 式 (9)

$$H = -k\int[n\log n + (1-n)\log(1-n)]\cdot\frac{2m^3}{h^3}\mathrm{d}\xi$$

对时间微分

$$\frac{\partial H}{\partial t} = -k\int\log\frac{n}{1-n}\cdot\dot{n}\cdot\frac{2m^3}{h^3}\mathrm{d}\xi$$

或者按照式 (5)$(F=0)$, 同时考虑到 $f = (2m^3/h^3)n$, 它等于

$$+k\,\mathrm{div}\int\boldsymbol{v}\left[n\log n + (1-n)\log(1-n)\right]\frac{2m^3}{h^3}\mathrm{d}\xi$$

$$+\frac{k}{4\pi}\int\frac{|\boldsymbol{v e}|}{l}\cdot\log\frac{n'/(1-n')}{n/(1-n)}\cdot(n'-n)\,\mathrm{d}\omega\frac{2m^3}{h^3}\mathrm{d}\xi$$

因此我们得到
$$\frac{\partial H}{\partial t} + \text{div}\, \boldsymbol{S} = G \tag{10}$$

这里熵通量是
$$\boldsymbol{S} = -k \int \boldsymbol{v} \left[n \log n + (1-n) \log(1-n) \right] \frac{2m^3}{h^3} \mathrm{d}\xi \tag{11}$$

源密度是
$$G = \frac{k}{4\pi} \int \frac{|\boldsymbol{v}\boldsymbol{e}|}{l} \cdot \log \frac{n'/(1-n')}{n/(1-n)} \cdot (n'-n)\, \mathrm{d}\omega \frac{2m^3}{h^3} \mathrm{d}\xi \tag{11a}$$

对于平衡态的情况我们有 $G = 0$, 因为 $n/(1-n)$ 随 n 单调递增, 被积函数不能为负值, 只有当 $n' = n$ 时 $G = 0$. 因为只有 1 和 $\boldsymbol{v}^2$ 是碰撞不变量, f 应该只是能量的函数:
$$n = n_0(E), \quad E = \frac{m}{2} \boldsymbol{v}^2 \tag{12}$$

值得注意的是结果是不确定的, 这是忽略电子之间相互作用的一个反映. 我们不得不猜想式 (11a) 包含一个由于电子之间的碰撞而在 G 上附加的项, 这与 §42 式 (12) 相同. 通常情况下它很小, 但是如果我们代替式 (12), 这一项将独自保留下来. 也就是我们建立了一个特殊的能量函数. 如果 G 由 §42 式 (12) 式给出, f_0 将与 Maxwell 分布相同, 但是我们知道电子遵从 Fermi 分布. 不考虑对熵源密度 G 表达式的修正问题, 我们参照 §39 式 (5) 假定
$$f_0 = \frac{2m^3}{h^3} n_0 = \frac{2m^3/h^3}{\mathrm{e}^{\beta(E-\zeta)} + 1} \tag{12a}$$

这里参数 β 和 ζ 可以依赖于时间和空间坐标: $\beta = 1/(kT)$, ζ 是单个电子的自由焓 (参见 §39 式 (4)). Sommerfeld 的导电理论与 Drude 和 Lorentz 的理论的区别仅在于假定 (12a).

式 (12) 和式 (12a) 与以前的结果还有一个地方不同, 即平衡态分布与局域平均速度无关. 在数学上这是由于电子的动量碰撞后守恒. 从物理上这也是可以理解的, 当我们让电子集体运动而保持晶格固定时, 电子的分布变化. 结果当用平衡态分布 f_0 的项展开分布函数 f 时, 我们将看到一阶导数为
$$f = f_0 - u_k \frac{\partial f_0}{\partial \xi_k} + \frac{1}{2\rho} \sigma_{kl} \frac{\partial^2 f_0}{\partial \xi_k \partial \xi_l} - \frac{1}{6\rho} Q_{klm} \frac{\partial^3 f_0}{\partial \xi_k \partial \xi_l \partial \xi_m} + \cdots \tag{13}$$

遵照 Sommerfeld(和 Lorentz) 的方法我们在这里用一个稍微不同的近似. 因为 f_0 只依赖于能量 E, 我们可以把一阶项写成
$$-u_k \frac{\partial f_0}{\partial \xi_k} = -m(u_k \xi_k) f_0'$$

这里带撇表示对 E 求导数. 式 (13) 的高阶项也包含相似类型的项. 如果

$$Q_{klm} = \frac{2}{5}(Q_k\delta_{lm} + Q_l\delta_{mk} + Q_m\delta_{kl})$$

(或者当我们把这一项从 Q_{klm} 中分离出来以后) 我们可以看到三阶项的贡献为

$$-\frac{1}{5\rho}Q_k\frac{\partial^3 f_0}{\partial \xi_k \partial \xi_l^2} = -\frac{m^2}{\rho}(Q_k\xi_k)\left(f_0'' + \frac{2}{5}Ef_0'''\right)$$

这些项有一个典型的形式

$$U_k(E)\xi_k$$

系数 U_k 不仅依赖于时间和空间坐标, 还依赖于能量; 它们与速度的方向无关. 如果我们对式 (13) 中的所有项做同样的变形, 就可以得到下面类型的级数:

$$f = f_0(E) + U_k(E)\xi_k + \frac{1}{2}U_{kl}(E)\xi_k\xi_l + \cdots \tag{14}$$

可以假定展开项中的高阶系数是对称张量迹为零, 我们有 $U_{kk} = 0, U_{kkl} = 0$ 等.

如果我们有 $U_{kkl} \neq 0$, 可以把它们表示成下面的形式:

$$U_{klm} = U_{klm}^* + (V_k\delta_{lm} + V_l\delta_{mk} + V_m\delta_{kl})$$

这里我们有 $U_{kkl}^* = 0$. 只需要令 $U_{kkm} = 5V_m$. 因此第一项正是我们需要的形式, 第二项对序列 (14) 的贡献是下面的形式:

$$\frac{3}{2}(V_k\xi_k)\xi_l^2 = \frac{3E}{m}V_k(E)\xi_k$$

明显地, 它可以被包含在展开式 (14) 的第二项中.

现在我们把式 (14) 代入碰撞方程 (5) 并考虑到只有第一个非零项和稳定流 $(\partial f/\partial t) = 0$. 因此我们得到

$$\left(\boldsymbol{v}, \frac{\partial f_0}{\partial \boldsymbol{r}} + \boldsymbol{F}f_0'\right) = \frac{\boldsymbol{U}}{2\pi l}\int |\boldsymbol{V}\boldsymbol{e}|\,(\boldsymbol{v}' - \boldsymbol{v})\,d\omega \tag{15}$$

由式 (8), 右边等于

$$-\frac{1}{l}v(\boldsymbol{Uv})$$

因为这个方程需应用在 $\boldsymbol{v}$ 的任意方向, 我们还可以写出

$$\boldsymbol{U} = -\frac{l}{v}\left(\boldsymbol{F}f_0' + \frac{\partial f_0}{\partial \boldsymbol{r}}\right) \tag{16}$$

因此分布函数 (14) 的一级近似是

$$f = f_0 - l\left(\frac{\boldsymbol{v}}{v}, f_0'\boldsymbol{F} + \frac{\partial f_0}{\partial \boldsymbol{r}}\right) \tag{17}$$

C. 电流和能量通量

电流和能量通量用积分

$$W_n = \int E^n v f d\xi \tag{18}$$

表示出来为

$$I = -eW_0 \tag{18a}$$

$$W = W_1 \tag{18b}$$

由于对称性, 式 (17) 中的第一项对式 (18) 没有贡献. 进行角积分后我们从第二项得到

$$W_n = -\frac{4\pi}{3} \int_0^\infty \left(f_0' F + \frac{\partial f_0}{\partial r} \right) l E^n v^3 dv$$

把下面函数代入式 (12):

$$g(\varepsilon) = -\frac{1}{e^\varepsilon + 1} \varepsilon = \beta(E - \zeta) \tag{19}$$

然后用 $E = \frac{1}{2}mv^2$ 代替 v, 我们得到

$$W_n = -\frac{16\pi m \beta}{3h^3} \int_0^\infty g'(\varepsilon) \left(F - \frac{1}{\beta}\frac{\partial \beta \zeta}{\partial r} + \frac{E}{\beta}\frac{\partial \beta}{\partial r} \right) l E^{n+1} dE \tag{20}$$

引入缩写

$$F_1 = F - \frac{1}{\beta}\frac{\partial \beta \zeta}{\partial r}, \quad F_2 = \frac{1}{\beta}\frac{\partial \beta}{\partial r} \tag{21}$$

然后令

$$-\frac{16\pi m \beta}{3h^3} \int_0^\infty g'(\varepsilon) l E^n dE = K_n \tag{21a}$$

我们可以从式 (20) 中导出一个相当普遍的式子

$$W_n = K_{n+1} F_1 + K_{n+2} F_2 \tag{22}$$

特别地

$$I = -e(K_1 F_1 + K_2 F_2) \tag{22a}$$

$$W = K_2 F_1 + K_3 F_2$$

消除

$$E' = -\frac{1}{e}F_1 - \frac{\zeta}{e}\frac{1}{\beta}\mathrm{grad}\beta = E + \frac{1}{e}\mathrm{grad}\,\zeta \tag{21b}$$

§45. 电导率和 Wiedemann-Franz 定律

我们得到

$$E' = \frac{1}{e^2 K_1} I + \frac{K_2 - \zeta K_1}{e K_1} \frac{1}{\beta} \operatorname{grad} \beta$$
$$W = -\frac{K_2}{e K_1} I + \frac{K_1 K_3 - K_2^2}{K_1} \frac{1}{\beta} \operatorname{grad} \beta \tag{23}$$

这与 §21 式 (18a、b) 一致. 电导变成

$$\sigma = e^2 K_1 \tag{24}$$

同时 Peltier 系数和绝对热电动势分别变成

$$\Pi = \frac{K_2}{e K_1} \tag{24a}$$

$$\varepsilon = \frac{K_2 - \zeta K_1}{e K_1 T} \tag{24b}$$

这里热导率为

$$\kappa = \frac{K_1 K_3 - K_2^2}{K_1 T} \tag{24c}$$

D. 欧姆定律

基于 ζ 和 β 在整个空间都是常量的假设可以导出欧姆定律. 因此从式 (21b) 得到 $E' = E$, 从式 (23) 得到

$$I = \sigma E \tag{25}$$

这就是欧姆定律, 假定完全简并 (参见 §39 B), 利用式 (21a) 中的 K_1, 可以由式 (24) 计算出电导率

$$\sigma = \frac{16 \pi m \zeta_0 l_0}{3 h^3} e^2$$

这里 ζ_0 和 l_0 分别表示在 Fermi 临界上的 ζ 和 l 的值. 在 §39 式 (7) 和式 (7a) 的帮助下可以计算出粒子数密度为

$$n = \frac{8 \pi m^3}{3 h^3} v_0^3, \quad \zeta_0 = \frac{1}{2} m v_0^2$$

结果可以计算出 σ

$$\sigma = \frac{n e^2}{m} \cdot \frac{l_0}{v_0} \tag{25a}$$

这就是 §39 Drude 方程 (2).

在上面的式子中 v_0 表示 Fermi 极限速度, l_0 表示当电子以这个速度运动时的平均自由程. 很明显 l_0 可以随温度变化, 因为它依赖于晶格的特性. 另一方面 v_0 不依赖于温度. 然而当我们按照 §39 C 计算近完全简并情况下的积分时, v 表现为轻微依赖于温度. 它的量级为 (kT/mv_0^2), 这在实验上无法测到.

平均自由程 l_0 还可以通过测量电导而计算出来. 例如, 考虑室温下并假定每个银原子有一个传导电子我们得到 $l_0 \approx 5 \times 10^{-6}$cm, 这意味着平均自由程远大于晶格离子的距离, 确切的信号是我们必须借助于波动力学来计算平均自由程.

当我们来计算Peltier系数时条件还是足够的, 至少这里计算完全简并极限情况下的积分 K_n 时是足够的. 在这种情况下由式 (21a) 得

$$K_n = \frac{16\pi m}{3h^3} l_0 \zeta_0^n \tag{21c}$$

结果

$$\Pi = \frac{m v_0^2}{2e} \tag{26}$$

值得指出的是平均自由程相互消掉而不出现在最终的表达式中. 这是 Peltier 系数 Π 的一个基本值. 当 $\mathrm{grad}\beta = 0$ 时, 式 (23) 中的第一项给出能量通量

$$\boldsymbol{W} = n \cdot \frac{m v_0^2}{2} \cdot \overline{\boldsymbol{v}}$$

很明显这是宏观物理中的动能输运, 因为对平均速度 v 有贡献的电子都在 Fermi 面附近. 另外的关于 Peltier 效应的论述已经在 §21 中给出. 为了计算它的数值我们需要进行更加精确的计算.

当电流密度 $I = 0$ 但是温度分布不均匀时, 会形成热流和电场. 热流和电场的强度由热导率 κ 和绝对电动势 ε 决定. 按照式 (21c) 它们在完全简并的情况下都为零.

E. 导热系数和绝对热电动势

为了计算 κ 和 ε 我们需要得到分数中分子的更精确的表达式. 按照 §39 D, 式 (21a) 中的积分可以写成

$$K_n = -\frac{16\pi m}{3h^3} \int_{-\beta\zeta}^{\infty} g'(\varepsilon) F_n\left(\zeta + \frac{\varepsilon}{\beta}\right) \mathrm{d}\varepsilon$$

这里 $F_n = lE^n$, 所以

$$K_n = +\frac{16\pi m}{3h^3} \left[F_n(\zeta) + \frac{\pi^2}{6\beta^2\zeta^2} \cdot \zeta^2 F_n''(\zeta) \right] \tag{27}$$

粒子密度可以由 §39 式 (11b) 给出:

$$n = \frac{8\pi}{3h^3} (2m\zeta)^{3/2} \left(1 + \frac{\pi^2}{8\beta^2\zeta^2}\right)$$

结果

$$K_n = \frac{n}{\sqrt{2m}} l \zeta^{n-3/2} \left[1 + \frac{\pi^2}{6\beta^2\zeta^2} \left(\frac{\zeta^2 F_n''}{F n} - \frac{3}{4} \right) \right] \tag{27a}$$

在修正项中我们可以用 ζ_0 代替 ζ, 即 Fermi 面的值. 对于第一个因子, 实际要求我们考虑 §39 式 (13), 但是这里用 Fermi 面值已经足够了, 因为由式 (27a) 我们有

$$K_1 K_3 - K_2^2 = \frac{n^2}{2m} l_0^2 \zeta_0 \cdot \frac{\pi^2}{6\beta^2 \zeta_0^2} (1 \times 0 + 3 \times 2 - 2 \times 2 \times 1)$$

因此式 (27a) 中括号前的因子乘了一个高阶项, 我们有

$$\frac{K_1 K_3 - K_2^2}{K_1} = \frac{n}{\sqrt{2m}} l_0 \zeta_0^{3/2} \cdot \frac{\pi^2}{3\beta^2 \zeta_0^2}$$

令 $\zeta_0 = \frac{1}{2} m v_0^2$ 我们由式 (24c) 得到热传导系数

$$\kappa = \frac{\pi^2}{3} \frac{k}{m} \frac{l_0}{v_0} \cdot nkT \tag{28}$$

值得一提的是式 (27a) 中对 $l(\zeta)$ 微商项在 κ 的表达式中没有出现.

可以从

$$K_2 - \zeta K_1 = \frac{n}{\sqrt{2m}} l \zeta^{1/2} \cdot \frac{\pi^2}{6\beta^2 \zeta_0^2} \cdot 2 \left(1 + \zeta \frac{l'}{l}\right)$$

来计算出绝对热电动势的表达式, 按照式 (24b) 可以写成

$$\varepsilon = \frac{\pi^2}{3} \frac{k}{e} \cdot \frac{kT}{\zeta_0} \left(1 + \frac{\mathrm{d} \log l_0}{\mathrm{d} \log \zeta_0}\right) \tag{29}$$

其中包含了 $l(\zeta)$ 的一阶微商.

F. Wiedemann-Franz 定律

Drude 方程 (25a) 和 (28) 中热导率的表达式只包含了界值 l_0/v_0. 写成比例 κ/σ 后 l_0/v_0 消失, 我们得到 Wiedemann-Franz 定律:

$$\frac{\kappa}{\sigma} = \frac{\pi^2}{3} \frac{k^2}{e^2} T \tag{30}$$

按照 Lorenz 思想, 实验物理学家指出关系

$$\Lambda = \frac{\kappa}{\sigma T} = \frac{\pi^2}{3} \frac{k^2}{e^3} \quad (\text{Lorenz 数}) \tag{31}$$

我们更喜欢用无量纲比例

$$\Lambda_0 = \frac{e^2 \kappa}{\sigma k^2 T} = \frac{\Lambda e^2}{k^2} = \frac{\pi^2}{3} = 3.29 \tag{32}$$

与实验结果对比. 因此我们用 $e^2/k^2 = 1.344 \times 10^8 \deg^2 \cdot \mathrm{V}^{-2}$ 乘以 Lorenz 数. 实验显示 Λ_0 不是常数, 而是随着温度的降低而降低; 然而当温度高时, 曲线趋向于一个常量值. 当温度为 100℃时我们得到下面的值:

Cu	Au	Pb	Pt
3.15	3.19	3.46	3.51

铜和金的 $\Lambda_0(T)$ 曲线趋向于 $\pi^2/3$, 但是对于铅和铂要高出许多. Drude 非常粗糙地给出 $\Lambda_0 = 3$ 的结果. Lorenz 经过更加精确的计算给出 $\Lambda_0 = 2$. 与它们相比量子力学的值有了一个可观的改善. 对于更多物质的实际值小于这个值, 这与温度没有达到足够高一致.

然而, 许多物质的值又高出这个值很多, 看下面的例子:

$$\begin{aligned} \mathrm{W}(\text{多晶}) \quad & T = 273\mathrm{K}, \quad \Lambda_0 = 4.11, \\ \mathrm{Bi}(\text{微晶}) \quad & T = 90\mathrm{K}, \quad \Lambda_0 = 5.56, \\ & T = 273\mathrm{K}, \quad \Lambda_0 = 3.62. \end{aligned}$$

铋则提供了一个温度反常的例子, 它的 Λ_0 起初随着温度的下降而增加. 在这个关系中我们需记得 Lorenz 数处理的是由电子输运的电流和热流. 如果晶格本身也对热传导有贡献, $\kappa/(\sigma T)$ 的值应该增加. $\Lambda_0 = 5.56$ 意味着有 2/3 的热流有晶格传导. 晶格的热导率 (由 $\kappa = 0.06 \mathrm{cal} \cdot \mathrm{cm}^{-1} \cdot \mathrm{s}^{-1} \cdot \deg^{-1}$ 估算) 大概是 $0.024 \mathrm{cal} \cdot \mathrm{cm}^{-1} \cdot \deg^{-1}$①. 这完全不可能. 例如, NaCl 在 20℃时是电的绝缘体 (电阻率 $\rho = 1 \times 10^{17} \Omega \cdot \mathrm{cm}$), 但是在 25℃时它的热导率为 $\kappa = 0.02 \mathrm{cal} \cdot \mathrm{cm}^{-1} \cdot \mathrm{s}^{-1} \cdot \deg^{-1}$.

前述的偏差可以完全归因于实验条件 (温度不是足够高, 晶格的贡献太大), 但是 Λ_0 对温度的依赖当然不能由这些间接影响来解释. 在这个关系中我们利用经典力学来计算碰撞积分导致了麻烦, 我们考虑在改良过的理论中可能会遇到困难:

开始的时候我们假定金属离子是一个硬质的弹性球, 具有特定的半径 s, 因此其平均自由程为 $1/n\pi s^2$. 事实上这个假定没有意义, 同时平均自由程应该通过量子力学来计算;② 我们曾假定平均自由程 l 是晶格温度 T_g 和电子能量 E 的一个未知函数. 我们需在这里强调的是只能在极高或者极低 (有一定的保留) 的温度下由量子力学来给出平均自由程的合理值.

---

① 数据来自于 J. D'Ans and E. Lax, Taschenbuch fur Cheniker und Physiker, 2nd springer1949, p1126.

② H. A. Bethe and A. Sommerfeld: (在上述引文中) p.277 footnote 1; Sec.31-38.

习 题

第 1 章

I.1. 假定三个变量 x,y,z 满足函数关系 $f(x,y,z)=0$ 或着把 z 表示成 x,y 的函数形式为 $z=f(x,y)$. 证明等式：

$$\left(\frac{\partial z}{\partial x}\right)_y \left(\frac{\partial x}{\partial y}\right)_z \left(\frac{\partial y}{\partial z}\right)_x = -1$$

用 p,T,V 依次代替 x,y,z 推导出热膨胀系数、压强系数和压缩系数 (定义见 §1 式 (5) 和式 (6)) 之间的关系.

I.2. 关于加热问题.
计算把房间温度从 0°C 升高到 20°C 所需的热量.

I.3. 绝对温标和理想气体温标.
证明在 §6 式 (7) 中定义的绝对温度 T 与理想气体定律所定义的温度等价.

I.4. 利用热力学第二定律证明一个代数不等式.

a) 两物体热容分别为 C_1、C_2, 温度分别为 T_1、T_2, 在保持体积不变的情况下, 让它们进行热交换, 最终两者达到共同温度. 最后的温度是多少？

b) 对于理想气体的特殊情况, 比较达到平衡态之前和之后的熵值 ($\Delta S>0$), 推导出算术平均和几何平均之间满足的不等式.

I.5. 1 摩尔理想气体经可逆膨胀使其体积增加一倍, 计算下列情况下气体的膨胀功、吸收的热和熵的变化：

a) 在恒定压强下; b) 在恒定温度下; c) 熵不变时.

I.6. 想象一个 Carnot 循环, 以水为工质, 在 2°C 和 6°C 两热源之间工作, 在 6°C 时等温膨胀, 在 2°C 时等温压缩, 如果压强足够低 (参见 §7 式 (10)), 可以看出在两个过程中都有吸热, 所以热全部转换成了功, 从而违反了热力学第二定律. 如何解释这一矛盾？在 T-v 图上 4°C 附近定性地给出等熵线和等温线.

I.7. 说明对于理想气体, 等温压缩和等熵压缩之比等于定容比热和定压比热之比 (参见第二卷). 换句话说, 表明

$$\frac{\kappa_T}{\kappa_S} = \frac{c_p}{c_v}, \quad \text{这里 } \kappa_S = -\frac{1}{v}\left(\frac{\partial v}{\partial p}\right)_S, \quad \kappa_T = -\frac{1}{v}\left(\frac{\partial v}{\partial p}\right)_T$$

为了达到这个目的, 把 $\mathrm{d}q$ 用 $\mathrm{d}v$ 和 $\mathrm{d}p$ 表示出来并证明

$$T\mathrm{d}s = \mathrm{d}q = c_{\mathrm{p}}\left(\frac{\partial T}{\partial v}\right)_p \mathrm{d}v + c_{\mathrm{v}}\left(\frac{\partial T}{\partial p}\right)_v \mathrm{d}p$$

I.8. 1kg 水在 20℃时从 1atm 等温压缩到 20atm. 平均压缩系数 $\chi = 0.5 \times 10^{-4} \mathrm{atm}^{-1}$; 平均热膨胀系数 $\alpha = 2 \times 10^{-4} \deg^{-1}$. 利用 §7 式 (7) 和习题解答 I.1 中给出的关系 (2) 计算做功、排出的热量和内能的增加.

I.9. 大气绝热平衡.

当存在 "热风" 时 pv^{γ} 的值与海拔无关, 形成所谓的大气对流 (绝热) 平衡; 这里 v 表示摩尔体积或比容. 由大气平衡条件知, 在重力场中可以给出密度和压强之间的关系, 利用这个关系可以看出, 温度随高度线性降低, 变化比例的测量结果为 1℃/ 100m, 它的理论值是什么? 计算一般多方大气的高度 (由 $pv^n = \mathrm{const}$ 定义, n 称为多方指数). 特别地, 设地面温度为 0℃, 计算绝热和等温 ($n = 1$) 大气的高度.

I.10. 气体流动.

过热蒸汽温度为 300℃, 压强为 5atm, 从一个特定形状的喷嘴中喷到 1atm 的区域中, 此过程为等熵过程, 计算出最终的温度值和气流速度的最大值.

为了进行计算, 需要利用这样一个事实, 即动能最多可以等于气体压缩时和膨胀时的焓差 (参照 §4 B), 假设流无旋且稳定, 同样的事实可以在一个可压缩流体的 Bernoulli 方程的帮助下得到证明 (参见第二卷, §11).

I.11. 大气的等温平衡.

气体处在引力场中的一个封闭的盒子里. 考虑势能后内能增大, 势能依赖于距地面的高度.

a) 把气体分成 i 个元胞, 相应的体积 V_i 的元胞距地面高度为 z_i, 假定每个元胞的单位质量体积 v_i 和温度 T_i 为确定值, 在给定的总能量、质量和体积时通过计算最大的熵来建立热力学平衡的条件.

b) 说明温度与高度无关.

c) 表明, 尽管 Gibbs 势的定义包括势能 (比较 §18 中的电化学势), 但它与高度无关.

d) 假设理想气体定律有效, 通过计算用高度表示气体密度.

e) 计算每摩尔势能差等于 RT 对应的高度差.

I.12. (来自 H. Einbinder, Phys. Rev. 74, 805(1948)).

假设状态方程的形式为 $pv = \alpha u(T,v)$, 这里 $u(T,v)$ 是单位质量的内能, α 是一个常数. 试说明:

(1) 单位质量的内能 u 和单位质量熵 s 可以表示成以下形式:

$$u = v^{-\alpha}\varPhi(Tv^{\alpha}), s = \psi(Tv^{\alpha})$$

(2) 当能量密度 u/v 只取决于温度 T 时, $u/v = \sigma T^{\frac{\alpha+1}{\alpha}}$, 这个结果对以下两个例子成立: $\alpha = 1/3$ 时的黑体辐射 (参见 §20) 和由 N 个质量为 m 的粒子组成的 Bose 气体在温度小于 $T_0 \sim h^2/(mk)(N/v)^{2/3}$ 且 $\alpha = 2/3$ 时 (Einstein 凝聚, 参见 §38).

(3) 假定在绝对零度的邻域内, $\Phi(T, v^\alpha)$ 可以写成幂的形式

$$\Phi(T, v^\alpha) = cT^m v^{\alpha m} \quad (m > 0)$$

a) 找到由动态稳定条件 $(\partial p/\partial v)T \leqslant 0$ 所要求的 α 和 m 之间的关系.

b) 假设当 $T \to 0$ 时 $u \to 0$. 由不确定性原理可知当 $T \to 0$ 时 $v = v(T, p) > 0$. 确定由 $v(T,p) > 0$ 给出的 α 和 m 之间的关系.

c) 考虑到问题 3a 和 3b 的结果, 找到内能和状态方程的表达式.

(4) 假定当 $T \to 0$ 时 $u(T, v)$ 趋于一个有限的值, 对于同一个幂的形式, T 很小时可以推导出什么结果?

第 2 章

II.1. 利用 §14 式 (11b) 证明, pV 是 T, p, u_i 的热力学势 (它出现在巨正则系综统计力学理论中; 参见 §40 中的一个特殊的应用).

II.2. 沿蒸汽-压强曲线潜热变化率.

在与 §16 式 (14a) 相关的讨论中我们已经使用过 dr/dT 实验值; 利用定义 $r = \Delta h$, 给出它的微分, 结合 Clausius-Clapeyron 方程以及 §7 中的表中给出的一些关系, 在理论上计算与 dr/dT 相同的量值.

II.3. 一个完全孤立的容器, 其体积为 20L, 装有 1 kg 的 H_2O, 温度为 10°C, 处于气相和液相的混合状态. 计算把温度升高到 200°C所需要吸收的能量. 可以想象按照下面的过程达到最后的状态:

a) 等温压缩, 直至完全达到液化;

b) 等温压缩从温度为 10°C的饱和压强 $p = 0.0125 \text{kg/cm}^2$ 到 $p = 15.86 \text{kg/cm}^2$ (相当于 200°C时饱和压强);

c) 在恒定压强下加热保持不蒸发 ($c_p \approx 1 \text{cal} \cdot \text{g}^{-1} \cdot \text{deg}^{-1}$);

d) 等温膨胀 (蒸发) 至初始体积. 可以忽略进程 b) 中的能量输入和过程 c) 膨胀时所做的功 (与习题 I.8 进行比较).

在 10°C时: 蒸发潜热 $r = 591.6 \text{cal/g}$, 液体单位质量的体积 $v_1 = 1.00 \text{dm}^3/\text{kg}$, 蒸汽单位质量的体积 $v_2 = 106.4 \text{m}^3/\text{kg}$.

在 200°C时: $r = 463.5 \text{cal/g}$, $v_1 = 1.16 \text{dm}^3/\text{kg}$, $v_2 = 0.127 \text{m}^3/\text{kg}$.

II.4. 热力学温标的实现.

证明如果 $r, v_{\text{vap}}, v_{\text{liq}}$ 是压强 p 的已知函数, 则可以从 Clausius-Clapeyron 方程 $T dp/dT = r/(v_{\text{vap}} - v_{\text{liq}})$ 计算绝对温度 T.

II.5. 汞在不同温度下的蒸汽压强是:

a) 50°C时是 0.0127 torr, 60°C时是 0.0255 torr;

b) 300°C时是 247 torr, 310°C时是 505 torr.

假定 r 是定值, 计算上面两区间中的蒸发潜热. 忽略 v_{liq} 并假定蒸汽的行为与理想气体一样. 在上述区间中线性地插入 r 值后确定汞的蒸汽压曲线, 然后把曲线外推到温度 > 300°C计算压强为 1atm(= 760 torr) 时的沸点 (精确值 356.7°C).

II.6. 考虑某气体的分子可以处于三个不同的能级 $\varepsilon_0, \varepsilon_1, \varepsilon_2 (\varepsilon_1 - \varepsilon_0$ 和 $\varepsilon_2 - \varepsilon_0$ 分别是第一激发态和第二激发态的激发能量), 假设它是由三种气体组成的混合气体, 每种气体包含一个内部能级 $\varepsilon_0, \varepsilon_1, \varepsilon_2$. 假设所有气体具有相同的熵常数并且都可以在 0 和 1 以及 1 和 2 之间跃迁, 推导出平衡态的条件. 说明当允许 1 到 2 的跃迁时, 这个平衡条件仍然适用.

II.7. 细致平衡原理.

a) 当摩尔质量 n_i 与平衡态时的 $\bar{n}_i$ 稍有不同时, 计算在上述问题给定的情况下化学势的差值 $\mu_1 - \mu_0$ 和 $\mu_2 - \mu_0$.

b) 关于 n_0, n_1, n_2 的变化作如下假设: 每秒内 n_1 的变化是由于在这段时间中与当前量 n_1 成正比的一小部分 $k_{11}n_1$ 变成了态 0 和态 2. 同时, 正比于 n_0, n_2 的一部分, 即 $k_{10}n_0$ 和 $k_{12}n_2$ 变成了态 1. 写出 dn_i/dt 的方程. 前面的假设意味着从一个状态到另一个状态的转换的数量仅取决于该状态的分子的数目, 并且它是成正比的.

c) 说明当假定 $\bar{n}_1/\bar{n}_0$ 和 $\bar{n}_2/\bar{n}_0$ 与 $\bar{n}_1, \bar{n}_2$ 无关时, 可得到质量作用定律 (见上面习题解答中的式 (3)). 对比上文中提到的式 (5) 求出两个系数 k_{ik} 必须满足的关系.

d) 用 $\mu_1 - \mu_0$ 和 $\mu_2 - \mu_0$ 替代 b) 中给出的方程 dn_i/dt 中的 n_i, 并利用在 a) 中推导的关系, 说明 Onsager 倒易关系在反应机制方面的有效性的意义.

第 3 章

III.1. 如图 38 所示气缸竖直方向放置, 装有一个质量为 M、在重力作用下可无摩擦滑动的活塞. 气缸内装有小球 (质量 $m \ll M$), 在竖直方向上以速度 c 上下移动; 它与活塞和气缸发生弹性碰撞. 忽略重力对球体运动的影响.

a) 忽略小球的大小, 建立活塞平衡条件, 并与理想气体方程进行比较.

b) 考虑小球的半径 r, 重复以上计算, 并与 van der Waals 方程的结果进行比较.

c) 想象以缓慢速度 $V_\mathrm{p} \ll c$ 把活塞拉回, 比较小球能量损失与气体的功 $\mathrm{d}W = P\mathrm{d}V$.

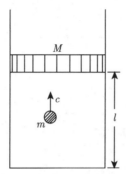

图 38 包含单个分子的一维气体

III.2. 针对 Maxwell 速度分布 §23 式 (9), 计算: a) 最可几速率; b) 平均速率; C) 方均根速率.

III.3. 假设温度为 0°C, 1cm³ 的 H$_2$ 的总分子个数为 2×10^{19}. 计算每秒有多少个速度超过 12000m/s 的分子冲击到面积 $\sigma = 1\mathrm{cm}^2$ 的墙壁上.

III.4. 计算平均投掷次数 k 为多少时, 骰子六点可能出现. 进一步计算定义为 $\overline{(k-\bar{k})^2}$ 的方差的平均值.

III.5. 假定墙在距离大时吸引分子, 在距离小时排斥分子, 作用力对应的势为 $U = -Ae^{-x} + Be^{-2ax}$), 计算下面两种情况下, 一理想气体对墙产生的压强 (假定直角坐标系中墙在平面 $x = 0$ 处). a) 假设力的影响延伸的距离远小于平均自由程; b) 假设两者是可比的.

计算对于处在正常情况下氦气, 壁面力的影响距离为多少时可以影响到作用在墙上的压强.

III.6. 理想气体填充在一个容器的两个室内, 两室之间通过面积很小为 σ 的开口相连, 两室的初始温度相同, 为 T, 压强分别为 p_1 和 p_2.

a) 计算在稳态条件下 ($p_1 = \mathrm{const}, p_2 = \mathrm{const}$) 单位时间内从压强较高的那侧流向压强较低的那侧的气体的质量.

b) 计算出相应的能量转移率.

c) 计算每个粒子平均转移的能量值.

d) 为什么它大于 $\dfrac{3}{2}kT$?

e) 需要采取何种措施来维持一个稳定的状态?

III.7. 气体温度为 T, 内有可动板 B 放在两固定板 A_1 和 A_2 之间, 两固定板之间的的距离比平均自由程小，这样分子间的碰撞可以忽略. 假设 A_1 和 B 具有与气体相同的温度，A_2 被加热到稍高的温度 $T' = T + \delta T$.

a) 假设所有的分子都与反射它们的墙壁 (无限粗糙的墙壁) 达到热平衡, 板的面积相等为 A, 计算作用到移动板 B 上的力.

b) 计算由这个力产生的气体压强 (超真空压强计).

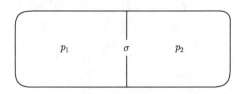

图 39　通过狭小开口传输质量和能量

第 4 章

IV.1. 一个特定的测量实验，其结果随机地决定于 n(非常大) 个相等的、相互独立的基本误差 (这些基本误差可以是 $+\varepsilon$ 或 $-\varepsilon$). 证明, 当 n 很大时，获得一个偏离真实值 x 的实验结果的概率为 $W = a \cdot \exp(-x^2/2n\varepsilon^2)$. 为了让学生对这个推导有更直观的认识，可以让他们观察伽尔顿板: 一球撞击钉子后向左移动或向右移动的概率相同.

IV.2. 与上面问题中单次实验中单次测量误差是 $\pm\varepsilon$ 且 $\varepsilon = \text{const}$ 的要求不同，我们假设误差可以在一定区间内变化. 设 $f_1(x)\mathrm{d}x$ 表示误差落在区间 $(x, x+\mathrm{d}x)$ 的概率.

a) 当 n 个相同类型的独立的误差相互叠加时, 推导出概率 $f_n(x)\mathrm{d}x$ 的一种表达式.

b) 证明如果 $f_1(x)$ 是高斯型, 则所有的函数 $f_n(x)$ 都是高斯型. 导出高斯曲线的一个表达式.

c) 设 $|x| < \varepsilon$ 时 $f_1(x) = 1$, $|x| > \varepsilon$ 时 $f_1(x) = 0$, 当 n 值很大时, 导出 $f_n(x)$ 的表达式, 画出 f_1, f_2, f_3 的曲线, 并对一个多维立方体导出这些函数的几何形式.

IV.3. 针对下面几种情况计算 N 分子的排列数目 W：

a) 当所有分子的速度 $+\xi$ 的大小和方向都相同时；

b) 当一半具有速度 $+\xi$ 另一半具有速度 $-\xi$ 时；

c) 平均分成六份, 速度分别为 $\pm\xi, \pm\eta, \pm\zeta$ 时.

证明 $N \to \infty$ 时每个后面的分布出现的可能性比前面一个更大.

IV.4. 用一个弹性系数为 D 的石英链把一个非常小的反射镜悬挂起来, 反射镜反射一束光, 可以以适当的精度读出由于周围分子 (Brown 运动) 的影响所转过的角幅度. 平衡位置在 $\phi = 0 (\phi = $ 角幅度$)$. 按照均分定理, 发现镜子的角幅度在 ϕ 和 $\phi + \mathrm{d}\phi$ 之间的概率是

$$W \mathrm{d}\phi = a \mathrm{e}^{-E_{\mathrm{pot}}/kT} \mathrm{d}\phi, \quad E_{\mathrm{pot}} = \frac{1}{2} D \phi^2$$

通过 $\overline{\phi^2}$ 的测量值可以确定 Boltzmann 常量 k. 通过下面测量值可以计算 Loschmidt-Avogadro 常量的数值: 在 $T = 287\mathrm{K}$ 时, 利用已知值的普适气体常量, $R = 8.32 \times 10^7 \mathrm{erg}/(\mathrm{deg}\cdot\mathrm{mol})$ 可以给出 $D = 9.43 \times 10^{-9} \mathrm{dyne}\cdot\mathrm{cm}$; $\overline{\phi^2} = 4.18 \times 10^{-6}$.

IV.5. 考虑含有 $N = 10^{21}$ 个原子的立方晶体, 每表面原子的凝聚能为 9eV. 计算凝聚能与热能的比值. 计算两者相等时晶体的大小.

IV.6. a) 说明转子的配分函数 §33 式 (3) 可以由 Theta 函数的定义

$$\vartheta_2 \left(z \left| \frac{\mathrm{i}q}{\pi} \right. \right) = 2 \sum_{n=0}^{\infty} \mathrm{e}^{-\left(n+\frac{1}{2}\right)^2 q} \cos(2n+1)\pi z$$

推导出来. 然后我们有

$$Z(q) = -\frac{1}{\pi^2} \mathrm{e}^{q/4} \int_0^{\infty} \frac{\partial \vartheta_2 \left(z \left| \frac{\mathrm{i}q}{\pi} \right. \right)}{\partial z} \frac{\mathrm{d}z}{z}$$

b) 利用下面的变换公式:

$$\vartheta_2 \left(z \left| \frac{\mathrm{i}q}{\pi} \right. \right) = \left(\frac{\pi}{q} \right)^{\frac{1}{2}} \mathrm{e}^{-\pi^2 z^2/q} \vartheta_0 \left(\frac{-\mathrm{i}\pi z}{q} \left| \frac{\mathrm{i}\pi}{q} \right. \right)$$

(变换公式与第六卷中的 §15 式 (8) 相关, $\vartheta = \vartheta_3$) 其中

$$\vartheta_0 (z|\tau) \sum_{n=-\infty}^{+\infty} (-1)^n \exp\left[\mathrm{i}\pi \left(n^2 \tau + 2nz\right)\right]$$

推导方程

$$Z(q) = \frac{1}{q} \mathrm{e}^{q/4} \cdot (\pi q)^{1/2} \fint \frac{t}{\sin t} \mathrm{e}^{-t^2/q} \mathrm{d}t$$

其中特殊积分号 $\fint$ 表示积分的 Cauchy 主值. 在推导过程中要按照亚纯函数理论把 $t/\sin t$ 扩展到部分分式.

c) 在后面两种情况下计算 b) 中积分的积分主值: α) 经由把 $1/\sin t$ 展开成 $\mathrm{e}^{\mathrm{i}t}$ 的幂的形式; β) 经由把 $1/\sin t$ 展开成 t 的幂的形式. 这与证明 b) 中的变换公式 $\vartheta_2 \to \vartheta_0$ 差多远?

d) (c, β) 展开是一个半收敛的序列, 给出了 q 值非常好的近似. 从这个展开的第一项计算转子的摩尔能量和摩尔热容, 然后与 §33 的结果进行比较. 确定 q 为多少时, c_v 的精度在 1% 以内.

e) 检查高阶项对摩尔热容的影响，在 $q = 0.458$, $\mathrm{e}^{2q} = 2.5$ 时比较两个系列.

IV.7. Bose-Einstein 分布.

用 $f_i, f_i', f_i'', \cdots, f_i^{(n)}, \cdots$ 表示在第 i 个相元胞中发现 $0, 1, 2, \cdots, n, \cdots$ 个粒子的概率，考虑到附加条件

$$\sum_n f_i^{(n)} = 1, \quad \sum_{n,i} n f_i^{(n)} = N, \quad \sum_{n,i} n f_i^{(n)} \varepsilon_i = U$$

如果热力学概率的对数为下式：

$$\log W = -\sum_i \left(f_i^0 \log f_i^0 + f_i' \log f_i' + f_i'' \log f_i'' + \cdots \right)$$

(即 Boltzmann 项的和)，在平衡态时推导分布函数 $n_i = \sum n f_i^{(n)}$.

IV.8. 密度涨落.

规定一个体积为 V 的容器中装有气体，气体的平均密度是常量. 计算体积元 ΔV 内气体密度的涨落.

IV.9. 临界点的密度涨落.

考虑由 N 个分子组成的实际气体，其体积为 V.

a) 写出这种情况的 van der Waals 方程，并计算临界参数的值.

b) 利用到状态方程 ($c_v = \dfrac{3}{2} RT$)，并考虑到在高温 T 和低密度 N/V 的情况下实际气体的行为像一个理想气体，由热力学参数计算配分函数的对数.

c) 利用方程

$$\left(\frac{\Delta n}{\bar n} \right)^2 = - \frac{(V/N)\, \Delta V}{N \partial^2 \log Z / \partial N^2}$$

确定体积元 ΔV 中的相对平均粒子数的涨落.

在临界点上进行计算并假设与理想气体行为偏差很小.

d) 利用正文中的 §40 式 (15) 证明这个公式成立.

第 5 章

V.1. 设两粒子质量分别为 m_1 和 m_2，它们的速度在碰撞前为 (v_1, v_2)，碰撞后为 (v_1', v_2'). 利用能量方程和动量方程推导速度从碰撞前变换到碰撞后的变换方程. 表明关于对空间元胞等价的 Liouville 定理适用于这种变换. 在碰撞前和碰撞后的能量差异的比率的平均值是什么？

当计算平均值时，需要注意中心轴指向所有方向的可能性都相等，并且速度 v_1, v_2 在冲击前统计独立.

习题解答

第 1 章

I.1. 对于任意的 dx, dy，由 $z = z(x, y)$ 得

$$dz = \left(\frac{\partial z}{\partial x}\right)_y dx + \left(\frac{\partial z}{\partial y}\right)_x dy \tag{1}$$

假定 dx 和 dy 之间的关系满足 $dz = 0$. 则它们之间的比应该等于 $(\partial y/\partial x)_z$，由式 (1) 我们有

$$\left(\frac{\partial y}{\partial x}\right)_z = -\left(\frac{\partial z}{\partial x}\right)_y \Big/ \left(\frac{\partial z}{\partial y}\right)_x$$

由这个等式可以方便地证明我们想要的命题.

把这个结果应用在态方程 $p = p(T, V)$ 给出的函数关系上后我们得到

$$\left(\frac{\partial p}{\partial T}\right)_V \left(\frac{\partial T}{\partial V}\right)_p \left(\frac{\partial V}{\partial p}\right)_T = -1 \tag{2}$$

或者考虑得到 §1 式 (5) 和式 (6) 后我们得到

$$-p\beta \cdot \frac{1}{V\alpha} \cdot \frac{1}{V\kappa} = -1 \tag{3}$$

换句话说，$\beta p = \alpha \kappa V^2$.

I.2. 把屋子的温度从 0°C 升高到 20°C 需要提供的热量是 $c_p \times 20\,\text{deg}$ 单位. 现在 $(c_p - c_v)_{\text{mol}} = R$，对于双原子分子气体，$c_p/c_v = 1.4$. 因此

$$c_{p\,\text{mol}} = 3.5R \tag{1}$$

$$c_p = 3.5\frac{R}{\mu} = 3.5 \times \frac{2}{29}\frac{\text{cal}}{\text{g deg}} \tag{2}$$

R 的值可以从 §4 式 (8) 给出，μ 的值由 N_2 和 O_2 的摩尔质量的平均值给出. 为了得到单位体积的值，我们需要乘以气体的平均密度

$$\rho = 1.25\,\text{kg/m}^3$$

乘以温度的增量 20℃. 由式 (2) 得到

$$\rho \times c_{\mathrm{p}} \times 20\,\mathrm{deg} = \frac{1.25 \times 3.5 \times 2 \times 20}{29} \sim 60\,\frac{\mathrm{kcal}}{\mathrm{m}^3} \tag{3}$$

需要指出的是, 实际情况要复杂得多, 保持 $p = \mathrm{const}$, 部分空气由于膨胀而逃离房间. 墙和窗户的密闭程度以及它们的导热性能决定了维持温度在 20℃时需要加热的强度, 在作计算时我们没有考虑这些影响.

按照 Emden(参见 §6 F) 的说法, 在加热时供给房间的能量一部分以逃离空气的内能的形式损失掉. 方程 §6 式 (19) 也有争议, 它没有考虑能量的定义, 出现了一个没有定义的常量, 这个常量应该由下式取代:

$$u - u_0 = c_{\mathrm{v}}(T - T_0) \tag{4}$$

这里 T_0 表示液化点以上的温度, 在这个温度下的理想气体定律仍然有效. 因为 $u_1 = \rho u$, 我们有

$$u_1 = c_{\mathrm{v}}\rho T + \rho(u_0 - c_{\mathrm{v}}T_0) \tag{5}$$

鉴于关系 $\rho T = \mu p/R$ 右边的第一项与温度无关, 但是第二项则与温度有关. 后者是正值, 原因是潜热值很大, 大大超过了第一项的大小. 正是从这一观点看, 在式 (19) 和式 (20) 中只考虑第一项是不合理的. 可以看出第二项随温度 T 的降低而减小 (其原因可以由关系式 $\rho = \mu p/RT$ 看出). 正如建议的那样, 能量密度没有保持不变, 甚至有可能在加热过程中降低. 因此, 一个有意义的结论是, 熵比能量更有优势的理由更充分了.

I.3. 假设 Carnot 循环中工质是理想气体, 在等温过程 $1 \to 2$ 及 $3 \to 4$ 中, 每摩尔以下量可以写为 (Q 表示补充的热量)

$$\mathrm{d}u = 0, \quad \mathrm{d}q = p\mathrm{d}v, \quad Q_1 = \int_1^2 p\mathrm{d}v = RT_1 \log\frac{v_2}{v_1}$$

$$\mathrm{d}u = 0, \quad \mathrm{d}q = p\mathrm{d}v, \quad Q_2 = \int_4^3 p\mathrm{d}v = RT_2 \log\frac{v_3}{v_4}$$

因此

$$\frac{Q_1}{Q_2} = \frac{T_1}{T_2}\frac{\log v_2/v_1}{\log v_3/v_4} \tag{1}$$

另一方面, 把 §5 式 (3a) 应用在等熵过程 $2 \to 3$ 和 $4 \to 1$ 中我们得到

$$T_1 v_2^{\gamma-1} = T_2 v_3^{\gamma-1} \text{ 和 } T_2 v_4^{\gamma-1} = T_1 v_1^{\gamma-1} \tag{2}$$

消去 T_1 和 T_2 后可以证明比率 v_2/v_1 和 v_3/v_4 相等. 方程 (1) 转化为 §6 方程 (8). 考虑到 §6 式 (7) 我们得到 $\phi(\theta) = T_1$, 这正是 §6 式 (7) 给出的假设.

I.4. 热容量 C 的定义是使得一个物体的温度增加 1 度所需的热量. 由于比热是指单位质量的热容, 因此我们有 $C = Mc_v$, 如果体积是常数, M 表示物体的质量.

在所有问题中热传导 $\mathrm{d}W = 0$, 因为体积是恒定的, $\mathrm{d}U = \mathrm{d}Q$. 在这种情况下, 可以使用热质理论. 这导致了 "混合规则"

$$T = \alpha_1 T_1 + \alpha_2 T_2, \quad \alpha_1 = \frac{C_1}{C_1 + C_2}, \quad \alpha_2 = \frac{C_2}{C_1 + C_2} \tag{1}$$

按照 §5 式 (10), 体积不变时理想气体 1 和 2 中的熵变为

$$\Delta S_1 = C_1 \log \frac{T}{T_1}, \quad \Delta S_2 = C_2 \log \frac{T}{T_2}$$

由熵的可加性我们可以写出

$$\Delta S = \Delta S_1 + \Delta S_2 = (C_1 + C_2) \log T - C_1 \log T_1 - C_2 \log T_2$$

热力学第二定律告诉我们, 对于孤立系统 $\Delta S > 0$, 除以 $C_1 + C_2$ 并利用式 (1) 我们发现

$$\alpha_1 T_1 + \alpha_2 T_2 > T_1^{\alpha_1} \times T_2^{\alpha_2}, \text{ 其中 } \alpha_1 + \alpha_2 = 1 \tag{2}$$

当 $\alpha_1 = \alpha_2 = 1/2$ 时我们得到已知的规则 "算术平均 > 几何平均".

方程 (2) 指出: 如果, 对于算术平均值, 这两个量 T_1, T_2 由 α_1 和 α_2 加权, 则对于几何平均要考虑加权因子的指数形式. 只有 $T_1 = T_2$ 在这种不重要的情况下, 须用 = 取代 >.

当有 n 种气体, 彼此之间可以自由交换热时, 需用下式取代式 (2):

$$\alpha_1 T_1 + \cdots + \alpha_n T_n > T_1^{\alpha_1} \cdots T_n^{\alpha_n} \quad \alpha_1 + \cdots + \alpha_n = 1 \tag{3}[①]$$

学生可以去尝试把相同的方法用到不可逆过程中.

I.5. 系统的初始状态用 T_0, v_0, p_0 来表示, 对于下列情况, 在两极限 V_0 和 $2V_0$ 之间估计对 pdV 的积分值.

$$\text{a) } p = p_0; \quad \text{b) } p \cdot = p_0 \frac{v_0}{v}; \quad \text{c) } p = p_0 \frac{v_0^\gamma}{v^\gamma}$$

结果我们得到下面功的表达式:

$$\text{a) } RT_0; \quad \text{b) } RT_0 \log 2; \quad \text{c) } RT_0 \frac{1 - 2^{1-\gamma}}{\gamma - 1}$$

---

① 这个命题的数学证明可以从下面文献中找到: Polya and Szego: Aufgaben und Lehrsatze, Springer 1925, 或者 Hardy, Littleword and Polya: Inequalities, Cambridge Univ. Press, 1934.

对 $dq = c_v dT + pdv = c_p dT - vdp$ 积分可以得到吸收的热量. 因此, 其量级与前面相同:

$$\text{a) } RT_0 \frac{c_p}{R}; \quad \text{b) } RT_0 \log 2; \quad \text{c) } 0$$

由 $s = c_v \log T + R \log v + \text{const}$ 可以得到每种情况中的熵变, 它们是

$$\text{a) } c_p \log 2; \quad \text{b) } R \log 2; \quad \text{c) } 0$$

I.6. 由 §7 式 (8) 和式 (8a) 我们导出

$$ds = \frac{1}{T}(du + pdv) = \frac{c_v}{T}dT + \left(\frac{\partial p}{\partial T}\right)_v dv$$

引入热膨胀参数 α 和压缩系数 κ, 利用 $(dp/dT)_v$ 的表达式同时考虑到习题 **I.1** 解答中的式 (2), 我们得到

$$ds = \frac{c_v}{T}dT + \frac{\alpha}{\kappa}dv$$

可以由 $ds = 0$ 得到 $T\text{-}v$ 图上的等熵线的斜率, 因此

$$\left(\frac{\partial v}{\partial T}\right)_s = -\frac{c_v \kappa}{\alpha T}$$

可以看出, 在 $T\text{-}v$ 曲线最小值的左侧, 由于 $\alpha < 0$, 斜率为正. 在右侧, 由于 $\alpha > 0$, 斜率为负, 而在最低点, 等熵线平行于 v 轴. 在 $T\text{-}v$ 图上定性地画出等压线, 如果过程对应的压强在 2°C 和 6°C 之间等压线具有最小体积, 容易看出, 没有与 2°C 和 6°C 等温线都相交的等熵线.

I.7. 当体积 v 是常量时, 我们有 $dq = c_v dT = c_v (\partial T/\partial p)_v dp$. 当压强 p 为常量时, 我们有 $dq = c_p dT = c_p (\partial T/\partial v)_p dv$, 因此, 得到普适式

$$Tds = dq = c_p \left(\frac{\partial T}{\partial v}\right)_p dv + c_v \left(\frac{\partial T}{\partial p}\right)_v dp$$

通过令式 (1) 中 $ds = 0$ 我们可以得到等熵压缩系数, 因此由式 (1) 得到

$$\left(\frac{\partial v}{\partial p}\right)_s = -\frac{c_v}{c_p}\left(\frac{\partial T}{\partial p}\right)_v \left(\frac{\partial v}{\partial T}\right)_P = +\frac{c_v}{c_p}\left(\frac{\partial v}{\partial p}\right)_T$$

这里, 利用了习题 I.1 中的式 (2).

I.8. 由 §7 式 (8) 和式 (8a) 我们有

$$dq = du + pdv = c_v dT + T\left(\frac{\partial p}{\partial T}\right)_v dv$$

在等温压缩过程中 $\mathrm{d}T = 0$; 我们可以进一步写出 $\mathrm{d}v = (\partial v/\partial T)_T \mathrm{d}p$. 因此由习题 I.1 的式 (2) 可得

$$\mathrm{d}q = T\left(\frac{\partial p}{\partial T}\right)_v \left(\frac{\partial v}{\partial p}\right)_T \mathrm{d}p = -T\left(\frac{\partial v}{\partial T}\right)_p \mathrm{d}p$$

假定在所考虑的压强区间内膨胀系数是一个平均常量, 我们发现吸收的热为

$$\int \mathrm{d}q = -Tv\alpha\Delta p = -293\deg \times 1\mathrm{dm}^3 \times 2 \times (10^{-4}\deg^{-1}) \times (19\mathrm{kg/cm}^2)$$
$$= -1.113\text{liter} \times \mathrm{atm} = -26.1\mathrm{cal}$$

(因为 $1\text{liter} \times \mathrm{atm} = 1\mathrm{dm}^3 \times \mathrm{kpcm}^{-2} = 23.43\mathrm{cal}$).

对系统做的功为

$$-\int p\mathrm{d}V = -\int p\left(\frac{\partial V}{\partial p}\right)_T = +V\kappa\Delta\left(\frac{p^2}{2}\right)$$
$$= 1\mathrm{dm}^3 \times 0.5 \times (10^{-4}\mathrm{atm}^{-1}) \times \frac{1}{2}(400-1)\mathrm{atm}^2$$
$$= 10^{-2}\text{liter} \times \mathrm{atm} = 0.23\mathrm{cal}$$

I.9. 见第二卷 §7.

I.10. 欧拉方程, 第二卷 §11 式 (5) 可以写成

$$\mathrm{grad}\frac{\boldsymbol{v}^2}{2} = -\frac{1}{\rho}\mathrm{grad}\, p \tag{1}$$

如果我们忽略外力, 假定 $\partial \boldsymbol{v}/\partial t = 0$ 和 $\nabla \times \boldsymbol{v} = 0$, 也就是稳定无旋流, 如果我们考虑上述引文中的式 (6), 不可压缩性条件, 即上述引文中的式 (4a), 应该由下式给出的等熵过程中 p 和 ρ 之间的关系取代:

$$p = p_0\left(\rho/\rho_0\right)^\gamma \tag{2}$$

由式 (1) 和式 (2) 消去 ρ, 然后积分 (1) 得到

$$\frac{v^2}{2} - \frac{v_0^2}{2} = \frac{p_0}{\rho_0}\frac{\gamma}{\gamma-1}\left[1 - \left(\frac{p}{p_0}\right)^{\frac{\gamma-1}{\gamma}}\right] = c_\mathrm{p}T_0\left[1 - \left(\frac{p}{p_0}\right)^{\frac{\gamma-1}{\gamma}}\right] \tag{3}$$

按照 §5 式 (3a) 我们有 $(p/p_0)^{(\gamma-1)/\gamma} = T/T_0$. 因此

$$\frac{v^2}{2} - \frac{v_0^2}{2} = c_\mathrm{p}T_0 - c_\mathrm{p}T$$

这表明, 事实上, 每克的动能差等于每克的比焓即气体的 $c_\mathrm{p}T_0$ 和 $c_\mathrm{p}T$ 的差值.

在我们的例子中 $c_{\mathrm{p}} = 0.49\mathrm{cal\,g^{-1}\,deg^{-1}}, \gamma = 1.33$. 因此由式 (3) 得到 $v = 880\mathrm{m/s}$, 如果我们假设 $v_0 \approx 0$. 这个值可以与 300°C的蒸汽平均分子速度 770m/s 相比 (参见 §22). —— 在膨胀后的温度是 110°C.

I.11. 首先我们假设一个任意的状态方程. 给出温度 T_i 和比容 v_i 后可以确定体积为 V_i 的元胞 i 中气体的状态. 一个元胞内的质量就等于 V/v_i; 元胞 i 中单位质量的内能记为 $u_i(T_i, v_i)$, 因此; 元胞 i 中气体的内能为 $\dfrac{V}{v_i}u_i(T_i, v_i)$, 其势能为 $V/v_i\, g z_i$, 其中 g 表示重力加速度. 用 U 表示系统中的总能量、N 表示总质量, 则

$$N = \sum_i \frac{V_i}{v_i}, \quad U = \sum_i \frac{V_i}{v_i}\left[u_i(T_i, v_i) + g z_i\right]$$

用相似的方法我们可以计算总熵:

$$S = \sum_i \frac{V_i}{v_i} s_i(T_i, v_i)$$

这里 $s_i(T_i, v_i)$ 是元胞 i 态的比熵.

平衡态时, S 是对所有 T_i 和 v_i 变化时的最大值, 它与 N 和 U 为常量兼容, 引入拉格朗日乘子 λ 和 μ, 我们得到

$$\delta S \equiv \delta\left[\sum_i \frac{V_i}{v_i} s_i(T_i, v_i) + \lambda\left(N - \sum_i \frac{V_i}{v_i}\right) + \mu\left(U - \sum_i \frac{V_i}{v_i}\left[u_i(T_i, v_i) + g z_i\right]\right)\right] = 0$$

对于任意变化的 T_i, v_i, λ 和 μ, 可以得到

$$\frac{V_i}{v_i}\left(\frac{\partial s_i}{\partial T_i} - \mu \frac{\partial v_i}{\partial T_i}\right) = 0 \tag{1}$$

$$\frac{V_i}{v_i^2}\left(-s_i + v_i \frac{\partial s_i}{\partial v_i}\right) + \lambda \frac{V_i}{v_i^2} + \mu \frac{V_i}{v_i^2}\left(u_i + g z_i - v_i \frac{\partial u_i}{\partial v_i}\right) = 0 \tag{2}$$

考虑到 $\dfrac{\partial s_i}{\partial T_i} = \dfrac{1}{T_i}\left(\dfrac{\partial u_i}{\partial T_i}\right)_{v_i}$, 由式 (1) 可得 $\mu = 1/T_i$. 由两个热力学关系 §7 式 (7) 和 §7 式 (8) 以及上面式 (2) 我们发现

$$\left(\frac{\partial s_i}{\partial v_i}\right)_{T_i} = \left(\frac{\partial p_i}{\partial T_i}\right)_{v_i}, \quad \left(\frac{\partial u_i}{\partial v_i}\right)_{T_i} = T_i\left(\frac{\partial p_i}{\partial T_i}\right)_{v_i} - p_i$$

简短计算得到

$$g(T, v_i) \equiv u_i + g z_i - T s_i + v_i p_i = -\lambda T$$

左侧包含了元胞 i 态的单位质量的 Gibbs 势, 其中内能已经包含了势能. 方程右边与 i 无关, 左边也应该与 i 无关. 在理想气体情况下 (为了简单起见, 我们将假定比

热与温度无关)
$$u_i = c_v T + u_0, \quad s_i = c_v \log T + \frac{R}{\mu} \log v_i + s_0, \quad p_i = \frac{R}{\mu}\frac{T}{v_i}$$

这里 μ 代表分子质量.

因为 $g(T, v_i)$ 与 i 和 z 无关, 我们有
$$v(z) = v_0 e^{\mu g z/RT}, \quad p(z) = p_0 e^{-\mu g z/RT}$$

对于由下式定义的高度为 Δz:
$$\mu g \Delta z = RT$$

我们有
$$\Delta z = \frac{RT}{\mu g} = \frac{p_0 v_0}{g} = \frac{p_0}{\rho_0 g}$$

可以看出他等于平均高度
$$\Delta z = \int_0^\infty z p(z)\,\mathrm{d}z \bigg/ \int_0^\infty p(z)\,\mathrm{d}z$$

其中, $p_0 = 10^6 \mathrm{dyne/cm^2}$, $\rho_0 = 0.0012939 \mathrm{g/cm^3}$, $g = 981 \mathrm{cm/s^2}$. Δz 的值为
$$\Delta z = 8 \times 10^5 \mathrm{cm} = 8\mathrm{km}$$

气体在垂直方向膨胀, 当高度远低于 8km 时, 压强随高度的降低不明显; 高度差为 80m 时, 压强变化只有 1%. 但当气象站发布与气压相关的读物时, 必须考虑海平面附近的气压.

I.12.

(1) 把由状态方程得到的 p 代入热力学关系 $(\partial u/\partial v)_T = -p + T(\partial p/\partial T)_v$, 我们得到关于 u 的如下偏微分方程:
$$\frac{\partial u}{\partial v} = -\frac{\alpha}{v} u + \frac{\alpha T}{v}\frac{\partial u}{\partial T}$$

它的通解为
$$u = v^{-\alpha} \phi(T v^\alpha)$$

这里的 $\phi(T v^\alpha)$ 是一个任意函数, 可以方便地通过置换来证明. 由下式容易得到关于熵的陈述:
$$T\mathrm{d}s = \mathrm{d}u + p\mathrm{d}v.$$

(2) 如果 u/v 只取决于 T, 表达式 $v^{-\alpha-1}\phi(Tv^\alpha)$ 应该与 v 无关, 这意味着 $\phi(Tv^\alpha) = \sigma(Tv^\alpha)^{(\alpha+1)/\alpha}$, 其中 σ 是一个常数; 这证明了题中的说法. 对黑体辐射

我们有 $p = \frac{1}{3}u/v$, 即 $\alpha = 1/3$, 这样就导出 Stefan-Boltzmann 定律 $u/v = \sigma T^4$. 当 $\alpha = 2/3$ 时, 我们有 $u/v = \sigma T^{5/2}$, 这是 Einstein 凝聚理论的一个已知结果, 参见 §38 式 (27).

(3) a) 我们有 $p = \alpha C T^m v^{\alpha m - \alpha - 1}$; $(\partial p/\partial v)_T \leqslant 0$ 意味着
$$\alpha(m-1) - 1 \leqslant 0$$

b) 我们有
$$v = \left(\frac{p}{\alpha C}\right)^{\frac{1}{\alpha(m-1)-1}} \times T^{-\frac{m}{\alpha(m-1)+1}}$$

如果对于 $T \to 0$ 和任意的 p, 我们想要得到 $v > 0$, 还会得到
$$\alpha(m-1) - 1 \geqslant 0.$$

c) 当且仅当 $\alpha(m-1) - 1 = 0$ 即 $m = 1 + 1/\alpha$ 时, 以上两种情况 a) 和 b) 中的两个不等式同时成立, 因此
$$u = CT^{\frac{\alpha+1}{\alpha}} \times v, \quad p = \alpha C \times T^{\frac{\alpha+1}{\alpha}}$$

当 $T = 0$ 时, 由 $u = CT^m v^{\alpha(m-1)} > 0$ 且 $< \infty$ 我们有 $m = 0$, 因此有 $u = v^{-\alpha} \times \text{const}$ 和 $pv^{\alpha+1} = \text{const}$. 当 $\alpha = 2/3$ 时, 得到电子气压强和体积之间的关系 §39 式 (10).

第 2 章

II.1. 由 §14 式 (11b) 得
$$\mathrm{d}(pV) = p\mathrm{d}V + V\mathrm{d}p = S\mathrm{d}T + p\mathrm{d}V + \sum_i n_i \mathrm{d}\mu_i \tag{1}$$

由式 (1) 我们推出关系式
$$\left(\frac{\partial S}{\partial V}\right)_{T,\mu_i} = \left(\frac{\partial p}{\partial T}\right)_{V,\mu_i}; \quad \left(\frac{\partial S}{\partial \mu_i}\right)_{T,V,\mu_j} = \left(\frac{\partial n_i}{\partial T}\right)_{V,\mu_j}; \quad \left(\frac{\partial n_i}{\partial \mu_j}\right)_{T,V,\mu_k} = \left(\frac{\partial n_j}{\partial \mu_i}\right)_{T,V,\mu_k}$$

II.2. 由定义 $r = \Delta h$ 我们发现
$$\mathrm{d}r = \Delta \left\{\left(\frac{\partial h}{\partial T}\right)_p \mathrm{d}T + \left(\frac{\partial h}{\partial p}\right)_T \mathrm{d}p\right\}$$

沿着蒸汽–压强趋向 $\phi(p, T) = 0$ 作微分, 因为 $\mathrm{d}p$ 和 $\mathrm{d}T$ 都来自于 $\phi = 0$, 利用 §4 式 (11) 和 Clapeyron 方程我们得到
$$\left(\frac{\partial r}{\partial T}\right)_\phi = \Delta c_p + \frac{r}{T\Delta v}\Delta\left(\frac{\partial h}{\partial p}\right)_T \tag{1}$$

按照 §7 中的表 1 我们有

$$dh = Tds + vdp, \text{ 因此 } \left(\frac{\partial h}{\partial p}\right)_T = T\left(\frac{\partial s}{\partial p}\right)_T + v$$

从同一个表格中我们可以得到关系式

$$\left(\frac{\partial s}{\partial p}\right)_T = -\left(\frac{\partial v}{\partial T}\right)_p; \quad \left(\frac{\partial h}{\partial p}\right)_T = v - T\left(\frac{\partial v}{\partial T}\right)_p = v - Tv\alpha$$

这里 α 表示热膨胀系数. 结果有

$$\Delta\left(\frac{\partial h}{\partial p}\right)_T = \Delta v - T\Delta(v\alpha) \tag{2}$$

代入式 (1) 得到

$$\left(\frac{dr}{dT}\right)_\phi = \Delta c_p + \frac{r}{T} - r\frac{\Delta(v\alpha)}{\Delta v} \tag{3}$$

值得指出的是上面的推导没有用到关于气体或液体性质的任何近似.

II.3. 我们用 x 表示蒸汽的质量, 水的质量用 $1\text{kg}-x$ 表示. 蒸汽和水的体积分别为 $x \times v_2$ 和 $(1\text{kg} - x)v_1$. 因此 x 由下面的方程决定:

$$xv_2 + (1\text{kg} - x)v_1 = 20\text{dm}^3$$

因此又有

$$x = (20\text{dm}^3 - v_1 \times 1\text{kg})/(v_2 - v_1)$$

解得 10°C 时, $x = 0.169$g; 200°C 时, $x = 149.7$g.

三个附属过程中吸收的热量如下:

a) 10°C 时, 从 0.169g 开始凝聚: $-0.169\text{g} \times 591.6\dfrac{\text{cal}}{\text{g}} = -100\text{cal}$

b) 从 10°C 加热到 200°C: $\quad 1\text{kg} \times 190\text{deg} \times 1\text{cal}\,\text{g}^{-1}\,\text{deg}^{-1} = 190000\text{cal}$

c) 200°C 时, 149.7g 蒸发吸热: $\quad 149.7\text{g} \times 463.5\dfrac{\text{cal}}{\text{g}} = 69400\text{cal}$

$$-100\text{cal} + 190000\text{cal} + 69400\text{cal} = 259300\text{cal}$$

压缩或者膨胀做功为: a) $+19\text{dm}^3 \times 0.0125\text{kp}\cdot\text{cm}^{-2} = 0.238\text{dm}^3\text{kp}\cdot\text{cm}^{-2}$; c) $-18.48\text{dm}^3 \times 15.86\text{kp}\cdot\text{cm}^{-2} = -298.8\text{dm}^3\cdot\text{kp}\cdot\text{cm}^{-2}$; 合计 $-298.8\text{dm}^3\cdot\text{kp}\cdot\text{cm}^{-2} = -7000\text{cal}$. 增加的总能量等于 252.3kcal.

II.4. 我们有

$$\frac{dT}{T} = \frac{v_{\text{sat}} - v_{\text{liq}}}{r}dp$$

首先在 0°C 和 100°C 之间积分. 用 T_0 表示冰点的绝对温度, 760torr 时水的沸点定为 $T_0 = 100°C$. 进一步用 p_0 和 p_{100} 分别表示 0°C 和 100°C 时的压强. 我们发现

$$\log \frac{T_0 + 100 \deg}{T_0} = \int_{p_0}^{p_{100}} \frac{v_{\text{vap}} - v_{\text{liq}}}{r} dp \tag{1}$$

可以用数值方法给出右侧积分的值, 这将给出一个关于 T_0 的方程. 与任意蒸汽压对应的绝对温度 T 由下式给出:

$$\log \frac{T}{T_0} = \int_{p_0}^{p} \frac{v_{\text{vap}} - v_{\text{liq}}}{r} dp \tag{2}$$

按照热力学的基本假设, T_0 与液体的选择没有关系. 同样的道理, 在热力学平衡时, 式 (2) 给出的 T 对不同的液体相同.

II.5. 在每个 10°C 的间隔内, 气压的变化太大而不能用 dp/dT 替代 $\Delta p/\Delta T$. 进一步来说, 按照习题中的项, 我们需要精确地积分 Clausius-Clapeyron 方程

$$\frac{dp}{dT} = \frac{r}{T(v_{\text{vap}} - v_{\text{liq}})} \tag{1}$$

这里假定 r 在 10°C 间隔中为常量且蒸汽看做理想气体. $r, v_{\text{vap}}, v_{\text{liq}}$ 等量都以 1 摩尔计. 因此 $v_{\text{vap}} = RT/p$, 相对 v_{vap} 来说 v_{liq} 可以忽略. 因此由式 (1) 我们得到 $d \log p = -r/R$ 和

$$\log \frac{p_2}{p_1} = \frac{r}{R} \left(\frac{1}{T_1} - \frac{1}{T_2} \right)$$

或者

$$\frac{r}{R} = \frac{T_1 T_2}{T_2 - T_1} \left(\log \frac{p_2}{p_1} \right)^{-1}$$

代入两个间隔的数值我们得到

$$r = 7413R \text{ 和 } r = 7045R$$

在大的温度间隔中不能应用潜热是常量的假设; 上述数值应该被看做每个间隔的平均值; 它们为 55°C 和 305°C 或者 328K 和 578K. 利用线性差值法得到

$$r = (7896C - 1.472T)R \tag{2}$$

为了确定 760torr 时的沸点, 我们代入式 (2) 后更加精确地积分式 (1), 因此

$$d \log p = + (7896C - 1.472T) \frac{dT}{T^2}$$

和

$$\log \frac{p}{p_2} = 7896C \left(\frac{1}{T_2} - \frac{1}{T} \right) - 1.472 \log \frac{T}{T_2} \tag{3}$$

这里 p_2 表示 310℃=583K 时的气压 305torr. 代入 760torr 可以确定那个压强下的沸点 T, 得到
$$\frac{1000C}{T} = 1.600 - 0.1864 \log \frac{T}{583C}$$
对于这个超越方程, 最好的求解方法是连续近似方法, 如下: 先假设一个未知温度的近似值, 代入方程右侧, 通过计算给出方程左侧值. 然后把新的 T 值再代入方程右侧 ……, 重复上面过程.

第一个近似可以选择在 630K, 得到 630.7K. 重复置换产生同样的值, 包括第一个小数, 因此, 我们得出结论, 即沸点是在 630.7K 或 357.7℃.

II.6. 参照 §13 式 (13), 然后给出下面的变分:
$$\delta G = \sum_i \delta n_i \left\{ g_i(T,p) - RT \log \frac{n}{n_i} \right\} \tag{1}$$

因为 $0 \longleftrightarrow 1$ 和 $0 \longleftrightarrow 2$ 的转换都是可能的, 我们可以独立地变化 n_1 和 n_2, 因而有 $\delta n_0 = \delta n_1 - \delta n_2$. §13 中考虑的问题只涉及一个化学变化, 因此这些 n_i 中只有一个是任意的; 其余的 δn_j 都已确定.

由式 (1) 得到
$$g_1 - g_0 = RT \log \frac{n_0}{n_1}; \quad g_2 - g_0 = RT \log \frac{n_0}{n_2} \tag{2}$$

因为 $g_i(T,p) = u_i(T,p) - Ts_i(T,p) + pv_i$, 这里 $v_0 = v_1 = v_2$, 同时熵的常数相等, $s_0 = s_1 = s_2$, 我们发现 $g_1 - g_0 = u_1 - u_0 = L(\varepsilon_1 - \varepsilon_0)$; $g_2 - g_0 = u_2 - u_0 = L(\varepsilon_2 - \varepsilon_0)$, 这里 L 表示 g_i 对应的整块中包含的分子个数, 也就是每摩尔的分子数. 因此
$$\frac{n_1}{n_0} = \exp\left\{ -\frac{L(\varepsilon_1 - \varepsilon_0)}{RT} \right\}; \quad \frac{n_2}{n_0} = \exp\left\{ -\frac{L(\varepsilon_2 - \varepsilon_0)}{RT} \right\} \tag{3}$$

这正是 Maxwell-Boltzmann 定律, 也就是说我们从热力学的角度推导 Maxwell-Boltzmann 方程. 我们将在 §29 在统计力学方法的帮助下, 再次推导它. 在这个讨论中 $1 \longleftrightarrow 2$ 的转化不会引入新的变化. 可以立即推广到任何数量的激发态的情况.

II.7. a) 现在假定组分 n_i 为任意的. 前面的问题中平衡态时它们的值记为 $\overline{n_i}$. 因此,

$$\mu_1 - \mu_0 = g_1 - g_0 - RT \log \frac{n_0}{n_1} = RT \log \frac{\overline{n_0}}{\overline{n_1}} - RT \log \frac{n_0}{n_1} = RT \left(\log \frac{n_1}{\overline{n_1}} - \log \frac{n_0}{\overline{n_0}} \right)$$

或者当 $|n_1 - \overline{n_1}| \ll \overline{n_1}$, 即平衡态附近

$$\mu_1 - \mu_0 = RT \left(\frac{n_1 - \overline{n_1}}{\overline{n_1}} - \frac{n_0 - \overline{n_0}}{\overline{n_0}} \right); \quad \mu_2 - \mu_0 = RT \left(\frac{n_2 - \overline{n_2}}{\overline{n_2}} - \frac{n_0 - \overline{n_0}}{\overline{n_0}} \right) \tag{1}$$

b) n_i 随时间的变化由下面微分方程给出：

$$\begin{cases} \dfrac{\mathrm{d}n_0}{\mathrm{d}t} = -k_{00}n_0 + k_{01}n_1 + k_{02}n_2 \\[6pt] \dfrac{\mathrm{d}n_1}{\mathrm{d}t} = k_{10}n_0 - k_{11}n_1 + k_{12}n_2 \\[6pt] \dfrac{\mathrm{d}n_2}{\mathrm{d}t} = k_{20}n_0 + k_{21}n_1 - k_{22}n_2 \end{cases} \quad (2)$$

所有 n_i 的和是一个常量，与单个个体的具体值无关. 因此

$$k_{00} = k_{10} + k_{20}, \quad k_{11} = k_{01} + k_{21}, \quad k_{22} = k_{02} + k_{12} \quad (3)$$

第一个关系告诉我们，每秒 0 态损失的能量即 $k_{00}n_0$ 可以在 1 态和 2 态中找到，即 $k_{10}n_0$ 和 $k_{20}n_0$，其他两个关系可以得到相似的结论.

c) 平衡态意味着 $\mathrm{d}n_i/\mathrm{d}t = 0$，或者

$$\begin{cases} k_{00}\overline{n_0} = k_{01}\overline{n_1} + k_{02}\overline{n_2} \\ k_{11}\overline{n_1} = k_{10}\overline{n_0} + k_{12}\overline{n_2} \\ k_{22}\overline{n_2} = k_{20}\overline{n_0} + k_{21}\overline{n_1} \end{cases} \quad (4)$$

可以看出，平衡态并非不再有转换发生的态，而是当引起某种成分的质量增加的转变与造成相反效果的那些转变一样多时的态. 因为式 (3) 的限制，方程组 (4) 中的三个方程至多有两个相互独立. 它们决定了由 k_{ik} 所表示出来的比率 $\overline{n_1}/\overline{n_0}$ 和 $\overline{n_2}/\overline{n_0}$，与当初假设一样，$k_{ik}$ 与组分无关. 回顾前面的解答中式 (3) 可以看出，系数 k_{ik} 除了要满足式 (3) 给出的关系外，还要满足另外两个关系. n_i 之间的比率与组分无关，相当于已经证明了假设 (2) 是合理的，即使我们并没有真的证明它. 即使在式 (2) 的右边被任意函数 (n_i 的线性组合，并假定宗量为 0 时为零) 替换，同样的结论将保持不变.

d) 从式 (1) 和 $(n_0 - \bar{n}_0) + (n_1 - \bar{n}_1) + (n_2 - \bar{n}_2) = 0$(总质量守恒)，得到

$$RT\frac{n_0 - \overline{n_0}}{\overline{n_0}} = -\frac{\overline{n_1}}{n}(\mu_1 - \mu_0) - \frac{\overline{n_2}}{n}(\mu_2 - \mu_0)$$

$$RT\frac{n_1 - \overline{n_1}}{\overline{n_1}} = \left(1 - \frac{\overline{n_1}}{n}\right)(\mu_1 - \mu_0) - \frac{\overline{n_2}}{n}(\mu_2 - \mu_0)$$

$$RT\frac{n_2 - \overline{n_2}}{\overline{n_2}} = -\frac{\overline{n_1}}{n}(\mu_1 - \mu_0) - \left(1 - \frac{\overline{n_2}}{n}\right)(\mu_2 - \mu_0)$$

因为 $n = n_0 + n_1 + n_2 = \bar{n}_0 + \bar{n}_1 + \bar{n}_2$，在式 (2) 的右侧用 $n_i - \bar{n}_i$ 代替 n_i 后 (考虑到式 (4) 这样做是可以的)，把这个代入得到

$$RT\frac{\mathrm{d}n_1}{\mathrm{d}t} = -k_{11}\overline{n_1}(\mu_1 - \mu_0) + k_{12}\overline{n_2}(\mu_2 - \mu_0)$$

$$RT\frac{dn_2}{dt} = k_{21}\overline{n_1}(\mu_1 - \mu_0) - k_{22}\overline{n_2}(\mu_2 - \mu_0)$$

再一次考虑式 (4), 现在把这个表达式和 §21 式 (26) 做比较, Onsager 倒易关系 $a_{12} = a_{21}$ 与下式等价:

$$k_{12}\overline{n_2} = k_{21}\overline{n_1} \tag{5}$$

利用式 (3) 和式 (4) 我们进一步导出关系

$$k_{01}\overline{n_1} = k_{10}\overline{n_0}, \quad k_{02}\overline{n_2} = k_{20}\overline{n_0} \tag{6}$$

现在, $k_{12}n_2$ 表示每秒由组分 2 变成组分 1 的质量, $k_{21}n_1$ 表示每秒由组分 1 变成组分 2 的质量. Onsager 倒易关系导致的结论是, 平衡态时, 这两个表达式相等. 换句话说, 平衡态时反应 $1 \rightleftharpoons 2$ 本身是平衡的, 它与同时存在的 $0 \rightleftharpoons 1$ 和 $0 \rightleftharpoons 2$ 无关. 同样的道理, 式 (6) 显示, 剩余的反应本身也是平衡的. 前述命题在更广的条件下都有效, 被称为化学细致平衡原则.

除了细致平衡, 我们还可以想象循环平衡或混合平衡. 图 40 中画出了这三种情况的示意图. 假定箭头的长度正比于相应跃迁发生的频率. 细致平衡的情况是三种情况中唯一一种在一个转换 (如 1, 2) 的两个方向被阻碍时不受影响的情况. 例如, 引入一个逆催化 (decatalyzer) 可以做到这一点. 在循环平衡的情况下, 当 $1 \to 2$ 的反应被抑制时, 首先, 反应 $2 \to 0$ 和反应 $0 \to 1$ 不受影响, 相比平衡态来说, 组分 0 和 1 的质量会增加. 对于混合平衡的情况同样如此. 根据我们的热力学定律, 如果引入催化剂或逆催化后不再取消其他限制, 则不会影响平衡态. 因此, 细致平衡原理可以表述如下: 不存在这样的逆催化, 它可以用不同的方式影响反应和它的逆反应, 例如, 抑制一个方向而不影响另一个方向.

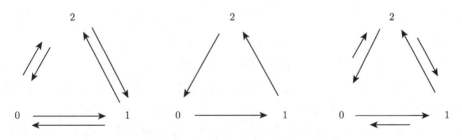

图 40 细致平衡、循环平衡和混合平衡图解

这里的细致平衡原则所表达的思想, 将会再次出现在的气体动理论或金属电子论中. 在金属电子论的分析中, 它是两个稳态之间的量子传输矩阵元的贡献相等的一个结果.

第 3 章

III.1. a) 假定在碰撞前活塞的速度为 v, 碰撞过程中它的速度将改变符号. 同时
$$Mv = mc \tag{1}$$
活塞上升的时间 $t_{\rm s} = v/g$, 回来的时间为 $t_{\rm r} = 2v/g$, 后者应该等于球的返回时间 $t_{\rm r}' = 2l/c$. 因此
$$vc = lg \tag{2}$$
作用在活塞上的平均力为
$$K = \frac{2mc}{t_{\rm r}} = mg\frac{c}{v} = Mg \tag{3}$$
正如从式 (1) 看到的那样. 式 (1) 和式 (2)($A = $ 横截面积) 还可以给出
$$mc^2 = Mvc = Mgl = \frac{Mg}{A} \cdot Al$$
或者, 引入压强 $p = Mg/A$ 和体积 $V = Al$:
$$p \cdot V = mc^2 = 2U \tag{4}$$
对于三维气体, 它的值为 $\frac{2}{3}U$.

b) 式 (1)、活塞的截面和恢复时间以及式 (3) 保持不变. 式 (2) 中的长度 l 应该变成 $l - 2r$. 改进式 (2) 后我们得到
$$mc^2 = Mg(l - 2r)$$
或者
$$p(V - 2rA) = 2U \tag{5}$$
可以看出, 体积 V 像 van der Waals 方程那样由常数项描述. 在目前的情况下, 需要减去的项等于厚度为球的尺度并包含整个截面的一层.

c) 想象一下活塞很重 (因此它的速度的改变可以忽略), 我们可以应用反射定律. 如果 c 是碰撞前的速度, c' 是碰撞后的速度, 我们有
$$c - V_{\rm p} = c' + V_{\rm p}$$
动能的变化为
$$\frac{1}{2}m\left(c'^2 - c^2\right) \approx -2mcV_{\rm p}$$

在一个时间区间 Δt 中, 这个能量被传输了 $\Delta t/t_{\rm r} = c\Delta l/2l$ 次; 代入活塞走过的距离 $\Delta x = V_{\rm p}\Delta t$, 我们得到

$$-\Delta W = -2mcV_{\rm p}\cdot\frac{c\Delta t}{2l} = -\frac{mc^2}{l}\cdot\Delta x = -Mg\Delta x = -p\Delta V \tag{6}$$

III.2. a) 对下式求对数并对 c 求导:

$$\phi(c) = 4\pi c^2\left(\frac{m}{2\pi kT}\right)^{3/2}{\rm e}^{-\frac{mc^2}{2kT}}$$

我们得到

$$\frac{\phi'}{\phi} = \frac{2}{c} - \frac{2mc}{2kT}$$

令 $\phi' = 0$ 我们发现

$$c_{\rm w} = \left(\frac{2kT}{m}\right)^{1/2} \tag{1}$$

这与 §23 式 (10) 一致.

b) 回顾 $\bar{c} = \int_0^\infty c\phi{\rm d}c$, 同时令 $mc^2/2kt = \xi^2$, 我们得到

$$\bar{c} = 4\left(\frac{2kT}{\pi m}\right)^{1/2}\int_0^\infty {\rm e}^{-\xi^2}\xi^3{\rm d}\xi$$

积分可以简化成一个 Laplace 型, 它的数值为 $1/2\times 1!$. 因此

$$\bar{c} = \left(\frac{8kT}{\pi m}\right)^{1/2} \tag{2}$$

c) 回顾 $\overline{c^2} = \int_0^\infty c^2\phi{\rm d}c$ 我们得到

$$\overline{c^2} = 4\cdot\frac{2kT}{m}\cdot\frac{1}{\sqrt{\pi}}\int_0^\infty {\rm e}^{-\xi^2}\xi^4{\rm d}\xi$$

计算下式:

$$\int_0^\infty {\rm e}^{-\gamma\xi^2}\xi^4{\rm d}\xi = \frac{\sqrt{\pi}}{2}\frac{{\rm d}^2}{{\rm d}\gamma^2}\frac{1}{\sqrt{\gamma}} = \frac{3}{8}\sqrt{\pi}\gamma^{-5/2}$$

得到结果

$$\overline{c^2} = \frac{3kT}{m} \tag{3}$$

速度平方的比例为

$$\overline{c^2} : \bar{c}^2 : c_{\rm w}^2 = 3 : \frac{8}{\pi} : 2 \tag{4}$$

这将导出 §23 式 (11).

III.3. 如图 23(第 132 页) 所示, 从气缸中每秒钟溢出的气体分子个数为
$$dZ = \sigma c_z \cdot n \left(\frac{m}{2\pi kT}\right)^{3/2} e^{-\frac{m}{2kT}(c_x^2+c_y^2+c_z^3)} dc_x dc_y dc_z$$

如果 c_x 和 c_y 从 $-\infty$ 积分到 $+\infty$, c_z 从 $c_0 = 12000\text{m/s}$ 积分到 ∞, 可以得到总分子个数. 引入气缸的柱坐标并令

$$\left(\frac{m}{2kT}\right)^{1/2} \cdot (c_x, c_y, c_z) = (\rho\cos\phi, \rho\sin\phi, \zeta)$$

我们有

$$Z = n\sigma\left(\frac{2kT}{m}\right)^{1/2}\frac{1}{\pi^{3/2}}\int_0^\infty e^{-\rho^2}\rho d\rho d\phi \int_{\left(\frac{m}{2kT}\right)^{1/2}c_0}^\infty e^{-\zeta^2}\zeta d\zeta = n\sigma\left(\frac{kT}{2\pi m}\right)^{1/2}\times\exp\left(-\frac{mc_0^2}{2kT}\right)$$

引入平均速度

$$\bar{c} = 4\left(\frac{kT}{2\pi m}\right)^{1/2}$$

我们发现

$$Z = \frac{n\sigma\bar{c}}{4}\exp\left(-\frac{mc_0^2}{2kT}\right)$$

数值结果是: $\bar{c} = 1690\text{m/s}$, $\frac{1}{4}n\sigma\bar{c} = 8.45\times 10^{23}$; $mc_0^2/2kT = 64$. 因此 $Z = 5\times 10^{-3}\text{s}^{-1}$. 具有如此高速度的粒子每 3 分钟出现一次.

III.4. 见 §27 D 式 (14). 投掷第

$$1,2,3,\cdots,k',\cdots$$

次后 6 第一次出现的概率分别是

$$W_k = \frac{1}{6}, \frac{5}{6}\times\frac{1}{6}, \left(\frac{5}{6}\right)^2\times\frac{1}{6}, \cdots, \left(\frac{5}{6}\right)^{k-1}\times\frac{1}{6},\cdots$$

计算 $k, k^2, \cdots$ 的平均值的最好的方法是借助生成函数

$$f(t) = \sum_{k=1}^\infty W_k t^k = \frac{(1-p)t}{1-pt}$$

这里 $p = 5/6$, 立刻得到

$$f(1) = \sum_{k=1}^\infty W_k = 1$$

求导后可以得到待求的平均值:

$$f'(1) = \sum kW_k = \overline{k}$$
$$f''(1) = \sum k\cdot(k-1)W_k = \overline{k^2} - \overline{k}$$

在下面的对数求导的帮助下我们可以方便地把它们表示出来.

$$\overline{k} = \frac{f'(1)}{f(1)}$$

$$\overline{k^2} - \overline{k} = \left(\frac{f'(t)}{f(t)}\right)'_{t=1} + \frac{f'(1)}{f(1)}$$

因此

$$\overline{k} = \left(\frac{1}{t} + \frac{p}{1-pt}\right)_{t=1} = \frac{1}{1-p} = 6$$

和

$$(\Delta k)^2 = \overline{(k-\overline{k})^2} = \left(-\frac{1}{t^2} + \frac{p^2}{(1-pt)^2}\right)_{t=1} + \frac{1}{1-p} = \frac{p}{(1-p)^2} = 30$$

结果是

$$\overline{k} \pm \Delta k = 6 \pm \sqrt{30} = 6 \pm 5.5$$

III.5. 能量方程可以写成下式:

$$\frac{1}{2}m\left(\dot{x}^2 + \dot{y}^2 + \dot{z}^2\right) = E + Ae^{-\alpha x} - Be^{-2\alpha x} \tag{1}$$

速度分量 $\dot{y}$ 和 $\dot{z}$ 为常量. 令 $\frac{1}{2}m(\dot{y}^2 + \dot{z}^2) = E_{tg}$(切向能量) 和 $E - E_{tg} = E_n$, 我们发现 E_{tg} 是常量, 因此

$$\frac{1}{2}m\dot{x}^2 = E_n + Ae^{-\alpha x} - Be^{-2\alpha x} \tag{2}$$

积分这个方程得到

$$t - t_0 = \left(\frac{m}{2}\right)^{1/2} \int \left(E_n + Ae^{-\alpha x} - Be^{-2\alpha x}\right)^{-1/2} dx$$

代入 $e^{\alpha x} = \xi$ 我们得到

$$t - t_0 = \frac{1}{\alpha}\left(\frac{m}{2}\right)^{1/2} \int \left(E_n \xi^2 + A\xi - B\right)^{-1/2} d\xi$$

将 $\xi = \zeta - A/(2E_n), \zeta_0^2 = B/E_n + A^2/(4E_n^2)$ 代入, 我们得到

$$t - t_0 = \frac{1}{\alpha}\left(\frac{m}{2E_n}\right)^{1/2} \int \left(\zeta^2 - \zeta_0^2\right)^{-1/2} d\zeta$$

将 $\zeta = \zeta_0 \cosh \lambda$ 代入, 我们得到

$$\alpha\left(\frac{2E_n}{m}\right)^{1/2}(t - t_0) = \lambda = \text{arccosh}\frac{\zeta}{\zeta_0}$$

或者
$$\zeta = \zeta_0 \cosh\alpha\left(\frac{2E_n}{m}\right)^{1/2}(t-t_0)$$

即
$$\xi = e^{\alpha x} = \zeta_0 \cosh\alpha\left(\frac{2E_n}{m}\right)^{1/2}(t-t_0) - \frac{A}{2E_n}$$

或者
$$x = \frac{1}{\alpha}\log\left\{\zeta_0 \cosh\alpha\left(\frac{2E_n}{m}\right)^{1/2}(t-t_0) - \frac{A}{2E_n}\right\}$$

和
$$\dot{x} = \left(\frac{2E_n}{m}\right)^{1/2} \cdot \frac{\sinh\alpha\left(\frac{2E_n}{m}\right)^{1/2}(t-t_0)}{\cosh\alpha\left(\frac{2E_n}{m}\right)^{1/2}(t-t_0) - \frac{A}{2E_n\zeta_0}} \tag{3}$$

情况 a) 中动量的变化为
$$\Delta p_0 = m\left[\dot{x}(+\infty) - \dot{x}(-\infty)\right] = 2(2mE_n)^{1/2} \tag{4}$$

这和碰到刚性墙上的表达式相同, 因此这和考虑压强没有区别. 在情况 b) 中当墙的影响距离扩展到可与平均自由程相比时, 会存在误差. 令 τ 表示两次碰撞之间的平均时间, 则按照式 (2), 我们有

$$\Delta p = m\left[\dot{x}(t_0+\tau) - \dot{x}(t_0-\tau)\right] = \Delta p_0 \frac{\sinh\alpha\left(\frac{2E_n}{m}\right)^{1/2}\tau}{\cosh\alpha\left(\frac{2E_n}{m}\right)^{1/2}\cdot\tau - \frac{A}{2E_n\zeta_0}} \tag{5}$$

或者, 作为一阶近似 (对于大的 τ):
$$\Delta p = \Delta p_0 \left(1 + \frac{A}{E_n\zeta_0}e^{-\alpha\tau(2E_n/m)^{1/2}}\right) \tag{5a}$$

按照式 (1), $1/\alpha$ 与墙的影响力的范围是同一量级. 当式 (5a) 中的第 2 项与 1 相比不再能够被忽略时, 后者对 Δp 的影响比较显著. 这发生在

$$\frac{1}{\alpha} \geqslant \left(\frac{2E_n}{m}\right)^{1/2}\cdot\tau = \left(\frac{2E_n}{m\bar{c}^2}\right)^{1/2}\cdot l$$

的时候, 即仅当力的作用范围至少与平均自由程相等时.

III.6. a) 参照图 23, 我们可以把从图中显示的气缸中出来的粒子的个数写成

$$d\nu = \sigma c\cos\theta \cdot m\left(\frac{m}{2\pi kT}\right)^{3/2} \cdot e^{-mc^2/2kT} c^2 dc\sin\vartheta d\vartheta d\phi$$

在半个空间积分得

$$\nu = \sigma n\left(\frac{kT}{2\pi m}\right)^{1/2} \cdot 2\int_0^\infty e^{-\rho^2}\rho^3 d\rho$$

积分的 2 倍等于 $\int_0^\infty e^{-t}\cdot t dt = 1!$. 用压强表示 n, 我们得到

$$\nu = \sigma p\left(2\pi mkT\right)^{-1/2}$$

如果 $p_2 > p_1$, 从左边跑到右边的粒子数比反方向的更多. 其差值是

$$\Delta\nu = \sigma\left(2\pi mkT\right)^{-1/2}\cdot\Delta p \tag{1}$$

b) ΔW 可以从 $\frac{1}{2}mc^2 d\nu$ 中计算出来. 像计算 ν 那样计算 W, 我们有

$$W = \sigma\nu\cdot\frac{m}{2}\cdot\frac{2kT}{m}\cdot 2! = \sigma p\left(\frac{2kT}{\pi m}\right)^{1/2}$$

因此

$$\Delta W = \sigma\left(\frac{2kT}{\pi m}\right)^{1/2}\cdot\Delta p \tag{2}$$

c) 单个粒子平均传输的能量是

$$\frac{\Delta W}{\Delta \nu} = 2kT > \frac{3}{2}kT \tag{3}$$

d) 这个比 $\frac{3}{2}kT$ 大, 因为从更大的体积中出来的粒子拥有更高的能量.

e) 物质流会引起压强的变化. 按照不等式 (3), 右侧腔变冷左侧腔变热. 这需要控制压强并提供热交换 (温度热浴).

III.7. 用 n_1, n_2, n_0 分别表示在 A_1, A_2, B 上反射的分子的密度. 当 $n_1\bar{c}_z = n_0\bar{c}_z = n_2(\bar{c}_z)'$ 时, 质量平衡成立. 由于各向同性, 这等价于

$$n_1\bar{c} = n_0\bar{c} = n_2\bar{c'} \tag{1}$$

这里 c 和 c' 表示温度为 T 和 T' 时的平均速度.

平衡态压强 $p = \frac{1}{3}mn\bar{c^2}$, 这里 $n = 2n_1 = 2n_0$, 因此 $p = \frac{2}{3}mn_2\bar{c^2}$. 由于分子逃

离 B 将被弹回, 这两侧因相等而抵消. 作用在 B 上没有被抵消的力完全是由刚到达的分子提供. 最后的力为

$$F = \frac{2}{3}mA\left(n_2\overline{c'^2} - n_1\overline{c^2}\right) = pA\left(\frac{n_2}{n_1}\frac{\overline{c'^2}}{\overline{c^2}} - 1\right) \tag{2}$$

按照式 (1) 可以得到

$$F = pA\left(\frac{\overline{c}}{\overline{c'}} \cdot \frac{\overline{c'^2}}{\overline{c^2}} - 1\right)$$

因为 $\overline{c} \sim \sqrt{T}, \overline{c^2} \sim T$, 我们有

$$F = pA\left[\left(1 + \frac{\delta T}{T}\right)^{1/2} - 1\right] \approx \frac{pA\delta T}{2T} \tag{3}$$

或

$$p = \frac{2FT}{A\delta T} \tag{4}$$

第 4 章

IV.1. 下面的表格表明了相应误差出现的频率:

Error =	-4ε	-3ε	-2ε	$-\varepsilon$	0	$+\varepsilon$	$+2\varepsilon$	$+3\varepsilon$	$+4\varepsilon$
$n = 0$					1				
1				$\frac{1}{2}$		$\frac{1}{2}$			
2			$\frac{1}{4}$		$\frac{2}{4}$		$\frac{1}{4}$		
3		$\frac{1}{8}$		$\frac{3}{8}$		$\frac{3}{8}$		$\frac{1}{8}$	
4	$\frac{1}{16}$		$\frac{4}{16}$		$\frac{6}{16}$		$\frac{4}{16}$		$\frac{1}{16}$

一般情况下, 给定误差的概率由二项式展开系数决定. 如果用 n 表示单体误差的数目, 用 k 表示误差为正的个数, 则这种情况的概率是

$$w_{n,k} = \frac{1}{2^n}\frac{n!}{k!(n-k)!}$$

误差的大小是

$$f_{n,k} = k\varepsilon + (n-k)(-\varepsilon) = (2k-n)\varepsilon = x$$

我们引入误差的大小 x 来替换 k, 有

$$k = \frac{x}{2\varepsilon} + \frac{n}{2}$$

同时 (当 $\mathrm{d}k = 1$ 时)

$$\mathrm{d}w = \frac{1}{2^n} \frac{n! \mathrm{d}k}{k!\,(n-k)!} = \frac{1}{2^n} \frac{n!}{\left(\frac{n}{2} + \frac{x}{2\varepsilon}\right)! \left(\frac{n}{2} - \frac{x}{2\varepsilon}\right)!} \frac{\mathrm{d}x}{2\varepsilon}$$

用 Sterling 公式

$$n! = (2\pi n)^{1/2} \left(\frac{n}{\mathrm{e}}\right)^n$$

估算上式得

$$\mathrm{d}w = \frac{1}{\sqrt{2\pi}} \left(\frac{4n}{n^2 - x^2/\varepsilon^2}\right)^{1/2} \frac{\mathrm{d}x/(2\varepsilon)}{\left(1 + \frac{x}{n\varepsilon}\right)^{\frac{n}{2} + \frac{x}{2\varepsilon}} \left(1 - \frac{x}{n\varepsilon}\right)^{\frac{n}{2} - \frac{x}{2\varepsilon}}}$$

分母上的因子的对数为

$$\frac{n}{2}\left(1 \pm \frac{x}{n\varepsilon}\right) \log\left(1 \pm \frac{x}{n\varepsilon}\right) = \frac{n}{2}\left(1 \pm \frac{x}{n\varepsilon}\right)\left(\pm\frac{x}{n\varepsilon} - \frac{x^2}{2n^2\varepsilon^2}\right) = \pm\frac{x}{2\varepsilon} + \frac{x^2}{4n\varepsilon^2}$$

求和后得

$$\frac{x^2}{2n\varepsilon^2}$$

因此, 分母上的乘积给出 $\exp(x^2/2n\varepsilon^2)$,

$$\mathrm{d}w = \left(2\pi n \varepsilon^2\right)^{-1/2} \exp\left(-x^2/2n\varepsilon^2\right) \cdot \mathrm{d}x$$

证明完毕!

令 $x = \xi(2n\varepsilon^2)^{1/2}$, 对 $\mathrm{d}w$ 的积分为

$$\int \mathrm{d}w = \frac{1}{\sqrt{\pi}} \int \exp\left(-\xi^2\right) \mathrm{d}\xi = 1$$

IV.2. a) 当两个统计独立的同种误差叠加时, 误差处于区间 $(x', x' + \mathrm{d}x')$ 和 $(x'', x'' + \mathrm{d}x'')$ 的概率是

$$f_1(x')\, f_1(x'') \,\mathrm{d}x' \mathrm{d}x''$$

总误差是 $x' + x'' = x$. 我们感兴趣的是确定的总误差的概率, 因此整理得 $x'' = x - x'$, 并对 x' 积分得

$$f_2(x) = \int f_1(x')\, f_1(x - x') \,\mathrm{d}x' \tag{1}$$

通常情况下当第 n 个误差与第 $(n-1)$ 个误差叠加时，我们有

$$f_n(x) = \int f_1(x') f_{n-1}(x-x')\, \mathrm{d}x' \tag{2}$$

b) 当 $f_n = (\pi a_n)^{-1/2} \mathrm{e}^{-a_n x^2}$（这里 $\int f_n \mathrm{d}x = 1$）时，由式 (2) 得

$$\frac{1}{a_n} = \frac{1}{a_{n-1}} + \frac{1}{a_1} = \frac{n}{a_1} \tag{3}$$

可以看出 Gauss 函数满足式 (2)，其半宽度以 $n^{-1/2}$ 增加的速度增加．

c) 值得注意的是在这种情况下式 (3) 给出以下假设：

$$f_n(x) = \frac{1}{2\varepsilon} \int_{-\varepsilon}^{+\varepsilon} f_{n-1}(x-x')\, \mathrm{d}x'$$

令

$$f_n(x) = A_n \mathrm{e}^{\mathrm{i}\lambda x}$$

我们得到一个完全系统．因此对于任意的 λ 我们有

$$A_n(\lambda) = A_{n-1}(\lambda) \cdot \frac{1}{2\varepsilon} \int_{-\varepsilon}^{+\varepsilon} \mathrm{e}^{-\mathrm{i}\lambda x'}\, \mathrm{d}x' = A_{n-1}(\lambda) \left(\frac{\sin \lambda \varepsilon}{\lambda \varepsilon} \right)$$

和

$$A_n(\lambda) = C(\lambda) \left(\frac{\sin \lambda \varepsilon}{\lambda \varepsilon} \right)^{n-1} \tag{4}$$

把 $f_1(x)$ 展开成 Fourier 级数形式

$$f_1(x) = \int C(\lambda) \mathrm{e}^{-\mathrm{i}\lambda x}\, \mathrm{d}\lambda$$

问题得到解决．应用 Fourier 积分定理（参见第二卷 §4 式 (13)）得到

$$C(\lambda) = \frac{1}{2\pi} \int f_1(x) \mathrm{e}^{-\mathrm{i}\lambda x}\, \mathrm{d}x = \frac{1}{4\pi\varepsilon} \int_{-\varepsilon}^{+\varepsilon} \mathrm{e}^{-\mathrm{i}\lambda x}\, \mathrm{d}x = \frac{1}{2\pi} \frac{\sin \lambda \varepsilon}{\lambda \varepsilon}$$

因此

$$A_n(\lambda) = \frac{1}{2\pi} \left(\frac{\sin \lambda \varepsilon}{\lambda \varepsilon} \right)^n \tag{5}$$

代表 f_n 的 Fourier 组成部分．方程本身是

$$f_n(x) = \frac{1}{2\pi} \int \left(\frac{\sin \lambda \varepsilon}{\lambda \varepsilon} \right)^n \mathrm{e}^{\mathrm{i}\lambda x}\, \mathrm{d}\lambda \tag{6}$$

当 n 值很大时,只有在零点的邻域内 $(\sin \lambda\varepsilon/\lambda\varepsilon)^n$ 才远不为零. 因此,我们可以用密切 Gauss 钟型曲线来代替因子

$$\left(\frac{\sin\lambda\varepsilon}{\lambda\varepsilon}\right)^n \approx \exp\left(-\frac{n\varepsilon^2}{6}\lambda^2\right)$$

现在可以来求积分 (6),我们有

$$f_n(x) = \frac{1}{2\pi}\int \exp\left[-\frac{n\varepsilon^2}{6}\left(\lambda - \frac{3\mathrm{i}x}{n\varepsilon^2}\right)^2\right]\mathrm{d}\lambda \cdot \exp\left(-3x^2/2n\varepsilon^2\right)$$

或者

$$f_n(x) = \left(\frac{3}{2\pi n\varepsilon^2}\right)^{1/2}\exp\left(-3x^2/2n\varepsilon^2\right) \tag{7}$$

这个结果是 Gauss 分布,与 **IV.1**. 中的结果相似.

现在我们计算当 $n=1,2,3$ 时的积分 (6),令 $\lambda\varepsilon = t$, $\xi = x/\varepsilon$,我们得到普遍情况

$$f_n = \frac{1}{2\pi\varepsilon}\int_{-\infty}^{+\infty}\frac{\sin^n t}{t^n}\cos\xi t\,\mathrm{d}t$$

分步积分后得到

$$f_n = \frac{1}{2\pi\varepsilon}\cdot\frac{1}{(n-1)!}\int_{-\infty}^{+\infty}\frac{\mathrm{d}t}{t}\frac{\mathrm{d}^{n-1}}{\mathrm{d}t^{n-1}}\left(\sin^n t\cos\xi t\right)$$

括号中的项可以展开为

$$\begin{aligned}n &= 1 & \sin t\cos\xi t, \\ n &= 2 & \sin^2 t\cos\xi t &= \frac{1}{2}(1-\cos 2t)\cos\xi t, \\ n &= 3 & \sin^3 t\cos\xi t &= \frac{1}{4}(3\sin t - \sin 3t)\cos\xi t\end{aligned}$$

相应的零阶、一阶和二阶微分是

$$\begin{aligned}n &= 1 & &\sin t\cos\xi t, \\ n &= 2 & &\sin 2t\cos\xi t - \frac{1}{2}\xi(1-\cos 2t)\sin\xi t, \\ n &= 3 & &-\frac{3}{4}(\sin t - 3\sin 3t)\cos\xi t - \frac{3}{2}\xi(\cos t - \cos 3t)\sin\xi t, \\ & & &-\frac{1}{4}\xi^2(3\sin t - \sin 3t)\cos\xi t\end{aligned}$$

其余积分的类型相同 (Dirichlet 不连续因子),现在我们给出单个项在不为零区间的积分结果.

情况 $n = 1$:　　　当 $|\xi| < 1$ 时　　　相应第一项 $= 1$,

这是我们的出发点.

情况 $n = 2$:　　　当 $|\xi| < 2$ 时　　　相应第一项 $= 1$,

$$\text{对所有的 } \xi \qquad -\frac{1}{2}|\xi|,$$

$$\text{当 } |\xi| > 2 \text{ 时} \qquad +\frac{1}{2}|\xi|.$$

然后有

$$\text{当 } |\xi| < 2 \text{ 时} \qquad 2\varepsilon f_2 = 1 - \frac{1}{2}|\xi|$$

情况 $n = 3$:　　　当 $|\xi| < 1$ 时　　　相应第一项 $= -\frac{3}{4}$

$$\text{当 } |\xi| < 3 \text{ 时} \qquad \frac{9}{4}$$

$$\text{当 } |\xi| > 1 \text{ 时} \qquad -\frac{3}{2}|\xi|$$

$$\text{当 } |\xi| > 3 \text{ 时} \qquad +\frac{3}{2}|\xi|$$

$$\text{当 } |\xi| < 1 \text{ 时} \qquad -\frac{3}{4}|\xi|^2$$

$$\text{当 } |\xi| < 3 \text{ 时} \qquad +\frac{1}{4}|\xi|^2$$

因此对于给定的区间, 我们有

$$0 \leqslant |\xi| \leqslant 1, \qquad 4\varepsilon f_3 = \frac{3}{2} - \frac{1}{2}|\xi|^2$$

$$1 \leqslant |\xi| \leqslant 3, \qquad \frac{9}{4} - \frac{3}{2}|\xi| + \frac{1}{4}|\xi|^2$$

$$3 \leqslant |\xi| \leqslant \infty, \qquad 0$$

在图 41 中画出了函数 f_1, f_2, f_3. f_1 是一段水平直线, f_2 包含两段倾斜的直线, f_3 由 3 段抛物线组成. 我们可以给出这些函数的几何解释. 因为 f_2 由两个常数函数 f_1 叠加而成, 我们看到, 在一个均匀覆盖且边长为 2ε 的方形. 我们希望确定恒定总误差的条数. 它们由垂直于图 41a 中的对角线 DD 的线段切割成的部分给出, 它们的长度由 f_2 给出. 相应地, f_3 表示垂直于主对角线的立方体的截面面积.

IV.3. 如果 N 个粒子分到 n 个部分, 每一部分有 $N_1, N_2, \cdots, N_n$ 个粒子, 我们有

$$W = \frac{N!}{N_1! \cdots N_n!}$$

习题解答   · 303 ·

因此, 在 Sterling 公式的帮助 (§29 中 4a) 下我们得到三种情况下的概率分别为

$$a) W_a = \frac{N!}{N!} = 1$$

$$b) W_b = \frac{N!}{(N/2)!^2} (2\pi N)^{1/2} \frac{2^N}{\pi N}$$

$$c) W_c = \frac{N!}{(N/6)!^6} (2\pi N)^{1/2} \left(\frac{3}{\pi N}\right)^3 \cdot 6^N$$

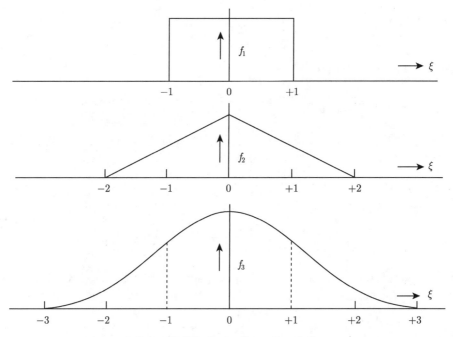

图 41 多维立方体的主截面函数, n 的取值为 $n = 1, 2, 3$

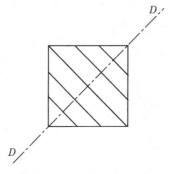

图 41a 正方形的主截面

因此比率：
$$\frac{W_{\rm b}}{W_{\rm a}} = \left(\frac{2}{\pi N}\right)^{1/2} \cdot 2^N \to \infty \quad N \to \infty$$

$$\frac{W_{\rm c}}{W_{\rm b}} = \frac{27}{\pi^2 N^2} \cdot 3^N \to \infty \quad N \to \infty$$

IV.4. 我们有
$$\overline{\phi^2} = -\frac{\rm d}{{\rm d}\gamma}\log\int_{-\infty}^{+\infty} {\rm e}^{-\gamma\phi^2}{\rm d}\phi = \frac{1}{2\gamma}, \quad \gamma = \frac{D}{2kT}$$

然后又有
$$\overline{\phi^2} = \frac{kT}{D} = \frac{RT}{LD}$$

Loschmidt-Avogadro 常量为
$$L = \frac{RT}{D\overline{\phi^2}} = \frac{8.32 \times 287}{9.43 \times 4.18} \times 10^{22}{\rm mol}^{-1} = 6.06 \times 10^{23}{\rm mol}^{-1}$$

IV.5. 我们令 $N = Z^3, Z = 10^7$. 表面的粒子数为 $N_{\rm s} = 6Z^2$, 热力学能和表面能分别为
$$U = 3Z^3 kT \text{ 和 } U_{\rm s} = 6Z^2 eV$$

当 $T = 290{\rm K}$ 时我们有
$$\frac{U}{U_0} = \frac{ZkT}{2eV} = \frac{10^7 \times 400 \times 10^{-22}}{2 \times 1.6 \times 10^{-19} \times 9} = \frac{10^6}{72} \approx 14000$$

结果当 $Z = 10^7/14000 = 700$ 时, $U \approx U_0$; 这意味着粒子数为 $N = 3.4 \times 10^8$, 线性维度 $l = 2 \times 10^{-8} Z{\rm cm} = 1.4 \times 10^{-5}{\rm cm}$.

IV.6. a) 我们有
$$\int_0^\infty \frac{\partial \vartheta_2}{\partial z}\frac{{\rm d}z}{z} = -2\pi{\rm e}^{-\frac{1}{4}q}\sum_{n=0}^\infty (2n+1){\rm e}^{-n(n+1)q}\int_0^\infty \frac{\sin(2n+1)\pi z}{z}{\rm d}z$$

可以看出求和号中的积分等于 $(1/2)\pi$.

b) 把级数 ϑ_0 代入转移方程得到
$$\vartheta_2\left(z\left|\frac{{\rm i}q}{\pi}\right.\right) = \left(\frac{\pi}{q}\right)^{1/2}\sum_{n=-\infty}^{+\infty}(-1)^n \exp\left[-\frac{\pi^2}{q}(z-n)^2\right]$$

结果
$$Z(q) = -\frac{1}{\pi^2}{\rm e}^{\frac{1}{4}q}\left(\frac{\pi}{q}\right)^{1/2}\cdot\left(\frac{-2\pi^2}{q}\right)\cdot\lim\sum_{n=-\infty}^{+\infty}(-1)^n\int_\varepsilon^\infty \frac{z-n}{z}\exp\left[-\frac{\pi^2}{q}(z-n)^2\right]{\rm d}z$$

同时改变 z 和 n 的符号只是改变积分的极限, 因此

$$\lim_{\varepsilon \to 0} \int_{\varepsilon}^{\infty} = \lim_{\varepsilon \to 0} \int_{-\infty}^{-\varepsilon} = \frac{1}{2} ⨍_{-\infty}^{+\infty}$$

然后有

$$Z(q) = \frac{1}{q} e^{\frac{1}{4}q} \cdot \left(\frac{\pi}{q}\right)^{1/2} \cdot \sum_{n=-\infty}^{+\infty} (-1)^n ⨍_{-\infty}^{+\infty} \frac{z-n}{z} \exp\left[-\frac{\pi^2}{q}(z-n)^2\right] dz$$

利用变换 $z = t/\pi + n$ 得到

$$Z(q) = \frac{1}{q} e^{\frac{1}{4}q} \cdot (\pi q)^{1/2} \cdot ⨍_{-\infty}^{+\infty} \left(\sum_{n=-\infty}^{+\infty} (-1)^n \frac{t}{t+n\pi}\right) e^{-t^2/q} dt$$

由关系式

$$\sum_{n=-\infty}^{+\infty} (-1)^n \frac{t}{t+n\pi} = \frac{t}{\sin t}$$

可知, 这个命题得证.

c) 我们在形式上有

$$\frac{1}{\sin t} = \frac{2i e^{-it}}{1 - e^{-2it}} = 2i \sum_{k=0}^{\infty} e^{-(2k+1)i}$$

$$= \frac{-2i e^{+it}}{1 - e^{+2it}} = -2i \sum_{k=0}^{\infty} e^{+(2k+1)it}$$

$$= -i \sum_{k=0}^{\infty} \left(e^{+(2k+1)it} - e^{-(2k+1)it}\right) = 2\sum_{k=0}^{\infty} \sin(2k+1)t$$

$Z(q)$ 中的积分可以变成下面的形式:

$$2⨍ t \sin(2k+1)t \cdot e^{-t^2/q} dt = 2⨍ \sin(2k+1)t \cdot e^{-t^2/q} dt^2$$

令 $\tau = t^2$ 我们得到 Laplace 变换形式的积分, 即

$$2\int_0^{\infty} \sin(2k+1)\sqrt{\tau} \cdot e^{-\tau/q} d\tau = q(\pi q)^{1/2} \exp\left(-\left(k+\frac{1}{2}\right)^2 q\right)$$

从 Laplace 变换表中可以容易地得到积分的结果 (见 W. magnus, F. Oberhettinger "Formeln und Sätze für die speziellen Funktionem der mathematischen Physik, Springer, Berlin 1943", 或者 Bateman manuscript Project, de. by A. Erdélyi, W. Magnus, F. Oberhettinger and F. G. Tricomi, McGraw-Hill, New York, 1954/5).

然后有
$$Z(q) = \sum_{k=0}^{\infty}(2k+1)\mathrm{e}^{-k(k+1)q} \tag{α}$$

以这种方式我们可以得到 §34 式 (3), 这个式子曾经在变换后的表象中导出过. 结果就没有必要证明转换方程了. 值得一提的是我们还可以通过第六卷中的转换方程 §15 式 (8) 来导出这个结果.

当 q 非常小时, 只有 $t=0$ 附近的一个小区间 (它的长为 $\Delta t=q$) 对积分有显著的贡献, 在这种情况下我们可以利用展开式

$$\frac{t}{\sin t} = 1 \bigg/ \left(1 - \frac{t^2}{3!} + \frac{t^4}{5!} - \frac{t^6}{7!} + \cdots\right) = 1 + \frac{1}{6}t^2 + \frac{7}{360}t^4 + \frac{31}{15120}t^6 + \cdots$$

把它代入 $Z(q)$ 然后代入积分得

$$J_n = \int_{-\infty}^{+\infty} \mathrm{e}^{-\gamma t^2} t^{2n} \mathrm{d}t = \pi^{1/2}\left(-\frac{\mathrm{d}}{\mathrm{d}\gamma}\right)^n \gamma^{-1/2}$$

或者, 特别地,

$$J_0 = \left(\frac{\pi}{\gamma}\right)^{1/2}, \quad J_1 = \frac{1}{2\gamma}\left(\frac{\pi}{\gamma}\right)^{1/2}, \quad J_2 = \frac{3}{4\gamma^2}\left(\frac{\pi}{\gamma}\right)^{1/2}, \quad J_3 = \frac{15}{8\gamma^3}\left(\frac{\pi}{\gamma}\right)^{1/2}$$

我们有

$$Z(q) = \frac{1}{q}\mathrm{e}^{\frac{1}{4}q}\left[1 + \frac{1}{12}q + \frac{7}{480}q^2 + \frac{31}{8064}q^3 + \cdots\right] \tag{β}$$

把 $\mathrm{e}^{1/4q}$ 展开, 与级数中的项逐项相乘得到

$$Z(q) = \frac{1}{q}\left[1 + \frac{1}{3}q + \frac{1}{15}q^2 + \frac{4}{315}q^3 + \cdots\right] \tag{β'}$$

和

$$\log Z(q) = -\log q + \frac{1}{3}q + \frac{1}{90}q^2 + \frac{8}{2835}q^3 + \cdots \tag{β''}$$

d) 对 Z 微分得到

$$u = RT^2 \frac{\mathrm{d}\log Z}{\mathrm{d}T} = -R\Theta \frac{\mathrm{d}\log Z}{\mathrm{d}q}$$

$$c_v = \frac{\partial u}{\partial T} = -\frac{q^2}{\Theta}\frac{\partial u}{\partial q} = Rq^2 \frac{\mathrm{d}^2\log Z}{\mathrm{d}q^2}$$

因此

$$u = R\Theta\left[\frac{1}{q} - \frac{1}{3} - \frac{1}{45}q - \frac{8}{945}q^2 - \cdots\right] \tag{γ}$$

$$c_{\rm v} = R\left[1 + \frac{1}{45}q^2 + \frac{16}{945}q^3 + \cdots\right]$$

一阶近似下 (除了像 §33 中相似的常能量项) 我们得到

$$u = RT - \frac{1}{3}R\Theta, \quad c_{\rm v} = R$$

当 $q^2/45 < 1/100$ 或者 $q < 0.67$ 时, 精度高于 1%.

e) 下面的表格给出了有限几项时能够达到的估计精度:

$c_{\rm v}$	第一项	第二项	第三项
当 $q = 0.3$ 时	1	0.002	0.000467
当 $q = 0.5$ 时	1	0.008	0.00372
当 $q = 0.9$ 时	1	0.018	0.01263
当 $q = 1.2$ 时	1	0.032	0.0299

由 $q = 0.6$ 向前, 第三项达到与第二项相同的量级因而不能被忽略. 因此渐进展开只能最大适用于 $q = 0.5$(即当 $T > 2\Theta$ 时). 从这个值开始可以用式 (α). 然而式 (β) 显示, 当温度比较高时, $c_{\rm v}$ 非常快地达到 R, 然后从上面趋向于 R.

总之, 我们建议从 $e^{2q} = 2.5$ 的两个展开来计算 $c_{\rm v}$ 的值, 即 $q = 0.458, q^2 = 0.20977, q^3 = 0.09607$. 当考虑包括第三项以后, 渐进级数给出

$$c_{\rm v} = 1.006R$$

由式 (γ) 可以计算出 §33 式 (3) 中的值

$$c_{\rm v} = Rq^2 \frac{{\rm d}^2 \log Z}{{\rm d}q^2} = Rq^2\left(\frac{Z''}{Z} - \frac{Z'^2}{Z^2}\right)$$

这里

$$Z = 1 + 3{\rm e}^{-2q} + 5{\rm e}^{-6q} + 7{\rm e}^{-12q} + 9{\rm e}^{-20q} + 11{\rm e}^{-30q}$$
$$-Z' = 6{\rm e}^{-2q} + 30{\rm e}^{-6q} + 84{\rm e}^{-12q} + 180{\rm e}^{-20q} + 330{\rm e}^{-30q}$$
$$Z'' = 12{\rm e}^{-2q} + 180{\rm e}^{-6q} + 1008{\rm e}^{-12q} + 3600{\rm e}^{-20q} + 9900{\rm e}^{-30q}$$

代入前面的 q 值我们有

$$Z = 2.549; \quad Z' = 4.683; \quad Z'' = 20.836$$

和

$$c_{\rm v} = 1.0064R$$

由于级数 (α) 考虑到了所有贡献显著的项, 可以看出应该考虑渐进级数 (β) 中的第四项. 然而两个级数的误差在 0.05% 以内, 同时比热可以由每个级数中的少数几项来表示.

IV.7. 我们需要在给定的条件下使 $\log W$ 达到最大值, 利用 Lagrange 方法处理这个问题我们发现需要确定下式的最大值:

$$-\sum_{n,i}\left\{f_i^{(n)}\log f_i^{(n)} + \lambda_i f_i^{(n)} + \alpha n f_i^{(n)} + \beta n \varepsilon_i f_i^{(n)}\right\}$$

上式对所有的 $f_i^{(n)}$ 的导数都为零. 因此

$$\log f_i^{(n)} + 1 + \lambda_i + \alpha n + \beta n \varepsilon_i = 0$$

或者

$$f_i^{(n)} = \mathrm{e}^{-1-\lambda_i} \cdot \mathrm{e}^{-(\alpha+\beta\varepsilon_i)n} \tag{1}$$

条件 $\sum f_i^{(n)} = 1$ 给出

$$\mathrm{e}^{-1-\lambda_i}/\left(1 - \mathrm{e}^{-\alpha-\beta\varepsilon_i}\right) = 1$$

式 (1) 要求下面的形式:

$$f_i^{(n)} = \left(1 - \mathrm{e}^{-\alpha-\beta\varepsilon_i}\right)\mathrm{e}^{-(\alpha+\beta\varepsilon_i)n} \tag{2}$$

由下式得到分布函数:

$$n_i = \sum_n n f_i^{(n)} = -\left(1 - \mathrm{e}^{-\alpha-\beta\varepsilon_i}\right)\frac{\mathrm{d}}{\mathrm{d}\alpha}\sum_n \mathrm{e}^{-(\alpha+\beta\varepsilon_i)n}$$

因此我们有

$$n_i = -\left(1 - \mathrm{e}^{-\alpha-\beta\varepsilon_i}\right)\frac{\mathrm{d}}{\mathrm{d}\alpha}\left(\frac{1}{1 - \mathrm{e}^{-\alpha-\beta\varepsilon_i}}\right)$$

这就是 Bose-Einstein 分布

$$n_i = \frac{1}{\mathrm{e}^{\alpha+\beta\varepsilon_i} - 1} \tag{3}$$

这证明了题目中的声明.

常量由剩余的条件决定, 这些条件可以写成简单的形式

$$\sum n_i = N, \quad \sum n_i \varepsilon_i = U \tag{4}$$

IV.8. 把体积为 V 的容器分成两部分 V_1 和 V_2. 因为等体积元对应的概率相等, 发现分子处于 V_1 或 V_2 的概率分别是 V_1/V 或 V_2/V. 发现 N_1 个粒子处于 V_1 同时 N_2 个粒子处于 V_2 的概率为

$$W(N_1, N_2) = \frac{N!}{N_1! N_2!}\left(\frac{V_1}{V}\right)^{N_1}\left(\frac{V_2}{V}\right)^{N_2}$$

习题解答

进一步计算我们得到

$$\overline{N_1} = N\frac{V_1}{V}, \quad \overline{N_1(N_1-1)} = N(N-1)\frac{V_1^2}{V^2}$$

容易得到

$$(\Delta N_1)^2 = \overline{N_1^2} - \overline{N_1}^2 = N\frac{V_1 V_2}{V^2}$$

或者

$$\frac{\Delta N_1}{\overline{N_1}} = \sqrt{\frac{V_2}{NV_1}} = \sqrt{\frac{V - \Delta V}{N\Delta V}}$$

IV.9. a) N 个粒子处于体积为 V 的容器中, 相应的 van der Waals 方程可以写成以下形式:

$$\left[p + A\left(\frac{N}{V}\right)^2\right]\left(\frac{V}{N} - B\right) = kT \tag{1}$$

常量 A 和 B 与原始的 van der Waals 方程的常量 a 和 b 的关系为

$$A = \frac{a}{L^2}; \quad B = \frac{b}{L} \tag{1a}$$

(L 为 Loschmidt-Avogadro 常量). 用与 §9 相同的方式可以给出临界参数

$$\left(\frac{\partial p}{\partial V} - \frac{2AN^2}{V^3}\right)\left(\frac{V}{N} - B\right) + \frac{1}{N}\left(p + \frac{AN^2}{V^2}\right) = 0$$

$$\left(\frac{\partial^2 p}{\partial V^2} + \frac{6AN^2}{V^4}\right)\left(\frac{V}{N} - B\right) + \frac{2}{N}\left(\frac{\partial p}{\partial V} - \frac{2AN^2}{V^3}\right) = 0$$

令 $\partial p/\partial V = 0$ 和 $\partial^2 p/\partial V^2 = 0$.

从最后一个方程开始我们得到

$$V_{\text{crit}} = 3NB; \quad p_{\text{crit}} = \frac{A}{27B^2}; \quad kT_{\text{crit}} = \frac{8A}{27B} \tag{2}$$

b) 配分函数的对数是一个热力学参数, 具有下面的形式:

$$\mathrm{d}\log Z = -U\mathrm{d}\beta + \beta p \mathrm{d}V \tag{3}$$

代入 p 的热学态方程我们得到

$$\left(\frac{\partial \log Z}{\partial V}\right)_\beta = \beta p = \frac{N}{V - NB} - \beta A\frac{N^2}{V^2}$$

积分后得到

$$\log Z = N\left[\log(V - NB) + \beta A\frac{N}{V}\right] + Nf(\beta) \tag{4}$$

这里 $f(\beta)$ 是 β 的任意函数.

由这个表达式和式 (3) 我们可以计算能量值, 进一步得到

$$U = -\left(\frac{\partial \log Z}{\partial \beta}\right)_v = A\frac{N^2}{V} - Nf'(\beta)$$

定容热容为

$$\left(\frac{\partial U}{\partial T}\right)_v = -k\beta^2 \left(\frac{\partial U}{\partial \beta}\right)_v = k\beta^2 N f''(\beta) = \frac{N}{L} c_v \to \frac{3}{2} Nk$$

最后的式子在 $B \to 0$ 的极限下有效, 因此

$$f''(\beta) \to \frac{3}{2\beta^2}$$

积分得到渐进表达式

$$f'(\beta) \to -\frac{3}{2\beta} + C_1$$

$$f(\beta) \to -\frac{3}{2}\log\beta + C_1\beta + C_2$$

因此, 对于 $\log Z$ 我们得到

$$\log Z \to N\left[\log(V - NB) + \beta A\frac{N}{V} - \frac{3}{2}\log\beta\right] + NC_1\beta + NC_2 \tag{5}$$

在 $\beta \to 0, N/V \to 0$ 的极限下我们得到化简后的形式

$$\log Z = N\log N + N\left(\log\frac{V}{N} - \frac{3}{2}\log\beta\right) + NC_1\beta + NC_2 \tag{5a}$$

这个表达式与理想气体的表达式相同:

$$(\log Z)_{\text{perf.gas}} = N\left[1 + \log\frac{V}{N} - \frac{3}{2}\log\beta + \log\left(\frac{2\pi m}{h^2}\right)^{3/2}\right]$$

因此得到 $C_1 = 0$ 以及

$$N\log N + NC_2 = N\left[1 + \log\left(\frac{2\pi m}{h^2}\right)^{3/2}\right]$$

最后得到

$$\log Z = N\left[1 + A\beta\frac{N}{V} + \log\left(\frac{V}{N} - B\right)\left(\frac{2\pi m}{\beta h^2}\right)^{3/2} + g(\beta)\right] \tag{6}$$

这里 $g(\beta)$ 表示 $f(\beta)$ 的一部分，它们在 $\beta \to 0$ 时为零.

c) 方程 (6) 立刻给出

$$\frac{\partial \log Z}{\partial N} = \frac{\log Z}{N} + \left(A\beta \frac{N}{V} - \frac{V/N}{V/N - B}\right)$$

重复对 N 求导并乘以 $-N$ 得到

$$-N\frac{\partial^2 \log Z}{\partial N^2} = \frac{\log Z}{N} - \left(\frac{\log Z}{N} + A\beta\frac{N}{V} - \frac{V}{V-NB}\right) - A\beta\frac{N}{V} + \frac{BN/V}{\left(1-\frac{BN}{V}\right)^2}$$

$$= \frac{1}{\left(1-\frac{BN}{V}\right)^2} - \frac{2BN}{V} \cdot \frac{A}{BkT} \tag{7}$$

在理想气体的极限情况下 $(A, B \to 0)$ 我们得到

$$-N\frac{\partial^2 \log Z}{\partial N^2} = 1 \tag{7a}$$

这种情况下相对平均涨落与 §40 式 (18) 给出的一致.

在只考虑 A 和 B 的一级近似的情况下，我们有

$$-N\frac{\partial^2 \log Z}{\partial N^2} = 1 + \frac{2BN}{V}\left(1 - \frac{A}{BkT}\right) \tag{7b}$$

式 (2) 中的临界参数为 $BN/V = 1/3$, $A/(BkT) = 27/8$, 把它们代入上式得到

$$-N\frac{\partial^2 \log Z}{\partial N^2} = 0 \tag{7c}$$

相对平均涨落为

$$\left(\frac{\Delta n}{\overline{n}}\right)^2 = -\frac{V/N\Delta V}{N\partial^2 \log Z/\partial N^2} \to \infty \tag{8}$$

即是无穷大. 大的涨落将引起光的强烈散射 (参见第四卷 §33)，这可以由实际气体在临界点时发出的乳白光给出证明.

d) 由 §40 式 (15) 我们可以写出

$$(\Delta n)^2 = \frac{1}{\beta^2}{\sum_{i,k}}'\left(\frac{\partial^2 \log Z}{\partial \varepsilon_i \partial \varepsilon_k}\right)_{\alpha,\beta,\varepsilon_j} = \frac{1}{\beta^2}\left({\sum_{i,k}}'\frac{\partial^2 \Phi}{\partial \varepsilon_i \partial \varepsilon_k}\right)_{\alpha,\beta,\varepsilon_j}$$

因为 α 和 β 应该为常量 (参见 §40, 尤其是式 (12))，求和号 $\sum'$ 表示对所有的相元胞求和. 按照 §38 式 (4)，最后的方程可以写成

$$(\Delta n)^2 = -\frac{1}{\beta}{\sum}'\left(\frac{\partial \overline{n}}{\partial \varepsilon_i}\right)_{\alpha,\beta,\varepsilon_j} \tag{9}$$

这里 $\bar{n}$ 表示体积 $\Delta V(\bar{n} = \Delta V/V \cdot N)$ 中的平均分子数. 由 §38 式 (7) 可得

$$\mathrm{d}\bar{\phi} = -\bar{n}\mathrm{d}\alpha - \bar{u}\mathrm{d}\beta - \beta\sum_i{}'\overline{n_i}\mathrm{d}\varepsilon_i$$

($\bar{\phi}$ 与 §38 中的式 (1)$\Phi = \log Y$ 等价, 参照 ΔV) 同时

$$\left(\frac{\partial\bar{n}}{\partial\varepsilon_i}\right)_{\alpha,\beta,\varepsilon_j} = \beta\left(\frac{\partial\overline{n_i}}{\partial\alpha}\right)_{\beta,\varepsilon_i} \tag{10}$$

由式 (9) 可得

$$(\Delta n)^2 = -\sum_i{}'\frac{\partial\overline{n_i}}{\partial\alpha} = -\frac{\partial\bar{n}}{\partial\alpha} \tag{9a}$$

由勒让德变换可以回到配分函数

$$\mathrm{d}\left(\bar{\phi} + \alpha\bar{n}\right) = \alpha\mathrm{d}\bar{n} - \bar{u}\mathrm{d}\beta - \beta\sum_i{}'\overline{n_i}\mathrm{d}\varepsilon_i = \frac{\Delta V}{V}\mathrm{d}\log Z$$

我们有

$$\alpha = \frac{\Delta V}{V}\cdot\left(\frac{\partial\log Z}{\partial\bar{n}}\right)_{\beta,\varepsilon_i} = \left(\frac{\partial\log Z}{\partial N}\right)_{\beta,\varepsilon_i}$$

这表示式 (9a) 可以写成下式:

$$(\Delta n)^2 = -\frac{1}{\partial\alpha/\partial\bar{n}} = -\frac{V}{\Delta V}\frac{1}{\partial^2\log Z/\partial N^2}$$

除以 $\bar{n} = N\Delta V/V$ 的平方我们得到问题中提到的涨落方程.

第 5 章

V.1. 可以直接证明下面两个式子满足动量和能量方程:

$$\boldsymbol{v}_1' = \boldsymbol{v}_1 + \frac{2m_2}{m_1 + m_2}\left(\boldsymbol{V}\boldsymbol{e}\right)\boldsymbol{e} \tag{1}$$

$$\boldsymbol{v}_2' = \boldsymbol{v}_2 - \frac{2m_1}{m_1 + m_2}\left(\boldsymbol{V}\boldsymbol{e}\right)\boldsymbol{e}$$

$\boldsymbol{V} = \boldsymbol{v}_2 - \boldsymbol{v}_1$ 表示相对速度, $\boldsymbol{V} \sim \boldsymbol{e}$ 给出中心冲击. 为了证明 Liouville 定理在说明速度空间元胞等价性方面的有效性, 我们需要说明速度 $\boldsymbol{v}_1$ 和 $\boldsymbol{v}_2$ 联合起来的六维空间的转移矩阵的行列式为 -1($\boldsymbol{e}$ 的指向应该沿某一个轴).

按照式 (1), 冲击后能量的差值为

$$\frac{1}{2}m_1\boldsymbol{v}_1'^2 - \frac{1}{2}m_2\boldsymbol{v}_2'^2 = \frac{1}{2}m_1\boldsymbol{v}_1^2 - \frac{1}{2}m_2\boldsymbol{v}_2^2 - \frac{4m_1m_2}{(m_1+m_2)^2}\left(\boldsymbol{v}_1 - \boldsymbol{v}_2\cdot\boldsymbol{e}\right)\left(m_1\boldsymbol{v}_1 + m_2\boldsymbol{v}_2\cdot\boldsymbol{e}\right) \tag{2}$$

利用所有方向都等价的事实我们发现乘积 $(Ae)(Be)$ 的平均值为

$$\overline{(Ae)(Be)}^{(e)} = \frac{1}{3}AB$$

把这个值代入式 (2) 得

$$E_1' - E_2' = E_1 - E_2 - \frac{1}{3}\frac{4m_1m_2}{(m_1+m_2)^2}[(\boldsymbol{v}_1-\boldsymbol{v}_2)\cdot(m_1\boldsymbol{v}_1+m_2\boldsymbol{v}_2)] \qquad (3)$$

因为 $\boldsymbol{v}_2$ 的方向与 $\boldsymbol{v}_1$ 的方向无关, 则关于 $\boldsymbol{v}_2$ 的平均值变成

$$\overline{(\boldsymbol{v}_1\boldsymbol{v}_2)}^{(\boldsymbol{v}_2/v_2)} = 0$$

所以式 (3) 中最后的括号中只留下了 $m_1v_1^2 - m_2v_2^2 = 2(E_1-E_2)$ 等项. 因此

$$\frac{E_1' - E_2'}{E_1 - E_2} = 1 - \frac{2}{3}\cdot\frac{4m_1m_2}{(m_1+m_2)^2}$$

当 $m_1 = m_2$ 时这个比率变成 $1/3$, 当 $m_1 \ll m_2$ 时它变成 $1 - 8m_1/3m_2$. 这个结果意味着碰撞过程中两个粒子的动能差值的平均值连续衰减. 结果平动的动能均匀分布.

均分定理不仅仅对一种分子成立, 对所有的分子都成立.